"十二五"普通高等教育本科国家级规划教材

电工电子技术

Diangong Dianzi Jishu

第三版　第三分册

利用Multisim 11.0的EDA仿真技术

■ 太原理工大学电工基础教学部　编

系列教材主编　渠云田　田慕琴

第三分册主编　高　妍　申红燕

高等教育出版社·北京

内容简介

本书是《电工电子技术》(第三版)系列教材的第三分册。本书介绍了电工电子 EDA 仿真软件 NI Multisim 11.0 的常用仿真与分析方法。全书共分 10 章，第 1 ~5 章为 Multisim 11.0 软件的基础知识，介绍了软件的功能特点、系统配置、用户环境与绘图方法，详细介绍了软件中提供的主要元器件、虚拟仿真仪器与基本分析方法，使读者对软件有一个基本的了解。第 6 ~9 章紧密围绕教学与实验内容，列举大量不同类型的典型例题，采用多种仿真和分析方法，讲解了软件在直流电路、交流电路、模拟电路、数字电路分析中的应用，操作步骤详细，使读者通过仿真进一步加深对电工电子技术基本理论的理解。第 10 章通过对 9 个综合应用实例的设计介绍了利用 Multisim 11.0 进行电子电路设计的一般方法，读者通过这些实例设计可进一步提高学习兴趣，培养工程实践能力和创新能力。

本书既可以作为高等院校非电类专业、计算机专业等的电工电子技术仿真教材，也可以作为电类专业及从事系统设计、科研开发的工程技术人员的参考书。

图书在版编目(CIP)数据

电工电子技术. 第 3 分册，利用 Multisim 11.0 的 EDA 仿真技术/渠云田，田慕琴主编；高妍，申红燕分册主编. —3 版. —北京：高等教育出版社，2013.1(2019.12重印)
ISBN 978-7-04-036483-5

Ⅰ.①电… Ⅱ.①渠… ②田… ③高… ④申… Ⅲ.①电工技术-高等学校-教材②电子技术-高等学校-教材 ③电子电路-计算机仿真-应用软件-高等学校-教材 Ⅳ.①TM ②TN

中国版本图书馆 CIP 数据核字(2012)第 277279 号

策划编辑 金春英　　责任编辑 杨 希　　封面设计 于文燕　　版式设计 马敬茹
插图绘制 黄建英　　责任校对 陈 杨　　责任印制 尤 静

出版发行	高等教育出版社	网　　址	http://www.hep.edu.cn
社　　址	北京市西城区德外大街 4 号		http://www.hep.com.cn
邮政编码	100120	网上订购	http://www.landraco.com
印　　刷	涿州市京南印刷厂		http://www.landraco.com.cn
开　　本	787mm×1092mm 1/16		
印　　张	16.25	版　　次	2003 年 6 月第 1 版
字　　数	390 千字		2013 年 1 月第 3 版
购书热线	010-58581118	印　　次	2019 年 12 月第 4 次印刷
咨询电话	400-810-0598	定　　价	24.10 元

本书如有缺页、倒页、脱页等质量问题，请到所购图书销售部门联系调换

物 料 号 36483-00

前　言

本教材第三分册“利用 Multisim 2001 的 EDA 仿真技术”第二版为普通高等教育“十一五”国家级规划教材，本教材第三版在第二版基础上进行了修改并采用了最新版的电路仿真软件 Multisim 11.0 软件，其界面更加友好、形象、真实、易于操作。Multisim 11.0 不仅具有多种功能强大的分析方法、具有齐全的虚拟仪器和虚拟元器件，还提供了更多的实际元器件(包括一些 3D 的元器件)以及 Aglien 公司的信号发生器、万用表和示波器等，使仿真效果更加逼真。Multisim 11.0 所提供的真实仿真平台，一方面给电子产品设计人员带来了极大的方便和实惠，使他们可以利用软件对自己设计的电路进行仿真和改进，达到省时、省力、节约开发成本、优化产品质量的目的；另一方面也为电工电子课程的辅助教学提供了很大帮助，教师可以通过它备课，并用它在多媒体教学中进行课堂演示和实验，优化教学效果，学生可以用它验证作业，解决难题，巩固课堂所学，还可用它预习实验、进行电子电路课程设计，在培养学生创新能力的同时还解决了各高校因经费不足，设备有限，很多实验难以进行的问题。

本教材旨在让学生学会运用 Multisim 11.0 软件仿真分析各种电路的同时，加强对基础理论知识的掌握和理解，培养学生应用现代化分析手段独立分析问题和解决问题的能力，培养学生的创新意识，以适应 21 世纪科技飞速发展的需要。

本教材首先介绍了 Multisim 11.0 软件的特点、系统要求、安装、仿真方法及界面和菜单，并详细介绍了 Multisim 11.0 软件的元器件、虚拟仪器、分析方法及其使用方法，然后列举大量例题说明如何利用该软件对直流、交流、模拟、数字等电路进行测量、分析、设计，最后一章通过对 9 个综合应用实例的设计介绍了利用 Multisim 11.0 进行电子电路设计的一般方法，读者通过这些实例设计可进一步提高学习兴趣，培养工程实践能力和创新能力。本书例题丰富，仿真和分析方法多样，操作步骤详细，非常便于自学。本教材中的插图尽量照顾到仿真软件本身的电路图。

本教材适合于正在学习电工电子技术课程的本专科学生，以及从事系统设计、科研开发的工程技术人员。

本教材由太原理工大学电工基础教学部组织编写。吴申编写了第 1 章，石耀祥编写了第 2 章，武兴华编写了第 3 章，侯锐编写了第 4 章，杨铁梅(太原科技大学)编写了第 5 章，靳宝全编写了第 6 章，程永强编写了第 7 章，申红燕编写了第 8 章，高妍编写了第 9 章，武培雄编写了第 10 章，全书由高妍进行统稿。整套系列教材由渠云田教授、田慕琴教授统稿。太原理工大学信息学院夏路易教授对书稿进行了详细认真的审阅，并提出了许多宝贵的意见和修改建议，我们据此进行了认真的修改。本书在编写过程中,得到了电工基础部所有教师的支持和帮助,在此对他们表示衷心的感谢。

同时,在本教材的编写过程中,还参考了一些优秀的教材,在此,谨对这些参考书的作者一并表示感谢!

由于编者水平有限,书中错误与不妥之处在所难免,殷切希望使用本书的读者提出宝贵的意见,以利于本书的进一步完善。

编者

2012 年 10 月

目　录

第1章 NI Multisim 11.0 仿真软件概述

1.1 Multisim 11.0 简介

NI Circuit Design Suite(NI 电路设计套件)是美国国家仪器有限公司(National Instrument,简称 NI 公司)下属的 Electronics Workbench Group 推出的以 Windows 为基础的仿真工具,涵盖了电路仿真设计模块 Multisim、PCB 设计软件 Ultiboard、布线引擎 Ultiroute 及通信电路分析与设计模块 Commsim 等 4 个部分,它可以实现对电路原理图的图形输入、电路硬件描述语言输入方式、电路分析、电路仿真、仿真仪器测试、射频分析、单片机分析、PCB 布局布线、基本机械 CAD 设计等应用、能完成从电路的仿真设计到电路版图生成的全过程。Multisim、Ultiboard、Ultiroute 及 Commsim 4 个部分相互独立,可以独立使用。Multisim、Ultiboard、Ultiroute 及 Commsim 4 个部分有增强专业版(Power Professional)、专业版(Professional)、个人版(Personal)、教育版(Education)、学生版(Student)和演示版(Demo)等多个版本。

该系统软件设计功能完善,操作界面友好、形象,非常易于掌握。NI Multisim 11.0 的开发不仅很好地解决了电子线路设计中既费时费力又费钱的问题,给电子产品设计人员带来了极大的方便和实惠。他们可以利用电脑辅助设计进行电路仿真,有效地节省了开发时间和成本。而且 NI Multisim 11.0 方便的操作方式,电路图和分析结果直观的显示形式,也非常适合于电工电子技术课程的辅助教学,有利于提高学生对理论知识的理解和掌握,有利于培养学生的创新能力。因此,NI Multisim 11.0 是目前比较理想的、可以辅助理工科非电类专业学生学习电工电子技术课程的 EDA(Electronics Design Automation)电子电路仿真软件。

随着计算机技术的飞速发展,特别是 Windows 操作系统的广泛使用,由于充分利用了 Windows 操作系统的直观的图形操作界面、软件的多任务同时运行等许多优点,Electronics Workbench 的功能和运行性能得到了完善和提高。NI Multisim 11.0 软件具有以下主要特点:

1. 集成化、一体化的设计环境

可任意地在系统中集成数字及模拟元器件,完成原理图输入、数模混合仿真以及波形图显示等工作。当用户进行仿真时,原理图、波形图同时出现。当改变电路连线或元器件参数时,波形即时显示变化。

2. 界面友好、操作简单

用户可以同时打开多个电路,轻松地选择和编辑元器件、调整电路连线、修改元器件属性。旋转元器件的同时管脚名也随着旋转并且自动配置元器件标识。此外,还有自动排列连线、在连线时自动滚动屏幕、以光标为准对屏幕进行缩小和放大等功能,画原理图时更加方便快捷。

3. 丰富、真实的实验仿真平台

NI Multisim 11.0 的元器件库的特点是既有虚拟元器件又有实际元器件，数千种电路元器件中既有无源元器件也有有源元器件，既有模拟元器件也有数字元器件，既有分立元器件也有集成元器件，还可以新建或扩充已有的元器件库，建库所需的元器件参数可以从生产厂商的产品使用手册中查到，因此也很方便地在工程设计中使用。

NI Multisim 11.0 不仅提供了齐全的虚拟仪器，如示波器、信号发生器、瓦特表、万用表、频率计、波特图仪、频谱分析仪和逻辑分析仪等，Multisim 11.0 还提供了一些 3D 的元器件、Aglien 公司的信号发生器、万用表和示波器，用这些元器件和仪器仿真电子电路，就如同在实验室做实验一样，非常真实，而且不必为损坏仪器和元器件而烦恼，也不必为仪器数量和测量精度不够而一筹莫展。设计与实验可以同步进行，可以一边设计一边实验，修改调试方便；设计和实验用的元器件及测试仪器仪表齐全，可以完成各种类型的电路设计与实验；可方便地对电路参数进行测试和分析；可直接打印输出实验数据、测试参数、曲线和电路原理图；实验中不消耗实际的元器件，实验所需元器件的种类和数量不受限制，实验成本低，实验速度快，效率高；设计和实验成功的电路可以直接在产品中使用。

4. 较为详细的电路分析功能

NI Multisim 11.0 提供了多达 19 种仿真分析方法，不但可以完成电路的稳态分析和暂态分析、时域分析和频域分析、元器件的线性分析和非线性分析、电路的噪声分析和失真分析等常规分析，而且还提供了离散傅里叶分析、电路的极零点分析、交直流灵敏度分析和线宽分析等。用户可以利用这些分析工具，帮助设计人员分析电路的性能，准确而清楚地了解电路的工作状态。

5. NI Multisim 11.0 可以设计、测试和演示各种电子电路

包括电工学、模拟电路、数字电路、射频电路及微控制器和接口电路等。可以对被仿真的电路中的元器件设置各种故障，如开路、短路和不同程度的漏电等，从而观察不同故障情况下的电路工作状况。在进行仿真的同时，软件还可以存储测试点的所有数据，列出被仿真电路的所有元器件清单，以及存储测试仪器的工作状态、显示波形和具体数据等。

6. NI Multisim 11.0 有丰富的 Help 功能

其 Help 系统不仅包括软件本身的操作指南，更重要的是包含元器件的功能解说，Help 中这种元器件功能解说有利于使用 EWB 进行 CAI 教学。另外，NI Multisim 11.0 还提供了与国内外流行的印制电路板设计自动化软件 Protel 及电路仿真软件 PSPICE 之间的文件接口，也能通过 Windows 的剪贴板把电路图送往文字处理系统中进行编辑排版。支持 VHDL 和 VerilogHDL 语言的电路仿真与设计。

1.2 NI Multisim 11.0 软件安装

NI Multisim 11.0 软件分为学生版、教育版、专业版和增强专业版，各个版本开放的资源不相同，但是安装、使用基本是相同的。NI Multisim 11.0 软件的安装与其他的 Windows 软件的安装基本相同，只要启动 setup 就可以安装。在 Windows 操作界面下，建议用户使用“控制面板”中的“增加/删除程序”功能。

具体安装步骤如下：

（1）按屏幕左下角的“开始”按钮，将鼠标指向“控制面板”然后单击“控制面板”项。

（2）选择“添加/删除程序”，单击其图标出现对话框，选中“安装”。

（3）将安装光盘插入光驱，找到安装盘的启动文件 setup. exe，并运行该文件。

（4）根据屏幕提示对话框进行安装。

安装完毕，重启电脑后，单击“开始”—“所有程序”—“National Instruments”—“NI License Manager ”，进入 NI 许可证管理器，如图 1－1 所示。

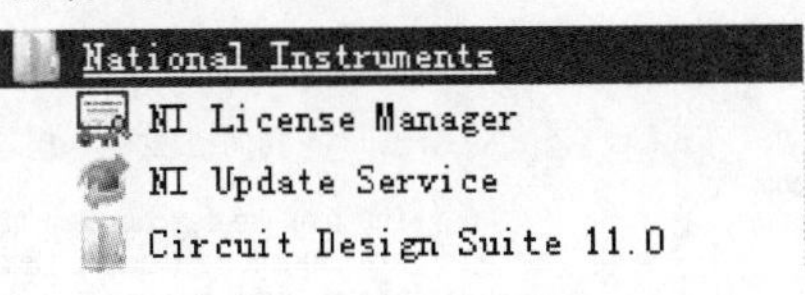

图 1－1 许可证管理器

单击“选项”—“安装许可证文件”，激活两个许可证文件。

单击“开始”—“所有程序”—“National Instruments”—“Circuit Design Suite 11. 0 ”—“Multisim 11. 0”运行程序。

安装完毕后，启动桌面上有图 1－2 所示的 NI Multisim 11. 0 图标。Multisim 11. 0 软件启动后，屏幕上就会出现相应的工作界面，关于 NI Multisim 11. 0 的工作界面，将在第 2 章详细介绍。

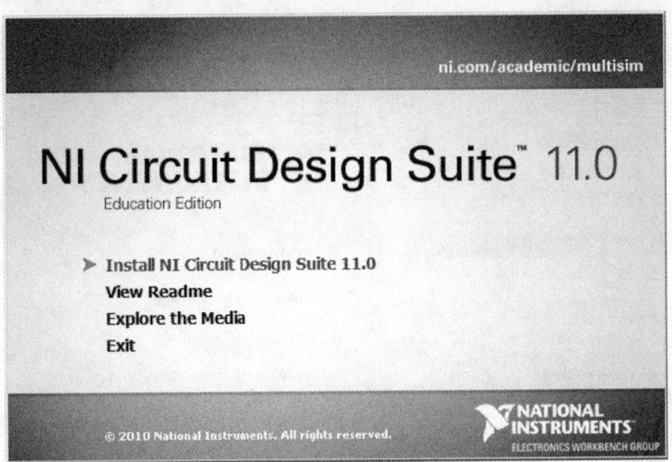

图 1－2 工作界面

1.3 在线帮助的使用

当用户需要查询有关信息时，可以使用 NI Multisim 11. 0 在线帮助。进入在线帮助的两种标准的窗口帮助文件如下：

1. 执行 Help/Multisim Help 命令

执行 Help 下拉菜单中选择相应的 Multisim Help 命令，用户可以通过图 1－3 所示“目录”窗口选择一个帮助主题,或者通过图1-4所示"索引"窗口根据关键字查找帮助主题。

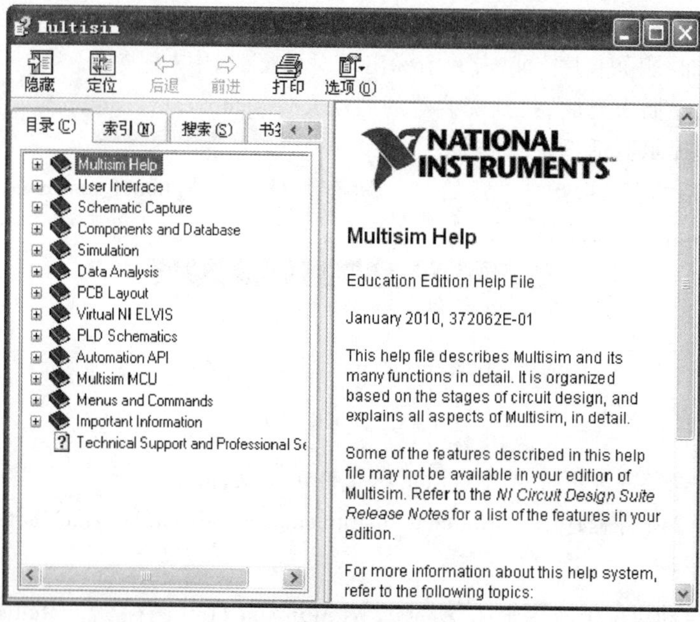

图1-3　"目录"窗口

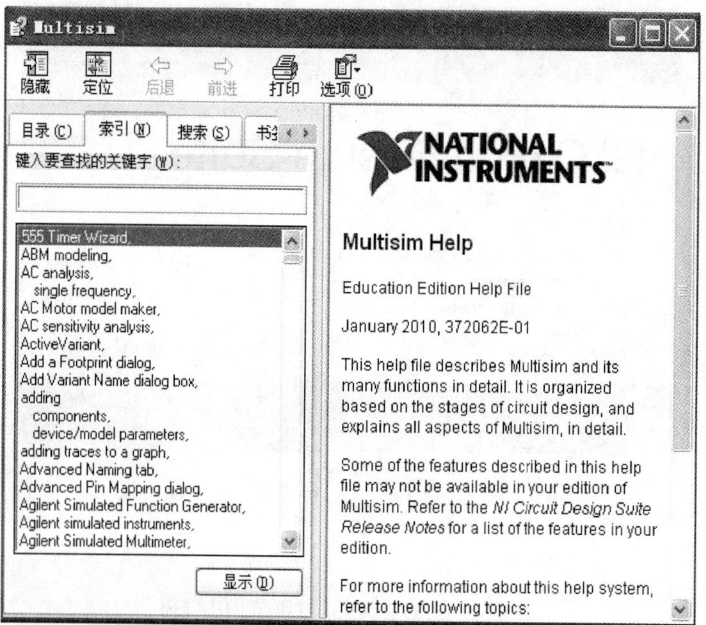

图1-4　"索引"窗口

2. 执行Help/Component Reference命令

执行Help下拉菜单中选择相应的Component Reference命令,查找相应元器件参数的详细信息,例如可以查看NI Multisim 11.0提供的元器件家族的详细资料。

另外还可以按下F1键寻求上下文的相关帮助,或是用鼠标选中所要查询的元器件,然后单击鼠标右键出现的下拉菜单 Properties 中弹出的 Help 命令查询相关资料。

1.4　电子电路的仿真

用 NI Multisim 11.0 软件对电子电路进行仿真有两种基本方法。一种方法是使用虚拟仪器直接测量电路,另一种是使用分析方法分析电路。

1. 使用虚拟仪器直接测量电路

Multisim 11.0 仪器库中提供了十几种虚拟仪器,用户可以通过这些虚拟仪器观察电路的运行状态,观察电路的仿真结果,这些仪器的使用、设置和读数与实际的仪器类似,使用这些仪器就像在实验室中做实验一样。具体步骤如下:

(1) 在电路工作窗口画所要分析的电路原理图。

(2) 编辑元器件属性,使元器件的数值和参数与所要分析的电路一致。

(3) 在电路输入端加入适当的信号。

(4) 放置并连接测试仪器。

(5) 接通仿真电源开关进行仿真。

2. 使用分析方法分析电路

Multisim 11.0 提供了直流工作点分析、交流频率分析、暂态分析、直流扫描分析、参数扫描分析、温度扫描分析等多达 19 种仿真分析方法,这些方法对于电路分析和设计都非常有用,学会这些分析方法,可以增加分析和设计电路的能力。使用分析方法仿真电子电路的具体步骤如下:

(1) 在电路工作窗口创建所要分析的电路原理图。

(2) 编辑元器件属性,使元器件的数值和参数与所要分析的电路一致。

(3) 在电路输入端加入适当的信号。

(4) 显示电路的结点。

(5) 选定分析功能、设置分析参数。

(6) 单击仿真按钮进行仿真。

(7) 在图表显示窗口观察仿真结果。

第 2 章　Multisim 11.0 的用户界面

运行 Circuit Design Suite 11.0→Multisim 11.0 或运行快捷方式软件后，进入图 2-1 所示的 Multisim 11.0 软件主窗口。主窗口主要由标题栏、菜单栏、工具条、电路工作窗口、状态栏等部分组成。

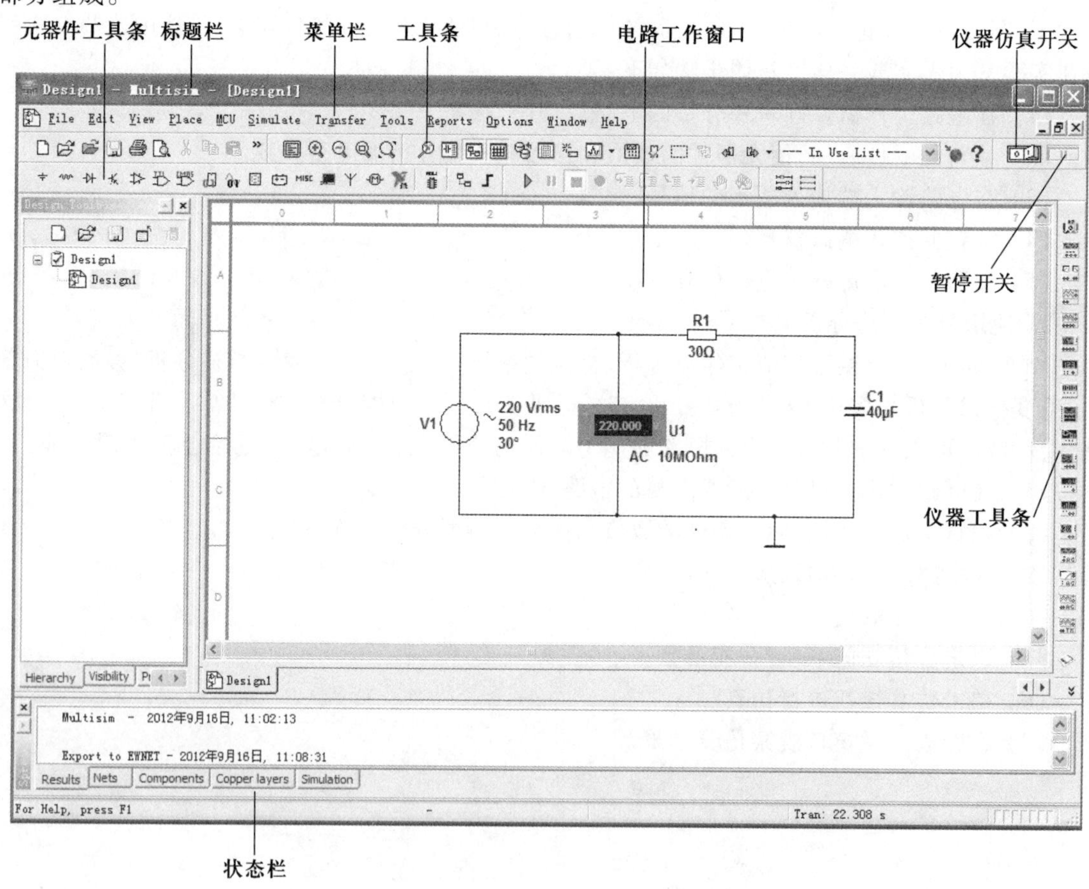

图 2-1　Multisim 11.0 软件主窗口

2.1　标　题　栏

主窗口的最上方是标题栏，标题栏显示当前的应用程序名：Design1 - Multisim - [Design1]。标题栏的左侧有一个控制菜单框，单击该菜单框可以打开一个命令窗口，执行相关命令可以对程序窗口做如下操作：

Restore	还原(R)
Move	移动 (M)
Size	大小(S)
Minimize	最小化(N)
Maximize	最大化(X)
Close	关闭(C)

标题栏的右侧有 3 个控制按钮：最小化、最大化和关闭按钮，通过控制按钮也可以实现对程序窗口的操作。

2.2 菜 单 栏

菜单栏主要用于提供电路文件的存取、电路图的编辑、电路的模拟与分析、在线帮助等。菜单栏由 File 文件、Edit 编辑、View 视图、Place 放置、MCU 微控制器、Simulate 仿真、Transfer 电路文件输出、Tool 管理元器件的工具、Reports 报告、Options 软件环境设置、Window 窗口和 Help 帮助这 12 个菜单组成。而每个菜单的下拉菜单中又包括若干条命令。下面介绍教育版常用菜单的功能。

2.2.1 File 文件菜单

该文件菜单主要用于文件管理和打印管理，如图 2-2 所示，包括以下命令。

- New 执行新建文件命令，电路工作窗口就会打开一个 Untitled(未命名)窗口，在该窗口即可创建另一个新的电路，建立新的电路文件。
- Open 执行打开文件命令，用来打开已有的扩展名为 *.msm8、*.msm7、*.ewb 或 *.utsch 等格式的电路图文件，在弹出的窗口中选择路径、文件夹和欲打开的电路图文件。
- Close 关闭当前电路文件命令。
- Close All 关闭电路工作区内的所有文件。
- Save 选择电路文件存放路径，将当前新建立的电路文件保存为扩展名为 .msm 的电路文件。
- Save As 执行另存文件命令，实现文件的换名保存。
- Save all 将电路工作区内所有的文件以 *.msm11 为扩展名保存。
- Print 设置好打印机就可以打印电路工作区内的电路原理图。
- Print Preview 弹出窗口显示欲打印的内容。
- Print Options 打印当前电路文件，其中子菜单：

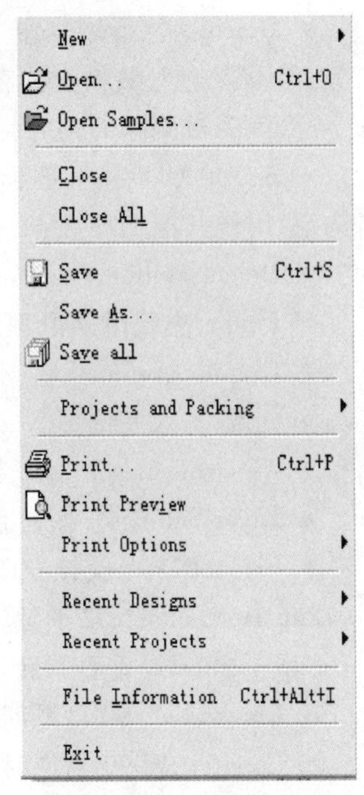

图 2-2 File 文件菜单

Print Circuit Setup 在弹出的窗口设置 PageMargins(页边距)、Page Orientation(打印方向)、Zoom(打印比例)、Options(打印内容)。

Print Instruments 打印当前电路中使用的仪器。

- Recent Designs 显示最近时间打开过的文件,用于快速选择并打开文件。
- Recent Projects 选择打开最近打开过的项目。

另外还有关于项目建立、保存等操作的菜单,由于仅在专业版中出现,不再一一介绍。

2.2.2 Edit 编辑菜单

编辑菜单如图 2-3 所示,包括以下命令。

- Undo 撤销最近的一次操作。
- Redo 恢复前一次操作。
- Cut 执行剪切命令,可将所选择的对象(如元器件、电路、文本等)放置在剪贴板上,以便执行粘贴命令时再将其粘贴到其他地方。
- Copy 执行复制命令,可将所选择的对象(如元器件、电路、文本等)放置在剪贴板上,以便执行粘贴命令时使用。一旦拷贝,可以粘贴到 Word 软件中。
- Paste 执行粘贴命令,可将剪贴板上的信息粘贴到活动窗口中。粘贴命令执行后,该信息仍然保留在剪贴板上。被粘贴位置的文件性质必须与剪贴板上的内容性质相同,否则不能粘贴。例如,不能将电路窗口的信息粘贴到描述窗口。
- Delete 执行删除命令,可永久地删除所选择的元器件或文本等,但不影响剪贴板上当前的内容。注意使用这个命令时要十分小心,因为被删除的内容将无法恢复。
- Select All 执行全选命令,可将电路工作窗口中的全部电路选定,用作其他处理。

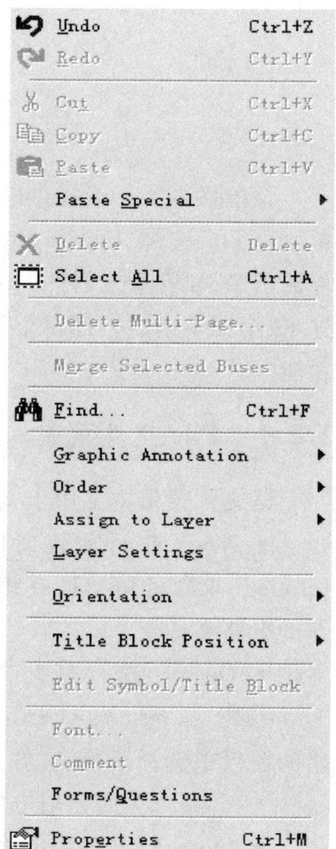

图 2-3 Edit 编辑菜单

- Delete Multi-Page 删除多页面。
- Find 查找电路原理图中的元器件。
- Graphic Annotation 图形注释。
- Order 顺序选择。
- Assign to Layer 图层赋值。
- Layer Settings 图层设置。
- Orientation 旋转方向选择,包括:

Flip Horizontal 水平翻转。选择水平翻转命令,完成对被选元器件的水平翻转操作。

Flip Vertical 垂直翻转。选择垂直翻转命令,完成对被选元器件的垂直翻转操作。

90 Clockwise 90 度顺时针旋转。每执行一次旋转操作,被选元器件顺时针旋转 90°。

90 CounterCW 90 度逆时针旋转。每执行一次旋转操作,被选元器件逆时针旋转 90°。

在电路设计窗口搭接电路时,经常需要调整元器件的位置,这时可以通过单击要旋转的元器件，选择旋转命令，就能完成对元器件的旋转操作。

- Title Block Position　工程图明细表位置。
- Edit Symbol/Title Block　编辑符号/工程明细表。
- Font　字体设置。
- Comment　注释。
- Forms/Questions　格式/问题。
- Properties　属性编辑。

2.2.3 View 视图菜单

视图菜单如图 2－4 所示，包括以下命令。

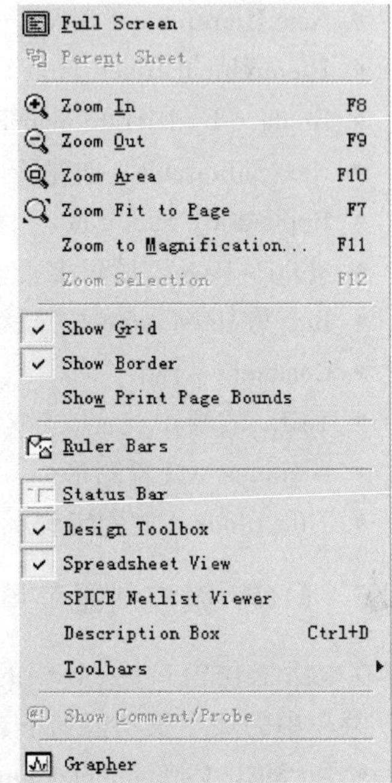

图 2－4　View 视图菜单

- Full Screen　全屏。
- Parent Sheet　层次。
- Zoom In　放大图纸。
- Zoom Out　缩小图纸。
- Zoom Area　放大面积。
- Zoom Fit to Page　放大到适合的页面。
- Zoom to Magnification　按比例放大到适合的页面。
- Zoom Selection　放大选择。
- Show Grid　显示或者关闭栅格。
- Show Border　显示或者关闭边界。
- Show Print Page Bounds　显示或者关闭页边界。
- Ruler Bars　显示或者关闭标尺栏。
- Status Bar　显示或者关闭状态栏。
- Design Toolbox　显示或者关闭设计工具箱。
- Spreadsheet View　显示或者关闭电子数据表，扩展显示窗口。
- Description Box　显示或关闭电路描述工具箱。
- Toolbars　显示或关闭工具箱。
- Show Comment/Probe　显示或关闭注释/标注。
- Grapher　显示或关闭图形编辑器。

2.2.4 Place 放置菜单

放置菜单如图 2－5 所示，包括以下命令。

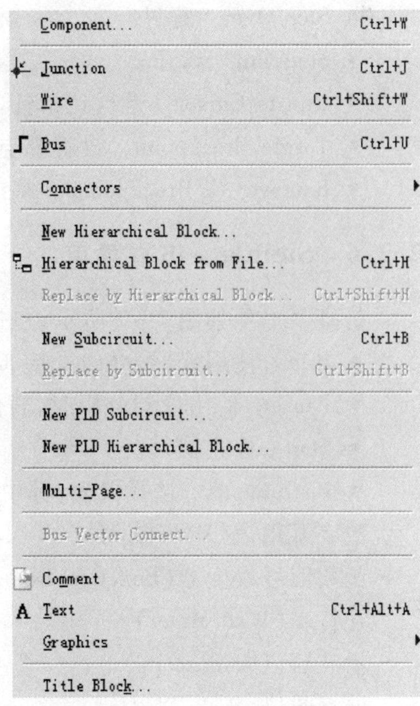

图 2－5　Place 放置菜单

- Component　放置元器件。
- Junction　放置一个导线连接点。
- Wire　放置导线。
- Bus　放置总线。
- Connectors　放置输入/输出端口连接器。

- New Hierarchical Block 放置层次模块。
- Hierarchical Block form File 来自文件的层次模块。
- Replace by Hierarchical Block 替换层次模块。
- New Subcircuit 创建子电路。
- Replace by Subcircuit 子电路替换。
- Multi - Page 设置多页。
- Bus Vector Connect 总线矢量连接。
- Comment 注释
- Text 放置中英文文字。
- Graphics 放置图形。
- Title Block 放置工程标题栏。

2.2.5 MCU 微控制器菜单

在电路工作窗口内 MCU 的调试操作命令如图 2-6 所示，MCU 菜单中的命令及功能如下：

- No MCU Component Found 没有创建 MCU 器件。
- Debug View Format 调试格式。
- Show Line Numbers 显示线路数目。
- Pause 暂停。
- Step Into 进入。
- Step Over 跨过。
- Step Out 离开。
- Run to Cursor 运行到指针。
- Toggle Breakpoint 设置断点。
- Remove All Breakpoints 移出所有的断点。

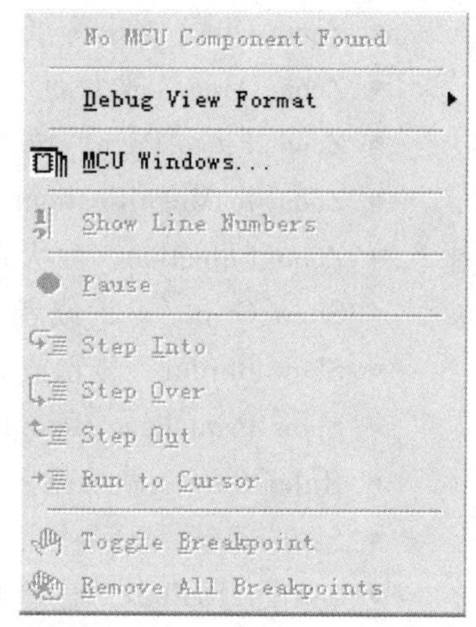

图 2-6 MCU 微控制器菜单

2.2.6 Simulate 仿真菜单

仿真菜单项如图 2-7 所示，包括以下命令。

- Run 使用仪器分析时，接通仿真电源开关。
- Pause 使用仪器分析时，暂停仿真电源开关。
- Stop 停止仿真。
- Instruments 选择仪表，其中包括：

数字万用表(Multimeter)

函数信号发生器(Function Generator)

瓦特表(Watt Meter)

示波器(Oscilloscope)

波特图仪(Bode Plotter)

频率计(Frequency Counter)

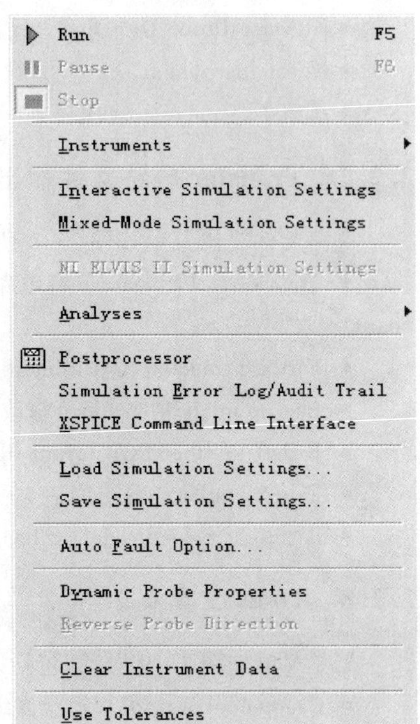

图 2-7 Simulate 仿真菜单

数字字信号发生器(Word Generater)
逻辑分析仪(Logic Analyzer)
逻辑转换仪(Logic Converter)
失真度分析仪(Distortion Analyzer)
频谱分析仪(Spectrum Analyzer)
网络分析仪(Network Analyzer)

- Interactive Simulation Settings 交互式仿真设置。
- Mixed - Mode Simulation Settings 混合仿真设置。
- Analyses 仿真分析选择菜单,其中包括:

直流工作点分析(DC Operating Point Analysis)
交流频率分析(AC Frequency Analysis)
暂态分析(Transient Analysis)
傅里叶分析(Fourier Analysis)
噪声分析(Noise Analysis)
失真度分析(Distortion Analysis)
直流扫描分析(DC Sweep Analysis)
灵敏度分析(Sensitivity Analysis)
参数扫描分析(Parameter Sweep Analysis)
温度扫描分析(Temperature Sweep Analysis)
极零点分析(Pole - Zero Analysis)
传递函数分析(Transfer Function Analysis)
最坏情况分析(Worst Case Analysis)
蒙特卡罗分析(Monte Carlo Analysis)
导线宽度分析 (Trace Width Analysis)
批处理分析 (Batched Analysis)
自定义分析 (User Defined Analysis)
噪声图形分析 (Noise Figure Analysis)
停止分析过程 (Stop Analysis)
射频分析 (RF Analysis)

- Postprocessor 弹出数据后处理窗口。对分析后产生的数据进行再运算。
- Simulation Error Log/Audit Trail 仿真误差记录/查询
- XSPICE Command Line Interface XSPICE 命令界面。
- Load Simulation Settings 导入仿真设置。
- Save Simulation Settings 保存仿真设置。
- Auto Fault Option 弹出故障设置窗口,在该窗口可以设置故障形式和数量,一旦设置完成,会自动产生故障。
- Dynamic Probe Properties 动态探针属性。

- Reverse Probe Direction 反向探针。
- Clear Instrument Data 清除仪器数据。
- Use Tolerances 使用公差。

2.2.7 Transfer 电路文件输出菜单

电路文件输出菜单如图 2-8 所示,包括以下命令。

- Transfer to Ultiboard 将电路网表传递给画电路板软件 Ultiboard。
- Forward annotate to Ultiboard 创建 Ultiboard 注释文件。
- Backannotate from file 修改注释文件。
- Export to other PCB layout file 输出到其他 PCB 文件。
- Export Netlist 输出网表。
- Highlight Selection in Ultiboard 加亮所选择的 Ultiboard。

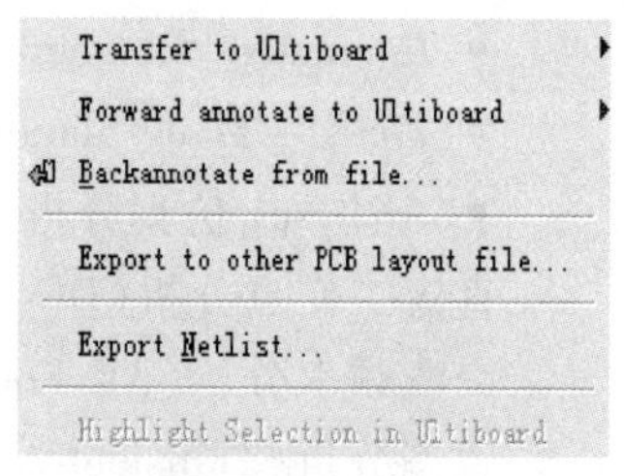

图 2-8 Transfer 电路文件输出菜单

2.2.8 Tools 工具菜单

工具菜单如图 2-9 所示,包括以下命令:

- Component Wizard 元器件编辑器。
- Database 数据库。
- Circuit Wizards 电路编辑器。
- SPICE Netlist Viewer SPICE 网表编辑器。
- Rename/Renumber Components 元器件重新命名。
- Replace Components 元器件替换。
- Update Circuit Components 更新电路元器件。
- Update HB/SC Symbols 更新 HB/SC 符号。
- Electrical Rules Check 电气规则检验。
- Clear ERC Markers 清除 ERC 标志。
- Toggle NC Marker 设置 NC 标志。
- Symbol Editor 符号编辑器。
- Title Block Editor 工程图明细表编辑器。
- Description Box Editor 描述箱编辑器。
- Capture Screen Area 捕捉屏幕范围。
- Show Breadboard 显示面包板。
- Online Design Resources 在线设计资源。
- Education Web Page 教育网页浏览。

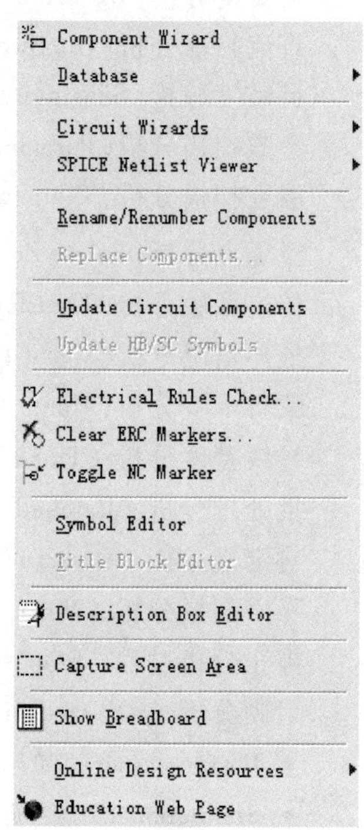

图 2-9 Tools 工具菜单

2.2.9 Reports 报告菜单

报告菜单如图 2-10 所示,包括以下命令。

- Bill of Materials 材料清单。
- Component Detail Report 元器件详细报告。
- Netlist Report 网络表报告。
- Cross Reference Report 参照表报告。
- Schematic Statistics 统计报告。
- Spare Gates Report 剩余门电路报告。

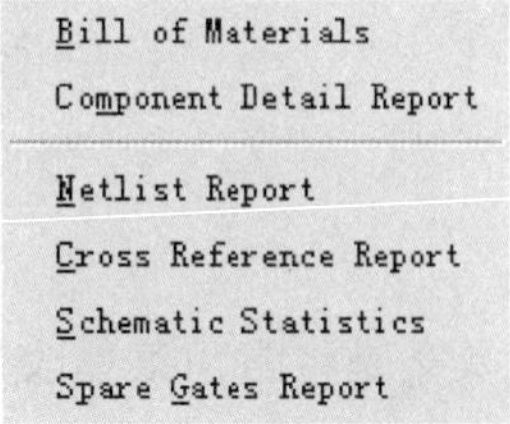

图 2-10 Reports 报告菜单

2.2.10 Options 软件环境设置菜单

软件环境设置菜单如图 2-11 所示,包括以下命令。

- Global Preferences 全部参数设置,打开对话框,设置软件运行环境。
- Sheet Properties 工作台界面设置。
- Global Restrictions 打开全局限制设置对话框。
- Circuit Restrictions 打开电路运行设置对话框。
- Simplified Version 简单版本。
- Lock Toolbars 锁定元器件、仪器工具条。
- Customize User Interface 定义用户界面。

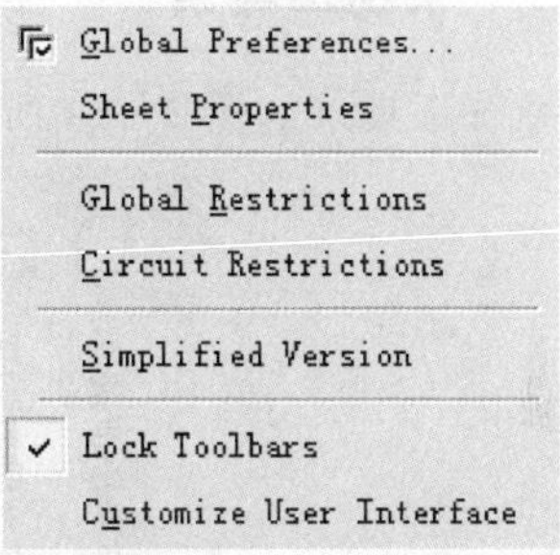

图 2-11 Options 软件环境设置菜单

2.2.11 Window 窗口菜单

窗口菜单如图 2-12 所示,包括以下命令。

- New Window 建立新窗口。
- Close 关闭窗口。
- Close All 关闭所有窗口。
- Cascade 窗口层叠。
- Tile Horizontal 窗口水平平铺最大化。
- Tile Vertical 窗口垂直平铺最大化。
- Windows 窗口选择。

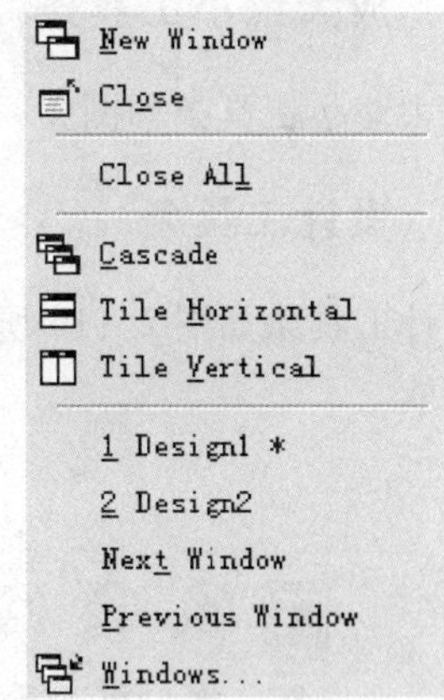

图 2-12 Window 窗口菜单

2.2.12 Help 帮助菜单

帮助菜单如图 2-13 所示,包括以下命令。

- Multisim Help Multisim 帮助主题。
- Component Reference 元器件索引。
- Find Examples 查找实例。
- Patents 专利权。
- Release Notes 版本注释。
- File Information 文件信息。
- About Multisim 有关 Multisim 的说明。

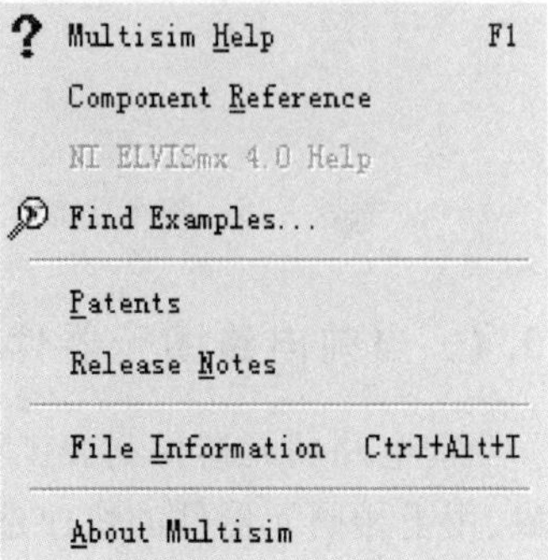

图 2-13 Help 帮助菜单

2.3　工　具　条

工具条是将常用菜单改为图形按钮,使用该栏目下的工具按钮,可以使软件的操作更加方便快捷。

2.3.1　系统工具条

系统工具条如图 2－14 所示。

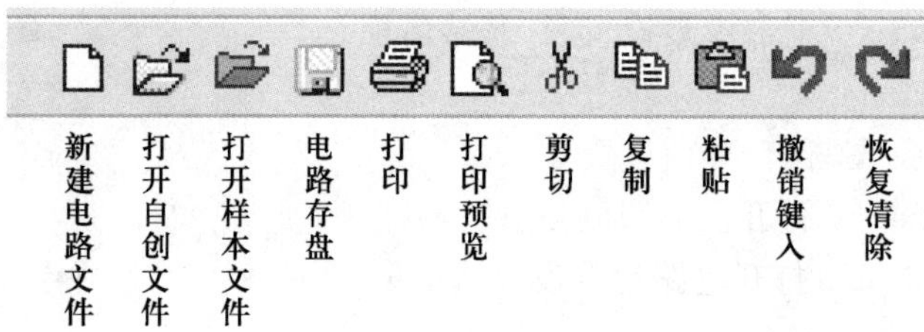

图 2－14　系统工具条

2.3.2　放大缩小工具条

放大缩小工具条如图 2－15 所示。该工具条用于放大缩小图纸。

2.3.3　设计工具条

设计工具条如图 2－16 所示。该工具条中的按钮工具控制着元器件、仿真、分析和数据后处理等功能。

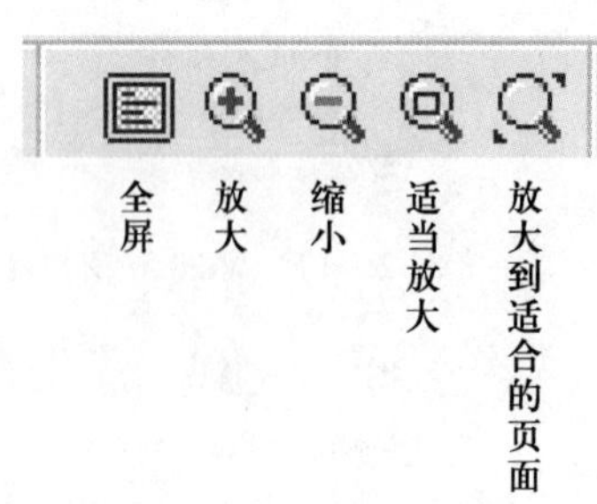

图 2－15　缩小放大工具条

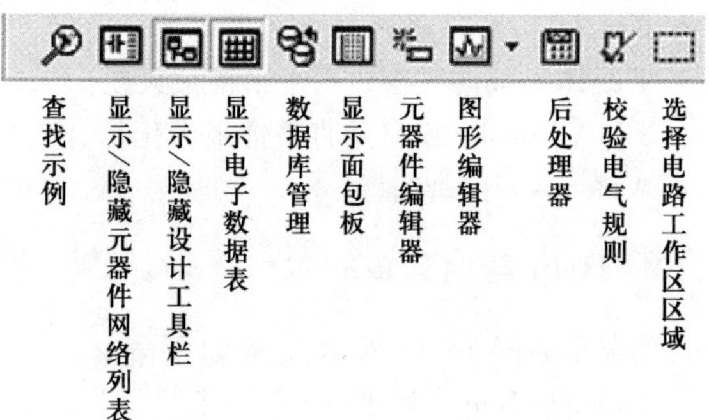

图 2－16　设计工具条

2.3.4　当前电路图元器件列表工具

当前电路图元器件列表工具如图 2－17 所示。该下拉工具显示当前电路图中所用元器件的列表,用于相同元器件的快速选取。

2.3.5 仪器仿真开关

仪器仿真开关如图 2-18 所示。工作界面的右上角还有两个开关:暂停开关和仿真电源开关,当使用仪器测量电路时,该开关控制着仿真开始、暂停和结束,其作用如同实验台上的开关。

图 2-17 当前电路图元器件列表工具　　图 2-18 仪器仿真开关

当接好电路并接好测试仪器后,单击仿真电源开关,对电路进行仿真。再次单击仿真电源开关时,即可停止对电路的仿真。当需要将示波器、波特图仪等仪器所测绘的波形或曲线停止不动时,用鼠标单击暂停开关,第一次单击暂停电路仿真,再次单击时恢复电路仿真。

2.3.6 元器件工具条

元器件工具条如图 2-19 所示。该工具条用于打开元器件库选取元器件,库中存放着各种元器件,用户可以根据需要随时调用。元器件库中的各种元器件按类别存放在不同的库中,Multisim 11.0 为每个库都设置了图标。

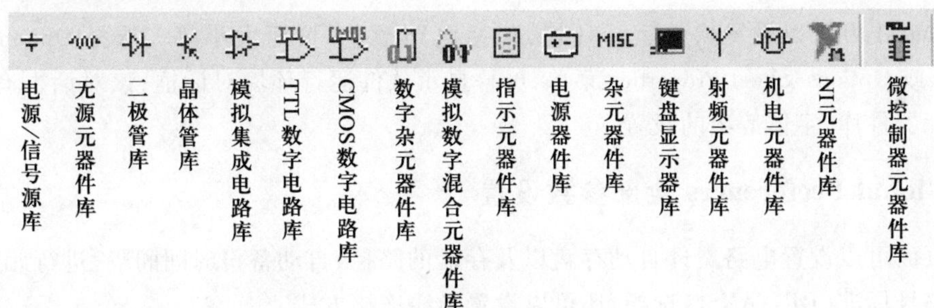

图 2-19 元器件工具条

2.3.7 仪器工具条

仪器工具条如图 2-20 所示。该工具条用于快速选取实验仪器。

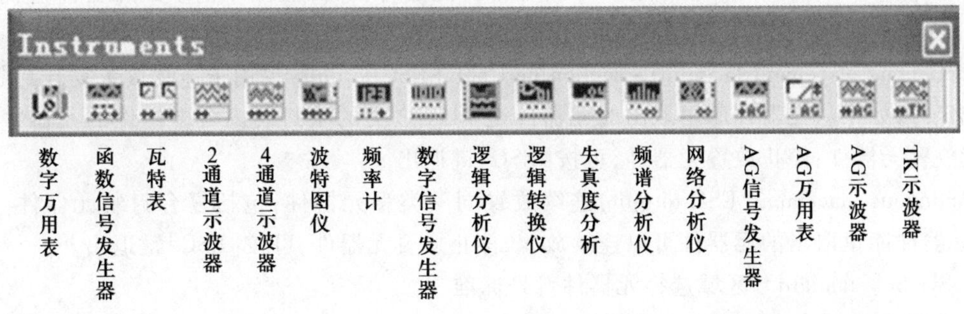

图 2-20 仪器工具条

2.4 其他部分

2.4.1 电路工作窗口

电路工作窗口位于工作界面的中心区域,在这个区域可以创建和设计电路。使用者可以将元器件库中的元器件和仪器移到该工作区,搭接电路进行仿真和设计。也可以对电路进行移动、缩放等操作,这些操作都非常灵活。

2.4.2 状态栏

状态栏位于 Multisim 11.0 工作界面的最下方,用来显示当前的命令状态、运行时间和当前仿真电路文件名等。

2.5 Multisim 11.0 软件环境设置

Multisim 11.0 可以设置软件运行环境,包括电路颜色、页面大小等。选择 Options/ Global Preferences 或 Options/Sheet Properties 菜单,屏幕显示软件运行环境对话框,该对话框有电路、页面、连线、元器件库、字体等项的设置。

2.5.1 Global Preferences 全部参数设置

在该页面可以设置电路文件自动存盘以及存盘的路径,自动备份时间间隔、进行元器件的放置方式和符号标准(DIN/ANSI)选择,还可以设置导线连接方式。

一、Parts 元器件库设置

如图 2-21 所示 Parts 元器件库的设置页面。在该页面可以设置元器件选择方式和符号标准。

1. Place component mode 元器件放置模式设置

Place single component 一次放置一个元器件。选定时,从元器件库里取出元器件,只能放置一次。

Continuous placement for multi-section part only(ESC to quit)仅用于连续放置复合封装元器件。选定时,如果从元器件库里取出的元器件是 74xx 之类的单封装内含多组件的元器件,则可以连续放置元器件;停止放置元器件,可按[ESC]键退出。

Continuous placement(ESC to quit)连续放置同一类型元器件,包括复合封装元器件。选定时,从元器件库里取出的元器件可以连续放置;停止放置元器件,可按[ESC]键退出。

2. Symbol standard 区域选择元器件符号标准

ANSI 设定采用美国标准元器件符号

DIN 设定采用欧洲标准元器件符号

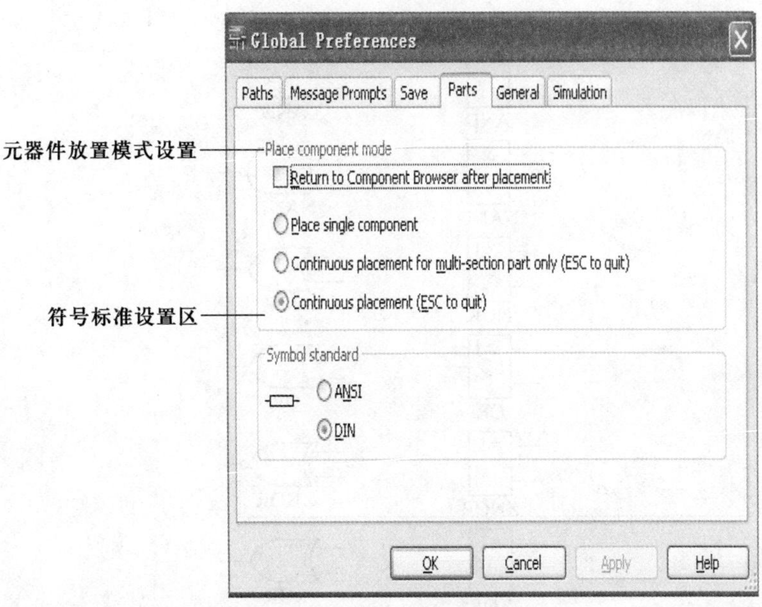

图 2-21　元器件设置页面

Multisim 11.0 中有两套标准符号可供选择。一套是欧洲标准符号 DIN,另一套是美国标准符号 ANSI。两套标准中大部分元器件的符号是一样的,但有些元器件的符号不一样,像部分有源器件、无源器件和数字器件的符号和图形就不同,如图 2-22、图 2-23 和图 2-24 所示。

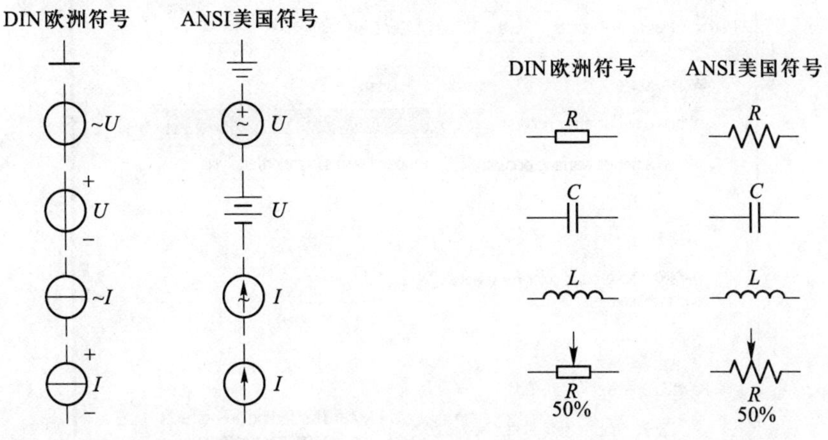

图 2-22　部分有源器件的符号比较　　图 2-23　部分无源器件的符号比较

二、Simulation 设置

在 Netlist errors 中进行网络表错误提示设置,在 Graphs 选项中可以设置图表和仪器的图形显示区域背景颜色,默认为黑色。

在 Positive phase shift direction 区域选择相移方向,左移(Shift left)或者右移(Shift right)。如图 2-25 所示。

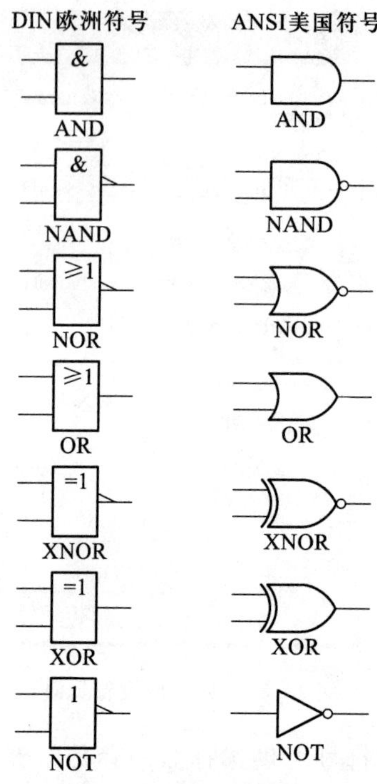

图 2-24 部分数字器件的美国符号和欧洲符号比较

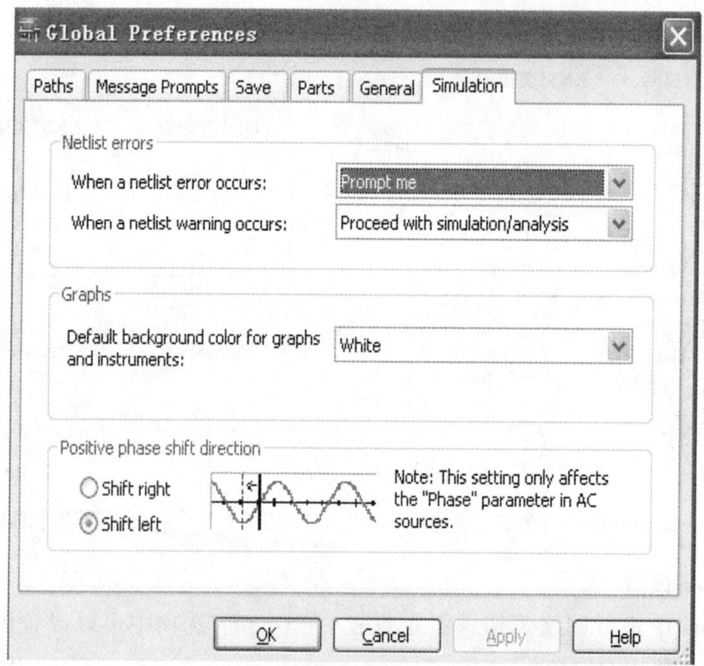

图 2-25 Simulation 设置

2.5.2 Sheet Properties 工作台界面设置

一、Circuit 电路设置页面

选择 Options/Sheet Properties 对话框的 Circuit 选项可弹出电路设置页面如图 2-26 所示。包括以下内容的设置:

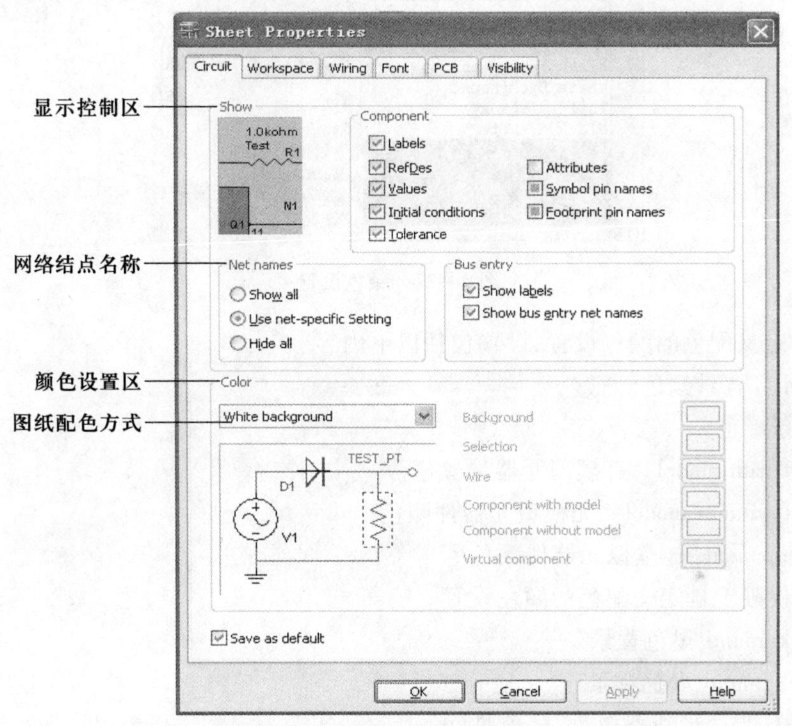

图 2-26 电路设置页面

1. Show 显示控制

如图 2-26 所示,对话框中是元器件和结点显示内容的设置,设置的结果出现在选项左边的图形中。实际中,根据需要选择显示内容。其中:

Component 元器件

Labels 显示元器件标志

RefDes 显示元器件参考编号

Values 显示元器件数值

Initial condition 选择初始化条件

Tolerance 选择公差

Attributes 显示元器件属性

Symbol pin names 管脚符号名

Footprint pin names 管脚封装名

2. Net names 网络结点名称显示

Show all 显示网络结点

Use net-specific Setting　使用网络特定设置

Hide all 隐藏网络结点

3. Color 颜色设置

Multisim 提供了几种图形及其背景的配色方案,如图2-27所示,其中:

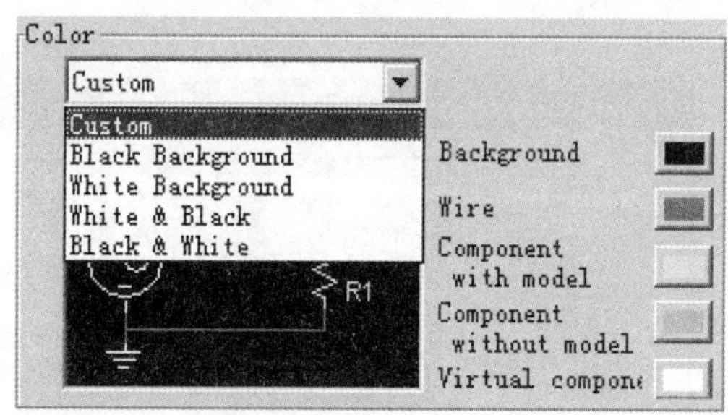

图2-27　颜色设置

Custom 自定义配色的颜色设置,设置包括以下内容。

Background　背景颜色

Wire　线条颜色

Component with model　有模型元器件颜色

Component without model　无模型元器件颜色

Virtual component*　虚拟元器件颜色

以上设置仅限于自定义配色的颜色设置。

Black Background 黑色背景

White Background 白色背景

White & Black 图形线条白色、背景黑色

Black & White 图形线条黑色、背景白色

设置完成后,可以选中 Save as default,使当前设置变为永久设置,再启动该软件时,就会按照已经给定的设置运行软件和显示界面。

二、Workspace 对话框

选择 Options/Sheet Properties 对话框的 Workspace 选项可弹出如图2-28所示的 Workspace 对话框,在 Workspace 对话框中:

Show 区域的功能是图纸显示内容设置。

Show grid　电路工作区里是否显示栅格。

Show page bounds　电路工作区里是否显示页面分隔线(边界)。

Show border　电路工作区里是否显示边界。

Sheet size 区域的功能是设定图纸大小(A-E、A0-A4以及 Custom 选项),并可选择尺寸单位为 Inches(英寸)或 Centimeters(厘米),以及设定图纸方向是 Portrait(纵向)或 Landscape(横向)。

---

* 图2-27中最后一行若显示完整,即为 Virtual component。

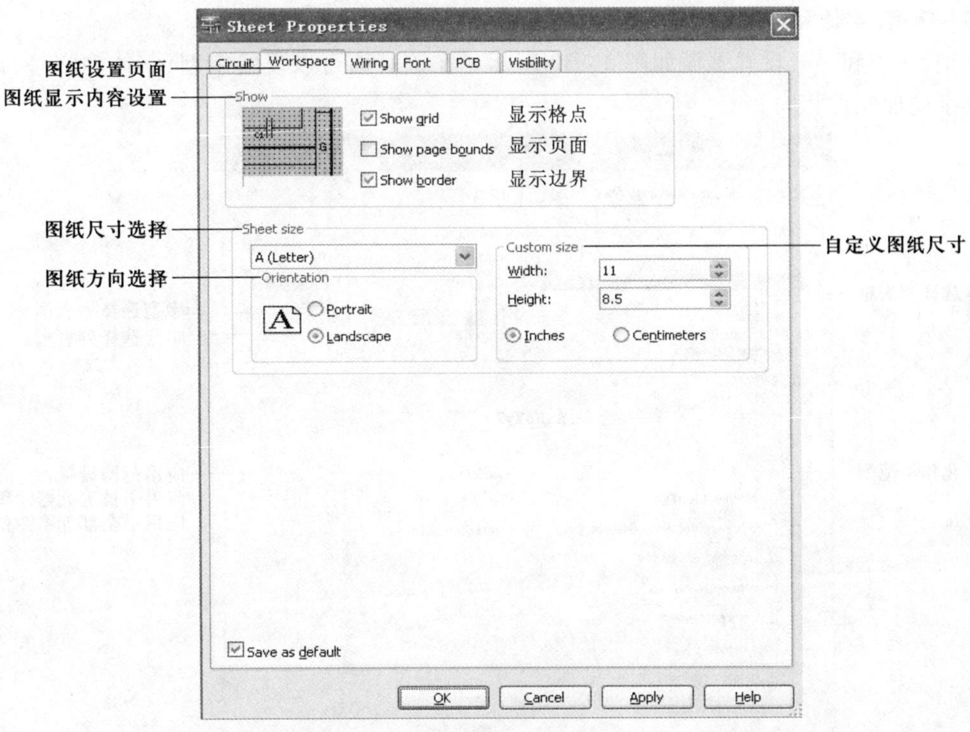

图 2-28 图纸页面设置

在实际中可根据需要设置图纸的大小、方向以及图纸是否显示标题栏等。显示栅格可以使电路图画的更加匀称。

三、连线设置

选择 Options/Sheet Properties 对话框的 Wiring 选项可弹出 Wiring 对话框，连线设置页面如图 2-29 所示，在 Wiring 对话框中可以设置：Wire width 选择线宽和 Bus width 选择总线线宽。

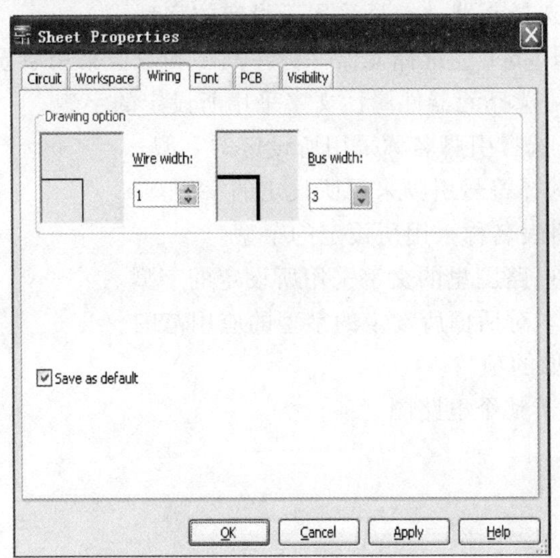

图 2-29 连线设置

四、字型、字体和字号

字型、字体和字号设置页面如图 2－30 所示。在该页面可以设置字型、字体和字号，设置方法与文字处理软件相同。

图 2－30 字型、字体和字号设置页面

Change all 区域　选择本对话框所设定的字型应用项目。

Component RefDes　选择元器件编号采用所设定的字型。

Component values and labels　选择元器件标注文字和数值采用所设定的字型。

Component attributes　选择元器件属性文字采用所设定的字型。

Footprint pin names　选择引脚名称采用所设定的字型。

Symbol pin names　选择符号引脚采用所设定的字型。

Net names　选择网络表名称采用所设定的字型。

Schematic text　选择电路图里的文字采用所设定的字型。

Apply to 区域　选择本对话框所设定的字型的应用范围。

Selection　应用在选取的项目。

Entire sheet　将应用于整个电路图。

第3章　元器件与元器件参数设置

3.1　认识元器件库

Multisim 11.0 软件的元器件库包含实际元器件和虚拟元器件两类元器件，实际元器件是包含误差的、具有实际特性的元器件，这类元器件组成的电路仿真具有很好的真实性，在实际电路设计的仿真中应尽量选择实际元器件。虚拟元器件是具有模型参数可以修改的元器件，例如虚拟电阻的阻值可以在 Ω ~ MΩ 范围内任意设置。但是虚拟元器件不出现在电路版图的网表文件中，所以不能输出到电路板软件中用于画电路版图。而且虚拟元器件在市场上买不到。

具有封装和标准技术参数的实际元器件的出现是 Multisim 11.0 软件的一个特点，它可以提供实际元器件许多方面的知识，如实际电阻的误差、系列值和封装等方面的知识可以通过实际元器件的选取而获得，设计和仿真电路时选用实际元器件，可以使电路更具有实际意义。

在 Multisim 11.0 软件中，有 Master Datebase、Corporate Datebase、User Datebase 3 个元器件数据库，其中 Master Datebase 库中有 Multisim 提供的十几种的元器件分类库（Group），每个库中又含有多个元器件箱（Family），元器件箱中放有供用户调用的元器件（Component）。Corporate Datebase 需要元器件生产商提供才可以使用，User Datebase 是用来放置用户自己创建元器件的元器件库。

3.1.1　电源库

电源库包含功率电源、受控源和各种信号源。电源库如图 3 - 1 所示，各电源属于虚拟元器件，可以任意修改和设置它的参数；电源和地线也都不会进入 Ultiboard 的 PCB 界面进行制版。

其中常用的 POWER_SOURCES 电源元器件有：

- 地线端（GROUND）　是仿真分析的参考点，该点电位为零，电路中任意一点的电位都是相对于该点的电位差。仿真中，必须有地线，否则仿真结果可能出错。
- 数字接地端（DGND）　数字电路的接地线。在数字电路的“Real”方式仿真时，必须示意性将该地线放在图纸上。
- 直流电源（VCC）　默认值 +5V。为实际数字元器件的隐藏电源引脚提供电源。在数字电路仿真时，最少有一个这样的电源示意性的放在电路中。该电源也可作为普通电源使用。
- 直流电源（VDD）　默认值 +15V。用于 CMOS 数字电路的“Real”方式仿真时，只要示意性地放在电路图上就可以了。
- 直流电压源（DC_POWER）　电压默认值 12V。设置范围：μV ~ kV。

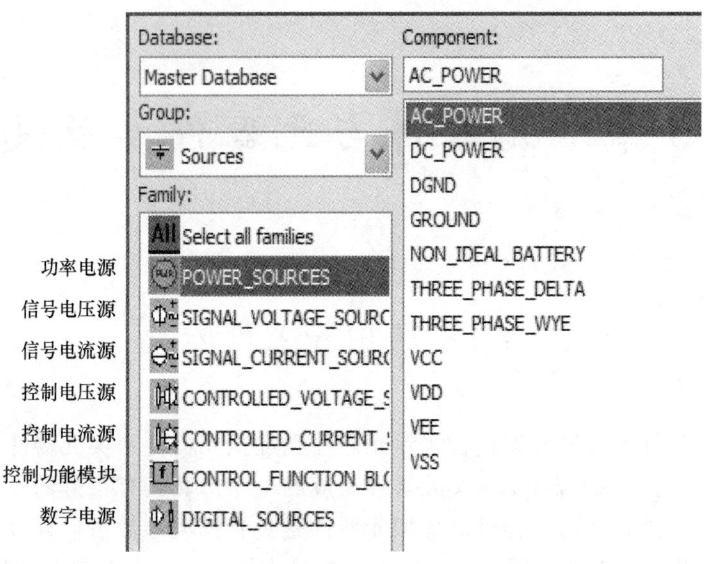

图 3－1 电源库

• 交流电压源(AC_POWER) 参数有电压、频率及相位。设置范围分别为:pV ~ TV、mHz ~ THz、0° ~360°。

3.1.2 基本元器件库

基本元器件库如图 3－2 所示。库中包含了各种实际基本元器件及一些 3D 元器件和虚拟元器件,如电阻、电容、电感、可变电阻等。如果仿真的电路图向电路板软件提供网表,则需要使用有封装图形名的实际元器件,仿真电路中实际元器件都可以自动链接到 Ultiboard 中进行制版。如果只是仿真,则选择虚拟元器件较为方便。实际基本元器件参数不需要改动,只要选择相应值和封装的元器件即可。虚拟基本元器件的参数可以修改和恢复,修改后参数只对本次仿真有效。仿真电路中的虚拟元器件不能链接到制版软件 Ultiboard 的 PCB 文件中进行制版。

图 3－2 基本元器件库

常用的基本元器件如下。

• 电阻(RESISTOR) 电阻 R 默认值 1kΩ。设置范围:pΩ ~ TΩ。

• 电容(CAPACITOR) 电容 C 默认值 1μF。设置范围:pF ~ TF。

• 电感(INDUCTOR) 电感 L 默认值 1mH。设置范围:pH ~ TH。

• 电位器(POTENTIOMETER) 可设置按键、电

阻值、增量。电阻值下调:小写 a ~ z 按键。电阻值上调:大写字母 A ~ Z 按键。

- 可变电感(VARIABLE_INDUCTOR)　可设置按键、电感值、增量。电感值下调:小写 a ~ z 键。电感值上调:大写字母 A ~ Z 键。
- 可变电容(VARIABLE_CAPACITOR)　可设置按键、电容值、增量。电容值下调:小写 a ~ z 键。电容值上调:大写字母 A ~ Z 键。
- 开关(SWITCH)　包括电流控制开关、手动开关、延时开关和电压控制开关。手动开关包括单刀双掷和单刀单掷两种开关。默认值:Space 空格键。设置范围分别为:A ~ Z 键、0 ~ 9 键、Space 空格键。

3.1.3　二极管库

二极管库如图 3 - 3 所示。二极管库中有整流二极管 DIODE、稳压二极管 ZENER、发光二极管 LED、桥式整流管 FWB、肖特基二极管、晶闸管、双向开关二极管、双向晶闸管和变容二极管,可以满足很多仿真的需求。例如可以进行二极管整流滤波、钳位、稳压管的稳压等电路的仿真。

库中实际元器件有 General、Toshiba、National、Zetex、Philips、Siemens 等多家公司的产品。实际元器件参数一般使用默认值。

虚拟二极管元器件的参数正向压降 VJ 和反向耐压 BV 等参数可修改和恢复,修改后的参数只对本次仿真有效。

3.1.4　晶体管库

晶体管库如图 3 - 4 所示。晶体管库中除常用的双极型晶体管和场效应晶体管外还有晶体管阵列、IGBT 和功率 MOS 管。

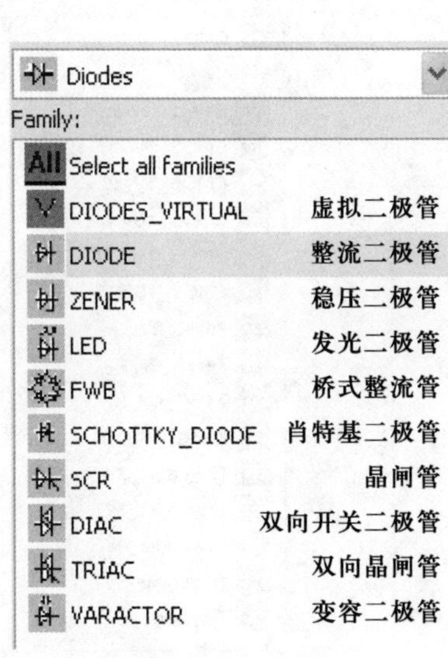

图 3 - 3　二极管库

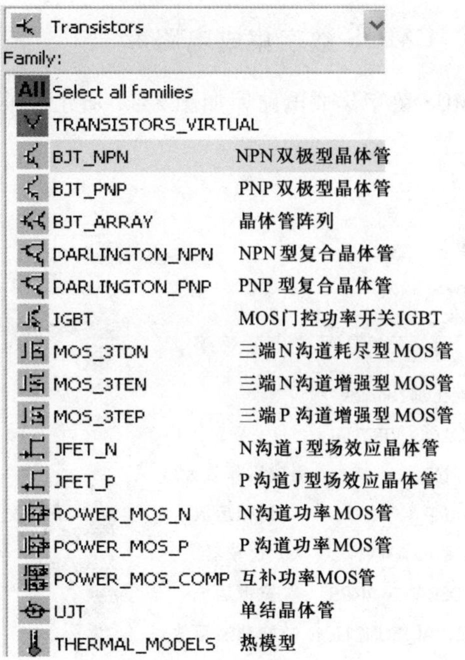

图 3 - 4　晶体管库

虚拟晶体管的参数可以修改和恢复,双极型晶体管有几十个模型参数,对于一般的仿真,特别是放大器类或数字电路仿真只需设置正向电流放大倍数 BF 即可。修改后的参数只对本次仿真有效。

3.1.5　模拟集成电路库

模拟集成电路库如图 3－5 所示。

模拟集成电路库具有 6 类元器件,虚拟元器件中包含虚拟比较器、虚拟三端运放和虚拟五端运放。实际器件中除普通运算放大器外,还有基于电流的诺顿运放、比较器、宽带运放和特殊功能运放(测试、视频、乘法/除法、前置放大器和有源滤波器等)。

- 运算放大器引脚的意义可以在属性对话框中查看封装得到。
- 使用虚拟三端运放可以获得较快的仿真速度。
- 虚拟五端运放可以仿真运放的开环增益、输入输出阻抗、失调电流、失调电压和频率特性等参数。

3.1.6　TTL 数字集成电路库

TTL 数字集成电路库如图 3－6 所示。使用时需要注意:

- 不同系列之间有速度、功耗等区别,使用时应注意。
- 很多 TTL 数字集成电路是在一块集成电路中多个元器件的复合型结构,只使用其中一个元器件,就相当于使用了一个集成电路。
- 同一个元器件具有不同的封装。
- 使用 Real 方式进行仿真时,需要在电路图中示意性地放置电源(V_{CC}＝5V)和数字地线。

3.1.7　CMOS 数字集成电路库

CMOS 数字集成电路库如图 3－7 所示。使用时需要注意:

图 3－5　模拟集成电路库

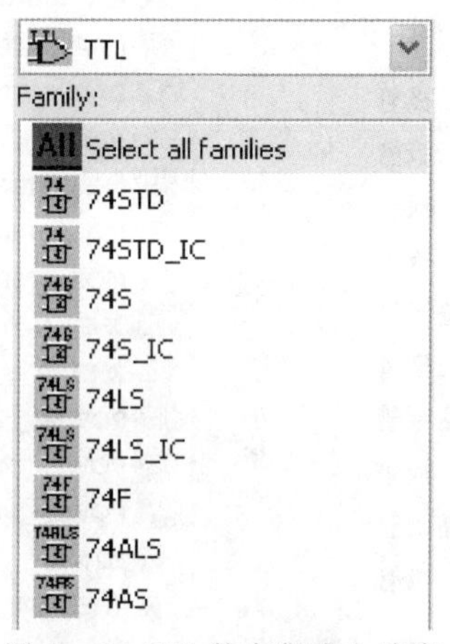

图 3－6　TTL 数字集成电路库

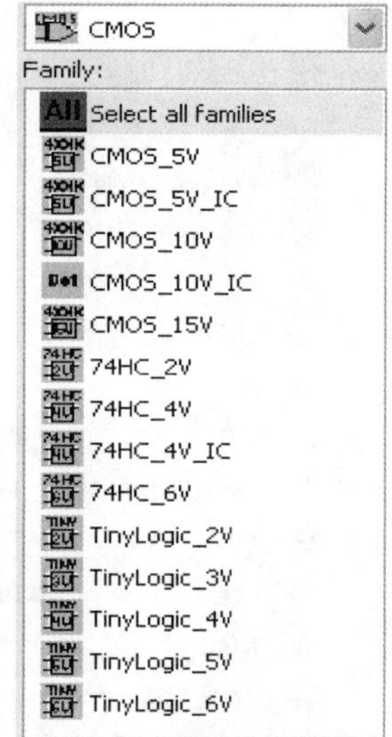

图 3－7　CMOS 数字集成电路库

- 在仿真 CMOS 数字集成电路时需要在电路图纸上放置电源 VDD 和数字地线，还要将 VDD 电压调整来与 CMOS 电路的电源电压一致。
- 很多 CMOS 数字集成电路是在一块集成电路中多个元器件的复合型结构，只使用其中一个元器件，就相当于使用了一个集成电路。
- 不同类型的 CMOS 数字集成电路的电源电压是不同的，4000 系列的电源电压范围是 4.5V(3V) ~16V(18V)，74 系列的电源电压范围是 2V ~6V。
- TINY 系列是具有复合结构的 CMOS 数字集成电路，对某些只需要一个元器件的设计来说，可以减少电路板的面积。

3.1.8 MCU 微控制器件库

微控制器件库包含 805x、PIC 等多种微控制器及存储器 RAM 和 ROM。微控制器件库如图 3-8所示。

3.1.9 键盘显示器库

键盘显示器库包含 KEYPADS、LCDS 等多种器件。键盘显示器库如图 3-9 所示。

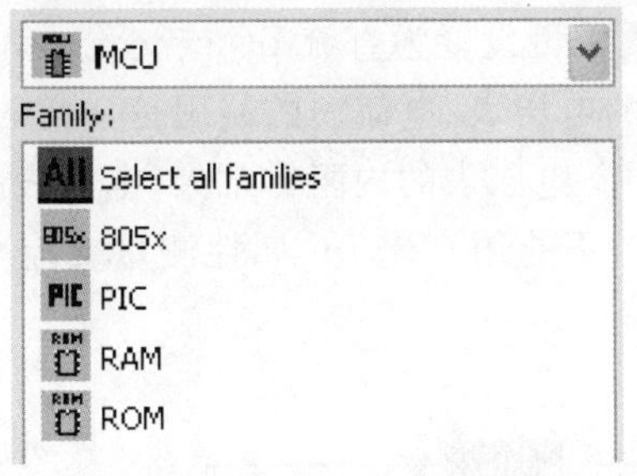

图 3-8 微控制器件库

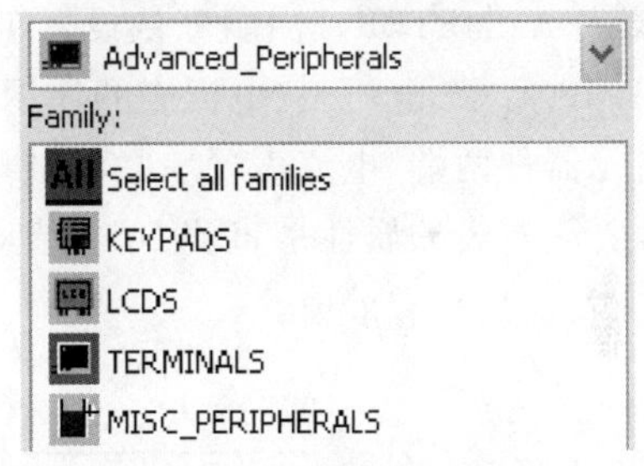

图 3-9 键盘显示器库

3.1.10 杂数字元器件库

杂数字元器件库如图 3-10 所示。其中虚拟数字逻辑器件中的元器件都是基本的门电路、触发器和计数器等虚拟数字元器件，常用于验证数字电路逻辑功能方面的仿真。

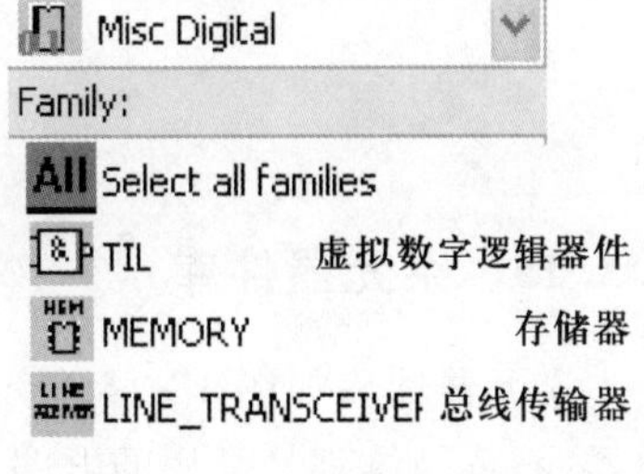

图 3-10 杂数字元器件库

3.1.11 混合电路元器件库

混合电路元器件库如图 3-11 所示。混合电路元器件库中的元器件都是数字模拟混合器件，虚拟模拟开关、单脉冲和锁相环是虚拟元器件，A/D 和 D/A 转换器、模拟开关和 555 定时器是实际器件。

3.1.12 指示器件库

指示器件库如图 3-12 所示。指示器件库的这些器件用于显示电路的电压、电流、电平和数码等，其中可以从电压(流)库中分别取出水平方向和垂直方向接线的电压表和电流表，蜂鸣器可以按照给定的频率发声。

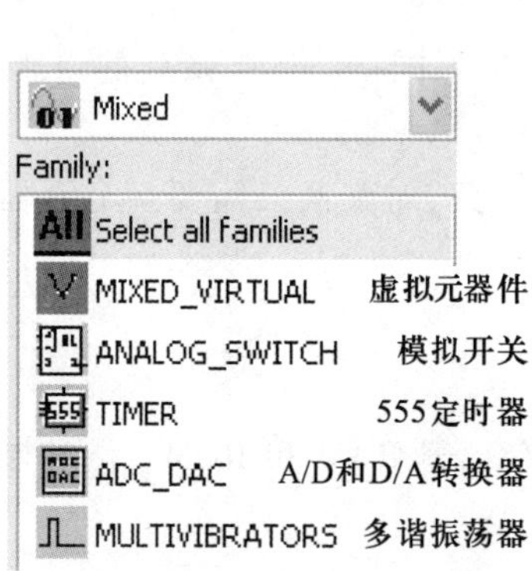

图3-11　混合电路元器件库

图3-12　指示器件库

- 电压表 VOLTMETER　内阻默认设置10MΩ，属性可设置为直流DC或交流AC。
- 电流表 AMMETER　内阻默认设置10^{-9}Ω，属性可设置为直流DC或交流AC。

如图3-13所示，电压表、电流表的使用与实际的电压表、电流表的使用是一样的，电压表要并联在被测元器件两端，电流表要串联在被测支路中。电压表的内阻非常大，电流表的内阻非常小。使用时要注意表的属性是直流DC还是交流AC，不能用直流DC属性测量交流电路。交流电压表、电流表读数是有效值。

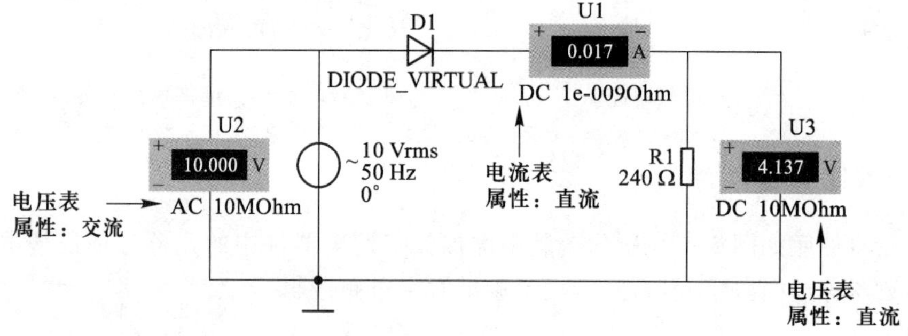

图3-13　交直流表的使用

3.1.13　杂元器件库

杂元器件库如图3-14所示。杂元器件库中各种各样的元器件不能分成一类。其中光电耦合器、石英晶体都是常用的电路元器件。

3.1.14　电源器件库

电源器件库如图3-15所示，包含基准参考电源、集成稳压电源等多种电源元器件。

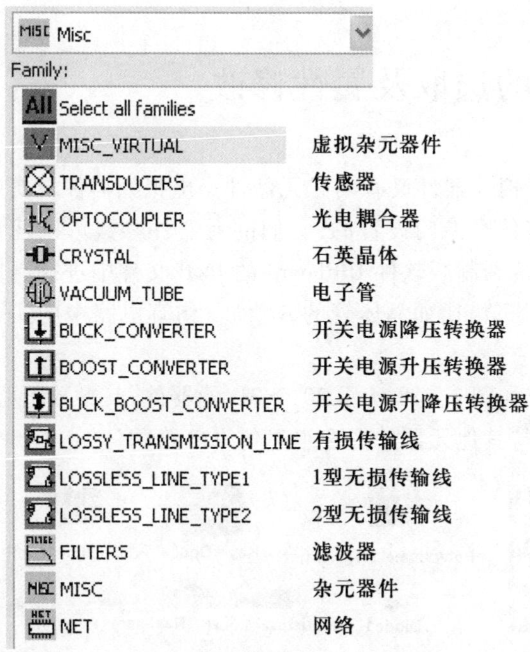

图 3-14 杂元器件库

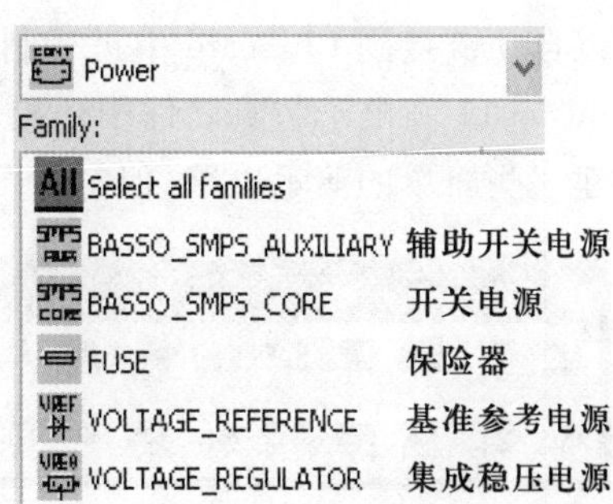

图 3-15 电源器件库

3.1.15 射频器件库

大量的射频器件可以实现射频电路仿真,射频器件库如图 3-16 所示。

3.1.16 机电类元器件库

机电类元器件库如图 3-17 所示,共有 8 个元器件箱,除线性变压器外,其余元器件都按虚拟元器件处理。这些元器件可以实现梯形图仿真,验证梯形图逻辑的正确性。

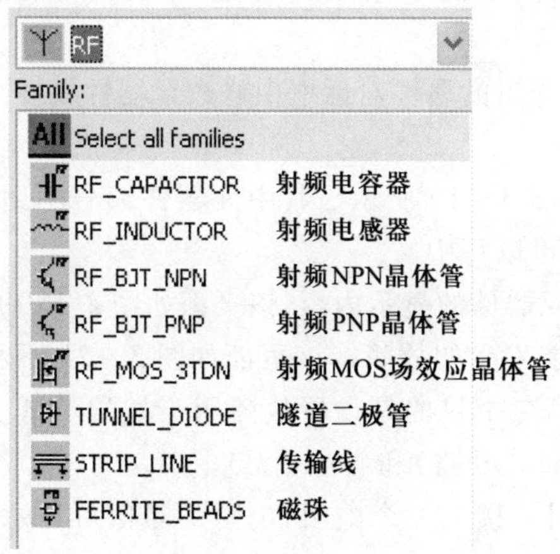

图 3-16 射频器件库

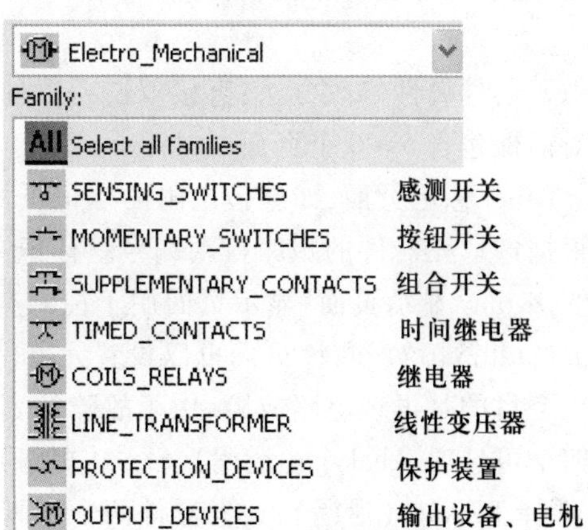

图 3-17 机电类元器件库

3.2 元器件的选取及属性修改

Multisim 11.0 提供的元器件库中既有虚拟元器件又有实际元器件。虚拟元器件现实中不存在，也不能从市场上买到，只是为了便于电路仿真专门设置的，它们的元器件参数可以任意修改和设置，但仿真电路中的虚拟元器件不能链接到制版软件 Ultiboard 的 PCB 文件中进行制版。实际元器件不能修改它们的参数（极个别可以修改，比如晶体管的 β 值）。仿真电路中的实际元器件都可以自动链接到 Ultiboard 中进行制版。

Multisim 11.0 电子仿真软件中还提供有如图 3－18 所示 20 个 3D 元器件，其参数不能修改，只能搭建一些简单的演示电路，但它们可以与其他元器件混合组建仿真电路。

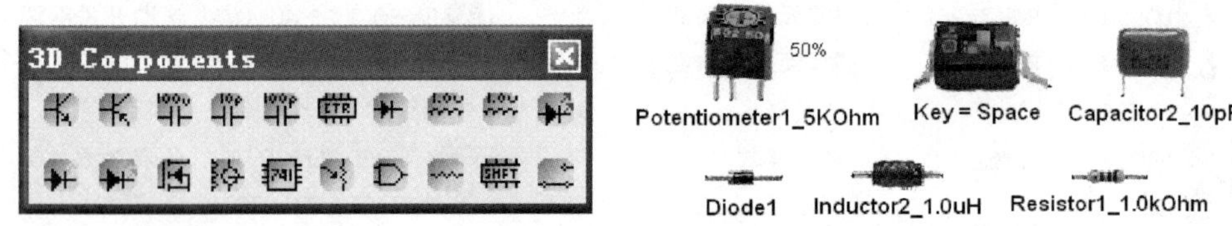

图 3－18 3D 元器件

3.2.1 3D 元器件选取和属性修改

3D 元器件的选取比较简单，可从如下所示的虚拟元器件库中选取或直接单击工具栏基本元器件库按钮，选取相关元器件拖入主窗口就可以了。

3.2.2 虚拟元器件的选取和属性修改

虚拟元器件的选取比较简单，可从如下所示的虚拟元器件库中选取或直接单击工具栏元器件库按钮，选取墨绿色的相关元器件拖入主窗口就可以了，如果参数不合适，在属性对话框修改即可。

虚拟元器件属性修改方法：直接双击元器件，在弹出的属性对话框中修改元器件属性。元器件属性对话框包含 5～6 个页面。

（1）Label 标记页面：如虚拟电阻的标记页面如图 3－19 所示。其中元器件编号不用设置，软件会根据选取元器件的顺序自动编号。标识文字可以写中文。

（2）Display 显示页面：显示页面用于控制有关元器件的显示内容，该页面如图 3－20 所示。

（3）Fault 故障页面：该页面可以设置元器件可能发生的故障。该页面如图 3－21 所示。该功能第一个目的是再现电路故障，用于故障仿真。第二个目的是设置故障用于教学考试。对话框内有四个可选项，Leakage（泄漏）、Short（短路）、Open（开路）和 None（无）。

- 选择 Leakage（泄漏）：在元器件两个引脚之间并接上一个电阻，电阻的阻值可任意设定，设置一个漏电故障。
- 选择 Short（短路）：在元器件两个引脚之间并接上一个小电阻，设置一个短路故障。
- 选择 Open（开路）：在元器件两个引脚之间并接上一个大电阻，设置一个开路故障。

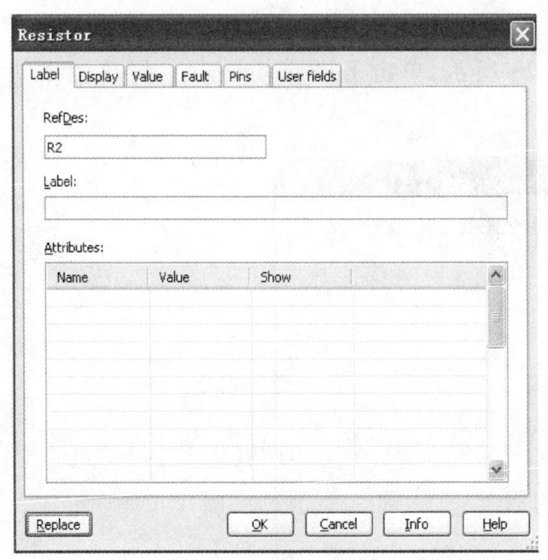

图 3－19 Label 标记页面

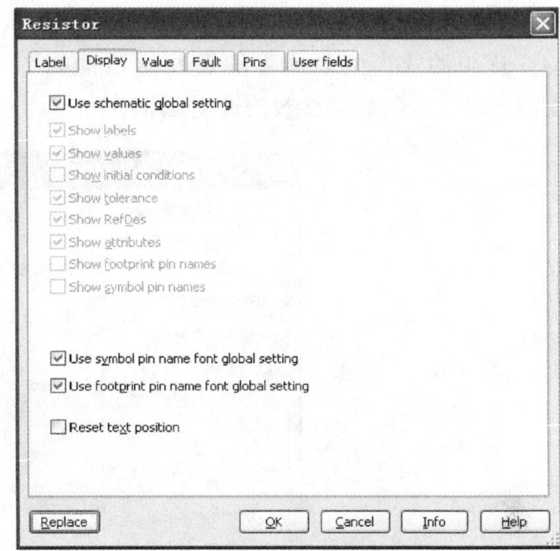

图 3－20 Display 显示页面

- 选择 None(无):不设置任何故障。

(4) Value 模型参数修改页面:虚拟元器件是典型模型参数元器件,代表大部分该类元器件的一般特性,元器件参数可以根据仿真的需要修改。大部分元器件模型参数修改分为两种情况:

第一种:在属性对话框中直接修改模型参数的元器件。

图 3－22 所示为虚拟电阻元器件的属性对话框。该类元器件可修改的参数简单,可以直接在属性对话框中修改。

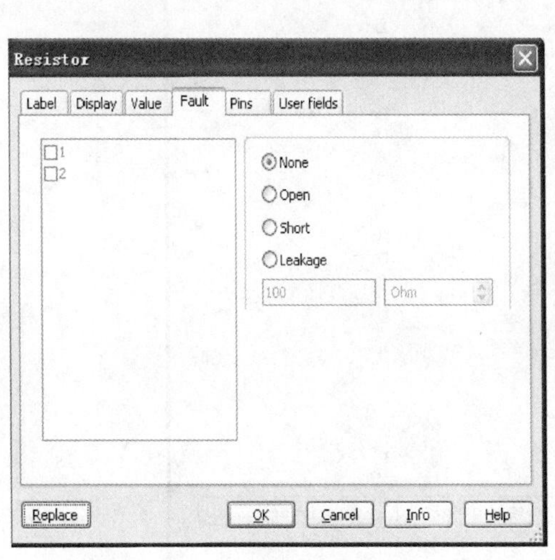

图 3－21 Fault 故障页面

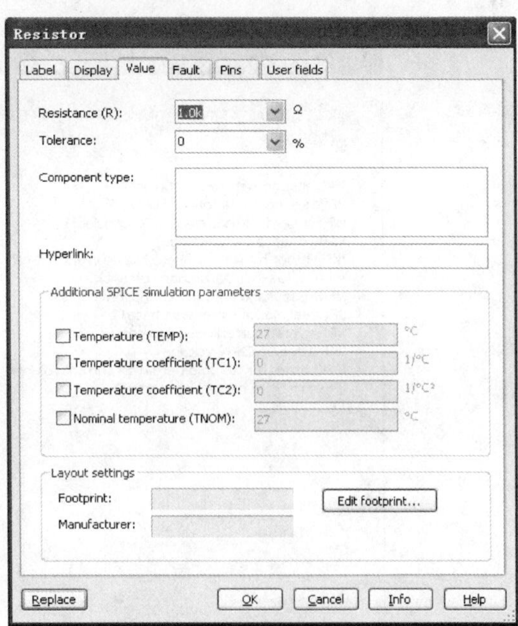

图 3－22 虚拟电阻元器件属性

第二种:在属性对话框中单击 Edit Model 按钮进入修改模型参数的元器件。

虚拟的双极型晶体管的属性对话框如图 3 - 23 所示,单击 Edit model 按钮,屏幕弹出如图 3 - 24所示的模型参数修改对话框。

TRANSISTORS_VIRTUAL
Label
Display
Value
Fault
Pins
User fields
Value: BJT_NPN_VIRTUAL
Footprint:
Manufacturer: Generic
Function:
Hyperlink:
Edit component in DB
Save component to DB
Edit footprint
Edit model
Replace
OK
Cancel
Info
Help

图 3 - 23　虚拟双极型晶体管属性窗口

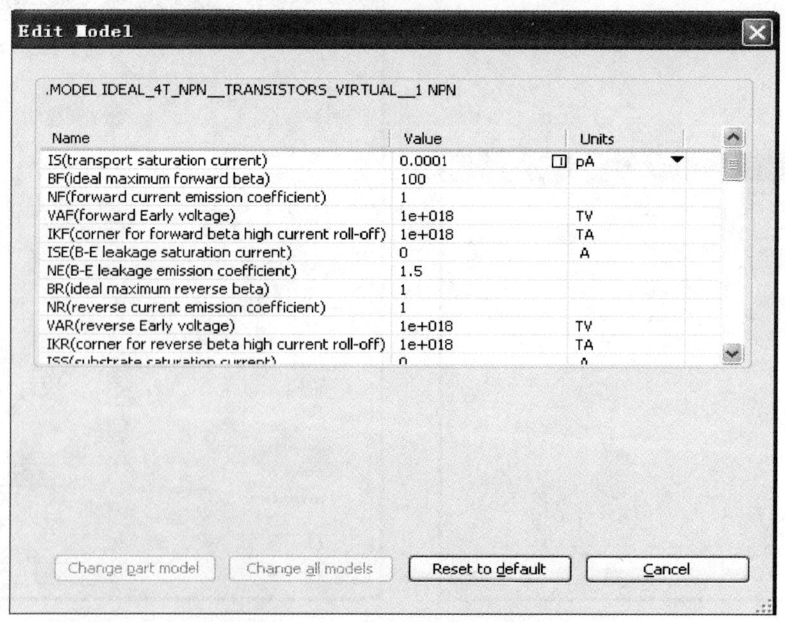

图 3 - 24　元器件模型参数修改

双极型晶体管有几十个模型参数，对于一般的仿真，特别是放大器类或数字电路仿真只需设置正向电流放大倍数 *BF* 即可。双极型晶体管默认值 *BF* = 100，如果将 *BF* 改为 120，对话框下部的三个按钮都被点亮。并提示：元器件模型已被修改。

Change part model　只更换被选元器件的模型参数。

Change all models　更换电路中所有同种元器件的模型参数。

Reset to default　重新设置为默认值。

3.2.3　实际元器件的选取与属性修改

1. 实际元器件的选取

单击元器件库按钮或执行 Place/Place Component，从弹出的 Select a Component 元器件浏览窗口中特定的元器件库，找到所需要的元器件，也可以在 Component 栏中键入元器件第一个英文字母或在下拉菜单中查找所需要的元器件，确认所选元器件单击 OK 拖入主窗口。

例如选取一个 1N4009 二极管，单击元器件库按钮或执行 Place/Place Component，从弹出的图 3-25 所示的 Select a Component 元器件浏览窗口中选择 1N4009 二极管后，单击 OK 移动鼠标将元器件拖入主窗口即可。

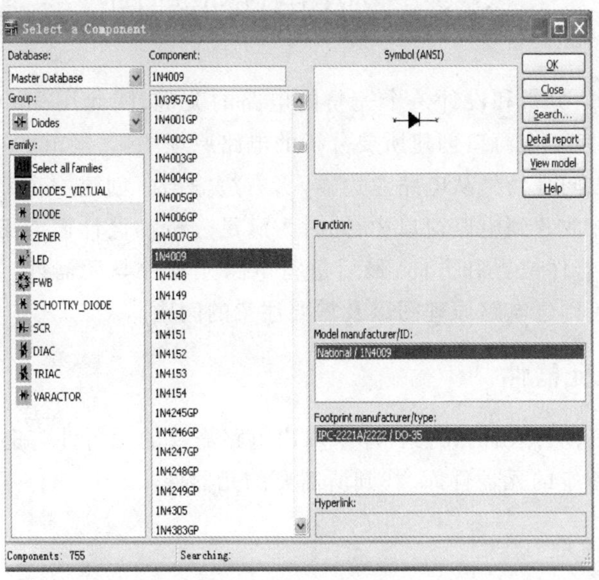

图 3-25　元器件选取对话框

2. 实际元器件属性修改

实际元器件的属性一般情况不需要修改，但有时为了使仿真结果更加正确，需要修改模型参数，但前提是熟悉元器件和元器件的模型参数。除非特殊需要，不要修改实际元器件的模型和参数。

可以单击 Detail report，弹出的窗口显示元器件的详细信息，如图 3-26 所示。主要是元器件符号 Symbol 和元器件制造公司 Component、元器件模型参数 SPICE Model、封装 Package 等信息。

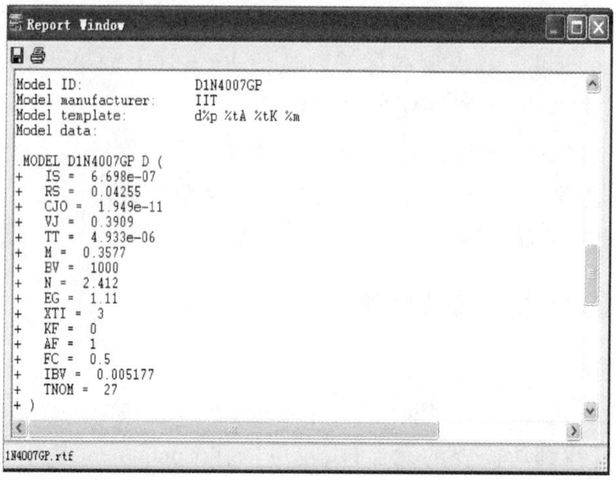

```
Report Window

Model ID:                D1N4007GP
Model manufacturer:      IIT
Model template:          d%p %tA %tK %m
Model data:

.MODEL D1N4007GP D (
+   IS =  6.698e-07
+   RS =  0.04255
+   CJO =  1.949e-11
+   VJ =  0.3909
+   TT =  4.933e-06
+   M =  0.3577
+   BV =  1000
+   N =  2.412
+   EG =  1.11
+   XTI =  3
+   KF =  0
+   AF =  1
+   FC =  0.5
+   IBV =  0.005177
+   TNOM =  27
+ )

1N4007GP.rtf
```

图 3－26 元器件参数详细报告

3.3 创建电路原理图

电路原理图是仿真、分析和设计一个完整的电路的关键，因此用 Multisim 11.0 软件对电路进行仿真时，需要在电路工作窗口创建所要分析的电路原理图。

电路原理图一般方向是信号从电路左边输入，右边输出。创建一个完整的电路原理图首先要选取和调用元器件并放置到电路窗口中，同时为满足分析和设计需要必须设置元器件的参数和属性，其次要调整元器件位置和方向，最后进行电路元器件与元器件、元器件与仪器的连接。以下简单介绍一下如何创建电路原理图以及需要注意的问题。

3.3.1 选取和调用元器件

单击元器件库按钮，从弹出的元器件库中取出电路需要的元器件。也可以执行 Place /Place Component 命令，浏览特定的元器件库，找到所需要的元器件。

3.3.2 放置元器件

1. 使用元器件库按钮放置元器件

单击工具栏元器件库按钮，从 Component Browser 浏览窗口中选择元器件，也可以通过键入元器件第一个英文字母的办法查找所需要的元器件，确认所选元器件单击 OK，移动鼠标到想放的位置即可。

2. 使用 Place 放置命令放置元器件

执行 Place/Place component 命令浏览特定的元器件库，或键入元器件第一个英文字母查找所需要的元器件，确认所选元器件单击 OK 即可。

3. 使用 In Use List 放置元器件

每次调用的元器件，程序自动保存显示到 In Use List 使用清单中，再次调用相同元器件时可以直接从该清单中调用。

4. 使用 Copy 命令复制已放置的元器件

5. 替换已放置的元器件

双击已放置的元器件，在该元器件的属性窗口单击 Replace 按钮，在弹出的 Component Browser 浏览窗口中选择新的元器件单击 OK 即可。

3.3.3　元器件的接入与删除

连接元器件：在电路窗口放置好元器件后，便可用连线完成元器件与元器件、元器件与仪器的连接。连线方式可以设置为自动连线方式也可以设置成手动连线方式。

当鼠标到达元器件引脚位置后，单击鼠标左键，移动鼠标连出一根线，在另一元器件引脚处再单击鼠标，就完成一个接线过程，拐弯处可以点击鼠标以确定线的位置。如果连线没有成功，可能是连接点与其他元器件靠得太近，移开一定距离即可。

在导线中插入元器件将元器件直接拖曳放置在导线上，然后释放即可插入元器件在电路中。

删除元器件：用鼠标选择元器件，单击工具条上的剪切按钮，就能删除元器件。或选中该元器件单击右键选择 Delete 即可删除。

3.3.4　导线

在复杂的电路中，可以将导线设置为不同的颜色。要改变，用鼠标指向该导线，点击右键可以出现菜单，选择 Change Color 选项，出现颜色选择框，然后选择合适的颜色即可。

用鼠标选择连线，单击工具条上的剪切按钮，就能删除连线。或选中该连线单击右键选择 Delete 即可删除。

3.3.5　添加连接点

连接点最多可以连出四根连线，在没有元器件引脚或连线的位置可以添加连接点。执行 Place /Place Junction 命令即可在需要的地方添加连接点。

3.3.6　修改元器件属性

要进行电路仿真，必须正确设置元器件的参数和属性，使元器件的数值和参数与所要分析的电路一致。元器件参数和属性修改见 3.2 节。

3.3.7　创建电路需要注意的几点问题

（1）如果元器件已经连接到电路中了，要调整元器件的位置和方向时，应该先将连线断开，再移动元器件的位置或调整元器件的方向，否则连线会跟随元器件一起移动。

（2）连线规则：所有的连线都必须起始于一个元器件的引脚，终止于一条线或一个元器件的引脚。一个元器件的两个引脚也可以进行连接。

（3）检查元器件是否与连线相连：移动元器件，若连线与元器件引脚同时移动，则证明元器件与连线可靠连接。

（4）元器件与仪器的连接：仪器与电路测试点的连接办法与两个元器件之间的连接方法

相同。

（5）接地：任何电路都需要接地元器件“⊥”，否则得不到正确的仿真结果。

（6）值得注意的一点，为了使电路简洁，可采用子电路模块。子电路绘制方法如下：

- 在元器件库中选取元器件，单击主菜单 Place（放置）/Connectors（连接端子）/HB/SC Connector（层次块/子电路连接端子）放置连接端子并与电路连接，对端子进行重新设置 RefDes（编号），如图 10－10a 所示。
- 选中电路中要放入子电路模块的全部元器件，单击主菜单 Place（放置）/Replace by Subcircuit（以子电路替换），在出现的 Subcircuit Name（子电路名称）对话框中输入子电路名称，即可得到图 10－10b 所示子电路。
- 选中子电路模块，单击主菜单 Edit（编辑）/Edit Symbol/Title Block（编辑符号、标题块），打开 Symbol Edit 窗口，可对子电路的形状、大小、连接端子的位置进行编辑。

第 4 章　Multisim 11.0 的实验仪器

Multisim 11.0 仪器库中提供了十几种虚拟仪器，用户可以通过这些虚拟仪器观察电路的运行状态，观察电路的仿真结果，它们的使用、设置和读数与实际的仪器类似，使用这些仪器就像在实验室中做实验一样。如图 4－1 所示，虚拟仪器分别是：数字万用表、函数信号发生器、瓦特表、示波器、波特图仪、频率计、数字信号发生器、逻辑分析仪、逻辑转换仪、失真度分析仪、频谱分析仪、网络分析仪等。

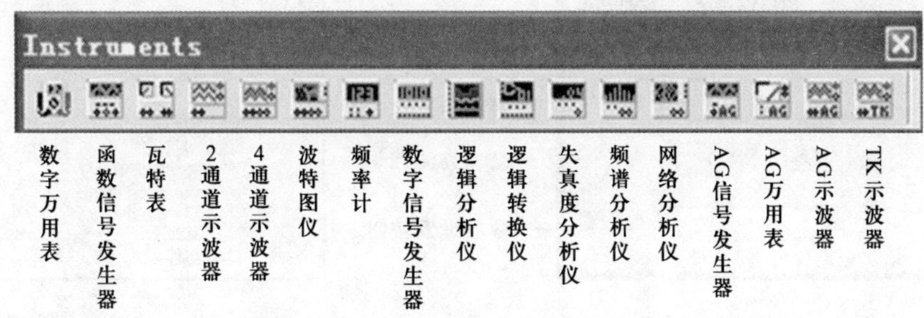

图 4－1　Multisim 11.0 实验仪器

Multisim 11.0 配置不同类型的虚拟仪器实际上对应于 SPICE 算法的不同类型的仿真分析。虚拟仪器显示方式有两种：图标和控制显示窗口。图标用于电路的连接，控制显示窗口可进行设置和观察仿真结果。

虚拟仪器的选取很简单，单击菜单 Simulate/Instruments 或单击按钮用鼠标选中仪器工具条中某个虚拟仪器的图标，将其拖至电路工作窗口，就可以进行仪器和电路的连接了（连接时仅允许仪器图标上的端子与电路连接）。接好仪器后单击仿真电源开关或从工具栏中单击按钮选择 Run，Multisim 11.0 对电路开始进行仿真。双击仪器图标打开仪器显示窗口，从仪器显示窗口就可以观察到电路测试点的仿真波形或测试数据。

在仿真过程中，仿真结果及仿真中出现的问题都被写入“Simulation error log/audit trail”中。如果需要观察仿真的实时过程，可执行菜单命令“View/show/hide Simulation error log/audit trail”。

以上每种仪器数量不止一台，而且虚拟仪器的使用和真实仪器的使用方法一样非常方便，不同的是这些仪器是计算机软件形成的虚拟仪器，仿真实验中不必考虑仪器的过流、过压等问题。注意：使用虚拟仪器时要求电路必须有接地元器件。下面对常用的几种虚拟仪器做一简单介绍。

4.1　数字万用表

数字万用表（Multimeter）可以用来测量交/直流电压、电流和电阻，也可以用 dB（分贝）形式显示电压或电流。数字万用表的图标如图 4－2 所示。双击数字万用表的图标，窗口出现图4－3

所示的数字万用表面板。从面板可见,数字万用表可以测电压值(V)、电流值(A)、电阻值(Ω)和分贝值(dB)。需要选择某项功能时,只需在数字万用表面板上单击相应测量挡位即可。

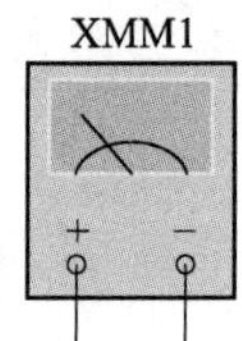

图 4-2 数字万用表的图标

1. 数字万用表的设置

理想的数字万用表在电路测量时,对电路不会产生任何影响,即电压表不会分流,电流表不会分压,但在实际测量中都达不到这种理想要求,总会有测量误差。虚拟仪器为了仿真这种实际存在的误差,引入了内部设置。单击数字万用表面板上的 Set... 参数设置按钮,弹出数字万用表参数设置对话框,如图 4-4 所示。从中可以对数字万用表内部参数进行设置。

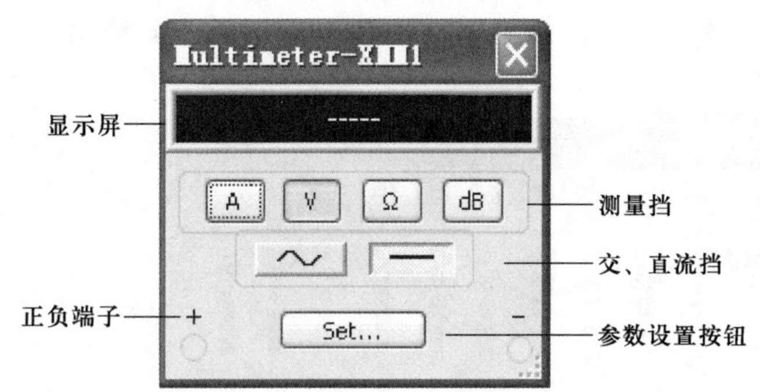

图 4-3 数字万用表的面板

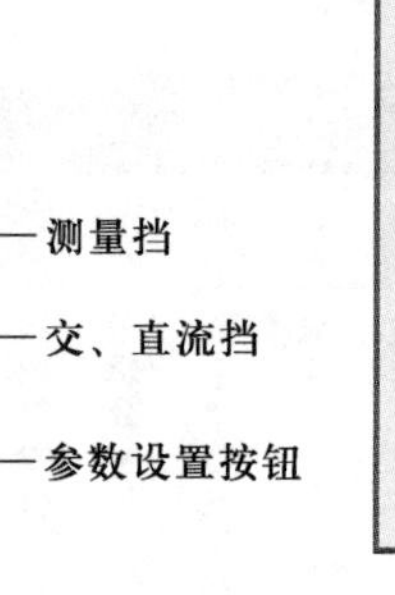

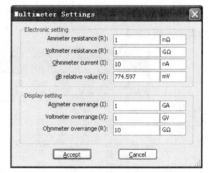

图 4-4 数字万用表参数设置对话框

- Ammeter resistance 用于设置与电流表的内阻,其大小影响电流的测量精度。
- Voltmeter resistance 用于设置与电压表的内阻,其大小影响电压的测量精度。
- Ohmmeter current 是指用欧姆表测量时,流过欧姆表的电流。

2. 数字万用表的使用

当数字万用表作电压表、电流表使用时与实际的电压表、电流表的使用是一样的。数字万用表作为电压表使用时要并联在被测元器件两端,表的内阻非常大;数字万用表用作电流表使用时要串联在被测支路中,表的内阻非常小。而且要注意表的属性设置的是直流(DC)还是交流(AC),不能用 DC 属性测量交流电路。交流电压表、电流表的读数是有效值。

数字万用表当作欧姆表使用时并接在被测网络两端。为了使测量更准确,应当注意:当被测网络为无源网络时,所测网络必须接地。如图 4-5 所示。

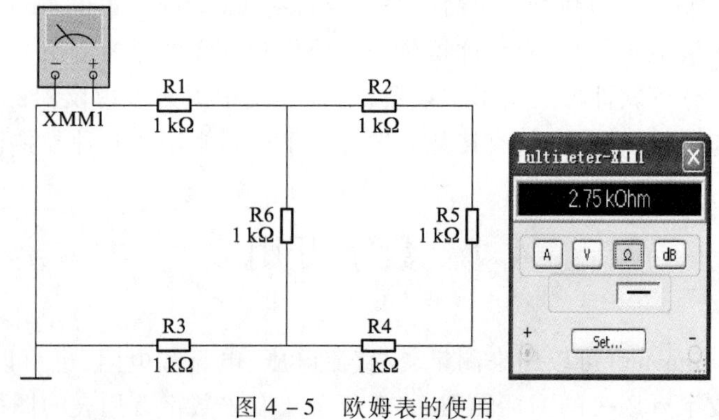

图 4-5 欧姆表的使用

4.2　函数信号发生器

函数信号发生器(Function Generator)是用来产生正弦波、方波、三角波信号的仪器,而且频率、振幅、占空比和偏置电压都可以设置。其图标如图4-6所示。

双击函数信号发生器的图标,窗口出现如图4-7所示的函数信号发生器的面板。面板上方有3个功能可供选择,分别是正弦波输出、三角波输出和方波输出按钮。面板中部也有几个参数可以选择,分别是输出信号的频率、输出信号的占空比、输出信号的幅度和输出信号的偏移量。

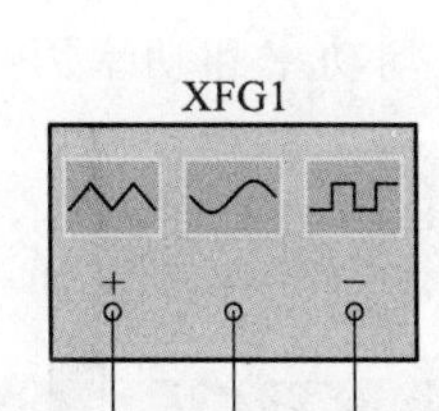

图4-6　函数信号发生器图标

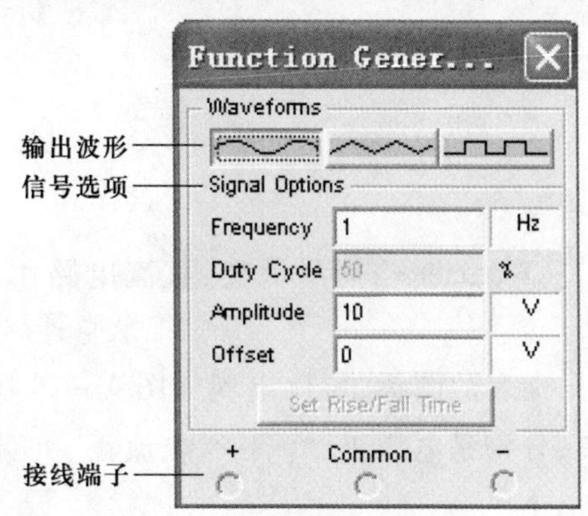

图4-7　函数信号发生器面板

输出信号的幅度是指+端或-端对Common端输出的振幅,若从+端或-端输出,则输出的振幅为设置振幅的2倍。

偏移量是指交流信号中直流电平的偏移,如果偏移量为0,直流分量与x轴重合;如果偏移量为正值,直流分量在x轴的上方;如果偏移量为负值,直流分量在x轴的下方。

调整占空比,可以调整输出信号的脉冲宽度。

1. 函数信号发生器的设置

可以在函数信号发生器的面板上直接设置输出信号的参数。各参数的设置范围如下:

Frequency(频率)　　1Hz~999THz

Duty Cycle(占空比)　　1%~99%

Amplitude(幅度)　　0V~999kV(不含0V)

Offset(偏移量)　　-999kV~999kV

2. 函数信号发生器的使用

在函数信号发生器面板的最下方有3个接线端子:+端子、-端子、Common端子(公共端)。我们把从函数信号发生器的+端子与Common端子之间输出的信号称为正极性信号,而把从-端子与Common端子之间输出的信号称为负极性信号,两个信号大小相等,极性相反。注意:前提是必须把Common端子与Ground(公共地)符号连接。

使用函数信号发生器时,可以从+端子与Common端子之间输出,也可以从-端子与Common端子之间输出,还可以从+端子和-端子之间输出。在仿真过程中可以随时改变输出波形类型、大小、占空比或偏置电压。

单击 Set Rise/Fall Time 按钮可以在弹出的窗口设置方波脉冲的上升沿与下降沿时间，也可恢复为缺省设置。如图 4－8 所示。

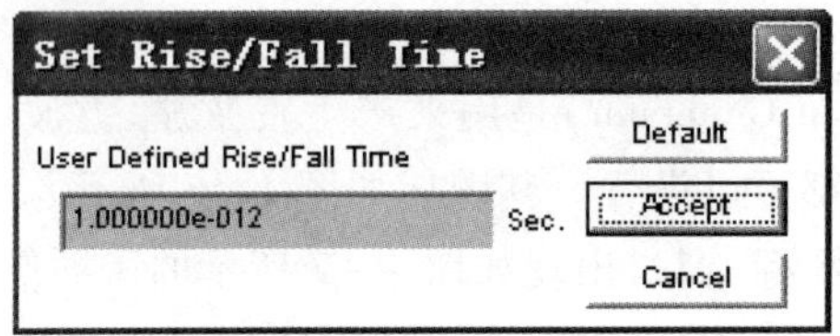

图 4－8　设置方波上升/下降沿时间

4.3　瓦　特　表

瓦特表(Wattmeter)是测量交、直流电路用电负载的平均功率和功率因数的仪器，图标如图 4－9所示。

双击瓦特表的图标，窗口出现如图 4－10 所示的瓦特表面板图，面板下方有 4 个接线端子 +V− +I−，分别是电压正、负端子，电流正、负端子。

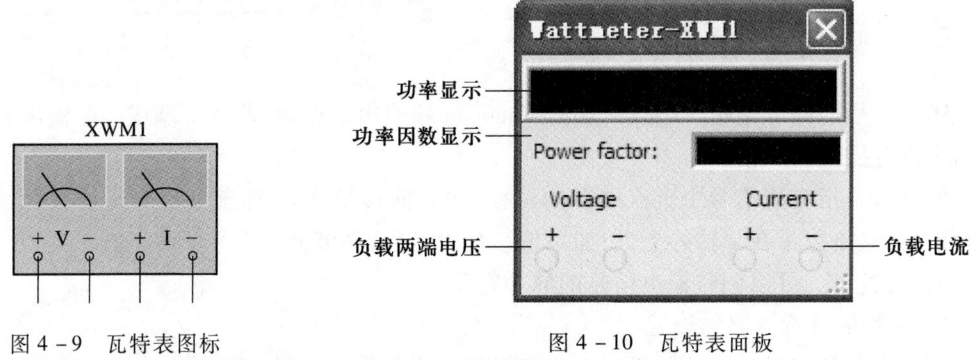

图 4－9　瓦特表图标　　　　图 4－10　瓦特表面板

瓦特表的使用和实际的瓦特表一样，电压要与负载并联，电流要与负载串联。负载两端电压和流过负载电流之间的角度可以通过功率因数来计算。如图 4－11 所示。

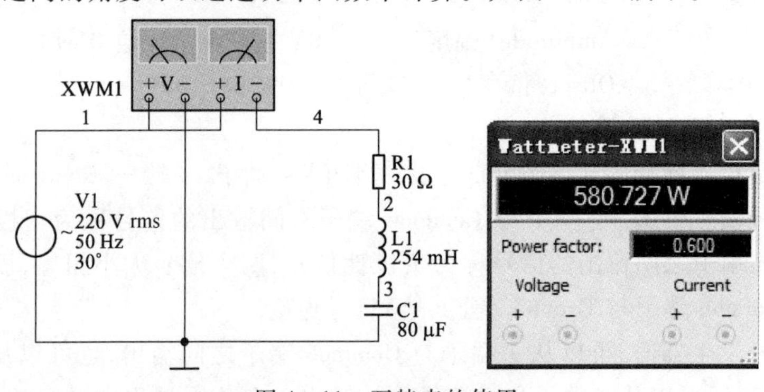

图 4－11　瓦特表的使用

4.4 两通道示波器

两通道示波器(2 channel Oscilloscope)是用来观察信号波形并可测量信号幅度、频率、周期等参数的仪器,和实际示波器使用基本相同,可以双踪输入,观测两路信号的波形。示波器的图标如图 4-12 所示。图标上有 3 个接线端子,分别是 A 通道输入端和接地端、B 通道输入端和接地端、T 外触发端和接地端。

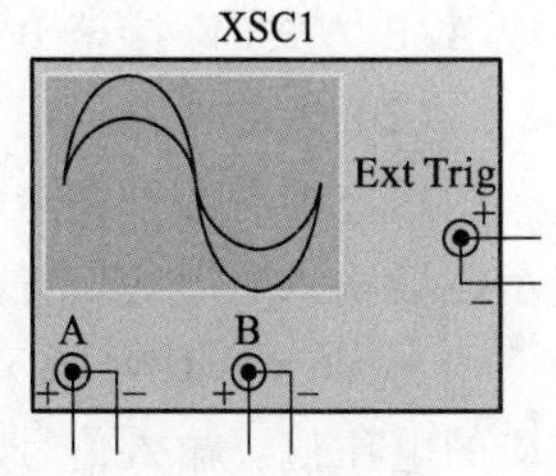

图 4-12 示波器图标

双击示波器的图标,窗口出现如图 4-13 所示的示波器的面板。示波器的面板由两部分组成,示波器的波形显示窗口和控制面板。示波器的控制面板又分为:Timebase(时间基准)、Channel A(通道 A)、Channel B(通道 B)、Trigger(触发部分)四部分。

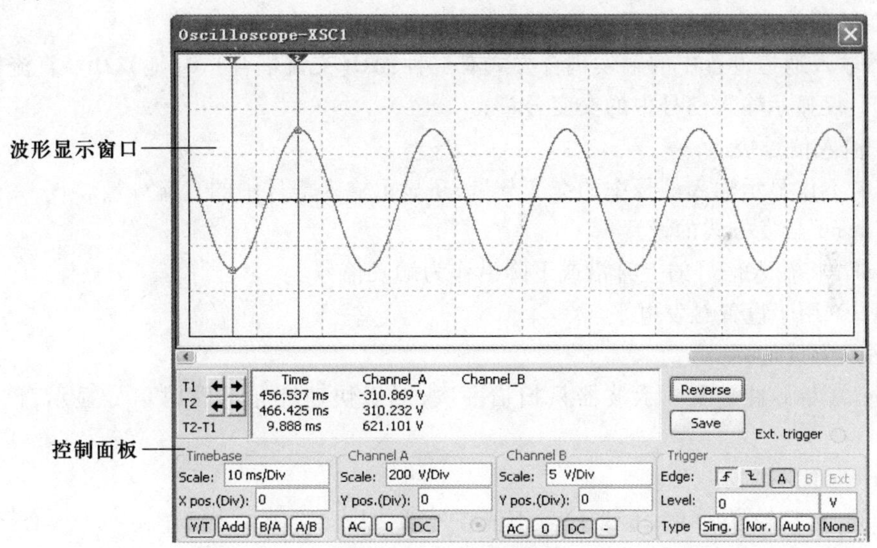

图 4-13 示波器面板

1. 示波器的各项参数设置

单击示波器面板上的各种功能键可以设置示波器的各项参数。

(1) 时间基准设置

• Timebase 用来设置 x 轴方向时间基线的扫描时间。× × s/Div(或 × × ms/Div、× × μs/Div)表示 x 轴方向每一个刻度代表的时间。当测量变化缓慢的信号时,时间要设置得大一些;反之,时间要小一些。

• X pos.(Div) 表示 x 轴方向时间基线的起始位置,改变其设置,可使时间基线左右移动。

• Y/T 表示 y 轴方向显示 A、B 通道的输入信号,x 轴方向表示时间基线,按设置时间进行扫描。当显示随时间变化的信号波形(如正弦波、方波、三角波等)时,采用 Y/T 方式。

- Add 表示 x 轴方向显示时间基线，按设置时间进行扫描，y 轴方向显示 A、B 通道的输入信号之和。

- A/B 表示将 B 通道信号作为 x 轴扫描信号，将 A 通道信号施加在 y 轴上。B/A 与上述相反。当显示放大器(或网络)的传输特性时，采用 B/A 方式(V_i 接至 A 通道，V_o 接至 B 通道)或 A/B 方式(V_i 接至 B 通道，V_o 接至 A 通道)。如施密特触发器传输特性、滞环等图形。

(2) 示波器输入通道(Channel)的设置

示波器有两个完全相同的输入通道 Channel A 和 Channel B，可以同时观察和测量两个信号。示波器输入通道的设置见图 4-13。

- ××V/Div(或××mV/Div、××μV/Div)为放大、衰减量，表示屏幕的 y 轴方向上每格相应的电压值。输入信号较小时，屏幕上显示的信号波形幅度也会较小，这时可调整××V/Div 挡的数值，使屏幕上显示的信号波形幅度大一些。

- Y pos.(Div) 表示时间基线在显示屏幕上的上下位置。当其值大于零时，时间基线在屏幕中线上方，反之在屏幕中线下方。当显示两个信号时，可分别设置 Y pos.(Div)值，使信号波形显示在屏幕的上半部分和下半部分。

示波器输入通道设置中的触发耦合方式有三种：AC(交流耦合)、0(地)、DC(直流耦合)。

- AC 仅显示输入信号中的交变分量；
- 0 输入信号接地；
- DC 不仅显示输入信号中的交变分量，还显示输入信号中的直流分量。

(3) Trigger 触发方式的设置

- Edge 将输入信号的上升沿或下降沿作为触发信号。
- Level 用于设置触发电平。

(4) 触发方式选择

- Sing. 单脉冲触发。示波器只扫描一次，对于快速变化的瞬时信号显示，该功能非常有用。
- Nor. 正常触发。
- Auto 自动触发。表示触发信号不依赖外部信号。

(5) 触发源选择

- A 通道或 B 通道触发 表示用 A 通道或 B 通道的输入信号作为同步 x 轴时间基线扫描的触发信号。
- Ext 外信号触发 表示用示波器图标上触发端子连接的信号作为触发信号来同步 x 轴时间基线扫描。一般情况下使用 Auto 方式。

(6) 示波器参数设置范围

参数设置	取值范围
Timebase(时间基准)	0.10ns/Div ~ 1s/Div
X pos.(Div)(x 轴位置)	-5.00 ~ 5.00
Volts per Division(每格电压)	0.01mV/Div ~ 5kV/Div
Y pos.(Div)(y 轴位置)	-3.00 ~ 3.00

2. 示波器的使用

(1) 示波器的连接

拖动示波器图标到电路工作窗口,鼠标指向示波器图标的一个通道端子,当此端子变黑后拖动一线连接到电路中某测量点。从电源工具栏中拖动一接地符号到电路工作窗口,并连接到示波器的接地端(只要电路中有地线,该端子可以不连)。

(2) 示波器颜色的设置

选中示波器,单击鼠标右键在弹出的对话框中可进行示波器图标颜色设置。

(3) 改变屏幕背景颜色

点击图 4-13 面板的 Reverse,即可改变屏幕背景的颜色。如果想要恢复屏幕背景颜色为原色,再点击一次 Reverse 即可。

(4) 波形读数及存储

- 移动显示窗口的光标 1、2,就可以在光标测量数据 T1、T2 及 T2-T1 的窗口读数。
- 点击图 4-13 面板上 Save 按钮,就可以将读数指针测量的数据以 ASCII 码格式保存。

4.5　4 通道示波器

4 通道示波器(4 channel Oscilloscope)是用来观察信号波形并可测量信号幅度、频率、周期等参数的仪器,和实际示波器使用基本相同,可以 4 踪输入,观测 4 路信号的波形。4 通道示波器的图标如图 4-14 所示。图标上有 6 个接线端子,分别是 A、B、C、D 通道输入端、T 外触发端和 G 接地端。

其中 4 通道示波器通道 Channel 可通过通道选择旋钮选择通道 A、B、C、D,如图 4-15 所示。

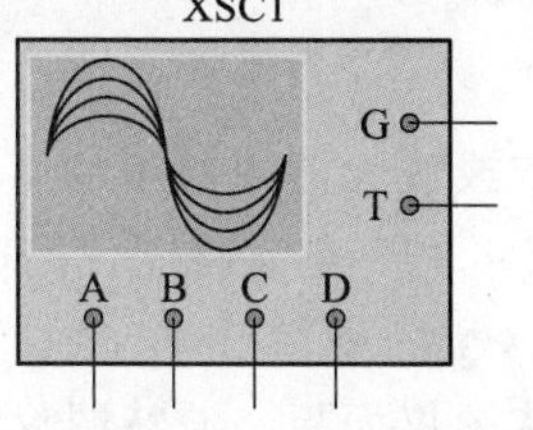

图 4-14　4 通道示波器图标

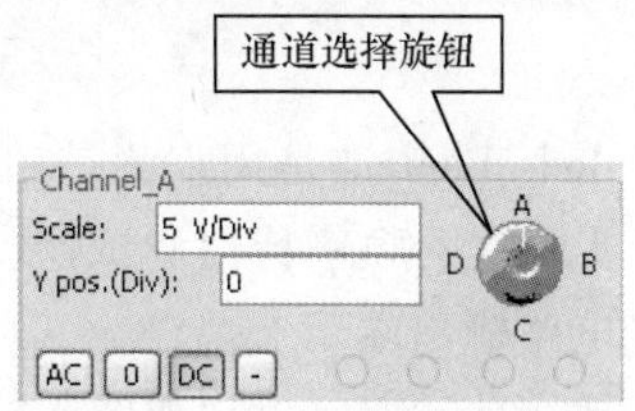

图 4-15　通道选择

图 4-16 所示为 4 通道示波器显示的三相交流正弦波。

- Timebase 与 Channel 的标尺(Scale)设置同两通道示波器。
- X pos. (Div) 表示 x 轴方向时间基线的起始位置,改变其设置,可使时间基线左右移动。
- Y pos. (Div) 表示时间基线在显示屏幕上的上下位置。
- Y/T 表示 y 轴方向显示所选通道的输入信号,x 轴方向表示时间基线,按时间进行扫描。当显示随时间变化的信号波形(如正弦波、方波、三角波等)时,采用 Y/T 方式。
- 点击 A/B > 按钮或 A+B > 按钮,出现各通道运算方法选项集合,如图 4-17 所示。其中 A/B 表示将 B 通道信号作为 x 轴扫描信号,将 A 通道信号施加在 y 轴上。B/A 与上述相反。A+B 表示 y 轴方向显示 A、B 通道的输入信号之和。其他选项集合同理。

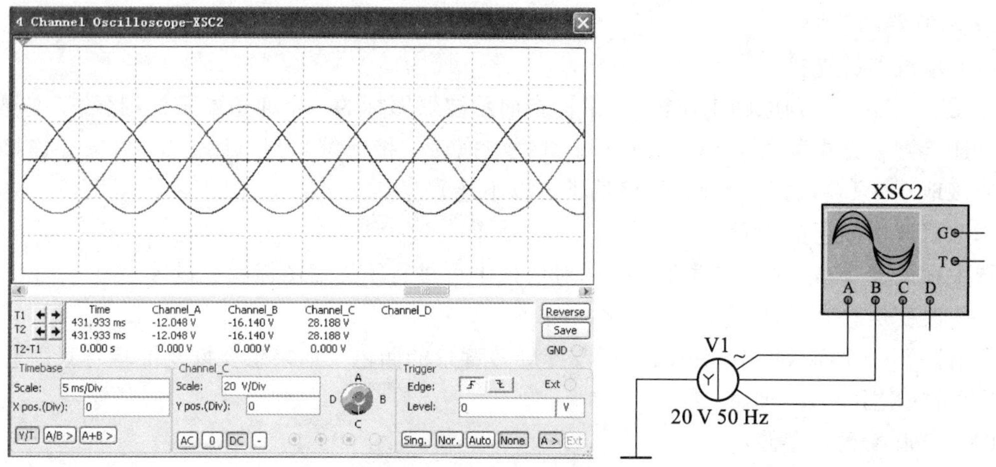

图 4－16 波形测试电路

A/B	A+B
A/C	A+C
A/D	A+D
B/A	B+A
B/C	B+C
B/D	B+D
C/A	C+A
C/B	C+B
C/D	C+D
D/A	D+A
D/B	D+B
D/C	D+C

图 4－17 通道运算方法集合

4.6 波特图仪

波特图仪(Bode Plotter)是用来测量和显示电路、系统或放大器的幅频特性和相频特性的一种仪器,类似于实验室的频率特性测试仪(或扫频仪),图 4－18 是波特图仪的图标。IN 接电路输入端,OUT 接电路输出端。

双击波特图仪图标,窗口出现如图 4－19 所示的波特图仪面板。波特图仪的面板由观察窗口和控制面板两部分组成。控制面板由 Magnitude 幅值选择、Phase 相位选择、Horizontal 横轴设置、Vertical 纵轴设置、读数指针 ← → 移动按钮和读数显示窗口几部分组成。

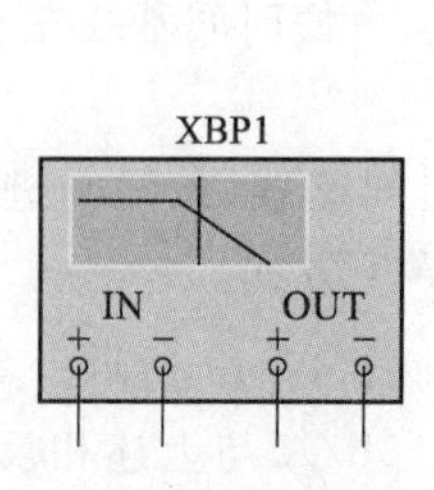

图 4－18 波特图仪的图标

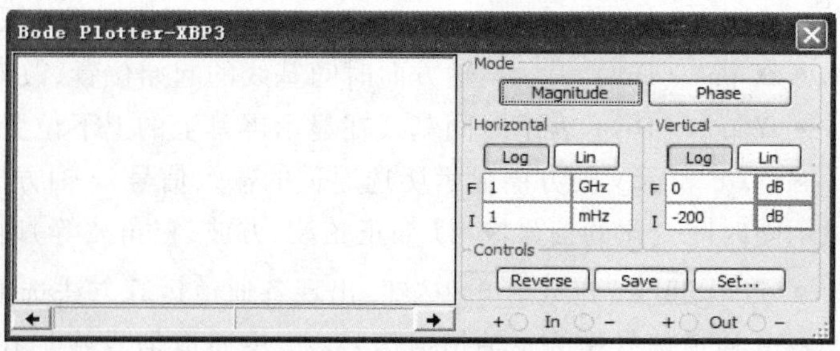

图 4－19 波特图仪的面板

1. 波特图仪的设置

(1) 幅频特性和相频特性的选择

幅频特性和相频特性是以曲线形式显示在波特图仪的观察窗口的。单击 Magnitude 幅值按钮,显示电路的幅频特性;单击 Phase 相位按钮,显示电路的相频特性。

(2) 波特图仪面板参数的设置

- Horizontal 横轴　表示测量信号的频率,也叫频率轴。I、F 分别是 Initial(初始值)和 Final(最终值)。可以选择 Log 对数刻度,也可以选择 Lin 线性刻度。当测量信号的频率范围较宽时,用 Log 对数刻度比较合适,相反,用 Lin 线性刻度较好。横轴取值范围:1mHz ~ 10.0GHz。
- Vertical 纵轴　表示测量信号的幅值或相位。

当测量幅频特性时,单击 Log 对数按钮,纵轴的刻度是 $20\lg A(f)$,单位是 dB(分贝),取值范围是 -200dB ~ +200dB;单击 Lin 线性按钮,线性刻度取值范围是 0 ~ 109。

当测量相频特性时,纵轴表示相位,线性刻度,单位是度,取值范围 -720° ~ +720°。

需要指出:若被测电路为无源网络(振荡电路除外),由于 $A(f)$ 最大值为 1,则纵轴的最终值设置为 0dB,初始值设置为负值。若被测电路含有放大环节,由于 $A(f)$ 可大于 1,则纵轴的最终值设置为正值(+dB)。另外,为了清楚地显示某一频率范围的频率特性,可将横轴频率范围设置得小一些。

2. 波特图仪的使用

(1) 波特图仪的连接

拖动波特图仪图标到电路工作窗口,图标上有 IN 输入和 OUT 输出两对端子。其中 IN 输入端子接电路输入电压两端,OUT 输出端子接输出电压两端。这样就可用波特图仪画出输出电压与输入电压之比的幅频特性曲线和相频特性曲线。如果输入电压是幅值为 1V 的相量,则波特图仪可以给出输出电压的幅频特性曲线,参见例 7-8;如果输入电压是初相位为 0°的相量,则波特图仪可以给出输出电压的相频特性曲线,参见例 7-5。

一般情况下,如果电路的输入电压或输出电压的参考低电位端接地,则对应的波特图仪 IN 的负极端"-"或 OUT 的负极端"-"可以接地也可以不接地。

图 4-20 所示是用波特图仪测电容电压的相频特性曲线(电源的初相位为 30°)。

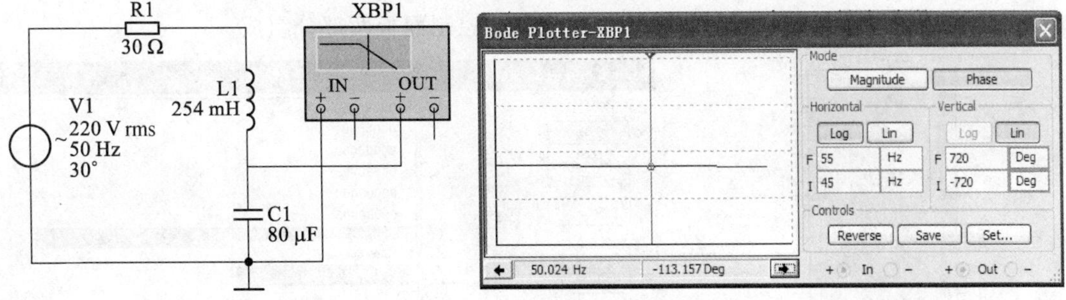

图 4-20　波特图仪的使用

(2) 移动读数指针 ← →,可以读出不同频率值所对应的幅度增益或相位移。上面的显示窗口显示的是幅度增益或相位移,下面的显示窗口显示对应幅度增益或相位移点的频率。

(3) 利用 Save 可实现数据的存储。

(4) 使用时必须保证在电路中有 AC 信号源,而信号源的频率对波特图仪没有任何影响,在任何设置改变后,都应该重新运行一次,以确保仿真结果的正确性。

4.7　频率计数器

如图 4－21 所示频率计数器(Frequency Counter)测量电路,频率计数器除可测量频率(Freq)外,还可以测量周期(Period)、正/负脉冲宽度(Pulse)、上升/下降时间(Rise/Fall)等。需要注意的是,使用过程中应注意根据输入信号的幅值调整频率计的灵敏度(Sensitivity)和触发电平(Trigger Level)。

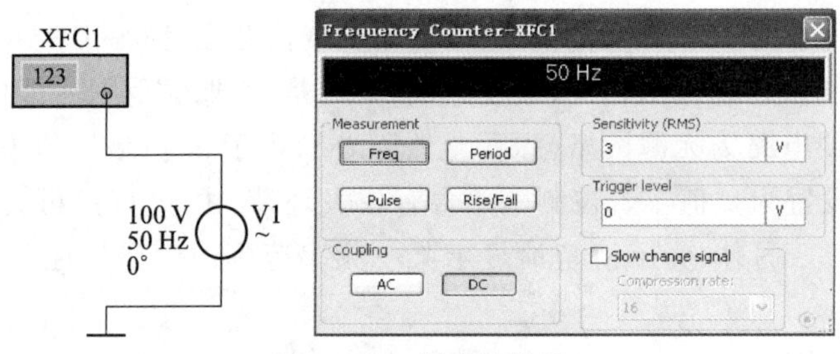

图 4－21　频率计数器

4.8　数字字信号发生器

数字字信号发生器(Word Generater)是一个能够并行输出 32 位(路)数字信号的仪器,又称字逻辑信号源,可用于对字逻辑电路的测试。图标如图 4－22 所示。有 32 位逻辑信号接线端子,T 是外触发信号输入端子,R 是数据准备好输出端子。

1. 字信号发生器面板

双击字信号发生器的图标,窗口出现如图 4－23 所示的字信号发生器的面板。面板由字信号发生器的 32 位字信号编辑窗口和字信号发生器的控制面板两部分组成。

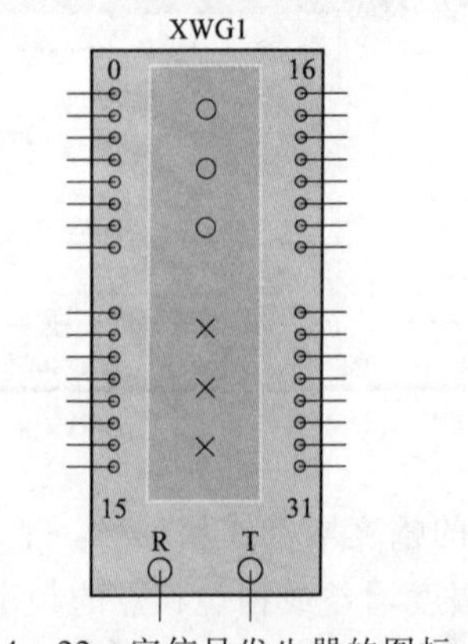

图 4－22　字信号发生器的图标

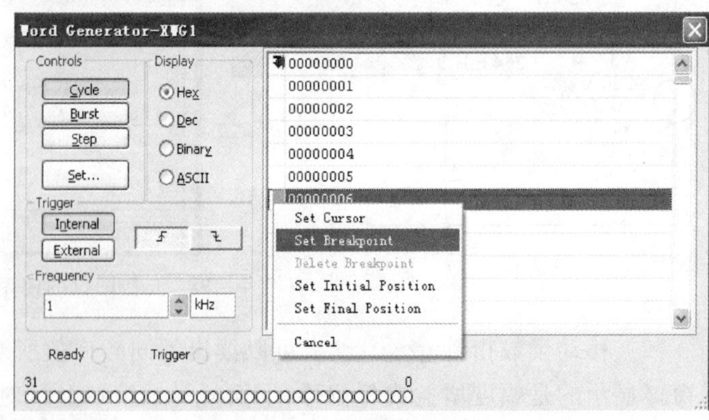

图 4－23　字信号发生器的面板

控制面板有 Controls 控制方式、Trigger 触发、Frequency 频率、Display 显示方式、地址编辑窗口等几部分。

2. 字信号发生器面板参数的设置

(1) 字信号的编辑

字信号发生器面板右侧是 32 位字信号编辑窗口,用鼠标移动滚动条,即可翻看编辑窗口内的字信号。

编辑窗口的 Display 地址显示方式有:Hex 十六进制、Dex 十进制、Binary 二进制和 ASCII 码四种,显示范围:十六进制 00000000H ~ FFFFFFFFH(十进制 0 ~ 4,294,967,265)。

字信号的写入(或改写)方法:将指向其要写入(或改写)的地址栏输入区输入相应的数即可。将鼠标指向 Binary 二进制字信号输入区输入相应的二进制数或指向 Hex 十六进制字信号输入区输入相应的十六进制数即可。

(2) Controls 输出方式控制栏

- Cycle 循环运行　字信号在设置的初始地址到最终地址之间周而复始地以设定的频率输出。
- Burst 单循环运行　字信号只进行一个循环,即从设置的初始地址开始输出,到最终地址自动停止输出。
- Step 单步运行　每点击一次 Step,输出一条字信号。
- Set... 设置按钮　点击 Set... 按钮,出现如图 4-24 所示对话框。
- Preset Patterns 模式　字信号模式设置。

Load　打开数字信号文件。

Save　保存数字信号文件。

Clear buffer　清除 32 位字信号编辑窗口中设置的全部内容(含设置的断点地址),字信号内容全部恢复为 00000000H。

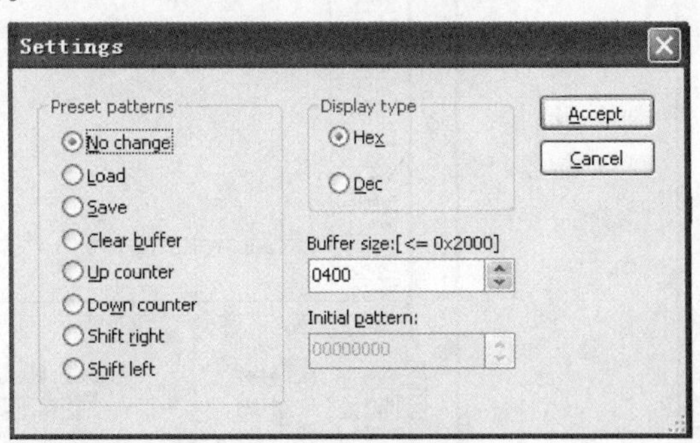

图 4-24　设置数字信号格式对话框

Up counter　字信号输出模式为加法计数器模式。

Down counter　字信号输出模式为减法计数器模式。

Shift right　字信号输出模式为右移移位模式。

Shift left　字信号输出模式为左移移位模式。

(3) Trigger 触发设置栏

可以设置触发信号为 Internal 内部触发或 External 外部触发。

选择 Internal 方式时,字信号的输出直接受输出方式按钮 Cycle、Burst 和 Step 的控制。

选择 External 方式时,必须接入外部触发脉冲信号,而且要设置是上升沿触发还是下降沿触发,然后再单击输出方式按钮。只有当外部触发脉冲信号到来时才启动信号输出。

(4) Frequency 用于设置输出字信号的频率,这个频率应与整个电路及检测输出结果的仪表相匹配。字信号发生器的频率设置范围很宽,频率设置单位为 Hz、kHz 或 MHz。

4.9 逻辑分析仪

逻辑分析仪(Logic Analyzer)用于记录和显示数字电路中各个结点的波形,该仪器可以同时显示电路中 16 位数字信号的波形,还能够高速获取数字信号进行时域分析。逻辑分析仪的图标如图 4-25 所示,其接线端子有:C 外接时钟输入端子、Q 时钟控制输入端子、T 触发控制输入端子和 16 路信号输入端子。

双击图 4-25 逻辑分析仪的图标,窗口出现如图 4-26 所示的逻辑分析仪的面板。面板由显示窗口和控制面板两部分组成。

显示窗口　由时间轴、16 个被测信号的输入端子、结点及波形显示窗口几部分组成。

控制面板　由 Stop 停止按钮、Reset 复位按钮、Clock 时钟设置栏、Trigger 触发设置栏、游标 T1 处和游标 T2 处以及两游标之间的时间差 T2-T1 的时间读数和逻辑读数窗口几部分组成。

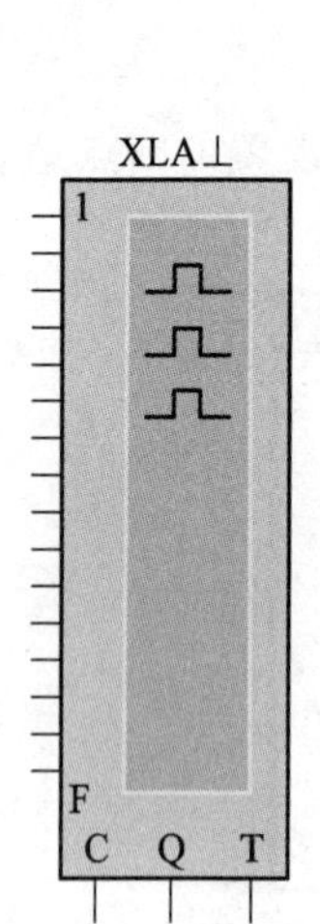

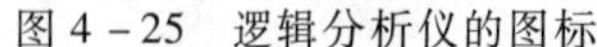

图 4-25　逻辑分析仪的图标

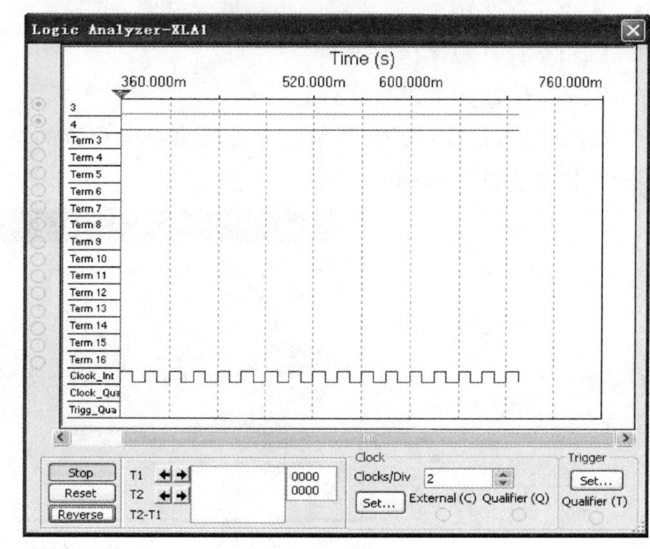

图 4-26　逻辑分析仪的面板

1. 逻辑分析仪面板参数的设置

(1) Stop 停止按钮　单击 Stop 按钮,显示窗口的波形停止。

Reset 复位按钮　单击 Reset 按钮,显示窗口的波形会被清除。

(2) Clocks/Div 每格时钟　逻辑分析仪时间基准的取值范围是 1s/Div ~ 128s/Div。

(3) Clock 时钟设置　单击时钟设置栏内的 Set... 按钮,屏幕上出现 Clock setup 时钟设置对话框,如图 4 - 27 所示。

- Clock Source 可以选择 Internal 内部时钟或 External 外部时钟。
- Clock Rate 内部时钟频率可以在 1Hz ~ 999MHz 范围内设置。
- Sampling Setting 采样选择:

Pre - trigger Samples 触发前采样点数。

Post - trigger Samples 触发后取样点数。

Threshold Voltage 开启电压值。

- Clock Qualifier 选择 External 外部时钟时的限定信号电平设置。时钟确认可以设置为 **1**、**0** 或 x。

1 表示时钟控制输入为 **1** 时开放时钟,逻辑分析仪可以进行波形采集;

0 表示时钟控制输入为 **0** 时开放时钟,逻辑分析仪可以进行波形采集;

x 表示时钟控制输入总是开放,不受时钟控制输入的限制。

(4) Trigger 触发设置栏:单击触发设置栏内的 Set... 按钮,屏幕上出现 Trigger Settings 触发方式对话框,如图 4 - 28 所示。

- Trigger Clock Edge 触发时钟边沿设置:

Positive 上升沿采样

Negative 下降沿采样。

Both 上升沿和下降沿均采样。

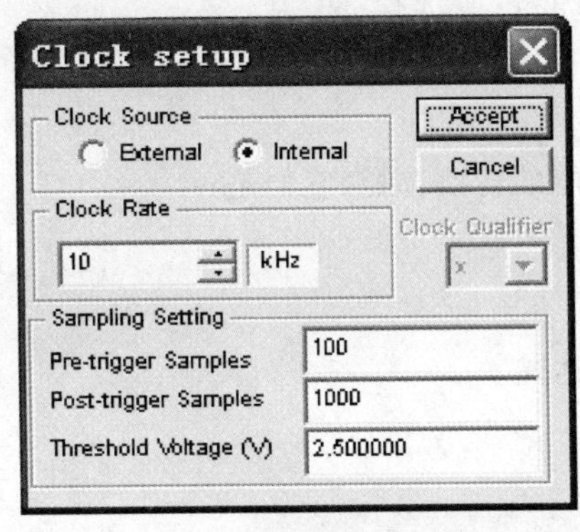

图 4 - 27 逻辑分析仪的时钟设置对话框

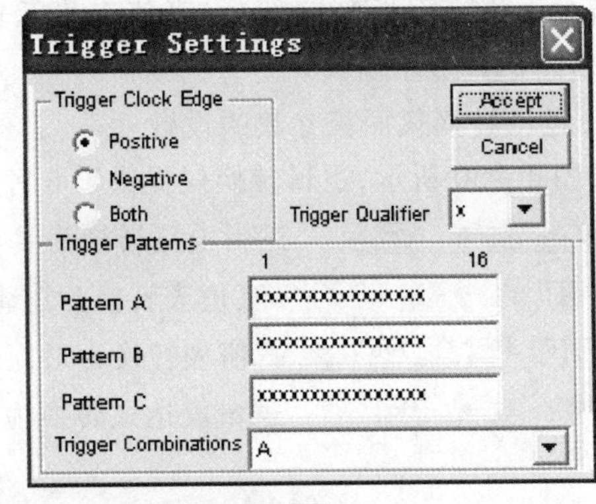

图 4 - 28 逻辑分析仪的触发方式对话框

- Trigger Patterns 触发字设置:

Pattern A(B 或 C)及其触发组合 Trigger Combination 触发字可以设置。逻辑分析仪的触发组合 A、B、C、A or B、A or C、B or C、A or B or C、A and B、A and C、B and C、A and B and C、A no B、A no C、B no C、A then B、A then C、B then C、(A or B) then C、A then(B or C)、A then B then C、A then(B without C)。

若输入逻辑信号满足三个触发字和触发字的触发组合,逻辑分析仪就触发,否则就不触发。若三个触发字均为任意(xxxxxxxxxxxxxxxx)16 位二进制时,则只要输入逻辑信号一到就触发。

- Trigger Qualifier 触发限定电平设置:

x 表示触发控制不起作用,触发由触发字决定。

0 表示只有从图标上的触发控制输入端子输入 **0** 信号时，触发才起作用。

1 表示只有从图标上的触发控制输入端子输入 **1** 信号时，触发才起作用。

2. 逻辑分析仪的使用

- 图 4 - 25 所示图标左侧 16 个端子是逻辑分析仪输入信号端子，使用时连接到电路的测量端。
- 外接时钟输入端子必须接一外部时钟，否则逻辑分析仪不能工作。
- 时钟控制输入端子功能是控制外部时钟，也就是说，当需要对外部时钟进行控制时，该端子必须外接控制信号。
- T 触发控制输入端子功能是控制触发字，欲控制触发字，应在该端子上接控制信号。

4.10 逻辑转换仪

逻辑转换仪(Logic Converter)这种虚拟仪器实际当中不存在。逻辑转换仪可以实现逻辑电路、真值表和逻辑表达式三者之间的相互转换以及逻辑表达式化简。逻辑转换仪的图标如图 4 - 29所示，图标上有 8 个 A、B、C、D、E、F、G、H 信号输入端和 1 个 Out 信号输出端。

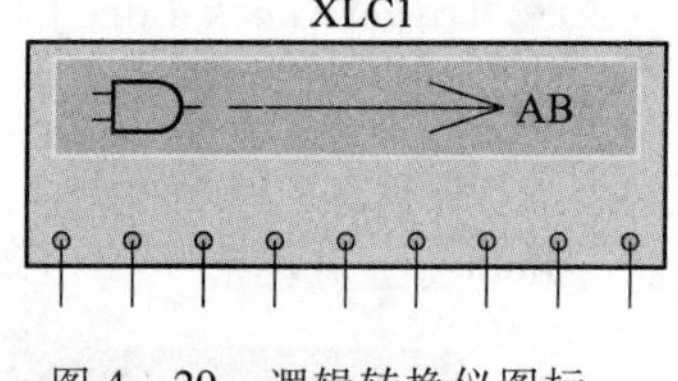

图 4 - 29 逻辑转换仪图标

双击逻辑转换仪的图标，屏幕上出现如图 4 - 30 所示的逻辑转换仪的面板。面板分三部分：真值表显示窗口、功能转换选择栏、逻辑表达式显示窗口。

1. 逻辑转换仪面板参数的设置

如图 4 - 30 所示，逻辑转换仪提供了 6 种逻辑功能的转换选择，它们是：

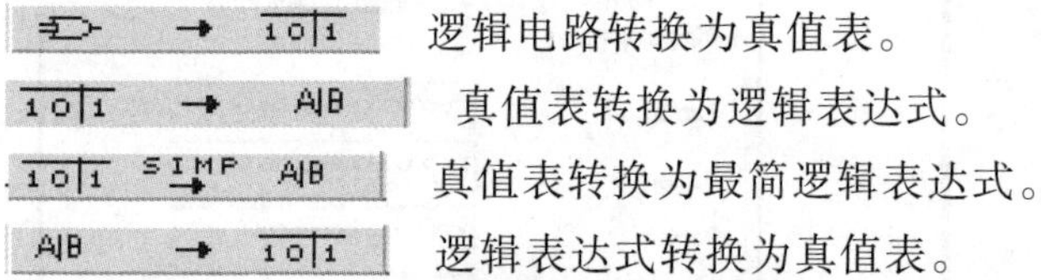

逻辑电路转换为真值表。

真值表转换为逻辑表达式。

真值表转换为最简逻辑表达式。

逻辑表达式转换为真值表。

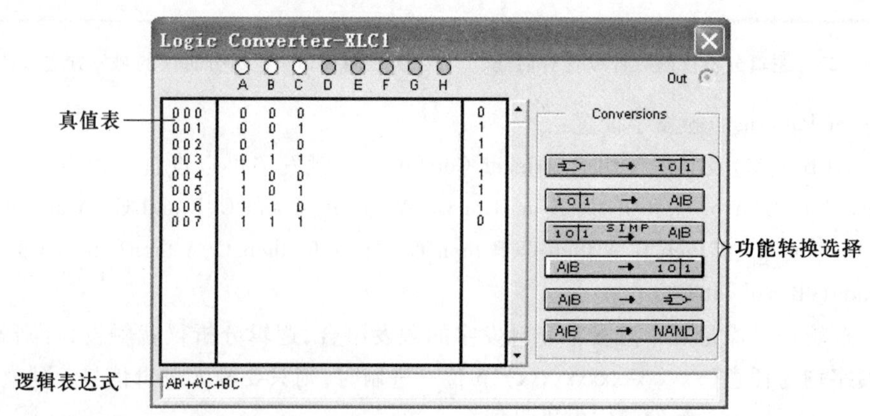

图 4 - 30 逻辑转换仪面板

AIB → 逻辑表达式转换为逻辑电路。

AIB → NAND 逻辑表达式转换为**与非**门逻辑电路。

2. 逻辑转换仪的使用

(1) 逻辑电路转换为真值表的步骤

• 将电路的输入端与逻辑转换仪的输入端相连接。

• 将电路的输出端与逻辑转换仪的输出端相连接。

• 按下 → 10|1 逻辑电路转换为真值表按钮,在显示窗口出现该电路的真值表。

(2) 真值表转换为逻辑表达式的步骤

• 根据输入变量的个数,用鼠标单击逻辑转换仪面板顶部代表输入端的小圆圈(A ~ H),选定输入变量。此时在真值表显示窗口会自动出现输入变量的所有组合,但右面输出列的初始值全部为 **0**。

• 根据所需要的逻辑关系修改真值表的输出值(0、1 或 x)。

• 按下 10|1 → AIB 真值表转换为逻辑表达式按钮,相应的逻辑表达式会出现在显示窗口。

• 按下 10|1 SIMP→ AIB 真值表转换为最简逻辑表达式按钮,可以简化逻辑表达式或直接由真值表得到最简逻辑表达式。

(3) 逻辑表达式转换为逻辑电路的步骤

• 在面板底部的逻辑表达式显示窗口内写入逻辑表达式(**与-或式**、**或-与式**都可以)。

• 按下 AIB → 10|1 逻辑表达式转换为真值表按钮,得到相应的真值表。

• 按下 AIB → 逻辑表达式转换为逻辑电路按钮,得到相应的逻辑电路。

• 按下 AIB → NAND 逻辑表达式转换为**与非**门逻辑电路按钮,得到相应的由**与非**门构成的逻辑电路。

4.11 IV 分析仪

IV 分析仪图标如图 4-31 所示。IV 分析仪专门用来分析晶体管的伏安特性曲线,如二极管、NPN 管、PNP 管、NMOS 管、PMOS 管等单个元器件的电压—电流曲线。IV 分析仪相当于实验室的晶体管图示仪,需要将晶体管与连接电路完全断开,才能进行 IV 分析仪的连接和测试。IV 分析仪有三个连接点,实现与晶体管的连接。

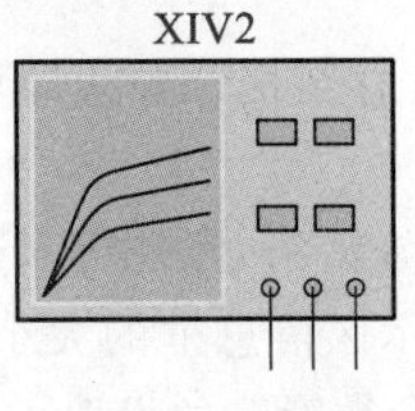

图 4-31 IV 分析仪

图 4－32 所示为 IV 分析仪应用于二极管的测试曲线。

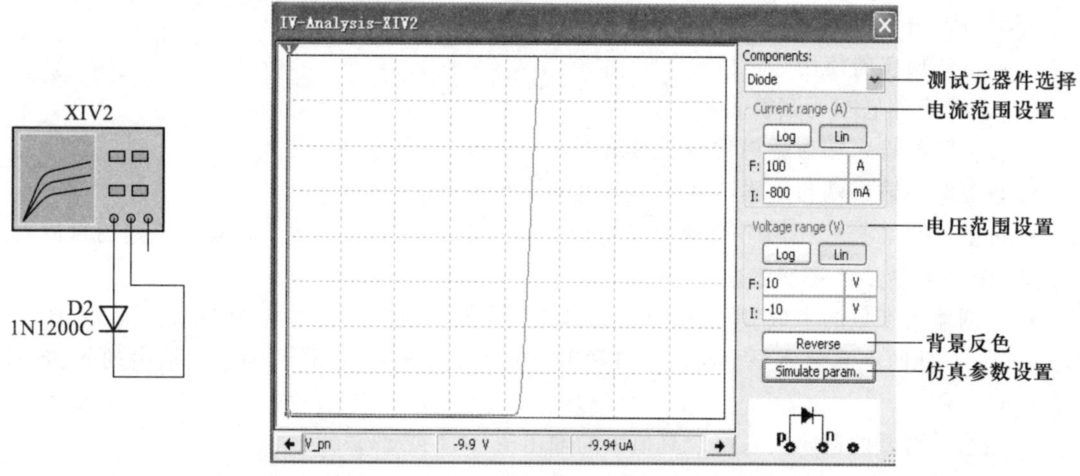

图 4－32　二极管 IV 分析曲线

4.12　实时测量探针

测量不同结点和引脚之间的电压、电流和频率，使用实时测量探针测量是一种快速、简便的方法。如图 4－33 所示。

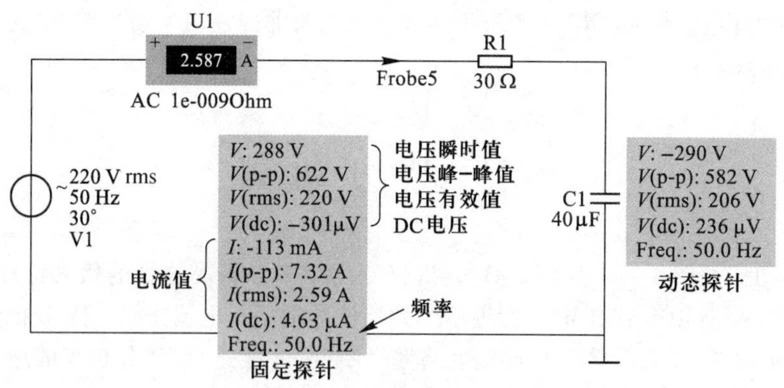

图 4－33　探针测量电路

动态探针：电路仿真过程中，将探针移至任意导线即可显示探测电压和频率值，但不能动态显示电流值。

固定探针：仿真电路可将多个探针放置到电路中各个点，可以探测电压、电流和频率值。

在探针属性 Display 页中可设置显示区信息框的大小、背景颜色；Font 页中可设置字体大小及风格等；在 Parameters 页面可以进行参数隐藏的设置。如图 4－34 所示。

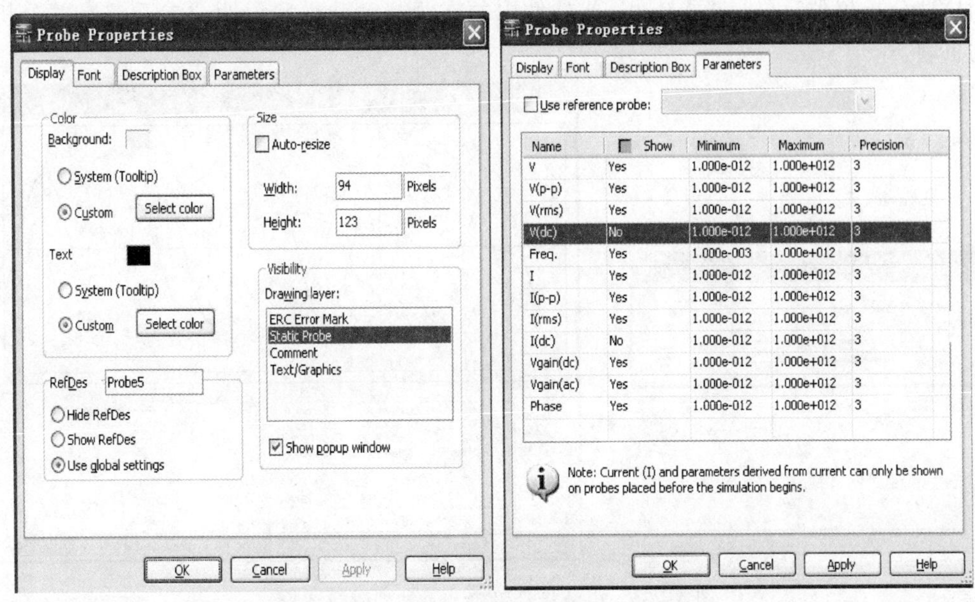

图 4-34 探针属性修改页面

4.13 电 流 探 针

Multisim 11.0 提供了电流探针,该电流探针可以简单快捷的对电路中的电流波形进行显示和测量。探针使用如下:

(1) 如图 4-35 所示,将图标放至电路所需测试结点上。

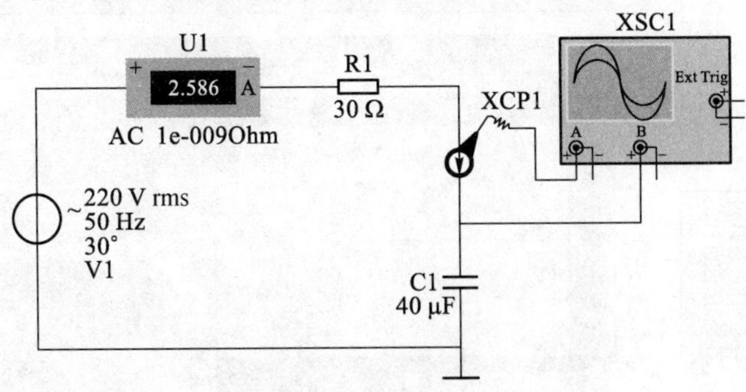

图 4-35 电流探针应用

(2) 双击电流探针图标,进行相应参数设置,如图 4-36 所示。将示波器接入电流探针图标,得到所需电流波形。

除了以上 12 种基本测量仪器,还有失真度分析仪、频谱分析仪、网络分析仪和 LabVIEW 采样仪器,同时 Multisim 11.0 还增加了安捷伦(Agilent)万用表、信号发生器、示波器等分析仪器,如图 4-37 所示。这些仪器面板和实际仪器相同,功能也相同,限于篇幅,本书不再一一介绍,若要使用这些分析仪器，可以查看 Multisim 软件中的在线帮助和设置说明或参看该有关分析仪器方面的书籍。

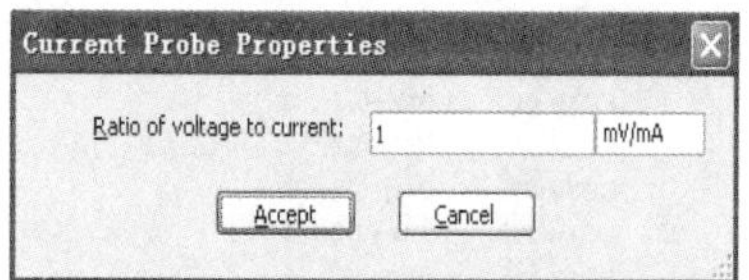

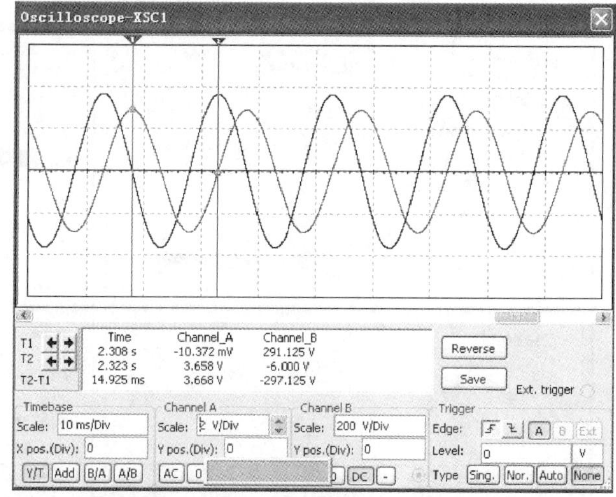

图 4－36　电流探针设置及示波器测量波形

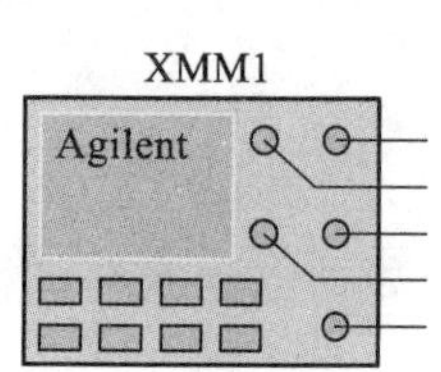

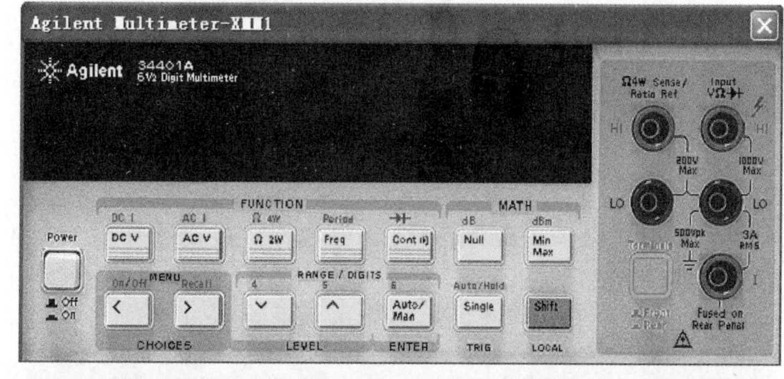

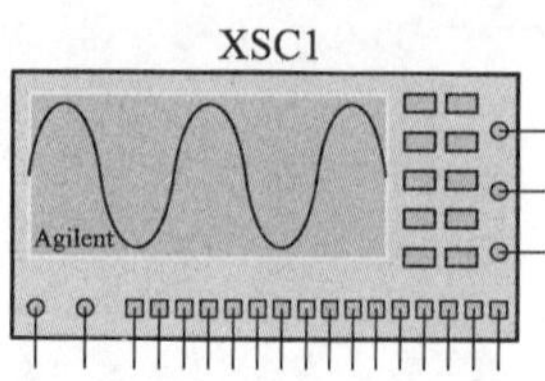

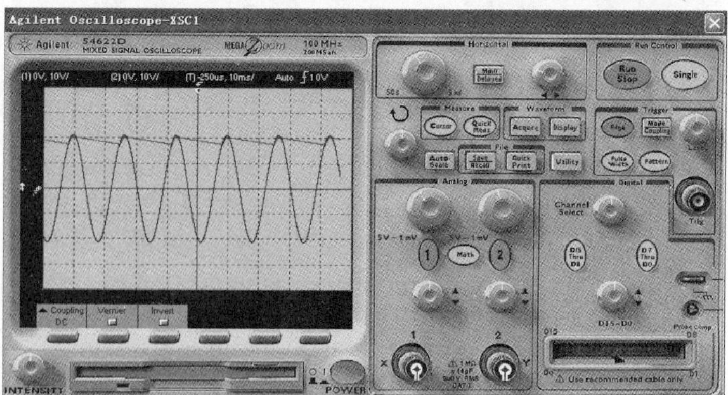

图 4－37　安捷伦仪器

第 5 章　Multisim 11.0 的分析方法

Multisim 11.0 提供了多达 19 种仿真分析方法，所有这些分析方法都是利用仿真程序产生用户需要的数据，这些仿真可用于基础电路性能分析，也可用于复杂电路的性能分析。NI Multisim 仿真分析包括：选择 Analyses 仿真分析菜单。菜单弹出如图 5－1 所示，其中包括：

- 直流工作点分析（DC Operating Point）
- 交流分析（AC Analysis）
- 单一频率交流分析（Single Frequency AC Analysis）
- 暂态分析（Transient Analysis）
- 傅里叶分析（Fourier Analysis）
- 噪声分析（Noise Analysis）
- 噪声图形分析（Noise Figure Analysis）
- 失真度分析（Distortion Analysis）
- 直流扫描分析（DC Sweep）
- 灵敏度分析（Sensitivity）
- 参数扫描分析（Parameter Sweep）
- 温度扫描分析（Temperature Sweep）
- 极零点分析（Pole Zero）
- 传递函数分析（Transfer Function）
- 最坏情况分析（Worst Case）
- 蒙特卡罗分析（Monte Carlo）
- 导线宽度分析（Trace Width Analysis）
- 批处理分析（Batched Analysis）
- 自定义分析（User Defined Analysis）
- 停止分析过程（Stop Analysis）

DC Operating Point...
AC Analysis...
Single Frequency AC Analysis...
Transient Analysis...
Fourier Analysis...
Noise Analysis...
Noise Figure Analysis...
Distortion Analysis...
DC Sweep...
Sensitivity...
Parameter Sweep...
Temperature Sweep...
Pole Zero...
Transfer Function...
Worst Case...
Monte Carlo...
Trace Width Analysis...
Batched Analysis...
User Defined Analysis...
Stop Analysis

图 5－1　分析方法

常用的分析方法有：直流工作点分析、交流分析、单一频率交流分析暂态分析、直流扫描分析、参数扫描分析、温度扫描分析等。这些方法对于电路分析和设计都非常有用，学会这些分析方法，可以增加分析和设计电路的能力。分析仿真的关键是：认识各种仿真分析方法的功能、正确设置各种仿真方法的分析参数。

5.1 分析方法介绍

5.1.1 分析方法的选项

单击工具栏中的按钮或选择 Simulate/Analyses 出现下拉菜单，选择需要的分析方法，每种分析方法都有其具体的选项，对每种分析方法都需要进行以下工作：

(1) 设置分析参数，不同的分析方法其默认参数值不同。

(2) 设置变量输出，这个设置是必需的。

(3) 设置分析标题，这个设置是可选的。

(4) 设置分析选项的自定义值，这个设置是可选的。

(5) 保存分析设置。

1. Frequency parameters 分析参数设置页面

如图 5-2 所示在该页面可以设置分析参数，不同的分析方法设置的参数不同。为了满足某些电路、某种分析方法对仿真精度的要求，熟悉分析方法的参数设置是必要的，参数设置参看各分析方法。注意：除直流工作点分析没有分析参数设置页面外，其他分析方法都有。

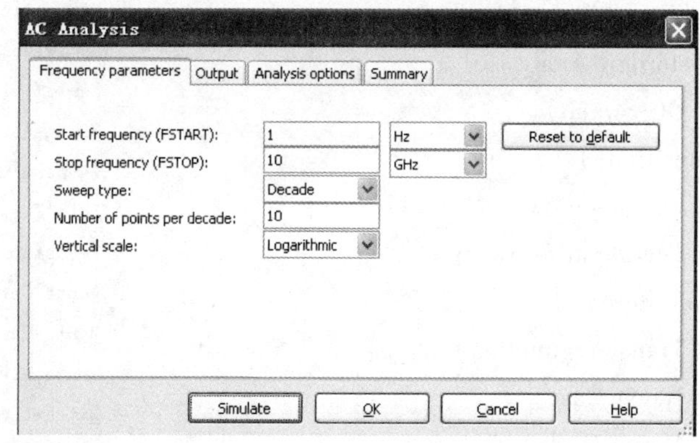

图 5-2 分析参数设置页面

2. Output 输出变量页面

在该页面可以选择需要分析的结点和变量，如图 5-3 所示左侧窗口为 Variables in circuit 电路中输出变量，右侧窗口为 Selected variables for analysis 选择被仿真的输出变量。选择左侧窗口需要分析的变量，单击 Add 按钮，就可以将选中变量添加到右侧窗口进行分析仿真。右侧窗口不需要分析的变量可单击 Remove 按钮，将选中变量移到左侧窗口。

输出变量分类选择下拉框中包括各个结点电压、电压源支路的电流和元器件模型参数等变量，将元器件参数或模型参数添加到右侧窗口可以进行仿真。

单击 Delete selected variable 可以删除左侧窗口中的所选变量。其他分析方法中 Output Variables 输出变量的设置方法与此相同。

3. Analysis options 选项页面

在该页面可以自定义分析选项、设置计算机分析算法需要的参数，在 other options 选项中，可以设置分析标题、检查电路是否符合电路规则，例如，电路是否接地、是否存在未接好的元器件等，如图 5-4 所示。

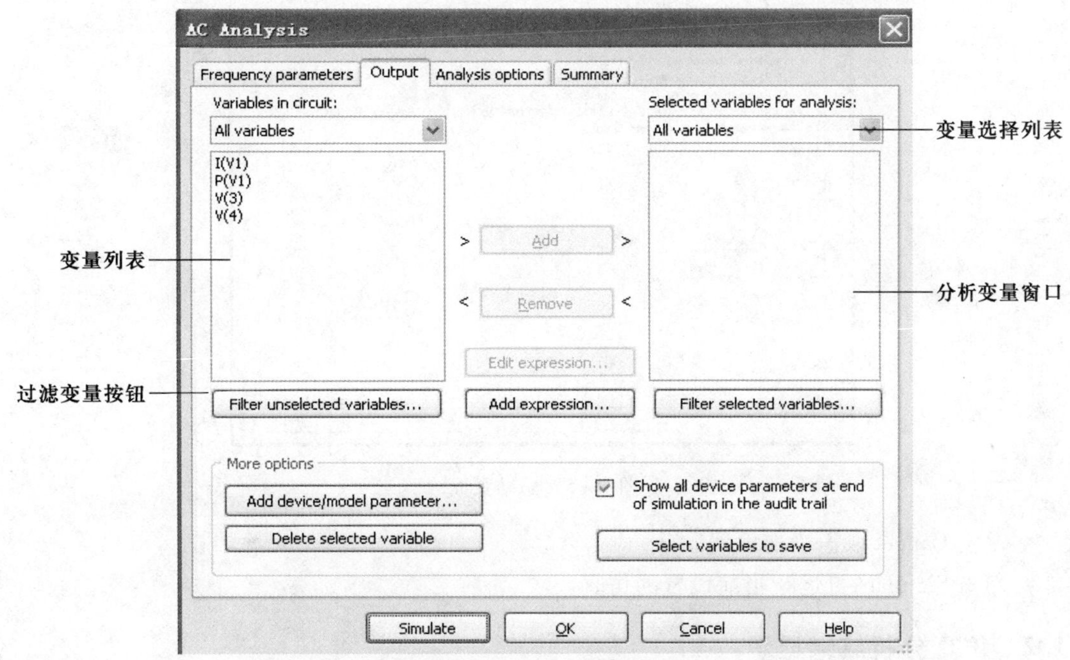

图 5-3　输出变量页面

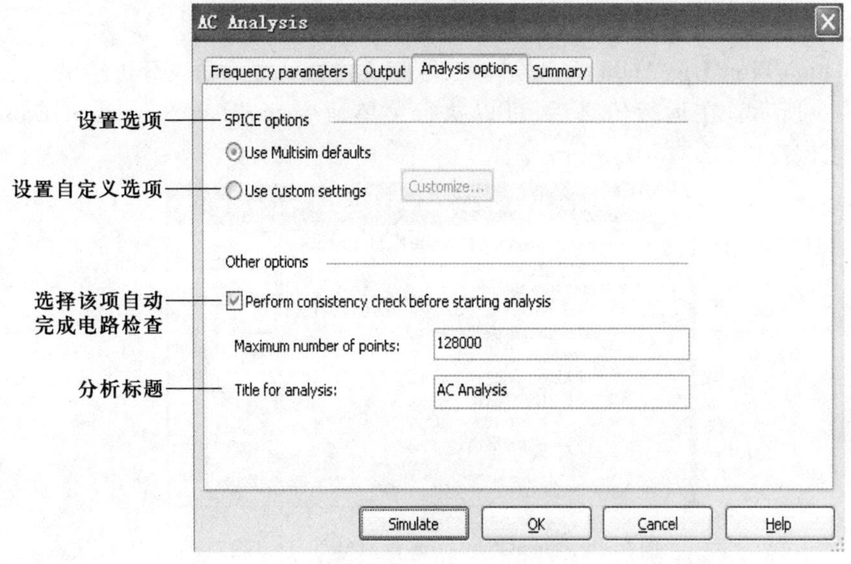

图 5-4　混合选项页面

4. Summary 总结页面

在该页面能快速浏览所有的分析设置选项，用户可以检查确认所要进行的分析设置是否正确。如图 5-5 所示。

- 单击 OK 按钮可保存当前所有设置，但不仿真。

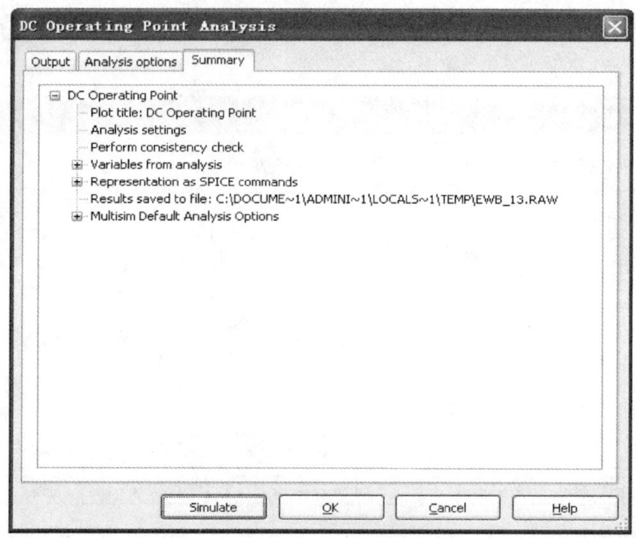

图5－5　总结页面

- 单击Cancel取消当前设置。
- 单击Simulate可运行当前设置的仿真。

5.1.2　仿真分析结果显示

分析设置后，单击Simulate运行当前设置的仿真，Multisim 11.0提供了两种查看分析结果的方法。

1. Simulation Error Log/Audit Trail窗口形式，以文本方式显示仿真分析结果。

如图5－6所示。在运行仿真后，可以执行菜单命令Simulate/Simulation Error Log/Audit Trail自动产生该窗口。

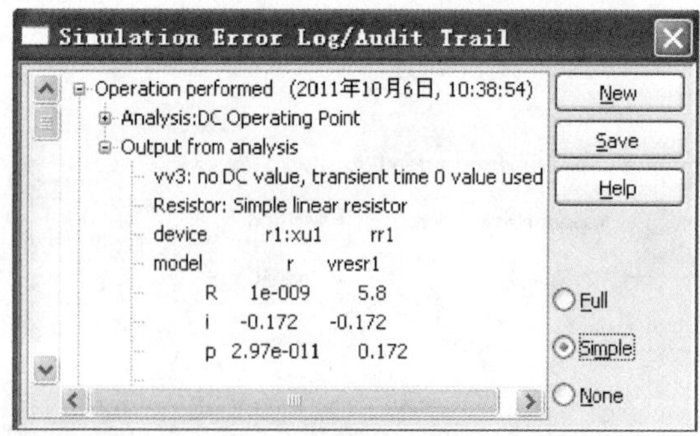

图5－6　Simulation Error Log/Audit Trail窗口

2. Grapher View窗口形式，以图形方式显示仿真分析结果。

如图5－7所示，单击Simulate运行仿真后会自动弹出Grapher View图形窗口，也可以执行菜单命令View/Grapher自动产生该窗口。

该窗口有菜单、工具条和常用的按钮，在该窗口可以通过游动光标1和2读数、可以进行数据处理或将数据发送到Excel或是MathCAD软件中。用户每激活一种分析，分析结果将默认显

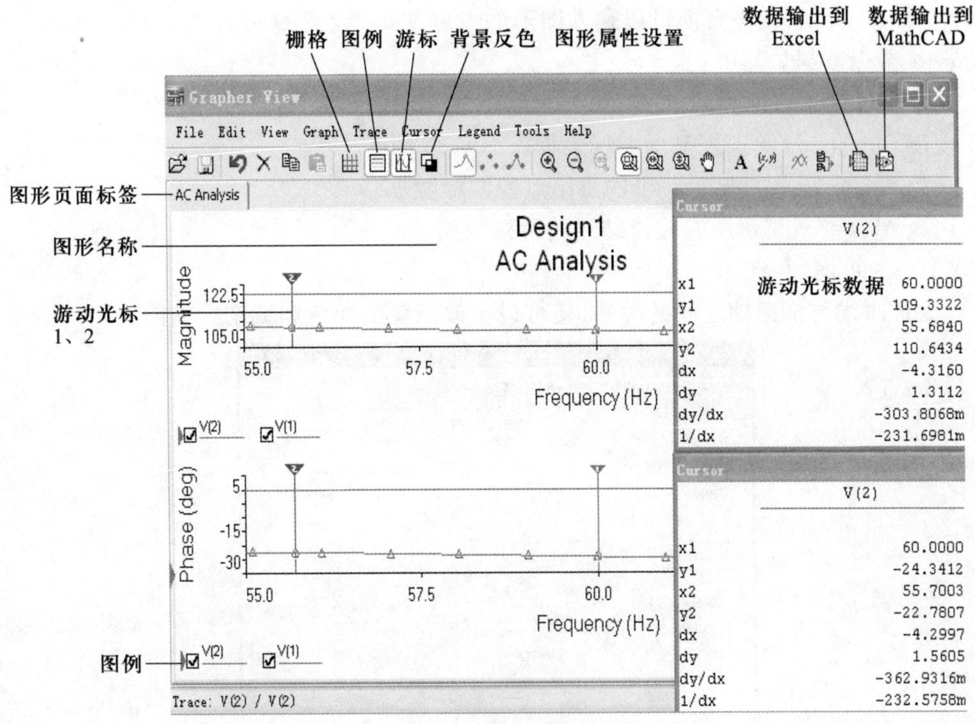

图 5-7 图形显示窗口

示在 Multisim Grapher 上并保存起来,以供后处理器使用。

在图形显示窗口选择菜单 Edit/Properties 或单击图形属性设置按钮,屏幕显示图 5-8 所示的窗口,该窗口有 6 个页面。

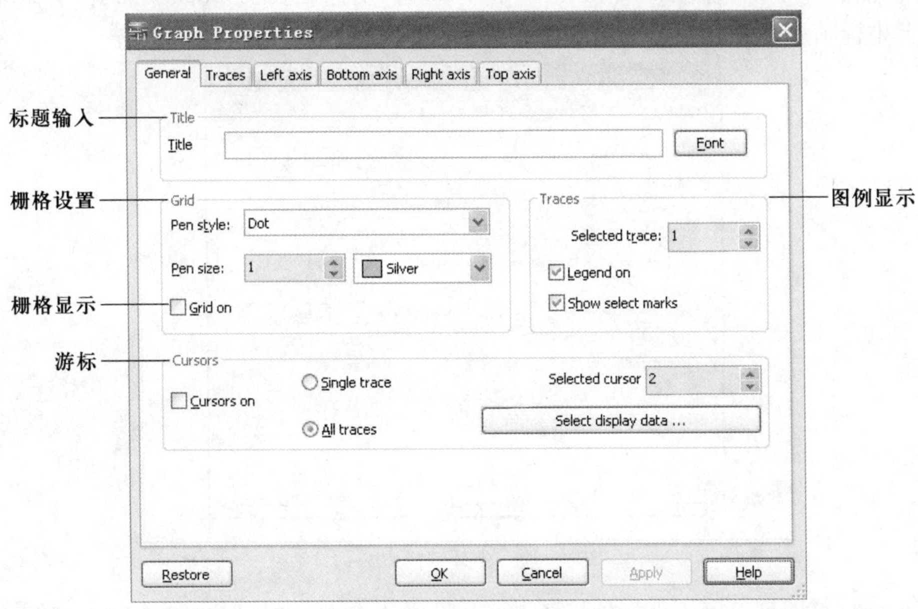

图 5-8 图形属性 General 页面

(1) General页面：在该页面可以输入图形的主题Title、设置Grid栅格、设置Legend图例和设置Cursors游标数据。其中：

① 栅格可以设置宽度和颜色。

② 使能Cursors on单选框显示游标数据。

③ 选择Single trace只显示一个输出结点的游标数据。

④ 选择All traces显示所有输出结点的游标数据。

(2) Traces页面

可以设置曲线与坐标轴之间的关系，还可以更改曲线的颜色和宽度。如图5-9所示。

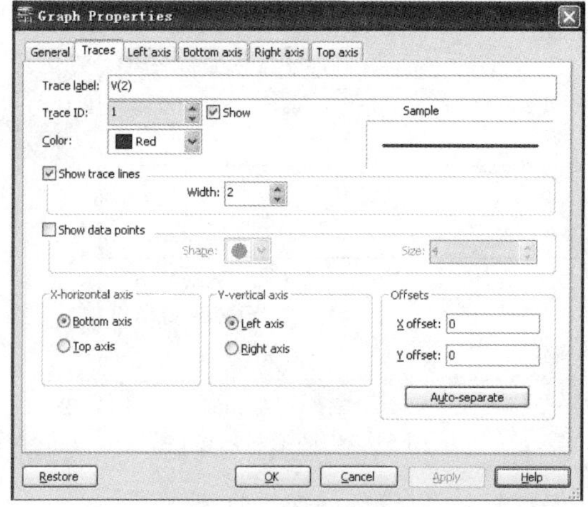

图5-9　曲线设置页面

(3) 坐标轴

坐标轴包括Left axis左坐标轴页面、Bottom axis下坐标轴页面、Right axis右坐标轴页面和Top axis上坐标轴页面4个页面，如图5-10所示。

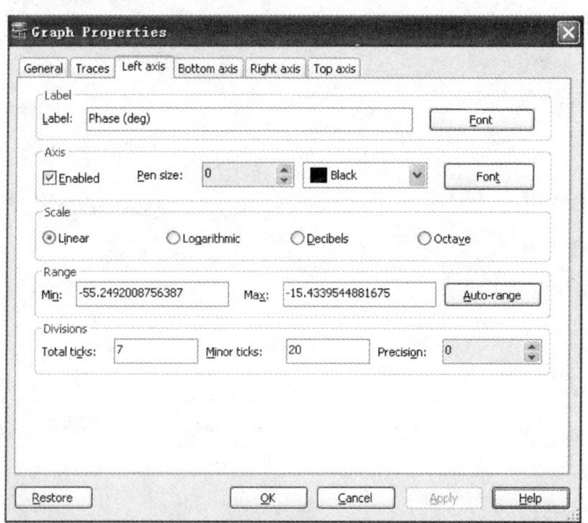

图5-10　坐标轴设置页面

在各坐标轴页面可以输入坐标轴标题Label，设置Axis坐标轴状态、颜色和宽度以及输入最大、最小坐标值。

5.1.3 分析结果后处理

Multisim 11.0 软件具有图形后处理功能,该功能可以对已经具有的分析结果数据做进一步的处理,可以对数据处理的函数如表 5-1 所示。如果处理曲线,则结果还是曲线,如果处理的是工作点分析给出的数值表,则结果还是数值表。

表 5-1 后处理函数表图

符号	类型	运算功能
+	代数运算	加
-	代数运算	减
*	代数运算	乘
/	代数运算	除
^	代数运算	幂
%	代数运算	百分比
,	代数运算	复数实部虚部之间的分隔符
abs( )	代数运算	绝对值
sqrt	代数运算	平方根
sin( )	三角函数	正弦
cos( )	三角函数	余弦
tan( )	三角函数	正切
atan( )	三角函数	反正切
gt	比较函数	大于
lt	比较函数	小于
ge	比较函数	大于或等于
le	比较函数	小于或等于
ne	比较函数	不等于
eq	比较函数	等于
and	逻辑运算	与
or	逻辑运算	或
not	逻辑运算	非
db( )	指数运算	分贝
log( )	指数运算	10 为底对数
ln( )	指数运算	e 为底对数
exp( )	指数运算	e 的幂

续表

符号	类型	运算功能
j( )	复数运算	$\sqrt{-1}$ × 复数
real( )	复数运算	复数的实数
image( )	复数运算	复数的虚数
vi( )	复数运算	vi(x) = image(v(x))
vr( )	复数运算	vr(x) = real(v(x))
mag( )	复数运算	取幅值
ph( )	向量运算	取相位
norm( )	向量运算	归一化
rnd( )	向量运算	取随机数
mean( )	向量运算	平均值
vector(number)	向量运算	number 个元素的向量
length( )	向量运算	向量的长度
deriv( )	向量运算	微分
max( )	向量运算	最大值
min( )	向量运算	最小值
vm( )	向量运算	vm(x) = mag(v(x))
vp( )	向量运算	vp (x) = pg(v(x))
yes	常数	是
true	常数	真
no	常数	否
false	常数	假
pi	常数	圆周率
e	常数	自然对数的底数
c	常数	光速
i	常数	-1 的平方根
kelvin	常数	标准温度系数
echarge	常数	电子电荷量
boltz	常数	玻尔兹曼常数
planck	常数	普朗克常数

在 Simulate 菜单中选择 Postprocess 菜单就进入了图 5-11 所示的后处理窗口。输出使用 Graph 按钮建立新曲线图形，输入图形名。

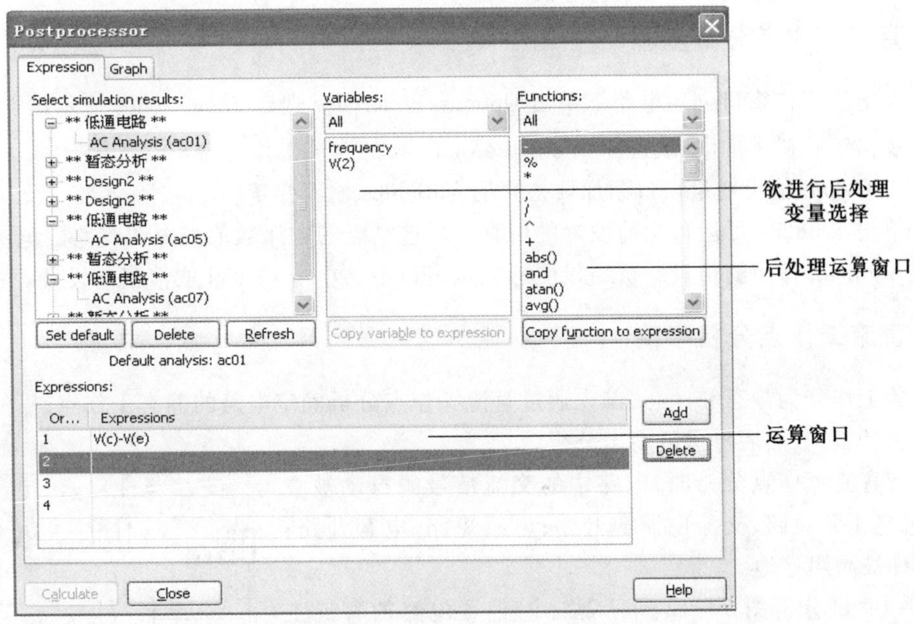

图 5-11 后处理窗口

5.1.4 利用分析方法仿真步骤

对电路进行仿真的过程可分为 4 步：

(1) 输入电路图、显示电路结点、选择电路分析方法。

说明：为便于记忆，可以修改结点名称。修改方法：在输入的电路图上，双击欲改的结点序号所属的连线，在弹出的对话框中输入新的结点名称即可。

(2) 参数设置 程序自动检查输入内容，并对参数进行设置。

(3) 电路分析 分析运算输入数据，形成电路的数值解。

(4) 数据输出 运算结果以数据、波形、曲线等形式输出。

5.2 直流工作点分析

直流工作点分析(DC Operating Point)是其他分析方法的基础。直流工作点分析又称为静态工作点分析，目的是求解在直流电压源或直流电流源作用下电路中的各个结点电压、电压源支路的电流、元器件电流和功率等数值。

5.2.1 直流工作点分析选项

直流工作点分析没有需要特别设置的地方，没有 DC Parameters 直流分析参数设置页面，只有 Output 输出变量设置页面、Analysis Options 混合选项设置页面、Summary 总结页面三个选项窗口。各页面的设置参看 5.1 节分析方法介绍。

5.2.2 直流工作点分析步骤

(1) 在电路工作窗口创建电路。单击 Options/Preference 选定 Show Nodes 显示结点。

(2) 单击工具栏中的 或选择 Simulate/Analyses 的直流工作点分析。

(3) 在 Output 输出变量窗口添加要仿真的 Variables 输出变量。

(4) 单击 Simulate 可运行当前设置的仿真。所选结点的电压数值或电源支路的电流数值自动显示在 Multisim 弹出的仿真分析结果图形显示窗口中。单击 Cancel 取消当前设置。

5.2.3 直流工作点分析举例

电路的工作分为静态和动态,首先通过直流工作点分析确定电路的静态工作点,以便使放大电路能够正常工作,然后再进行动态分析。

在进行直流工作点分析时,电路中的交流信号源自动被置零,即交流电压源短路、交流电流源开路;电感短路、电容开路;数字元器件被高阻接地。

例 5-1 试分析图 5-12 所示晶体管偏置电路的直流工作点。

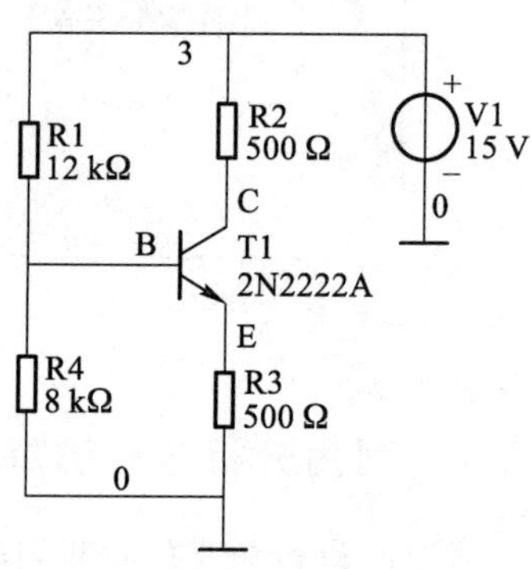

图 5-12 晶体管偏置电路

解:(1) 在电路工作窗口创建电路,点击 Options/Sheet Properties,Net names 选定 Show all 显示结点号。为了便于记忆和分析设置,将晶体管集电极、发射极、基极结点名称改为 C、E、B。

结点名称修改方法:双击欲修改的结点序号所属的连线,在弹出的对话框中输入新的结点名称。

(2) 单击工具栏中的 或选择 Simulate/Analyses 的 DC Operating Point 直流工作点分析进入直流工作点设置窗口,如图 5-13所示。

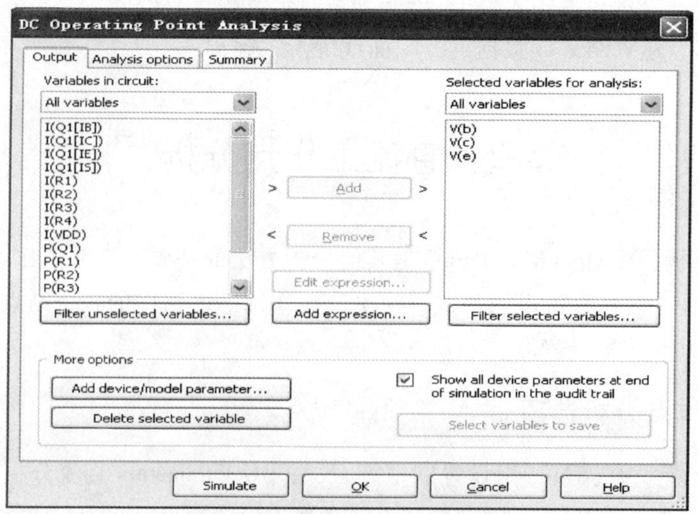

图 5-13 直流工作点分析设置窗口

在 Output 输出变量页面选择左侧窗口需要分析的变量，单击 Add 按钮，将选中变量添加到右侧窗口进行分析仿真。

如果要获得晶体管模型参数，如流过晶体管三个电极的电流、电压 U_{BC} 和 U_{BE} 等变量，可以在 More options 选项中，选择其中的 Add device/model parameter，弹出如图 5-14 所示的窗口。

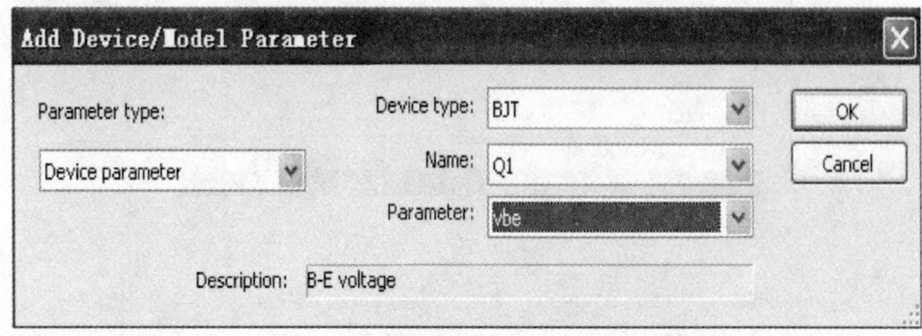

图 5-14　晶体管模型参数设置窗口

在该窗口选择器件类型、名称和参数后单击 OK，这时该参数显示在图 5-15 所示窗口中。继续重复这个过程，将 I_C、I_E、I_B、U_{BC} 和 U_{BE} 晶体管模型参数都添加到图 5-15 所示窗口中。

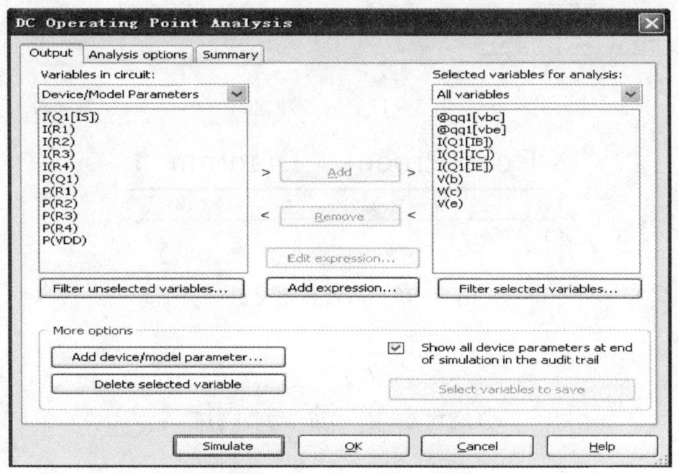

图 5-15　直流工作点分析结果

（3）将 I_C、I_E、I_B、U_{BC} 和 U_{BE} 晶体管模型参数添加到 Output 输出变量页面所示的右侧窗口，单击 Simulate 运行当前设置的仿真。所选结点的电压数值或电源支路的电流数值自动显示在 Multisim 弹出的仿真分析结果图形显示窗口中，如图 5-16 所示。

DC Operating Point

	DC Operating Point	
1	V(c)	9.93992
2	V(b)	5.77294
3	V(e)	5.08373
4	I(Q1[IC])	10.12029 m
5	I(Q1[IB])	47.30404 u
6	I(Q1[IE])	-10.16759 m
7	@qq1[vbe]	686.97038 m
8	@qq1[vbc]	-4.16577

图 5-16　直流工作点分析结果

若需要知道 U_{CE} 电压，可以对以上分析数据进行后处理，如图 5－17 所示设置可得到图 5－18所示 U_{CE} 电压为 4.85619V。

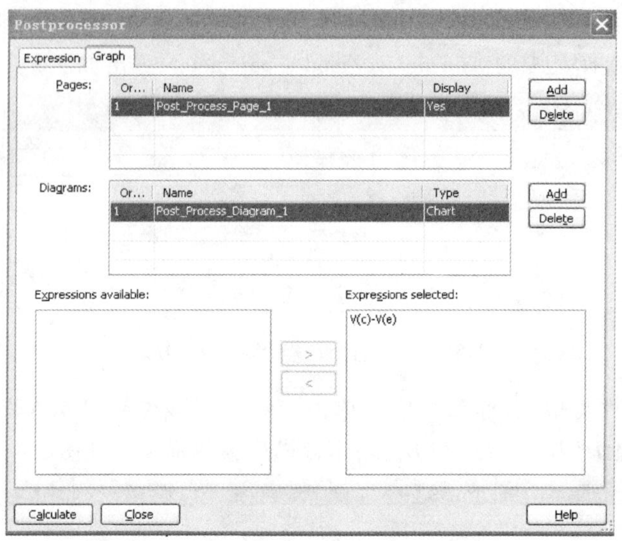

图 5－17 后处理窗口

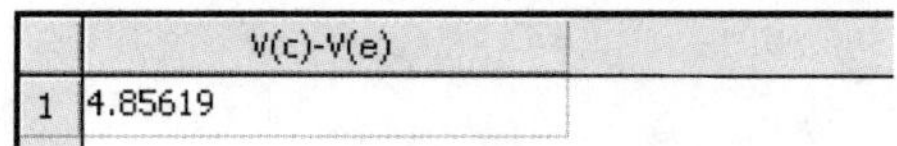

图 5－18 后处理结果窗口

5.3 交 流 分 析

交流分析（AC Analysis）用于分析计算电路随频率变化的响应，即电路的幅频特性和相频特性。

5.3.1 交流分析参数设置

要进行正确的交流分析，必须正确设置所有参数。首先是设置输入信号的幅值和相位，其次是设置 frequency Parameters 分析参数页面中频率范围、频率变化的步长。

（1）输入信号源的幅值和相位设置

图 5－19 所示的信号源都具有输出交流分析所需正弦交流电压和电流的能力，这些信号源的属性设置中有一个 AC Analysis Magnitude 和 AC Analysis Phase 设置选项，用于设置交流分析所需的交流信号源的幅值和相位，如图 5－20 所示。

值得注意的是：用于交流分析所需的交流信号源的幅值 AC Analysis Magnitude 和相位 AC Analysis Phase 选项是必须要设置的，否则不能得到正确的仿真结果。使用波特图仪测量时输入信号和交流分析所需信号相同，也需要正确设置交流分析信号源。

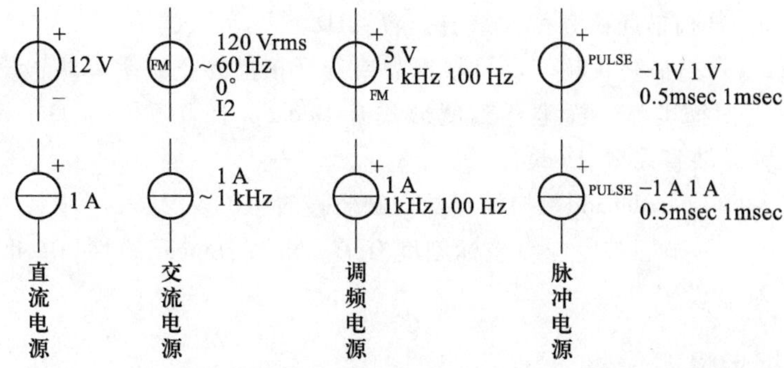

图 5-19　能输出交流分析所需正弦交流电压和电流信号的电源

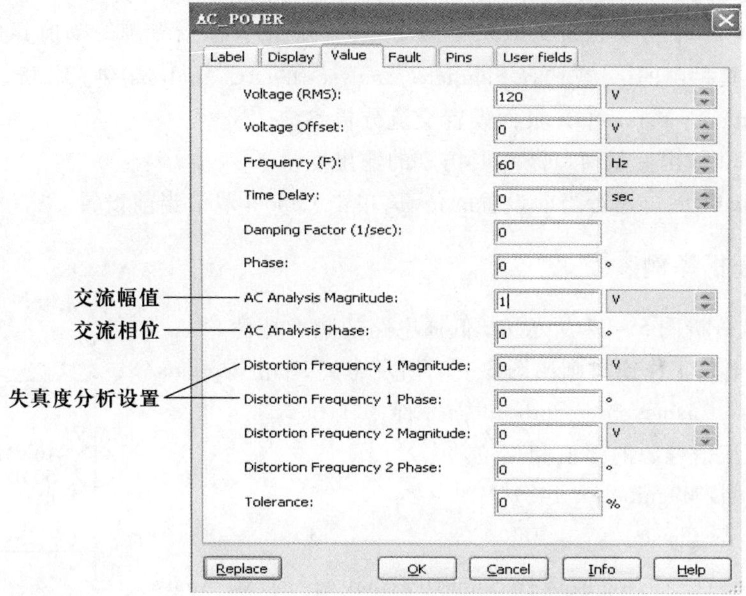

图 5-20　交流分析信号源设置窗口

（2）Frequency parameters 页面交流分析参数设置，如图 5-21 所示。

AC Analysis

Frequency parameters | Output | Analysis options | Summary

Start frequency (FSTART): 1 Hz　Reset to default

Stop frequency (FSTOP): 10 GHz

Sweep type: Decade

Number of points per decade: 10

Vertical scale: Logarithmic

Simulate　OK　Cancel　Help

图 5-21　交流分析频率参数设置窗口

- Start frequency　扫描起始频率。缺省设置:1Hz。
- Stop frequency　扫描终止频率。可根据需要选择扫描终止频率。缺省设置:10GHz。
- Sweep type　扫描类型。横坐标刻度形式有 Decade 十倍频扫描、Octave 八倍频扫描和 Linear 线性扫描三种。缺省设置:Decade。
- Number of points per decade　扫描点数。缺省设置:10。
- Vertical scale　纵坐标刻度。纵坐标刻度有 Log 对数、Linear 线性、Decibel 分贝和 Octave 八倍频四种形式。缺省设置:Log。

5.3.2　交流分析步骤

(1) 在电路工作窗口创建电路。单击 Options/Sheet Properties,Net names 选定 Show all 显示结点号。

(2) Analysis setup 分析设置页面设置交流分析所需的交流信号源的幅值和相位。

(3) 单击工具栏中的 或选择 Simulate/Analyses 的 AC Analysis 交流分析。

(4) 在 Frequency parameters 页面设置交流分析参数。

(5) 在 Output 输出变量窗口添加要仿真的输出变量。

(6) 单击 Simulate 可运行当前设置的仿真,单击 Cancel 取消当前设置。

5.3.3　交流分析举例

例 5-2　试分析图 5-22 所示 *RC* 低通电路的频率特性。

解:(1) 在电路工作窗口画出图 5-22 所示电路,单击 Options/Sheet Properties,Net names 选定 Show all 显示结点 1 和 2。

(2) 设置交流信号源的幅值和相位。

- AC Analysis Magnitude　14.14V
- AC Analysis Phase　0°

(3) 单击工具栏中的 或选择 Simulate/Analyses 的 AC Analysis 交流分析。

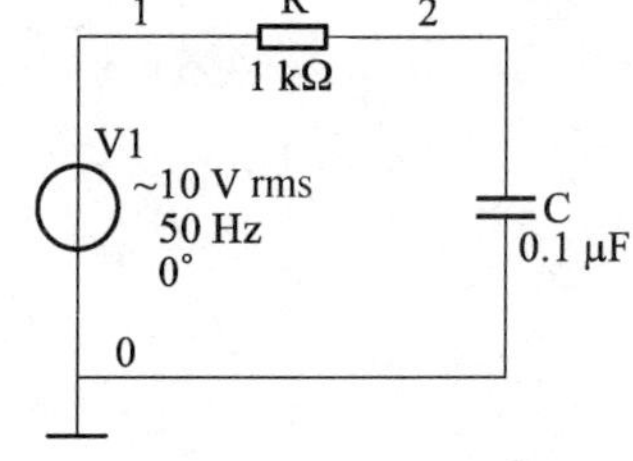

图 5-22　低通电路

(4) 在图 5-23 分析页面设置参数:

起始频率 1Hz、终止频率 10MHz、横坐标刻度 Decade 十倍频、纵坐标刻度 Linear 线性、扫描点数 10。

(5) 在 Output 输出变量窗口添加要仿真的 Variables 变量 V(2)。如图 5-24 所示。

(6) 单击 Simulate 按钮可运行当前设置的仿真,显示分析结点的幅频特性和相频特性。如图 5-25 所示。移动游标可读出某一频率下的输出电压的幅值和相位。由图可见,在低频段 $\dot{U}_{2m} = \dot{U}_{1m} = 14.14\angle 0°$V,当 $U_{2m} = 0.707U_{1m} = 10$V 时,$f = 1.5849$kHz 即为上限截止频率,此时$\Phi_2 = -45°$。

5.3.4　单一频率交流分析

单一频率交流分析(Single Frequency AC Analysis)工作类似于交流分析,但不是分析电路在某一频率范围内的幅频特性和相频特性,而是分析电路在某一频率下响应的幅值/相位(Magnitude/ Phase)和实部/虚部(Real/ Imaginary)。

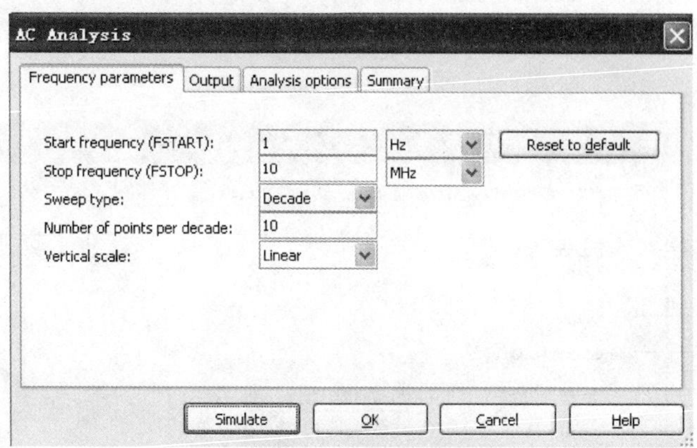

图 5-23　交流分析参数设置

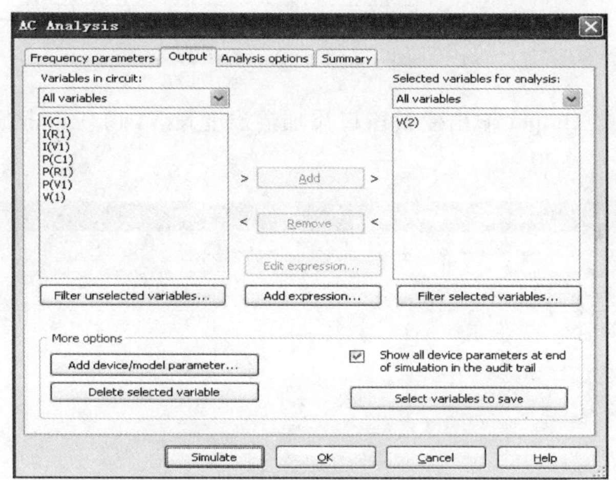

图 5-24　交流分析输出结点设置

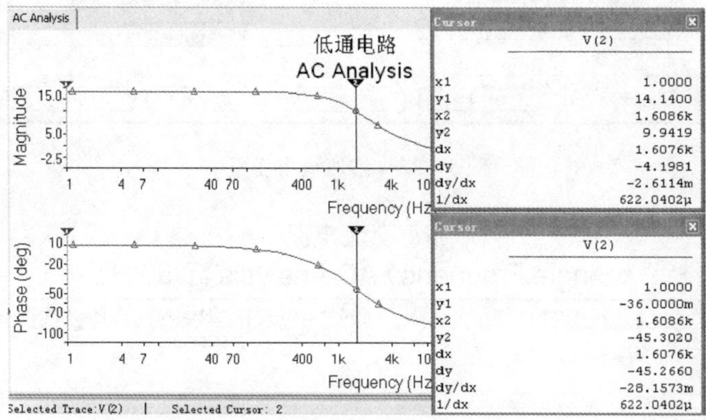

图 5-25　交流分析结果显示

创建交流电路,单击工具栏中的图标或选择 Simulate/Analyses 的 Single Frequency AC Analysis。在图 5-26 分析页面中设置 Frequency 频率或自动检测频率 Auto-detect、设置输出选项。

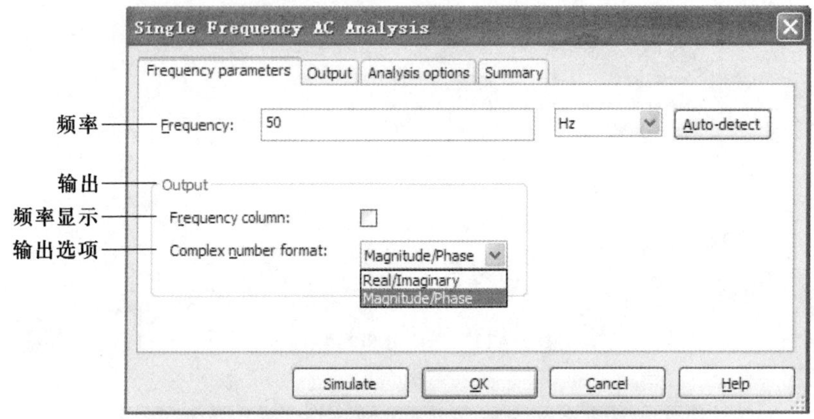

图 5-26　分析页面

如图 5-27 所示,在 Output 输出变量窗口添加输出变量 V(4)。单击 Simulate 运行分析结果显示如图 5-28 所示。

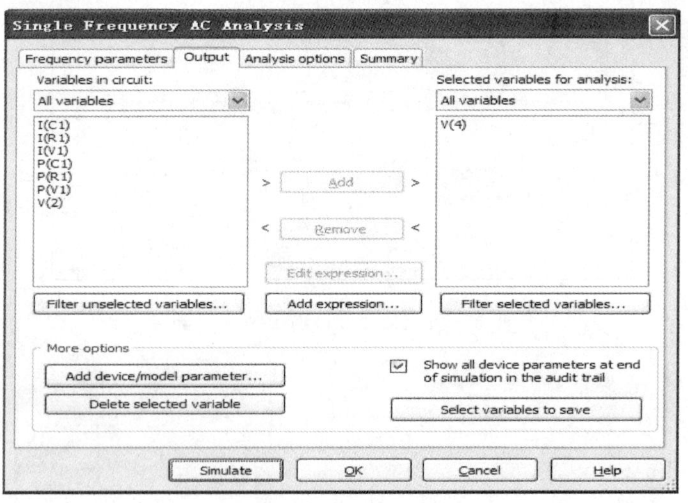

图 5-27　添加输出变量

*RC*交流电路

Single Frequency AC Analysis @ 50 Hz

	AC Frequency Analysis	Frequency (Hz)	Magnitude	Phase (deg)
1	V(4)	50	205.85735	9.34400

图 5-28　分析结果

5.4 暂态分析

暂态分析(Transient Analysis)又称时域暂态分析,用于分析电路指定结点电压和支路电流的时域响应,即观察电路中指定结点电压和支路电流随时间变化情况。暂态分析给出的分析图形横轴是时间,纵轴是电压或电流等变量。软件把每一个输入周期分为若干个时间间隔,再对若干个时间点逐个进行直流工作点分析,这样,电路中指定结点的电压波形就是由整个周期中各个时刻的电压值所决定。

5.4.1 暂态分析参数设置

暂态分析参数设置页面如图 5-29 所示。分析设置需要设置初始条件、暂态分析时间和时间步长。

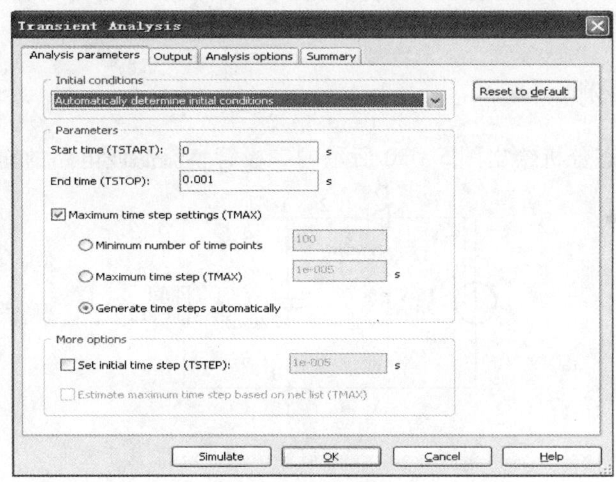

图 5-29 暂态分析参数设置页面

1. 初始条件

初始条件在暂态分析中很重要,可以设置的初始条件是:

- Automatically determine initial conditions 程序自动决定初始条件。
- Set to zero 零初始条件。
- User-defined 自定义初始条件。
- Calculate DC operating point 通过计算直流工作点得到初始值。

2. 暂态分析时间参数设置

- Start time(TSTART) 起始分析时间。要求暂态分析的起始分析时间必须大于或等于零,且小于终止分析时间。缺省设置:0s。
- End time(TSTOP) 终止分析时间。要求暂态分析的终止分析时间必须大于起始分析时间。缺省设置:0.001s。

设置时注意保证足够的分析时间。

3. 时间步长设置

- Minimum number of time points　分析时间内的最小时间点数。在起始时间到终止时间之间,模拟输出的点数。缺省设置:100。
- Maximum time step　在分析中允许的最大时间步长。缺省设置:10^{-5}s。
- Generate time steps automatically　自动产生时间步长。自动选择一个较为合理的或最大的时间步长。缺省设置:选用。

5.4.2　暂态分析步骤

(1) 在电路工作窗口创建电路,显示结点。

(2) 单击工具栏中的图标或选择 Simulate/Analyses 的 Transient Analysis 暂态分析。

(3) 在 Analysis parameters 页面设置暂态分析参数。

(4) 在 Output 输出变量窗口添加被选择仿真的输出变量。

(5) 单击 Simulate 可运行当前设置的仿真,显示分析结点的暂态响应波形。单击 Cancel 取消当前设置。

5.4.3　暂态分析举例

例 5-3　试用暂态分析绘出图 5-30 所示的二极管整流滤波电路的输出电压波形。

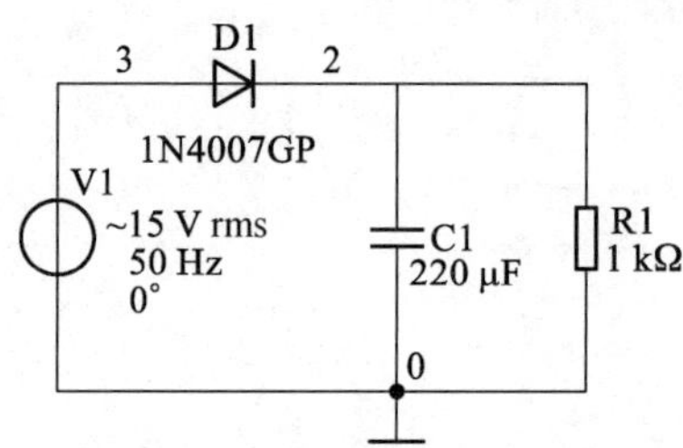

图 5-30　二极管整流滤波电路

解:(1) 在电路工作窗口画出图 5-30 所示电路,显示结点 0、2、3。

(2) 单击工具栏中的图标或选择 Simulate/Analyses 的暂态分析。

(3) 在图 5-31 分析设置页面设置参数。

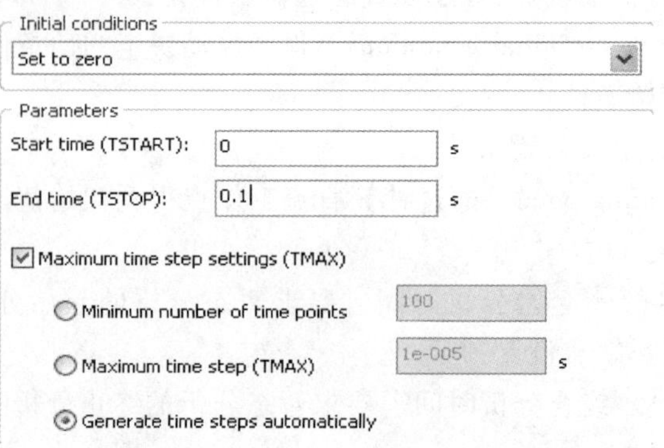

图 5-31　暂态分析参数设置页面

(4) 在 Output 输出变量窗口添加被选择仿真的 Variables 输出变量 2、3。

(5) 单击 Simulate 运行当前设置的仿真,如图 5－32 显示分析结点暂态响应波形。

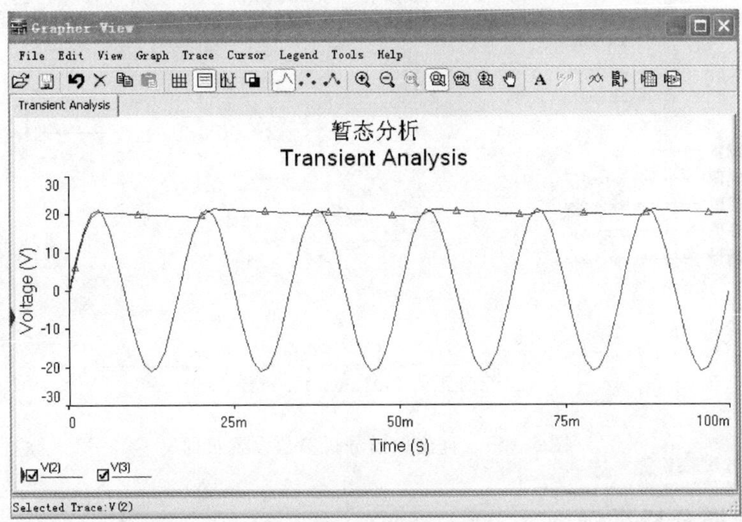

图 5－32　暂态分析结果

5.5　直流扫描分析

直流扫描分析(DC Sweep Analysis)是计算电路中某一结点的电压或某一电源分支的电流等变量随电路中某一电源电压变化的情况。直流扫描分析给出的分析图形横轴是某一电源电压,纵轴是被分析结点的电压或电源分支的电流等变量。

电路直流工作点的选择、研究稳压电源的稳压特性以及研究电路的传输特性等常使用直流扫描分析功能。

5.5.1　直流扫描分析参数设置

直流扫描分析参数设置页面如图 5－33 所示。直流扫描分析设置需要设置扫描电源 Source、扫描初值 Start value、扫描终值 Stop value 和每次扫描增量 Increment。

5.5.2　直流扫描分析步骤

(1) 在电路工作窗口创建电路,显示结点。

(2) 单击工具栏中的[icon]或选择 Simulate/Analyses 的 DC Sweep 直流扫描分析。

(3) 在直流扫描分析 Analysis parameters 页面设置扫描电源 1 和电源 2 参数。

(4) 在 Output 输出变量窗口添加被选择仿真的输出变量。

(5) 单击 Simulate 开始直流扫描分析。单击 Cancel 取消分析设置。

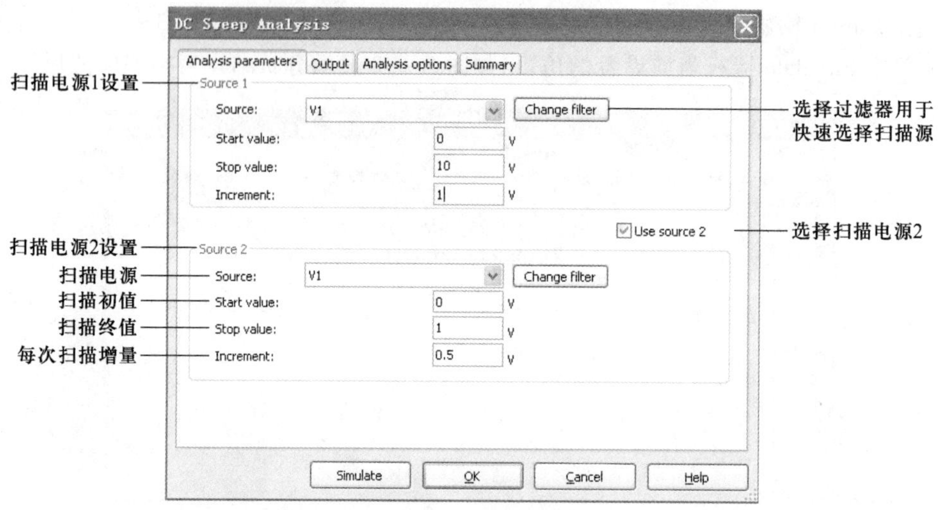

图5-33　直流扫描分析参数设置页面

5.5.3　直流扫描分析举例

例5-4　试用直流参数扫描分析功能分析图5-34所示的串联稳压电源的电源电压发生变化时,输出电压和电流的变化情况。

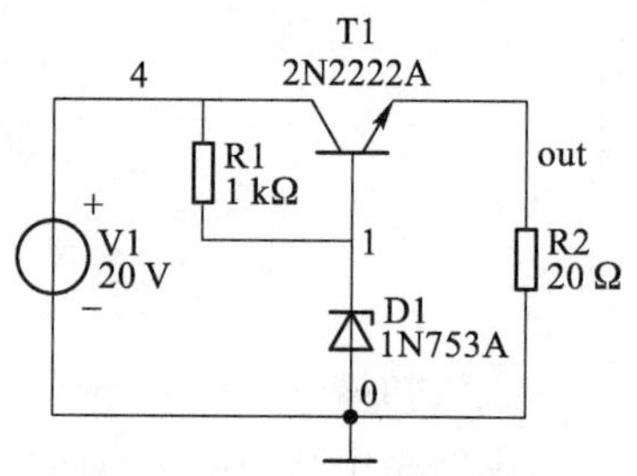

图5-34　简单串联稳压电源

解:(1)在电路工作窗口画出图5-34所示电路,显示结点。

(2)单击工具栏中的 或选择Simulate/Analyses的DC Sweep直流扫描分析。

(3)在DC Sweep Analysis直流扫描分析设置页面设置参数,如图5-35所示。

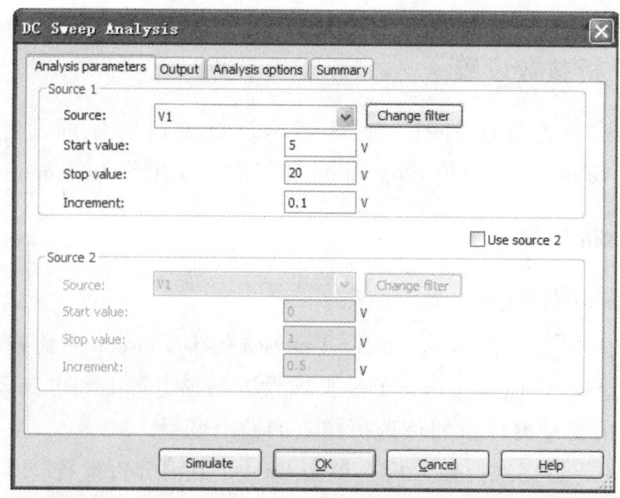

图5-35　扫描参数设置页面

(4) 在 Output 输出变量窗口添加被选择仿真的输出变量 out。单击 More,进入元器件或模型参数设置页面后,单击 Add Device/Model Parameter,在弹出的图 5-36 所示窗口中,从 Device type 下拉框中选择 Resistor,在 Name 中选择 R2,在 Parameter 下拉框中选择电流 i,单击 OK,返回输出变量设置页面后,再将其添加到窗口右侧的输出变量中。

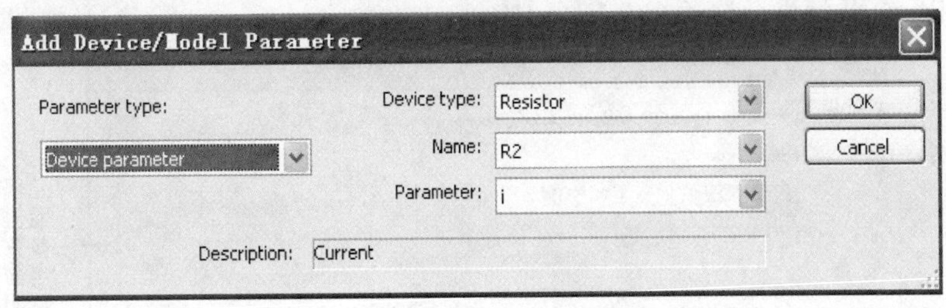

图 5-36 设置 R2 的电流作为输出变量

(5) 设置完成后,单击 Simulate 运行当前设置的仿真,分析设置和分析结果如图 5-37 所示。

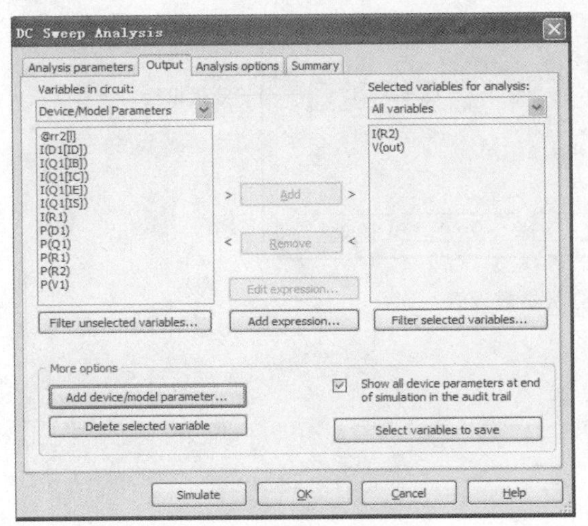

(a)直流扫描分析设置

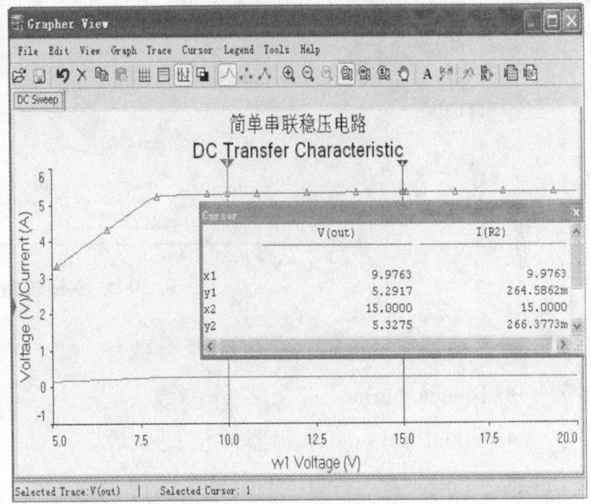

(b)直流扫描分析结果

图 5-37 直流扫描分析

5.6 参数扫描分析

参数扫描分析(Parameter Sweep Analysis)是用来检测当电路中某个元器件参数和元器件模型参数在一定范围内发生变化时,对电路直流工作点分析、暂态分析或交流分析的影响。每给定一个元器件参数或元器件模型参数值,对电路就进行一次直流工作点分析、暂态分析、交流分析,最后给出的是一组曲线,直流工作点分析、暂态分析或交流分析给出该组曲线的自变量与输出变量之间的关系,而元器件参数和元器件模型参数给出该组曲线的参变数。

5.6.1 参数扫描分析参数设置

参数扫描分析参数设置页面如图 5-38 所示。在参数分析设置中,不仅要设置被扫描的元器件参数或元器件模型参数,设置扫描方式、扫描初值、扫描终值和扫描步长,而且要选择和设置直流工作点分析、暂态分析或交流分析的一种。

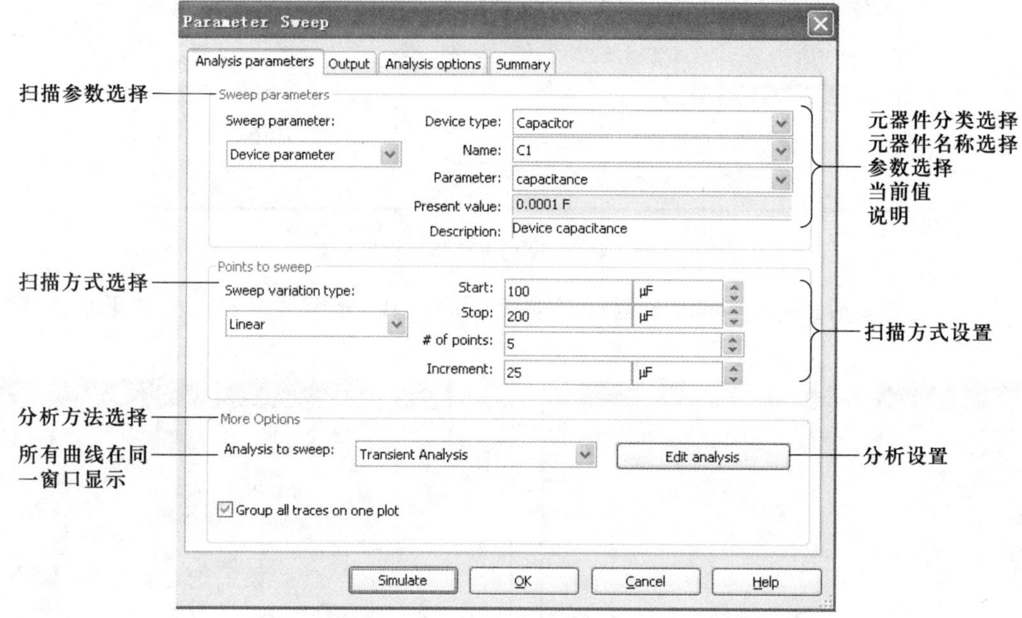

图 5-38 参数扫描分析参数设置页面

(1) Sweep parameters 扫描参数选择。

- Device parameter 元器件参数。
- Model parameter 元器件模型参数。

(2) Points to sweep 扫描方式选择。

- Sweep variation type 扫描类型。有十倍频扫描 Decade、线性扫描 Linear、八倍频程扫描 Octave 和列表值扫描 List 四种。

(3) 参数扫描分析的结果是以曲线形式输出的,而输出曲线的数目与扫描方式的设置有关。

- 十倍频扫描 Decade、线性扫描 Linear、八倍频程扫描 Octave 扫描方式设置:

Start:扫描起始值。

Stop:扫描终止值。

#of points:扫描点数。

Increment:每次扫描增量。增量大小根据扫描方式、扫描点数来确定。

选择十倍频 Decade 扫描方式,增量大小等于扫描起始值乘以 10 的倍数直至扫描终止值的倍数值。

选择线性 Linear 扫描方式,增量大小等于扫描终止值减去扫描起始值再除以扫描点数。

选择八倍频 Octave 扫描方式,增量大小等于扫描起始值直至扫描终止值的倍数值。

• List 列表值扫描方式设置:需要输入用空格、逗号分隔的列表值。

(4) 在 More options 分析方法选择区,有直流工作点分析、暂态分析和交流分析三种选择。缺省设置:Transient Analysis 暂态分析。

(5) 单击 Edit analysis 按钮可以进行分析设置。参看各分析方法参数设置。

5.6.2 参数扫描分析步骤

(1) 在电路工作窗口创建电路,显示结点。

(2) 单击工具栏图标或选择 Simulate/Analyses 的 Parameters Sweep 参数扫描分析。

(3) 在 Analysis parameters 页面设置参数扫描分析参数。

(4) 在 Output 输出变量窗口添加要仿真的输出变量。

(5) 在 More options 分析方法选择区,选择分析方法和设置参数。

(6) 单击 Simulate 按钮开始扫描分析,分析结果是以曲线形式输出。单击 Cancel 按钮取消分析设置。

5.6.3 参数扫描分析举例

例 5-5 试用参数扫描分析功能分析图 5-30 所示的二极管整流滤波电路的输出电压随滤波电容 C_1 变化的情况。

解:(1) 在电路工作窗口画出图 5-30 所示电路,单击 Options/Sheet Properties,Net names 选定 Show all 显示结点 0、2、3。

(2) 单击工具栏图标或选择 Simulate/Analyses 的 Parameters Sweep 参数扫描分析。

(3) 在图 5-38Analysis parameters 参数扫描分析设置页面设置参数:

• 扫描参数选择 Device parameter 元器件参数、电容 C_1、当前值 0.0001F。

• 扫描方式选择 线性扫描 Linear。扫描起始值 0.0001F、扫描终止值 0.0002F、扫描点数 5。

• 分析方法设置 与参数扫描联合的是暂态分析。参数设置如图 5-39 所示。

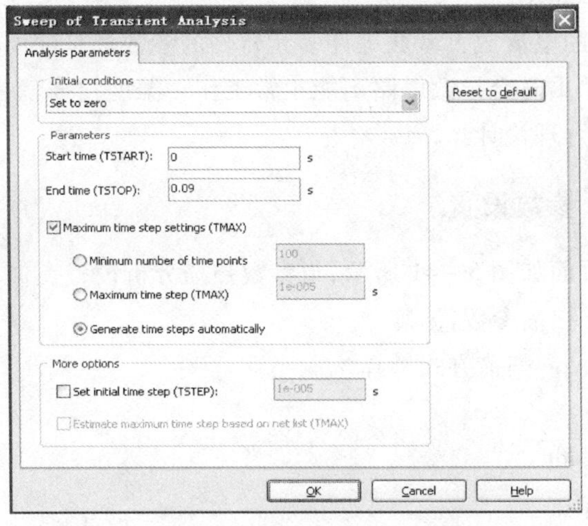

图 5-39 参数扫描暂态分析参数设置窗口

（4）在 Output 输出变量窗口添加被选择仿真的输出变量 2。

（5）设置完成后，单击 Simulate 运行当前设置的仿真，把电容量作为参数进行扫描，对每一个电容值都进行一次暂态分析，不同的电容值对应不同颜色的曲线。分析结果是多条曲线如图 5－40 所示。

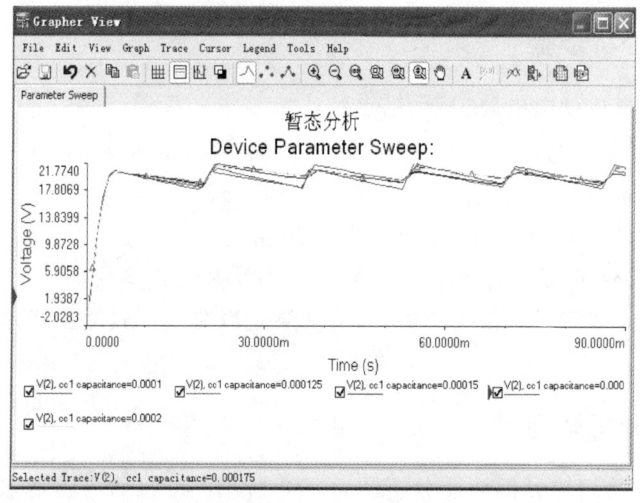

图 5－40 二极管滤波电路参数扫描分析结果

5.7 温度扫描分析

温度扫描分析（Temperature Sweep Analysis）是分析温度对电路的影响，温度扫描的方法就是对于每一个给定的温度值，都进行一次直流工作点分析、暂态分析或交流分析，因此除设置温度扫描方式外，还需要设置一种分析方法。这里需要指出的是，只有元器件具有温度系数时，该元器件才能对温度的变化起作用。

电阻的阻值、晶体管的电流放大系数等许多元器件的参数都是随温度变化的，元器件参数变化，电路性能跟着改变，严重时会导致电路不能正常工作。温度扫描就是用来仿真电路的温度特性，以便对电路参数进行合理设计。

5.7.1 温度扫描分析参数设置

温度扫描参数设置页面如图 5－41 所示，与参数扫描分析设置类似。

（1）Sweep parameter 扫描参数：温度

（2）Sweep variation type 扫描方式选择

有四种：

- 十倍频扫描 Decade
- 线性扫描 Linear
- 八倍频程扫描 Octave

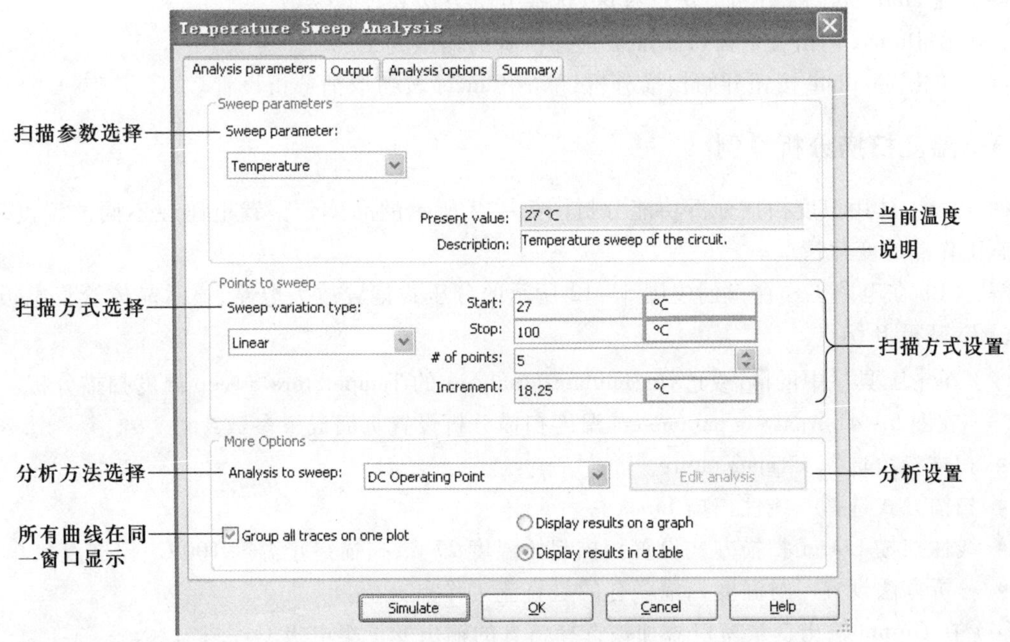

图 5-41 温度扫描参数设置页面

• 列表值扫描 List

(3) 扫描方式的设置

• 十倍频扫描 Decade、线性扫描 Linear、八倍频程扫描 Octave

Start:扫描起始温度。

Stop:扫描终止温度。

#of points:扫描点数。

Increment:每次扫描增量。增量大小根据扫描方式、扫描点数来确定。

选择 Linear 线性扫描方式,增量大小等于扫描终止值减去扫描起始值再除以扫描点数。

选择十倍频 Decade 扫描方式,增量大小等于起始值乘以 10 的倍数直至终止值的倍数值。

选择八倍频 Octave 扫描方式,增量大小等于起始值直至终止值的倍数值。

• List 列表值扫描方式设置:需要输入用空格、逗号分隔的列表值。

(4) 分析方法设置

在 More options 分析方法选择区,有直流工作点分析、暂态分析和交流分析三种选择。

(5) 分析设置

单击 Edit analysis 按钮可以进行分析设置。参数设置参看各分析方法。

5.7.2 温度扫描分析步骤

(1) 在电路工作窗口创建电路,显示结点。

(2) 单击工具栏中的[图标]或选择 Simulate/Analyses 的 Temperature Sweep 温度扫描分析。

(3) 在 Analysis parameters 页面设置温度扫描分析参数。

(4) 在 More options 分析方法选择区,选择分析方法和设置参数。

(5) 在 Output 输出变量窗口添加被选择仿真的输出变量。

(6) 单击 Simulate 按钮开始扫描分析,单击 Cancel 按钮取消分析设置。

5.7.3 温度扫描分析举例

例 5-6 试用温度扫描分析功能分析图 5-12 所示的晶体管偏置电路在不同的温度环境下静态工作点的变化情况。

解:(1) 在电路工作窗口创建图 5-12 所示的分压式偏置放大电路,显示晶体管集电极 C、发射极 E、基极 B 结点。

(2) 单击工具栏中的 或选择 Simulate/Analyses 的 Temperature Sweep 温度扫描分析。

(3) 在图 5-41 Analysis parameters 温度扫描分析设置页面设置参数:

- 扫描参数选择 Temperature。
- 扫描方式选择 线性扫描 Linear。
- 线性扫描 Linear 扫描方式设置扫描起始温度 27℃、扫描终止温度 100℃、扫描点数 6。
- 分析方法设置 与温度扫描联合的是直流工作点分析。

(4) 在 Output 输出变量窗口添加被选择仿真的输出变量集电极 C。

(5) 设置完成,单击 Simulate 运行当前设置的仿真,分析结果显示如图 5-42 所示。由图可见,工作环境温度由 27℃变化到 100℃时的集电极 C 的电位随温度升高而降低。

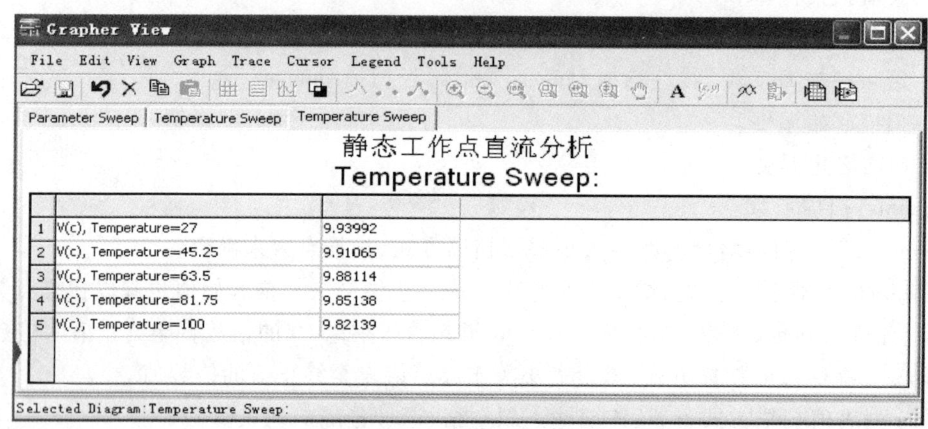

1	V(c), Temperature=27	9.93992
2	V(c), Temperature=45.25	9.91065
3	V(c), Temperature=63.5	9.88114
4	V(c), Temperature=81.75	9.85138
5	V(c), Temperature=100	9.82139

图 5-42 温度扫描分析结果

5.8 其他分析方法简介

除了以上几种基本分析方法外,还有如下介绍的几种分析方法,这些方法也很重要,限于篇幅,本书只进行简单介绍,若要使用如下各种分析方法,可以查看 Multisim 软件中的在线帮助和设置说明。

5.8.1 傅里叶分析

傅里叶分析(Fourier Analysis)用于求解一个时域信号的直流分量、基波分量和谐波分量,即对时域分析的结果执行离散傅里叶变换,把时域中电压波形变为频域中的成分,得到时域信号的频谱函数。傅里叶分析给出幅度频谱和相位频谱。

5.8.2 噪声分析

电路都是由一些无源器件和有源器件组成的,它们在工作时不可避免地要产生噪声,噪声分析(Noise Analysis)就是用来检测电路输出信号的噪声大小的,看其对电路带来多大的影响,该软件提供了热噪声、散弹噪声和闪烁噪声模型。分析时,假设各噪声源之间在统计意义上互不相关,而且各噪声值可以单独计算,那么,指定输出结点的总噪声等于每个噪声源在该结点上产生噪声均方根和。输出图形为输入噪声功率和输出噪声功率随频率变化的曲线。

5.8.3 失真分析

电路输出信号的失真通常是由电路增益的非线性或相位不一致造成的。增益的非线性造成谐波失真,相位不一致造成交互调变失真。失真分析(Analysis/Distortion)对于分析小的失真是非常有效的,而在暂态分析中小的失真一般是分辨不出来的。假设电路中有一个交流信号源,则失真分析将检测并计算电路中每一点的二次谐波和三次谐波的复数值。假设电路中有两个交流信号源 f_1 和 f_2,则失真分析将在三个特定频率中寻找电路变量的复数值,这三个频率点是:f_1 和 f_2 的和 f_1+f_2、f_1 和 f_2 的差 f_1-f_2、f_1 和 f_2 中频率较高的交流信号源的二次谐波频率减去频率较低的交流信号源的二次谐波频率的差。EWB 失真分析假设电路是模拟电路、小信号状态。

5.8.4 直流和交流灵敏度分析

直流灵敏度分析(DC And AC Sensitivity Analysis)建立在直流工作点分析基础之上。通过直流灵敏度分析求得输出结点电压或输出电流对电路中所有元器件参数变化的灵敏度。交流灵敏度分析是在交流小信号条件下进行分析的。目的是求得输出结点电压或输出电流对电路中某个元器件参数变化的灵敏度。灵敏度分析可以使用户了解并预测生产加工过程中元器件参数变化对电路性能的影响。

5.8.5 极零点分析

零极点分析(Pole - Zero Analysis)是用来求解交流小信号电路的传递函数中零点和极点个数及数值的。它广泛应用于负反馈放大电路和自动控制系统的稳定性分析。零极点分析的过程是先计算电路的静态工作点,并求得所有非线性元器件在交流小信号条件下的线性化模型,然后,在此基础上再求出电路传递函数的零点和极点。由于传递函数在输入及输出的选择上可以是电压,也可以是电流,因此,分析结果有电压增益、电流增益、跨导和转移阻抗之分。

5.8.6 传递函数分析

传递函数分析(Transfer Function Analysis)用于求解小信号交流状态下电路中指定的两个输

出结点与输入电源之间的传递函数,也可以计算电路的输入阻抗和输出阻抗。传递函数分析的过程也是先计算电路的静态工作点,再求所有非线性元器件在交流小信号条件下的线性化模型,然后求电路的传递函数。这里,输出变量可以是电路中的任何结点,而输入变量必须是电路中某处的独立电源。

5.8.7 最坏情况分析

最坏情况分析(Worst Case Analysis)是一种统计分析方法,用于分析电路中元器件参数在其容差边界上取某种组合时的电路性能。它有助于电路设计者研究电路中元器件参数的变化对电路性能可能产生的最坏影响。最坏情况分析需要进行多次计算才能完成。首先按照电路元器件的标称值进行计算,然后进行直流灵敏度或交流灵敏度分析,当计算出每一个元器件参数对输出变量(电压或电流)的灵敏度后,最后一次仿真运算才给出最坏情况分析结果。最坏情况的分析过程是通过比较函数进行收集处理的。比较函数就像是一个高选择性的滤波器,对于每一次仿真计算只捕获一个满足该函数的数据。

5.8.8 蒙特卡罗分析

蒙特卡罗分析(Monte Carlo Analysis)用于分析电路性能与元器件容差之间的关系,该方法基于给定电路元器件参数容差规律,随机抽取一组带有容差元器件参数后,对电路进行直流、交流和暂态分析,以统计的方法估算电路的性能。

5.8.9 线宽分析

线宽分析(Trace Width Analysis)主要用于计算电路中导线上的 RMS 电流所需的最小线宽。

第 6 章　Multisim 11.0 在直流电路分析中的应用

电路分析是电工电子技术的基础。学习电路分析方法的重点在于学会电路分析的基本定律和定理，学会计算电路的基本方法。

采用 Multisim 11.0 软件不但可以直观、快速、准确地得到电路中任意两结点间的电压和任意支路的电流，还可以把电路参数变化对电路的影响进行仿真，从而加深对电路原理和定律及暂态现象的理解。

要求：学会使用电压表、电流表、万用表、功率表测量电路参数；学会用示波器测量波形及用暂态分析方法分析暂态电路。

6.1 直流电路的分析

6.1.1 电位计算

例 6－1　在图 6－1a 所示电路中，求 A 点的电位。

解：图 6－1a 所示电路是电子电路中常用的习惯画法，为测量 A 点电位，可将其还原成图 6－1b所示电路，用电压表（DC 挡）进行测量；也可以用数字电路中的电源、来代替 +50V 和 －50V 电源，接成图 6－1c 所示电路进行测量，结果相同。

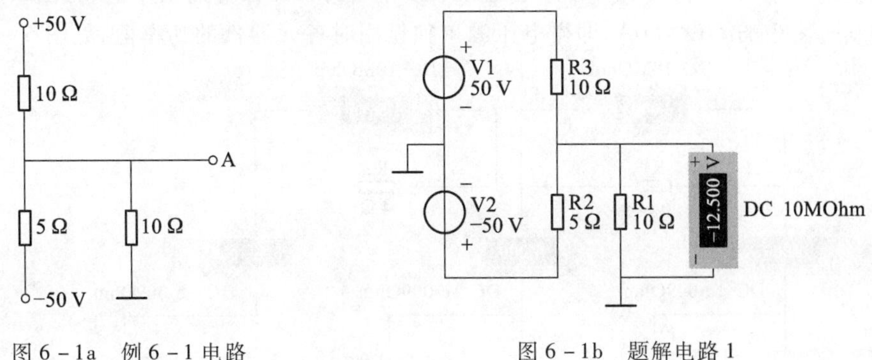

图 6－1a　例 6－1 电路　　　　图 6－1b　题解电路 1

本题还可以采用探针法去测量 A 点电位。在仪器工具栏中找到测量探针选择测量探针中 instantaneous voltage and current 选项，将其放在 A 点进行测量，即可得 A 点电位，如图 6－1d 所示。

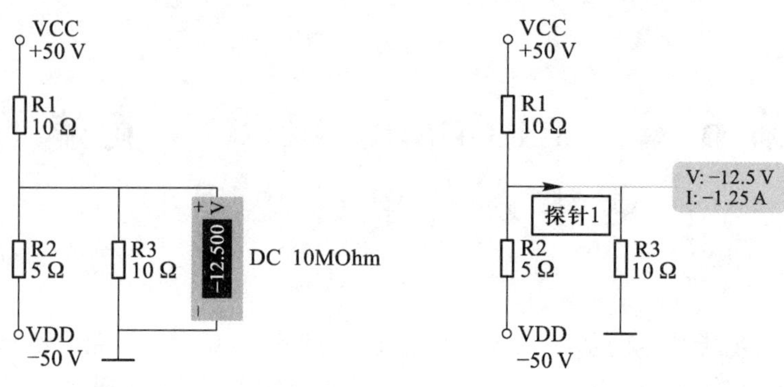

图 6-1c 题解电路 2　　图 6-1d 用测量探针测电位

6.1.2 叠加定理

例 6-2 在图 6-2a 所示电路中，已知 $U_S = 9V, I_S = 6A, R_1 = 6\Omega, R_2 = 4\Omega, R_3 = 3\Omega$。用叠加定理求各支路电流和各元器件（电源和电阻）两端的电压。并说明功率是否平衡，可否用叠加定理计算功率。

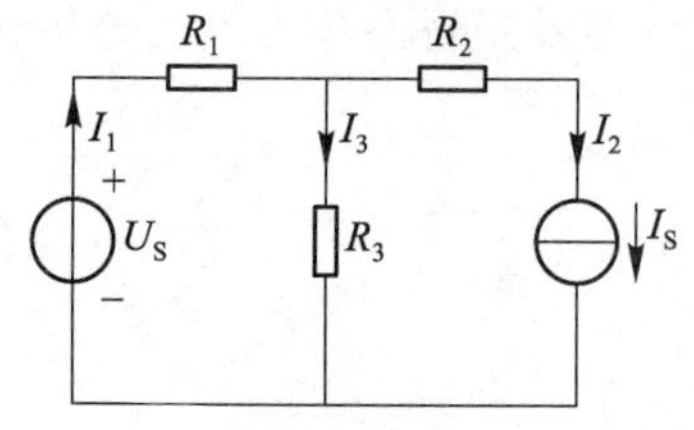

图 6-2a 例 6-2 电路

解：在用叠加定理或戴维宁定理分析电路时，对于不作用的恒压源应当短路或将其电压值设为 0V，对于不作用的恒流源应当开路或将其电流值设为 0A。图 6-2b、c、d 电流表的接法与图 6-2a 中参考方向一致，即电流从“+”端流入，从“-”端流出。电阻电压与电流采用关联参考方向。

电路中各元器件的功率可由该元器件两端的电压乘以流过该元器件的电流得到，也可以直接用功率表（瓦特表）测得。接线时注意，电流表要与元器件串联，电压表要与元器件并联。见图 6-2e。电压源和电流源共同作用时各元器件的功率测量结果见图 6-2f。

将图 6-2e 中的 U_S 设为 0V，即得电流源单独作用时各元器件的功率值，见图 6-2g。

将图 6-2e 中的 I_S 设为 0A，即得电压源单独作用时各元器件的功率值，见图 6-2h。

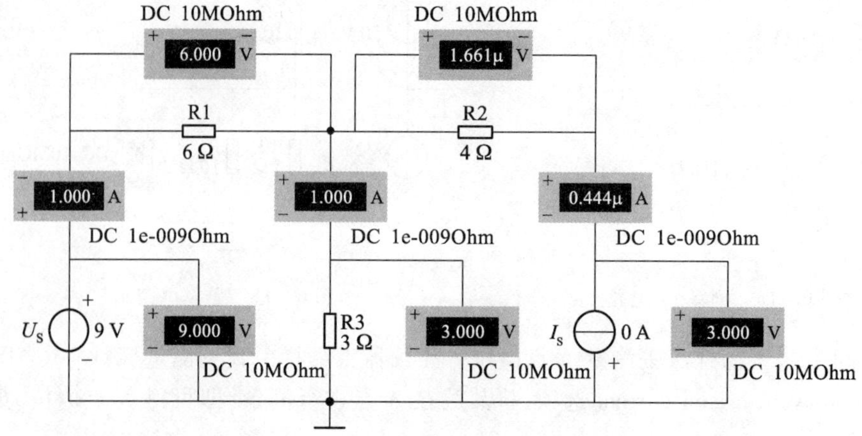

图 6-2b 电压源单独作用时各支路的电流及各元器件两端的电压

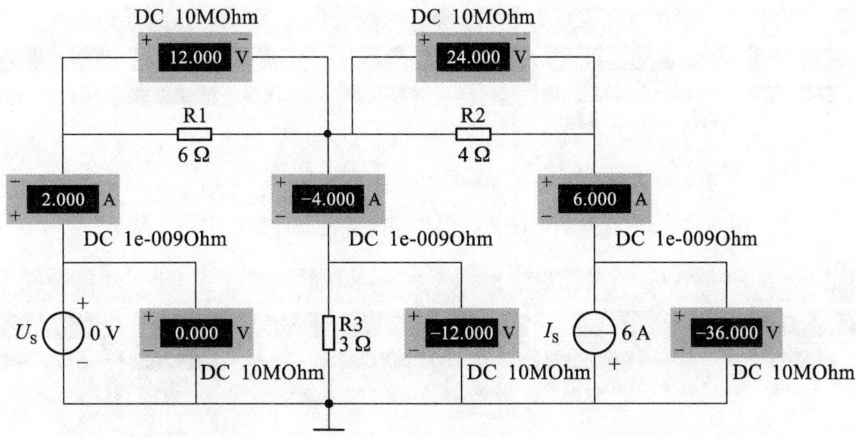

图 6 - 2c　电流源单独作用时各支路的电流及各元器件两端的电压

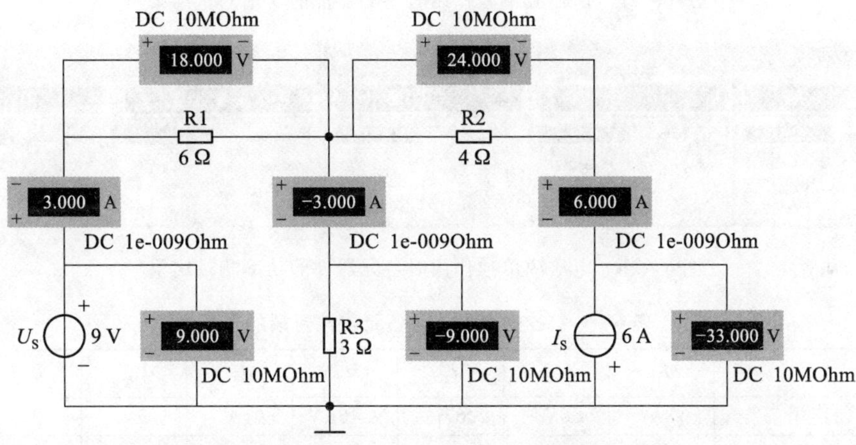

图 6 - 2d　电压源和电流源共同作用时各支路的电流及各元器件两端的电压

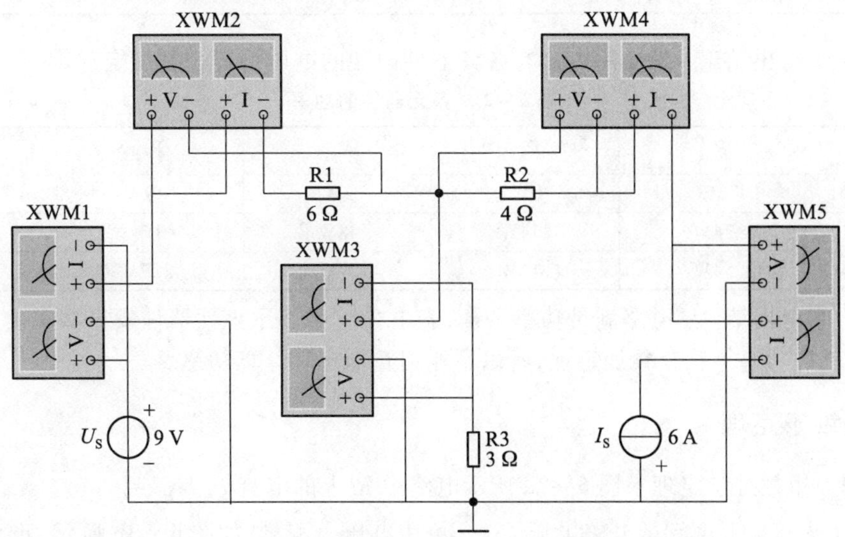

图 6 - 2e　电压源和电流源共同作用时各元器件的功率测量电路

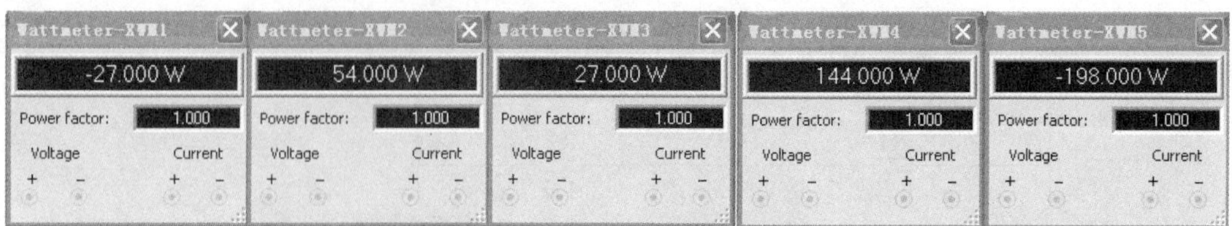

图 6-2f　电压源和电流源共同作用时各元器件的功率测量结果

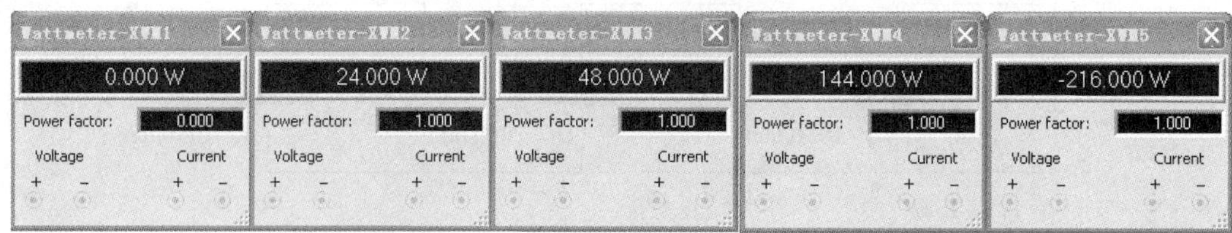

图 6-2g　电流源单独作用时各元器件的功率测量结果

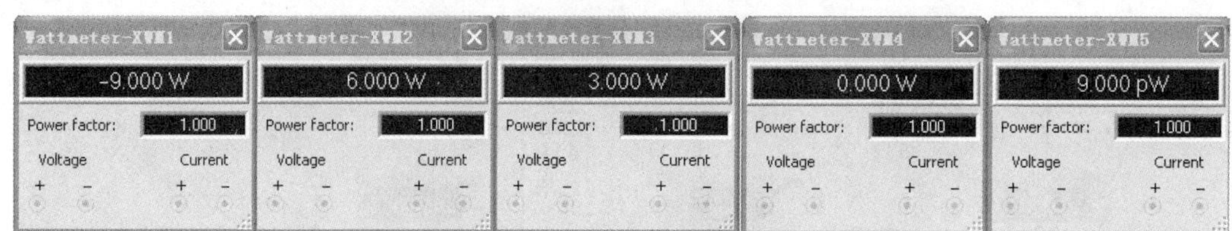

图 6-2h　电压源单独作用时各元器件的功率测量结果

表 6-1　各支路电流与各元器件两端的电压

	I_1	U_{R1}	I_2	U_{R2}	I_3	U_{R3}	U_{Us}	U_{Is}
U_S 单独作用	1A	6V	2.67μA	9.46μV	1A	3V	9V	3V
I_S 单独作用	2A	12V	6A	24V	-4A	-12V	0V	-36V
U_S、I_S 共同作用	3A	18V	6A	24V	-3A	-9V	9V	-33V

由表 6-1 得出结论：各支路电流与各元器件两端的电压均符合叠加定理。

表 6-2　各元器件的功率

	P_{R1}	P_{R2}	P_{R3}	P_{Us}	P_{Is}
U_S 单独作用	6W	0W	3W	-9W	9pW
I_S 单独作用	24W	144W	48W	0W	-216W
U_S、I_S 共同作用	54W	144W	27W	-27W	-198W

由表 6-2 得出结论：电路满足功率平衡，表中"-"号表示该元器件发出功率。各元器件的功率不符合叠加定理，所以不能用叠加定理计算功率。

6.1.3　戴维宁定理

例 6-3　用戴维宁定理求图 6-3a 所示电路中 R_1 上的电流 I。

解：(1) 先求 a、b 两端的开路电压 U_{OC}。可用电压表测量，如图 6-3b 所示，也可用万用表的"V"挡测量，如图 6-3c 所示。

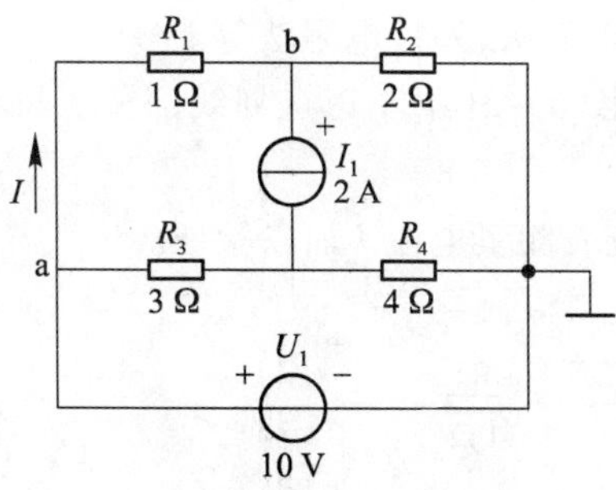

图 6-3a　例 6-3 电路

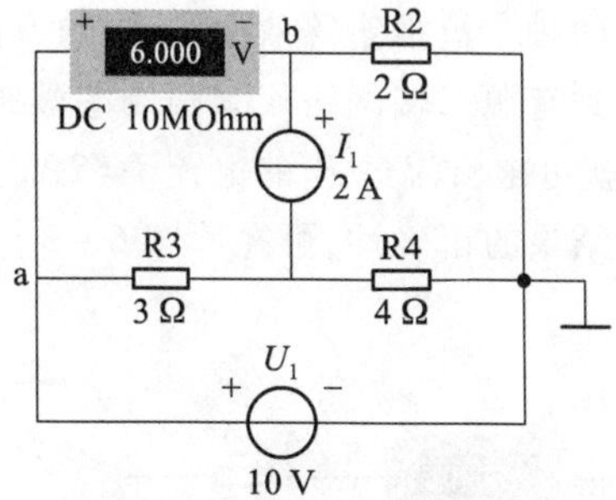

图 6-3b　用电压表测 a、b 两端的开路电压 U_{OC}

（2）求 a、b 两端的等效电阻 R_0。

方法一：短路电流法。用电流表（如图 6-3e 所示）或用万用表的“A”挡测量有源二端网络 a、b 间的短路电流 I_{SC}，如图 6-3c 所示。a、b 两端的等效电阻等于开路电压除以短路电流，即

$$R_0=\frac{U_{OC}}{I_{SC}}=\frac{6}{3}\Omega=2\Omega$$

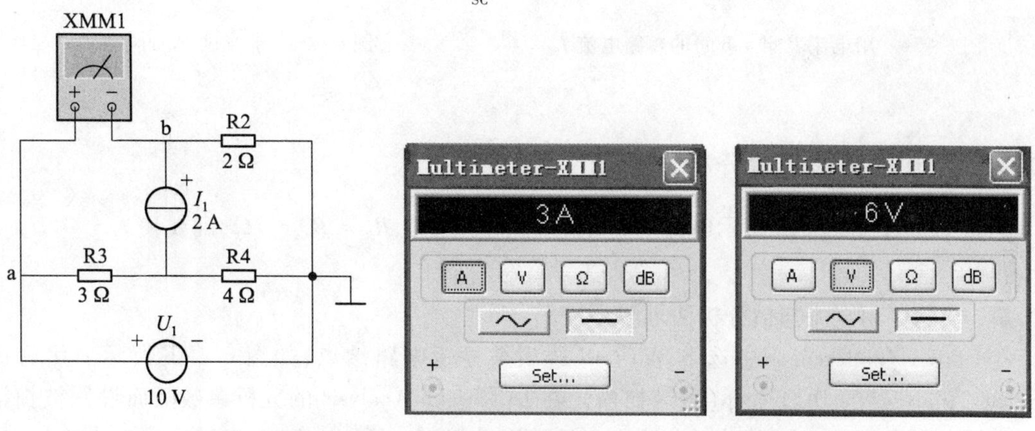

图 6-3c　用万用表测 a、b 两端的开路电压 U_{OC} 及 a、b 间的短路电流 I_{SC}

方法二：直接测量法。将有源二端网络的独立电源去掉，即恒压源短路或将其电压值设为 0V，恒流源开路或将其电流值设为 0A，用万用表的“Ω”挡直接测量，如图 6-3d 所示。

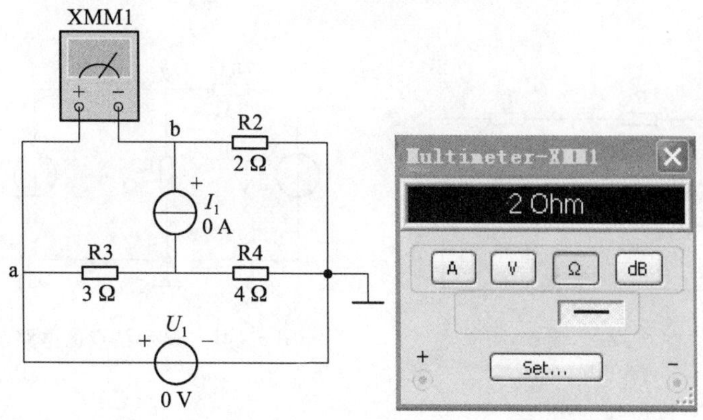

图 6-3d　用万用表测 a、b 两端的等效电阻 R_0

除上述两种求戴维宁等效电阻 R_0 的方法外，还有加压求流法，外接电阻法等。

(3) 得到有源二端网络 a、b 两端的戴维宁等效电路为图 6－3f 中左边点划线部分。再将电阻 R_1 接入，就可求出流过 R_1 的电流 $I=2A$。

为检验结果的正确性，可在原图 6－3a 中直接接入电流表测量电流 I 加以验证。

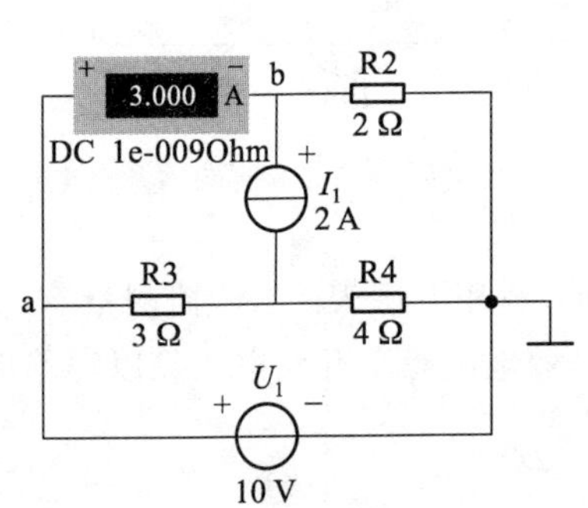

图 6－3e　用电流表测 a、b 间的短路电流 I_{SC}

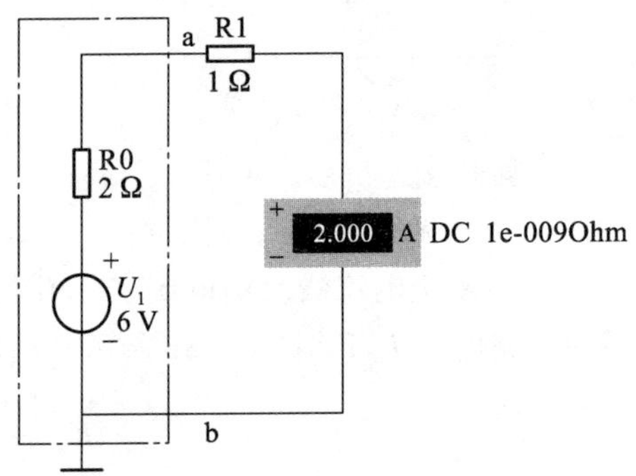

图 6－3f　求流过 R_1 的电流

6.1.4　直流电路的其他分析方法

例 6－4　在图 6－4a 所示电路中，$U_{S1}=4V$，$R_1=3\Omega$，$R_2=R_3=2\Omega$，问要使 $I_2=0$，U_{S2} 等于多少？

解： 本题可用直流扫描分析法求解。

在 Options/Preferences 中选中 Show all 选项来显示电路结点，如图 6－4b 所示。然后选择 Simulate/Analyses 的 DC Sweep（直流扫描），在 DC Sweep Analysis 的分析参数页面设置被扫描电源 V2 的参数，如图 6－4c 所示。在输出变量页面选择 V2 支路的电流 "I(V2)" 作为输出变量，如图 6－4d 所示。设置完成后，单击 Simulate 进行仿真，得到图 6－4e 所示曲线。单击按钮可读数，将游标拖至电流约为 0 处，可得对应的电压为 1.6V。所以根据直流扫描分析得到要使 $I_2=0$，则 $U_{S2}=1.6V$。

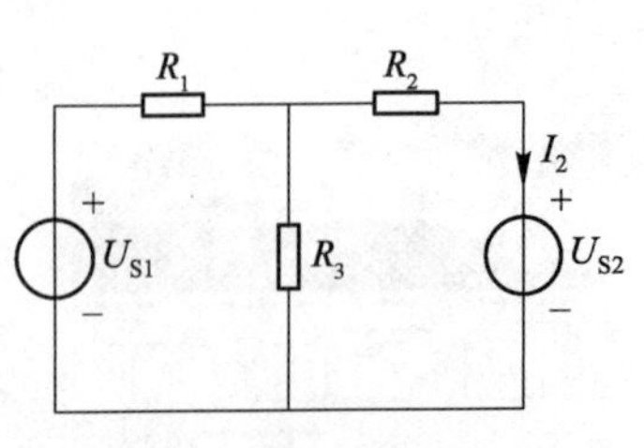

图 6－4a　例 6－4 电路

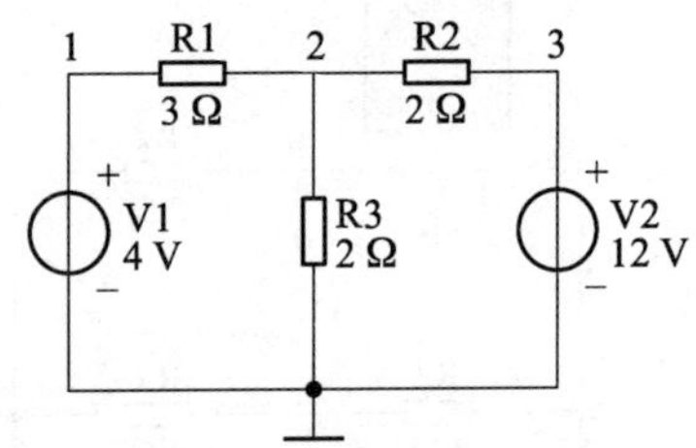

图 6－4b　显示结点的电路图

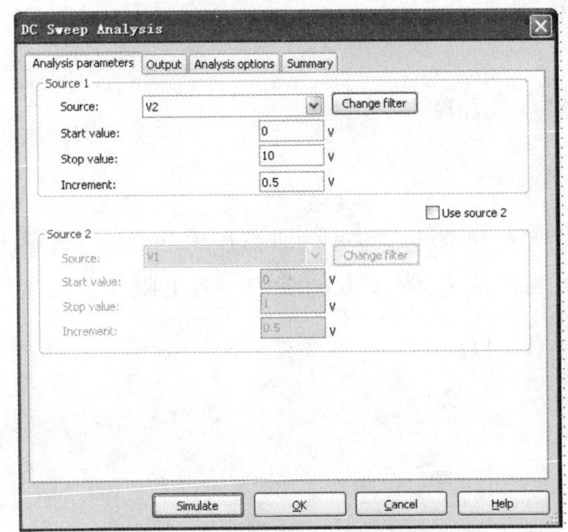

图 6-4c　设置直流扫描分析参数

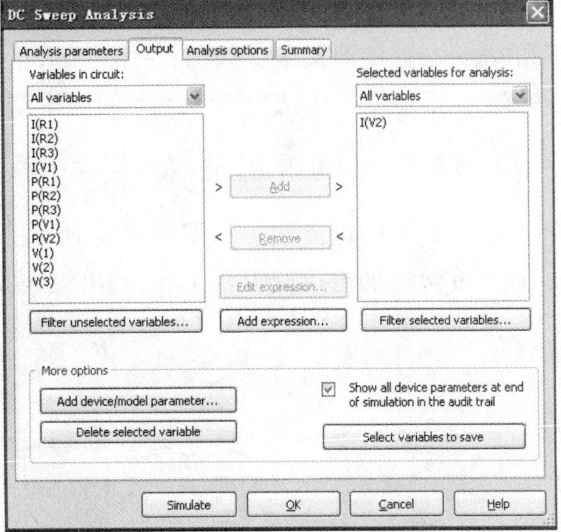

图 6-4d　设置输出变量

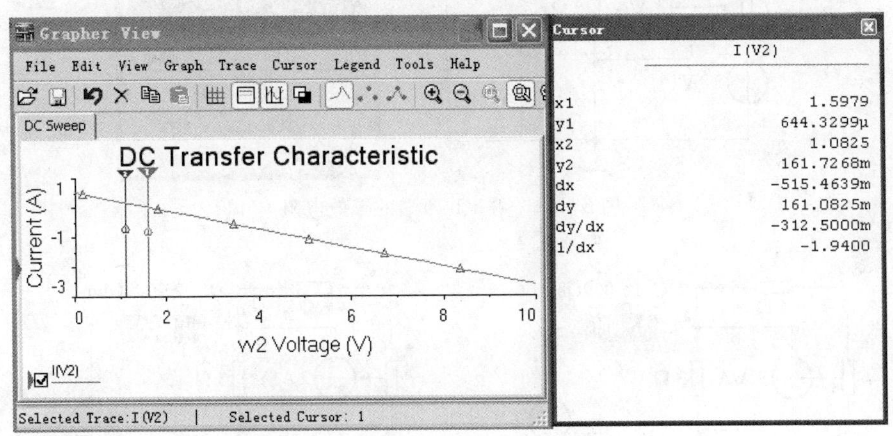

图 6-4e　仿真结果

6.1.5　含受控源电路的分析

例 6-5　用戴维宁定理求图 6-5a 所示电路中 R_L 上的电流 I_L。

解：（1）求 a、b 两端的开路电压 U_{OC}。如图 6-5b 所示。

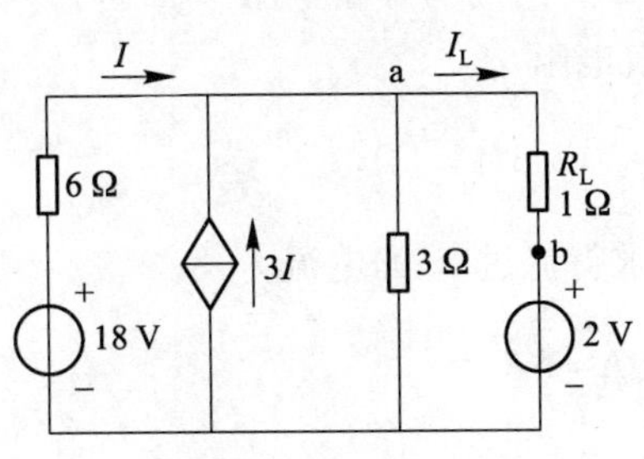

图 6-5a　例 6-5 电路

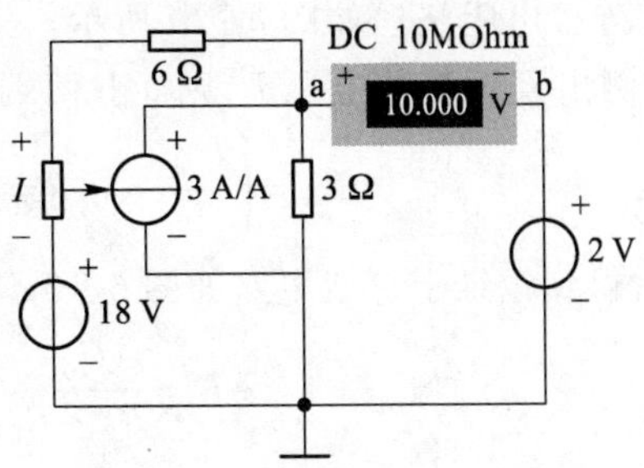

图 6-5b　测 a、b 两端的开路电压 U_{OC}

（2）求 a、b 两端的等效电阻 R_0。

方法一：直接测量法。如图 6-5c 所示。

方法二：短路电流法。测量 a、b 间的短路电流 I_{SC}，如图 6-5d 所示。

a、b 两端的等效电阻 $R_0=\dfrac{U_{OC}}{I_{SC}}=\dfrac{10}{10}\Omega=1\Omega$。

方法三：加压求流法。如图 6-5e 所示。将所有独立电源去掉，即恒压源短路，恒流源开路。在 a、b 两端加电压源 $U_S=12V$，测出流入 a 点的电流 I_0，则 a、b 两端的等效电阻为

$$R_0=\frac{U_S}{I_0}=\frac{12}{12}\Omega=1\Omega$$

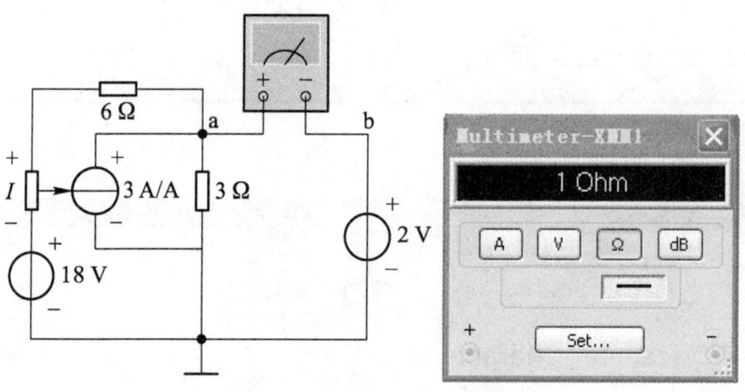

图 6-5c　测 a、b 两端的等效电阻

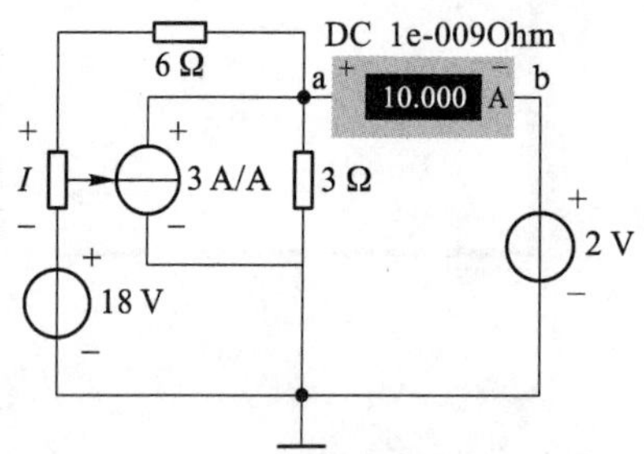

图 6-5d　测量 a、b 间的短路电流

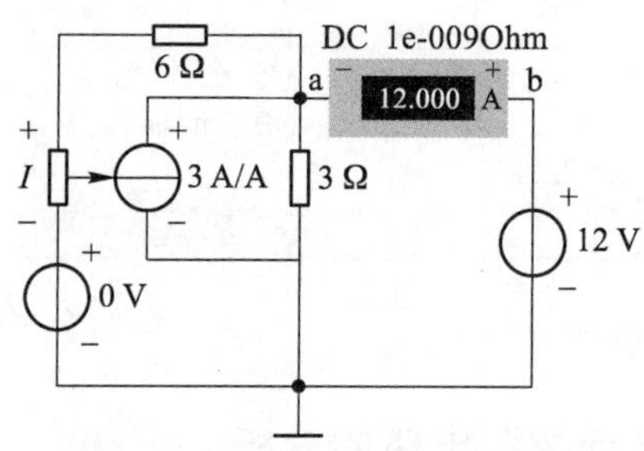

图 6-5e　加压求流法

方法四：外接电阻法。如图 6-5f 所示。先测量 a、b 两端的开路电压 U_{OC}，再接入一个已知电阻 $R=3\Omega$，测出 R 两端的电压 U，则 a、b 两端的等效电阻

$$R_0=\left(\frac{U_{OC}}{U}-1\right)R=\left(\frac{10}{7.5}-1\right)\times3\Omega=1\Omega$$

（3）最后得到戴维宁等效电路如图 6-5g 所示，求得流过 R_L 的电流 I_L 为

$$I_L=\frac{U_{OC}}{R_0+R_L}=\frac{10}{1+1}A=5A$$

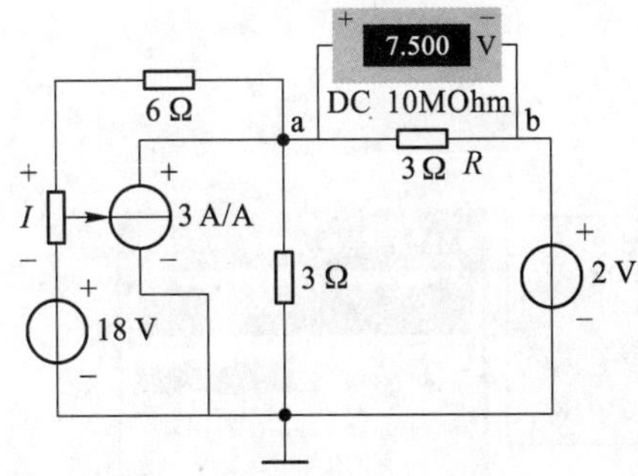

图 6-5f　外接电阻 R，测其两端的电压 U

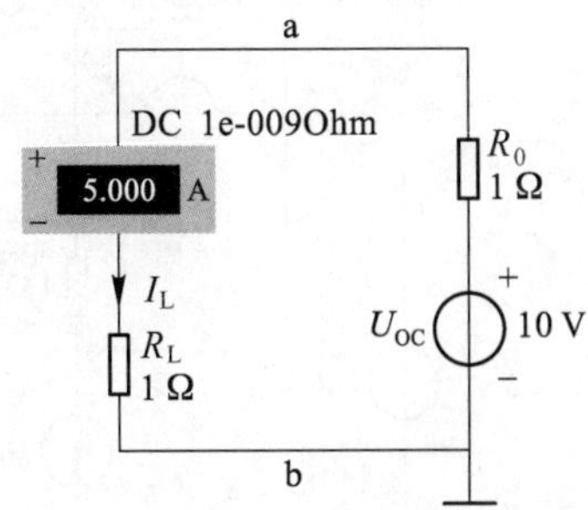

图 6-5g　戴维宁等效电路求电流

例 6-6　求图 6-6a 所示电路中的电压 U_2 及各个支路电流。

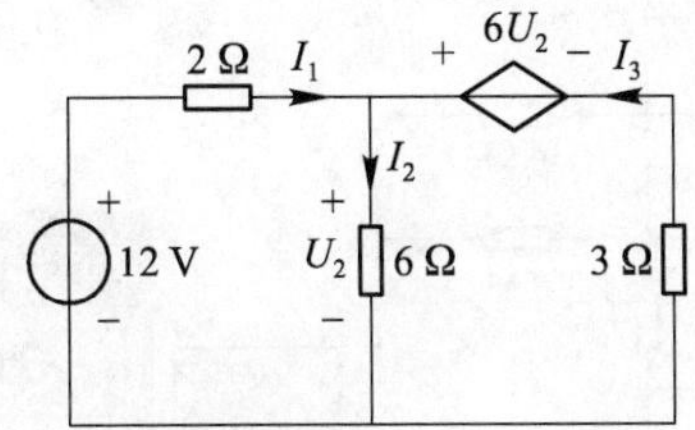

图 6-6a　例 6-6 电路

解： 按图 6-6b 连接电路，测得：$I_1=9\text{A}, I_2=-1\text{A}, I_3=-10\text{A}, U_2=-6\text{V}$。

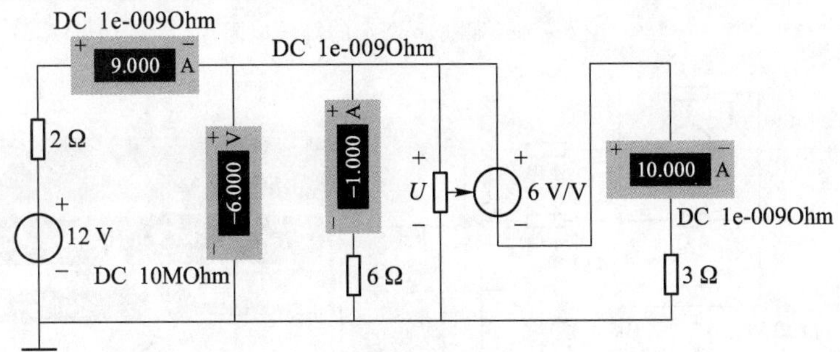

图 6-6b　测各支路电流

例 6-7　求图 6-7a 所示电路中负载电阻 R 的功率，并验证当 R 与 a、b 两端的等效内阻 R_0 相等时，负载电阻 R 所获得的功率最大。

解：(1) 直接用瓦特表测得电阻 R 所消耗的功率为 1125W，如图 6-7b 所示。

(2) 去电源后测得 a、b 两端的等效电阻 R_0 为 3Ω，如图 6-7c所示。

将电阻 R 换成一个 10Ω 的电位器，再用瓦特表测其功率，如图 6-7d 所示。按“A”键或“Shift + A”键来调节电位器的值，可以测出当电位器的值调到 3Ω 时所得功率为最大值 1200W。

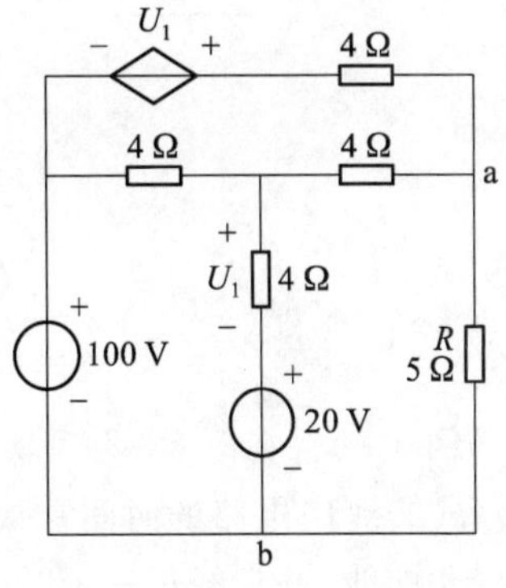

图 6-7a　例 6-7 电路

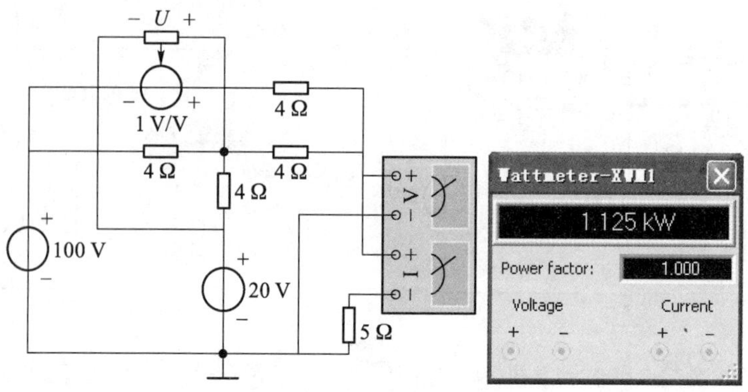

图 6－7b　用瓦特表测 R 的功率

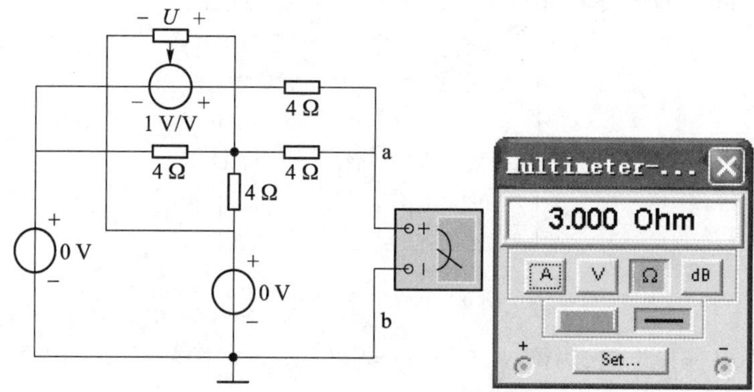

图 6－7c　测 a、b 两端的等效电阻

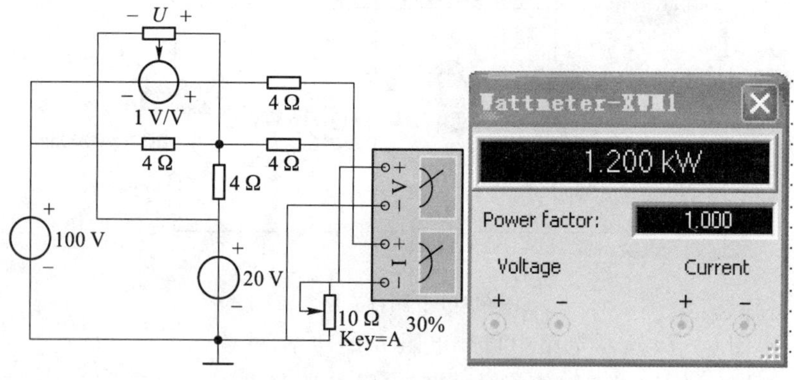

图 6－7d　用瓦特表测电位器的功率

6.2　电路中的暂态分析

例 6－8　在图 6－8a 所示电路中，已知 $E=20\text{V}$，$R=5\text{k}\Omega$，$C=100\mu\text{F}$，设电容初始储能为零。试求：(1)电路的时间常数 τ；(2)开关 S 闭合后各元器件的电压 u_C 和 u_R 及电流 i，作出它们的变化曲线，并求经过一个时间常数后的电容电压值。

解：(1) $\tau=RC=5\times10^{3}\times100\times10^{-6}\text{s}=0.5\text{s}$。

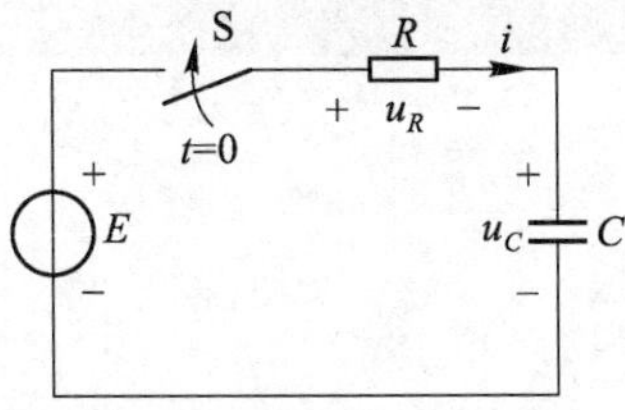

图 6－8a　例 6－8 电路

（2）用暂态分析法求解电压 u_C。从基本元器件库中调出延时开关，按照图 6－8b 接好电路，并从 Options/Preferences 中选中 Show all 来显示电路结点。首先，双击延时开关，得到如图 6－8d 所示对话框，设置 Time On（TON）为 0.01s，则在 $t=0.01$s 后，开关由位置 1，变为位置 3。

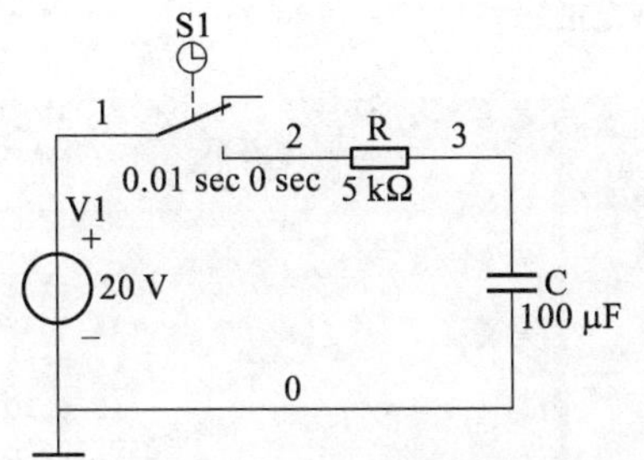

图 6－8b　分析电容电压过渡过程仿真电路

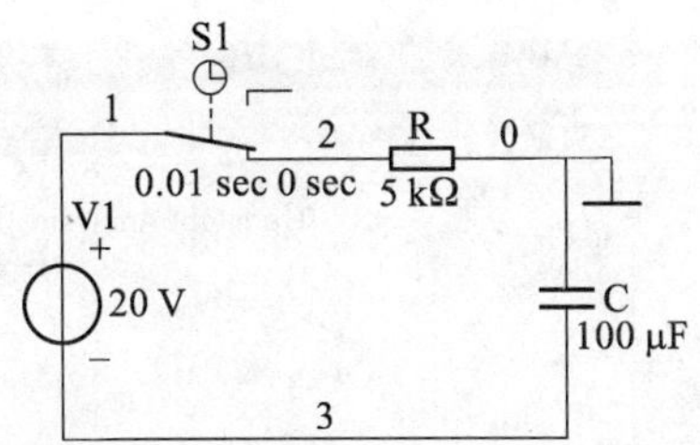

图 6－8c　分析电阻电压过渡过程仿真电路

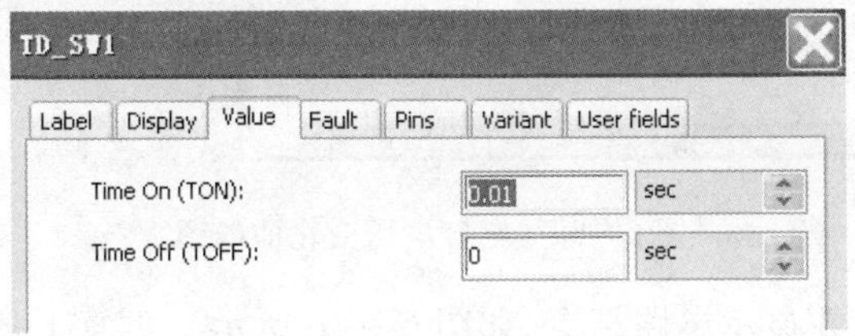

图 6－8d　设置瞬态开始时间

其次，选择 Simulate/Analyses/Transient Analysis，设置起始时间和终止时间（终止时间通常取 5τ），如图 6－8e 所示，接着在图 6－8f 所示输出变量窗口选择分析 V(3)，最后单击 Simulate 按钮即可得到电容电压波形如图 6－8g 所示。点击按钮可读数，将游标拖至 1s 处即可得到经过一个时间常数后的电容电压值为 $u_C(\tau)\approx 12$ V。

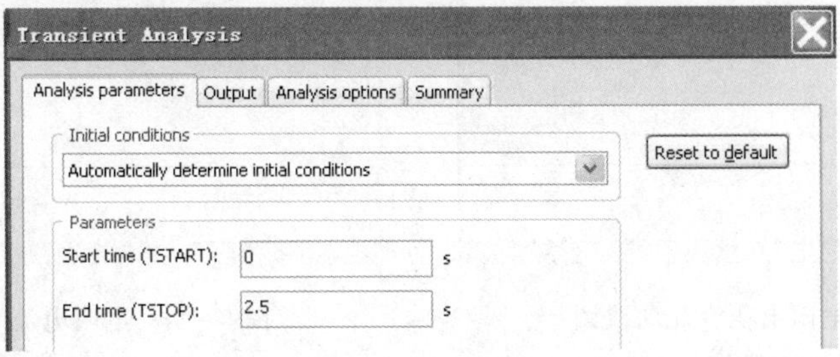

Transient Analysis
Analysis parameters　Output　Analysis options　Summary
Initial conditions
Automatically determine initial conditions
Reset to default
Parameters
Start time (TSTART): 0 s
End time (TSTOP): 2.5 s

图 6－8e　设置参数

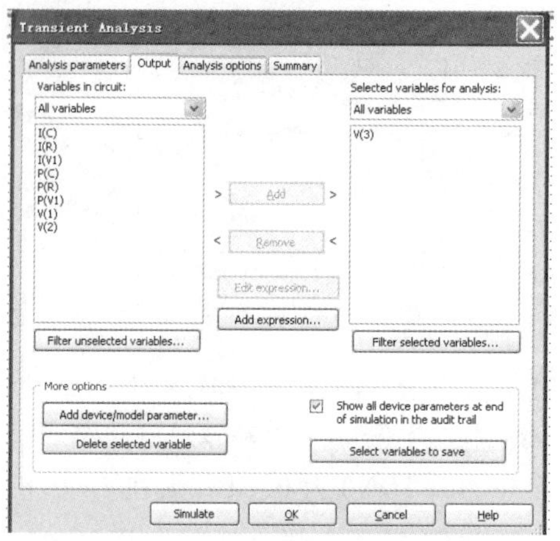

图 6-8f　设置输出变量

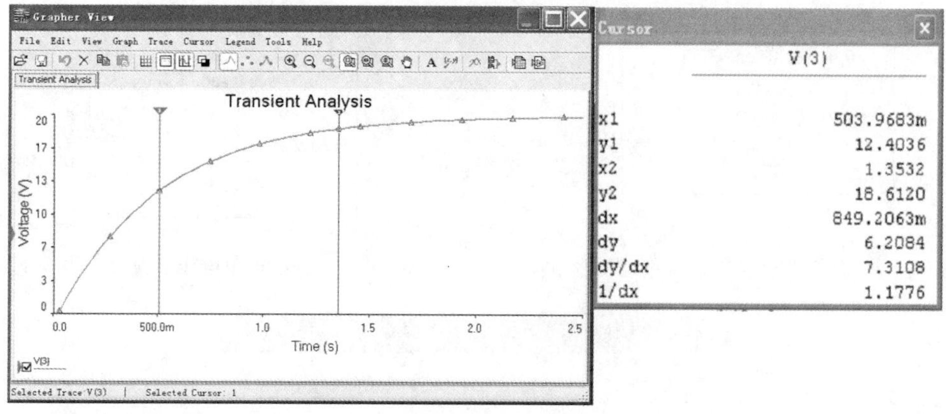

图 6-8g　电容电压变化曲线图

将地线接于电阻右端并显示电路结点，如图 6-8c 所示。重复上述设置输出变量窗口选择分析 V(2)即可得到 u_R 的波形如图 6-8h 所示。设置输出变量窗口选择分析 I(R1)电流 i 的波形如图 6-8i 所示。

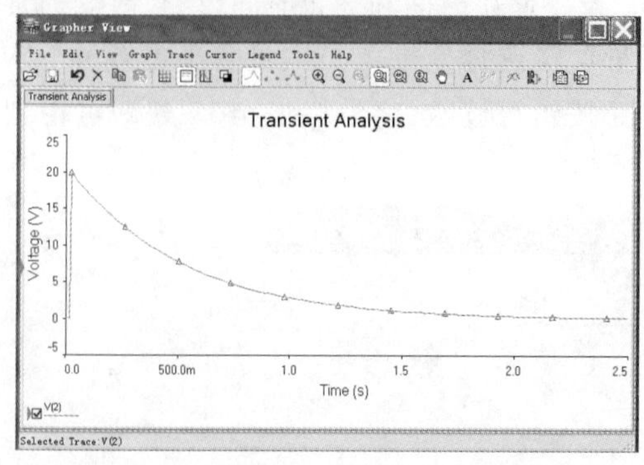

图 6-8h　电阻电压变化曲线图

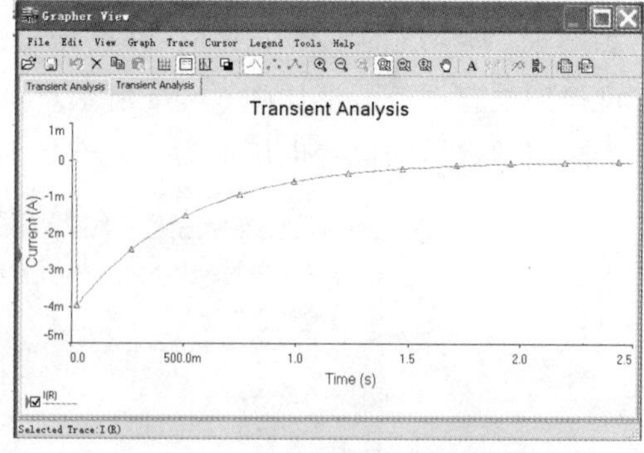

图 6-8i　电阻电流变化曲线图

例 6-9　图 6-9a 所示电路原处于稳态，在 $t=0$ 时将开关 S 闭合，试求换路后电路中所示的电压和电流,并画出其变化曲线。

解: 本题可用多种方法求解。

(1) 用三要素法求电容电压 $u_C(t)$

先求换路后电容电压的初始值,即换路前电容电压的稳态值如图 6-9b 所示,测得:

$u_C(0_+) = u_C(0_-) \approx 12\text{V}$,再将开关 S 闭合用电压表测换路后电容电压的稳态值得:$u_C(\infty) = 8\text{V}$。

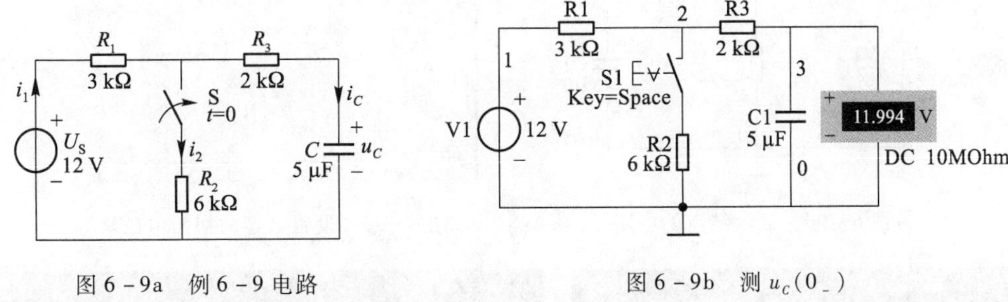

图 6-9a　例 6-9 电路　　　图 6-9b　测 $u_C(0_-)$

然后用万用表电阻挡测出换路后电容 C 两端的戴维宁等效电阻 R(去源求电阻),如图 6-9c所示,得 $R=4\text{k}\Omega$,则时间常数为 $\tau = RC = 4\times10^3\times5\times10^{-6}\text{s} = 20\text{ms}$。最后由三要素公式可得

$$u_C(t) = 8 + 4e^{-50t}\text{V}$$

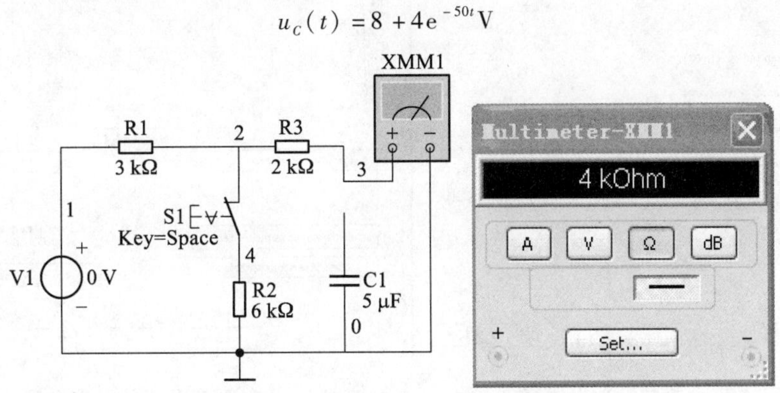

图 6-9c　测电容 C 两端的等效电阻 R

(2) 用暂态分析法画出曲线 $u_C(t)$ 及 $i_C(t)$、$i_2(t)$、$i_1(t)$

显示换路后电路的结点如图 6-9d 所示,用鼠标左键双击电容,在弹出窗口的 Value 页面中选择 Initial conditions(初始条件),并设置其初始条件为 12V,如图 6-9e 所示。

选择 Analyses/Transient Analysis,在图 6-9f 所示窗口中,设置暂态分析的初始条件为用户自定义即"User-defined",再设置分析起始时间和终止时间。最后在图 6-9g 所示输出变量设置窗口选择结点 V(3)为输出变量,点击 Simulate 按钮,即可得到电容两端的电压曲线,如图 6-9h 所示。

可得
$$u_C(t) = 8 + 4e^{-50t}\text{V}$$

同理,在图 6-9g 所示输出变量页面选择 I(C1)、I(R1)、I(R2)。点击 Simulate 按钮,即可得到各电流曲线。曲线如图 6-9i 所示。

可得 $i_C(t) = -e^{-50t}\text{mA}$, $i_2(t) = (1.33 + 0.33e^{-50t})\text{mA}$, $i_1(t) = (1.33 - 0.67e^{-50t})\text{mA}$

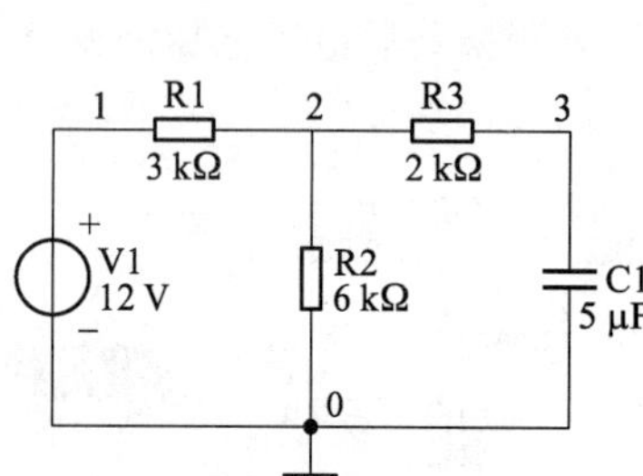

图 6－9d 显示结点的电路

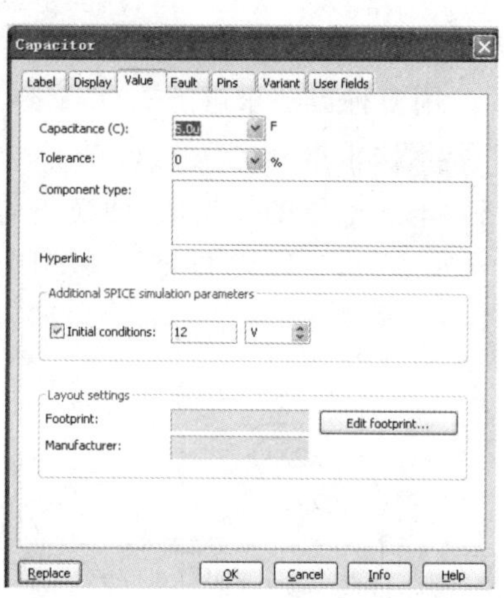

图 6－9e 设置电容的初始电压

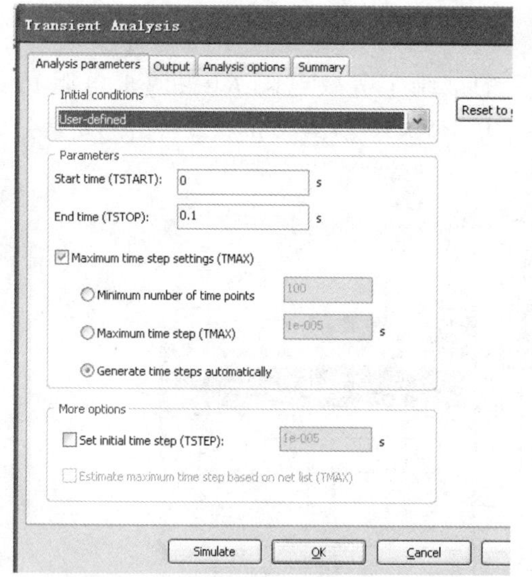

图 6－9f 暂态分析的参数设置窗口

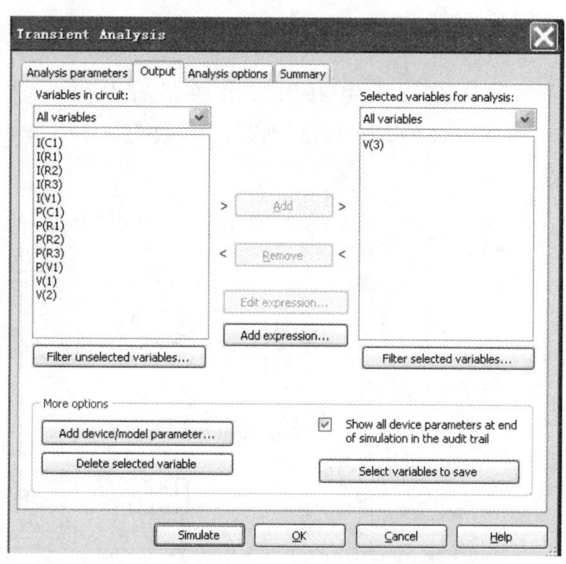

图 6－9g 暂态分析的输出变量设置窗口

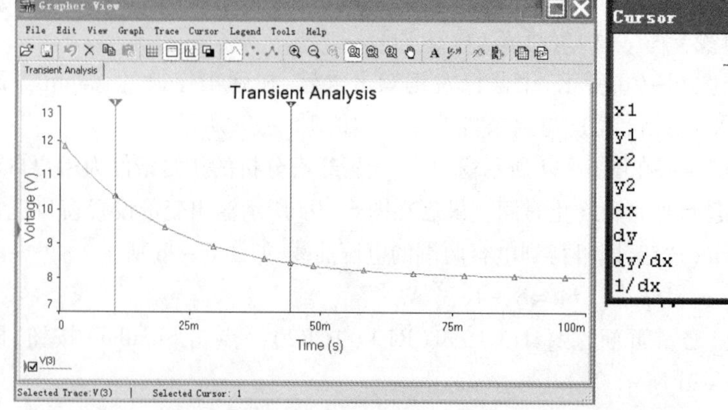

图 6－9h 电容两端的电压曲线

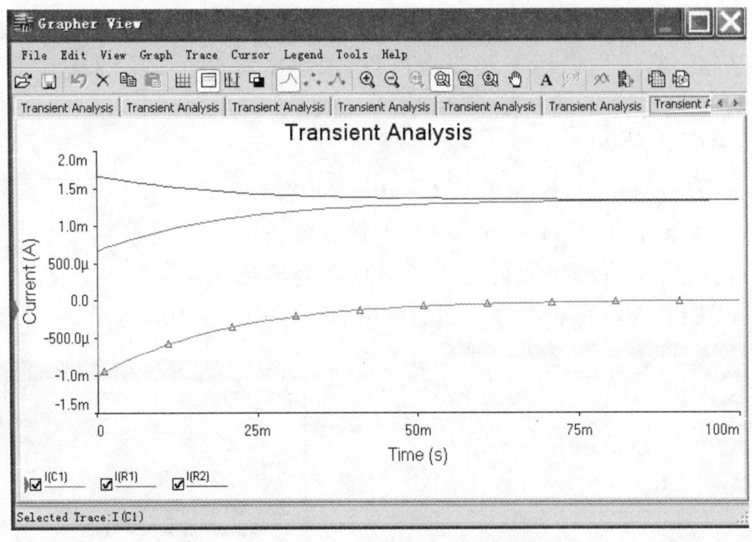

图 6-9i $i_C(t)$、$i_2(t)$、$i_1(t)$ 变化曲线

(3) 用延时开关和暂态分析法画出曲线 $u_C(t)$ 及 $i_C(t)$、$i_2(t)$、$i_1(t)$

如图 6-9j 所示，将延时开关接入电路并显示结点。双击延时开关，将 Time On(TON) 设置为 0s，将 Time Off(TOFF) 设置为 1e-010s，如图 6-9k 所示。不必对电容进行初始值的设置。选择 Analyses/Transient Analysis，在图 6-9l 所示窗口中，设置暂态分析的初始条件为自动测定初始条件即“Automatically determine initial conditions”，再设置分析起始时间和终止时间。其余步骤及仿真结果与方法(2)中图 6-9g ~ 图 6-9i 相同，这里不再赘述。

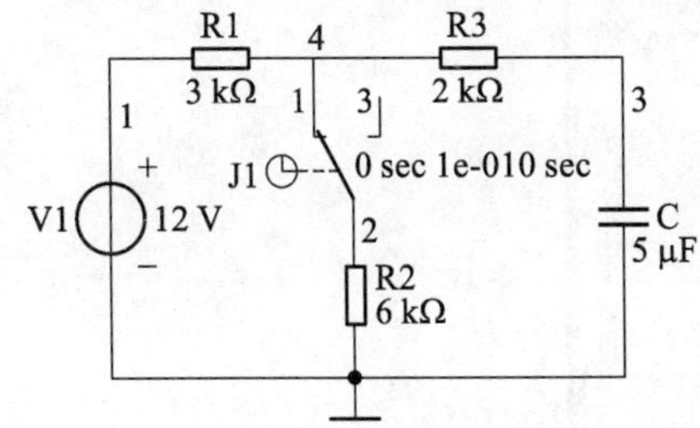

图 6-9j 含延时开关的仿真电路图

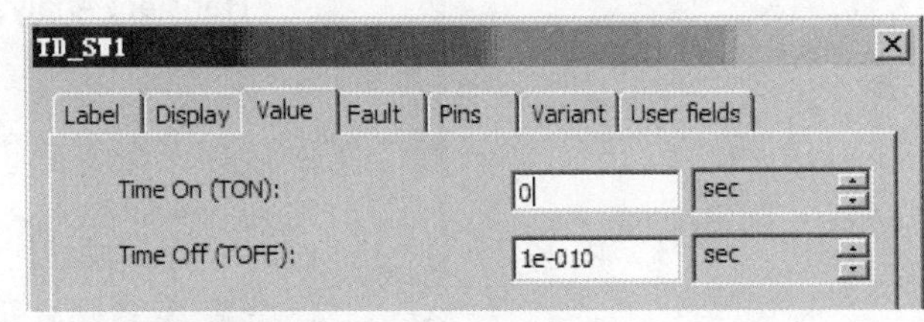

图 6-9k 延时开关的设置窗口

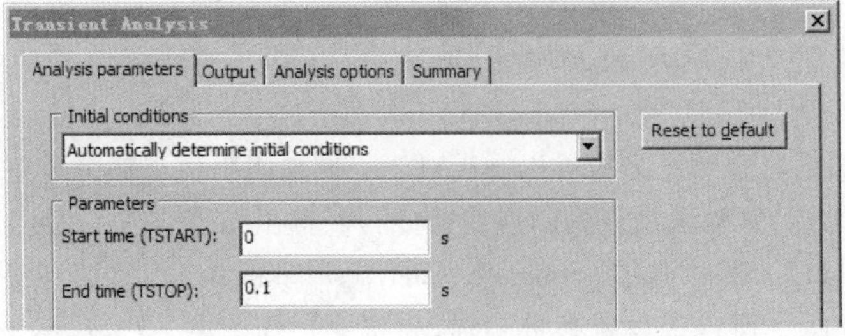

图 6-9l 暂态分析的参数设置窗口

例 6-10 在图 6-10a 所示电路中，电容 C 的初始电压为 2V，求电容两端的电压曲线。

解：本题所示电路为二阶电路，可用暂态分析法求解。

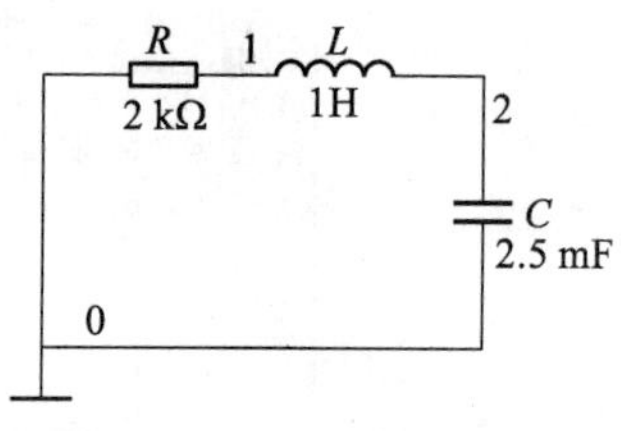

图 6－10a　例 6－10 电路

先显示电路结点，然后用鼠标左键双击电容，在弹出窗口的 Value 页面中设置电容电压的初始条件为 2V，如图 6－10b 所示。

选择 Analyses/Transient Analysis，在图 6－10c 所示窗口中，设置暂态分析的初始条件为“User－defined”，再设置分析起始时间和终止时间。最后在输出变量页面选择结点 2 为输出变量。点击 Simulate 按钮，即可得到电容两端的电压曲线，如图 6－10d 所示。

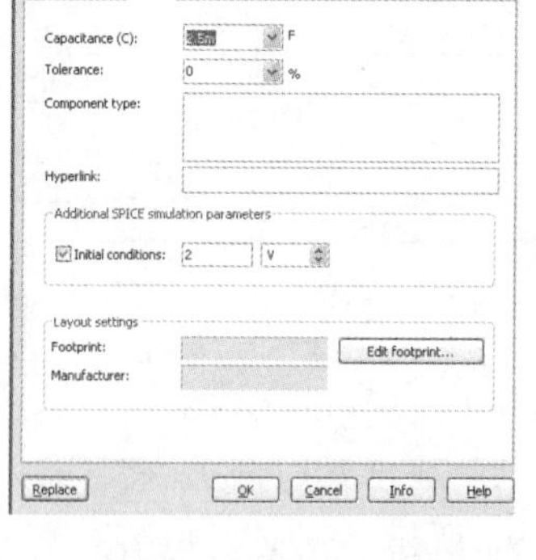

图 6－10b　设置电容初始电压

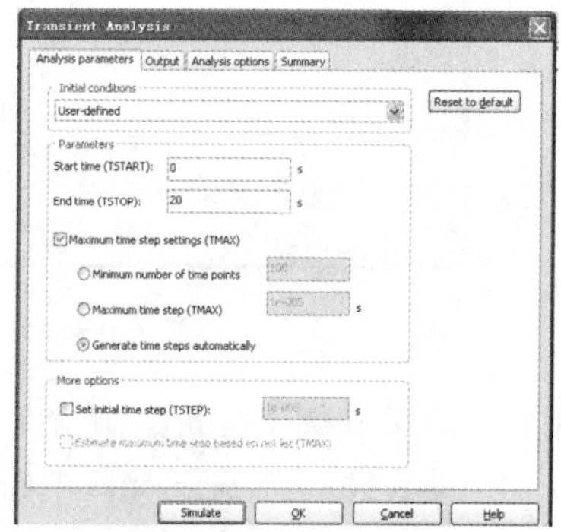

图 6－10c　暂态分析设置窗口

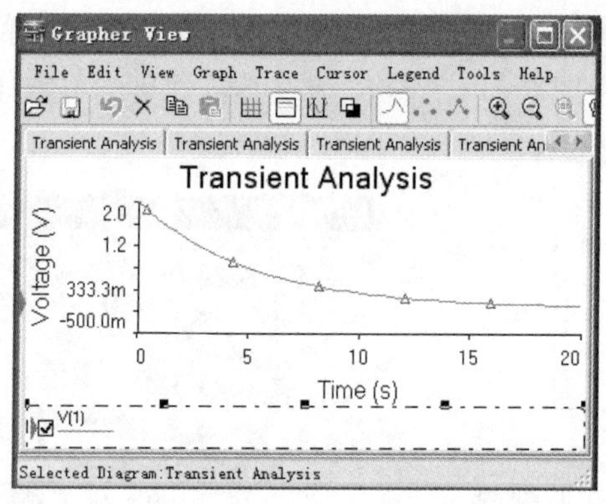

图 6－10d　电容两端的电压曲线

例 6－11　分析图 6－11a 所示 *RC* 微分电路中，电阻 *R* 的变化对其两端的电压波形有何影响。

解：应用参数扫描联合暂态分析可以画出对于不同电阻阻值下微分电路的输出波形。

首先显示电路结点，并双击结点处的连线，将输入、输出结点名改为“Vin”、“Vout”，然后选择 Simulate/Analyses/Parameter Sweep，在图 6－11b 所示窗口中设置参数扫描，先将要扫描的电阻阻值设置为被扫描的参数，再设置扫描形式、初值、终值和增量，然后在 More Options 中选择暂态分析。单击 Edit analysis 按钮，弹出如图 6－11c 所示的暂态分析窗口，在此需要设置的暂态

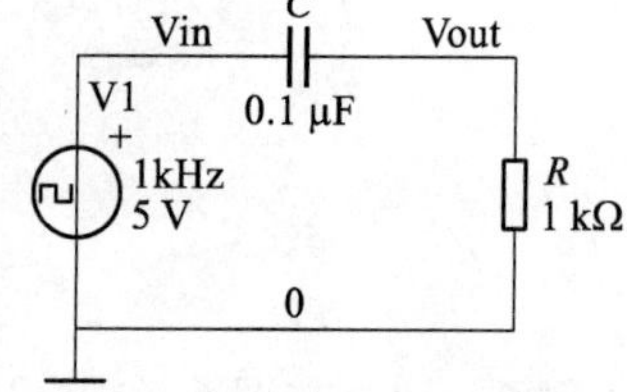

图 6－11a　例 6－11 电路

分析参数主要是终止时间，设置完成后点击 Accept 按钮即可。

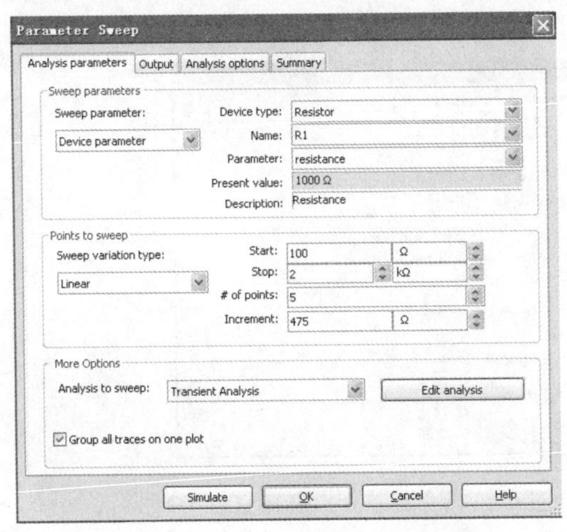

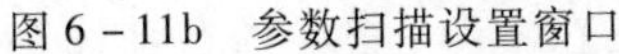
图 6－11b　参数扫描设置窗口

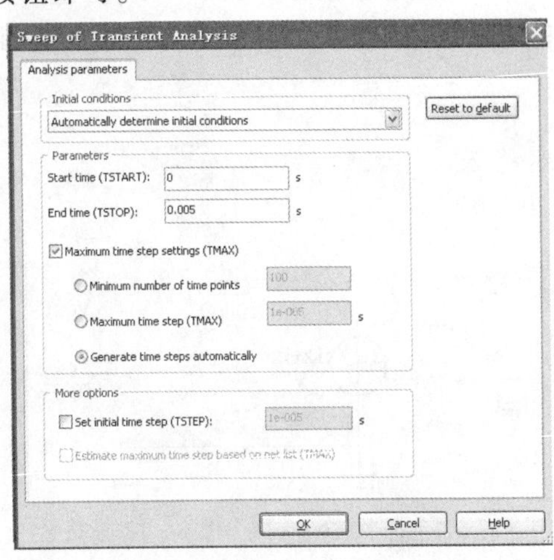

图 6－11c　暂态分析设置窗口

接下来设置参数扫描的输出变量，如图 6－11d 所示，为了更好地研究输出波形，可将输入方波和电阻电压同时设置为输出变量。在参数扫描、暂态分析和输出变量都设置完成后，单击 Simulate 按钮，即可得到图 6－11e 所示的仿真结果。

由图 6－11e 可见，电阻阻值越小，输出波形越尖，输出电压越接近微分。

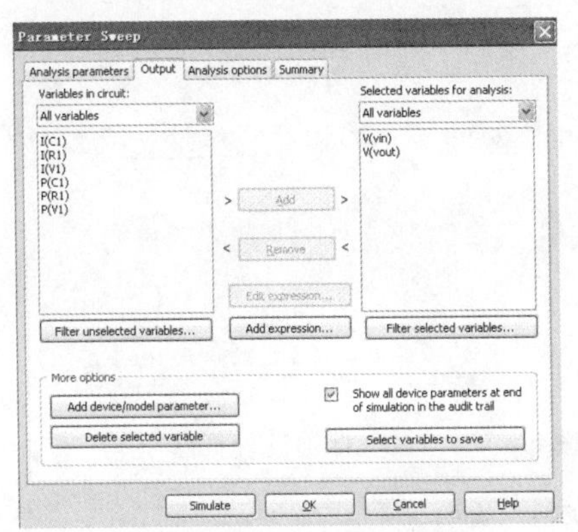

图 6－11d　输出变量设置窗口

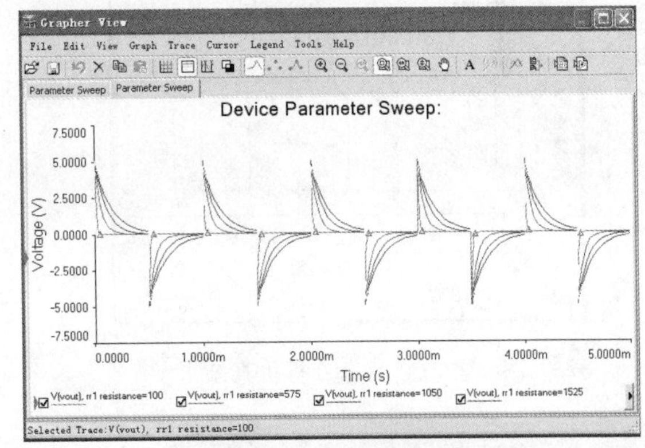

图 6－11e　参数扫描的仿真结果

例 6－12　求图 6－12a 所示 *RC* 电路中，电容 *C* 两端的电压输出波形。

解：本题可采用暂态分析法求解。

首先显示电路结点，并将输入、输出结点名改为“Vin”、“Vout”，如图 6－12a 所示。然后选择 Simulate/Analyses/ Transient Analysis，在图 6－12b 所示窗口中设置分析起始时间和终止时间。接着在暂态分析的输出变量窗口设置要分析的结点，为了将输入、输出波形进行对比，同时选择 Vin、Vout 作为输出变量。最后单击 Simulate 按钮即可得到图 6－12c 所示输入、输出波形。从图中可以看到，由于输出电压数值太小，与输入方波采用同一纵轴并不合适，需要增加右坐标轴，其方法如下：

（1）在图形显示窗口（图 6－12c）选择菜单 Graph/properties，弹出 Graph Properties 窗口，在其 General 页面上，可以设置图形的主题、栅格和光标等。

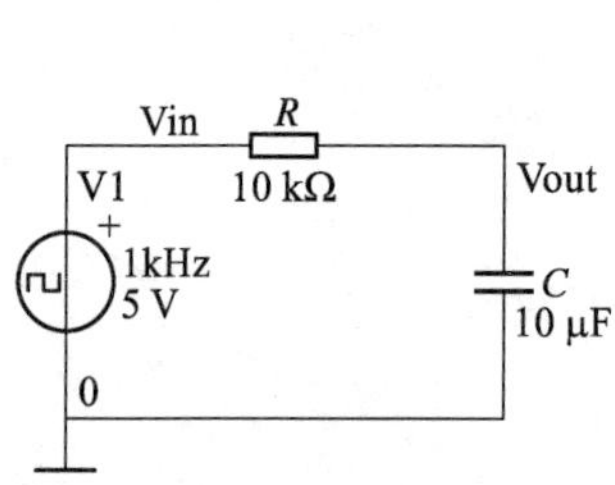

图 6－12a　例 6－12 电路

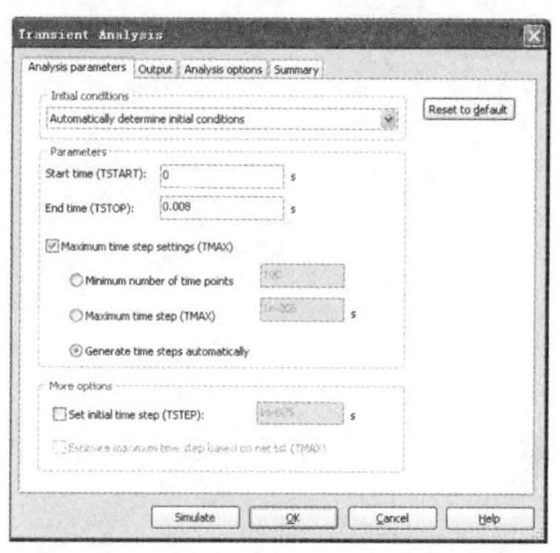

图 6－12b　暂态分析设置窗口

（2）选择 Right Axis 页面，出现图 6－12d 所示窗口，先在 Label 中输入右轴标题，然后选择 Enabled 单选框，使右轴处于显示状态，再设置 Scale 为 Linear，在 Range 区输入最小、最大坐标值，最后在 Divisions 区输入右轴分几格（Total ticks）、每几格标一次数值（Minor ticks）、所标数值精确到小数点后几位（Precision）。

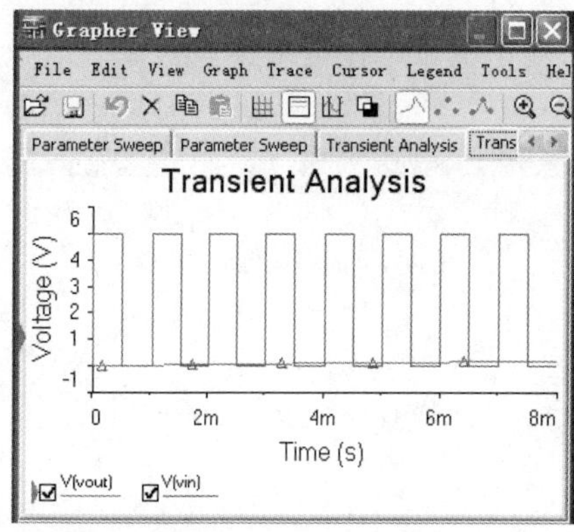

图 6－12c　暂态分析仿真结果

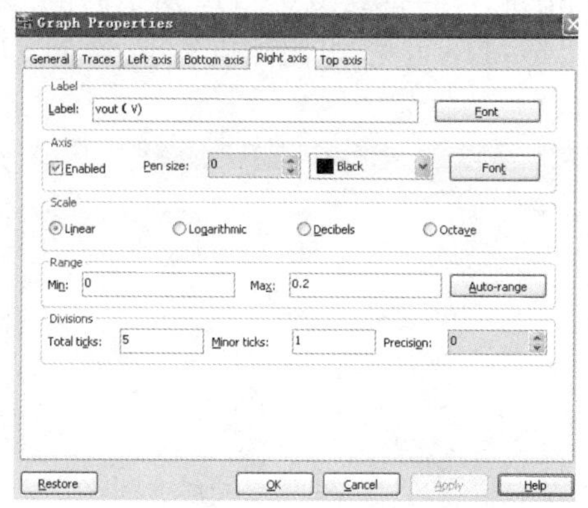

图 6－12d　右坐标轴设置页面

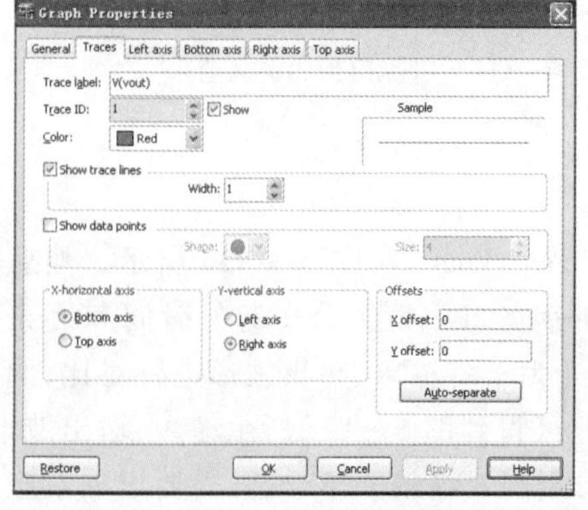

图 6－12e　曲线设置页面

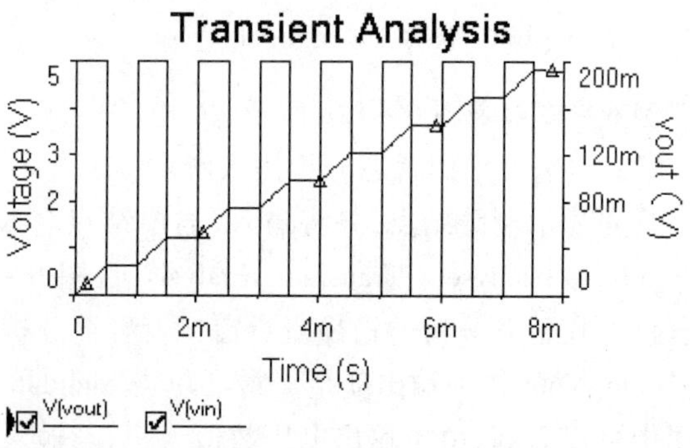

图 6－12f　具有双坐标轴的曲线图

（3）选择 Traces 页面，如图 6－12e 所示，在该页面可以设置曲线与坐标轴的所属关系，还可更改曲线颜色与线宽。在 TraceID 框中选择 1，上方标记框中就会显示该曲线是输出电压 V（Vout）在 Y-vertical axis 区中设置曲线属于 Right axis 右坐标。设置完成后，单击 Apply 按钮，看显示的曲线是否满足要求，若不满足，还可以再设置，若满足，单击确定。屏幕显示输出变量曲线的图形窗口，在该窗口中，选择 Edit/Copy Graph，就可以将曲线图形拷贝到文字处理软件中，如图 6－12f所示。

例 6－13 用示波器测量图 6－13a 所示电路中电容上的充、放电波形。

解：由于充放电时间常数太小（0.1ms），如果示波器采用连续扫描方式时，扫描的时间很快，不能得到稳定的波形。对于这种快速变化的瞬态信号显示，常采用示波器的单次触发功能。本题采用手动控制单刀双掷开关进行电容的充电和放电切换。

首先按下示波器面板上的“Sing.”按钮，再设置触发边沿“Edge”和触发电平“Level”，然后接通仿真开关，通过空格键控制开关 S，先接通电源使 C 充电，再接通地线使 C 放电，这时示波器只进行一次扫描，将充、放电波形记录下来，如图 6－13b。

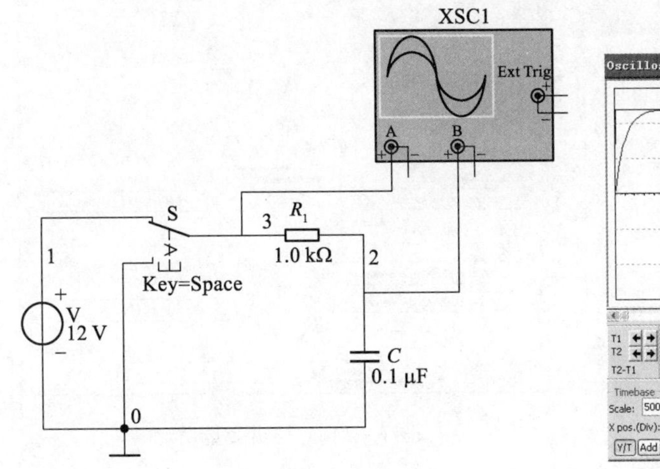

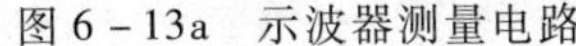
图 6－13a 示波器测量电路

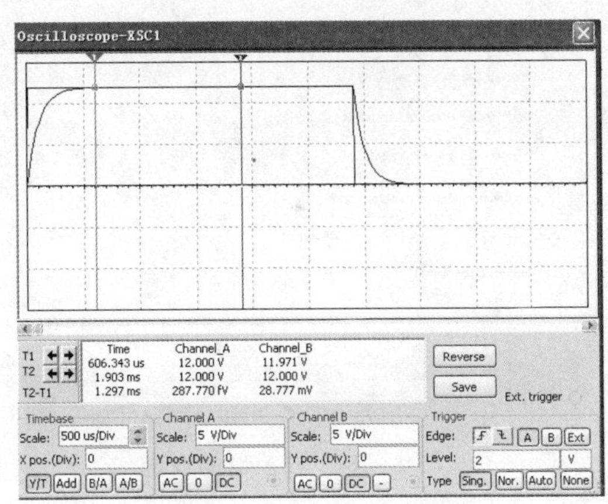

图 6－13b 电容的充放电波形图

例 6－14 在如图 6－14a 所示的 RL 电路中，求当电阻 R_1 短路后，电流达到 50A 大约需要多长时间？

解：用暂态分析法画出当电阻 R_1 短路后电流 i 的曲线。

按图 6－14b 接好电路。启动 Analysis 中的 Transient 菜单，设定分析起始时间 Start time（TSTART）为 0.4s，分析完成时间 End time（TSTOP）为 0.65s，如图 6－14c 所示。同时选择分析 I（L1），点击 Add，如图 6－14d 所示。启动 Simulate 按钮，得到当电阻 R_1 短路后，电流 i 曲线，如图 6－14e 所示。

由图 6－14e 可知：当电阻 R_1 短路后，电流达到 50A 的时间为（543.4－500）ms＝43.4ms。

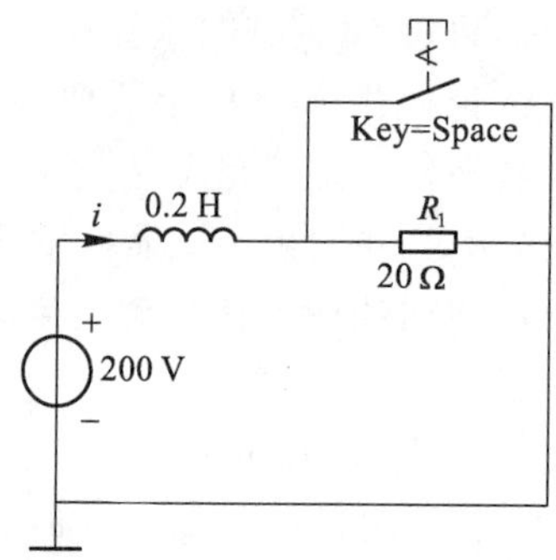

图 6-14a　例 6-14 电路

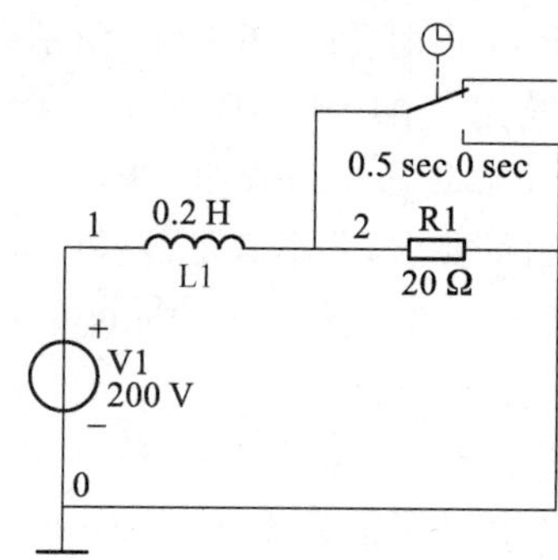

图 6-14b　例 6-14 仿真电路

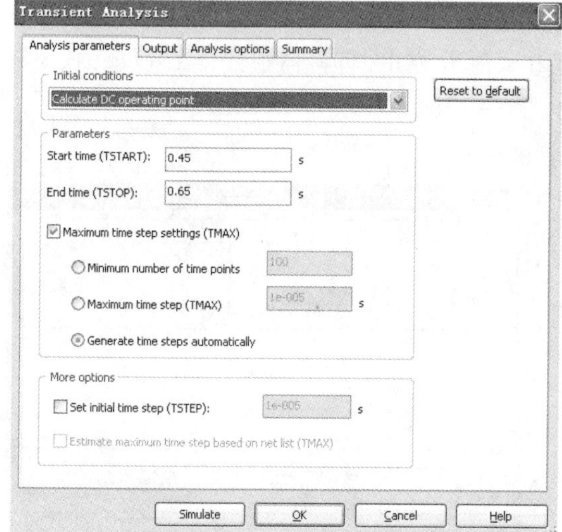

图 6-14c　仿真时间设定

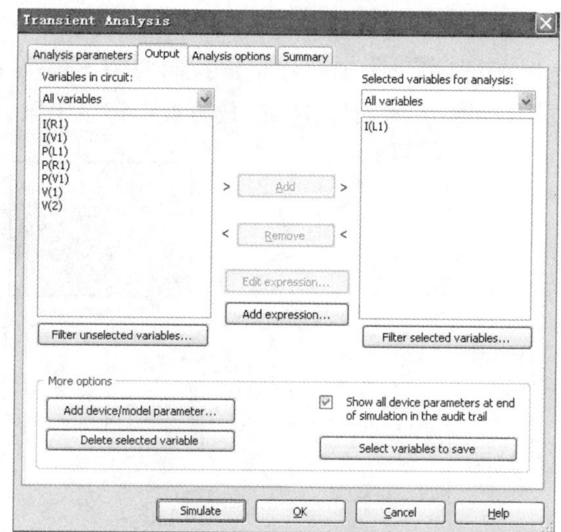

图 6-14d　输出变量设定

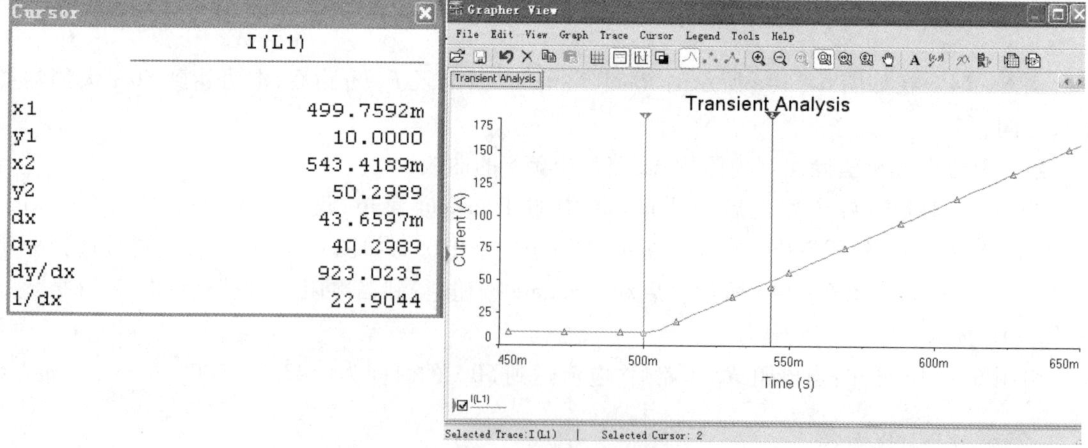

图 6-14e　电流变化曲线

第 7 章　Multisim 11.0 在交流电路分析中的应用

正弦交流电路是电工技术中极其重要的一部分，在分析时应掌握正弦量中的幅值、相位、相位差，以及电阻、电感、电容在交流电路中的不同响应及其频率特性。

采用 Multisim 软件中的交流分析方法与波特图仪可以很方便地得到电路频率响应的幅频特性和相频特性，测出电路中任意结点的电压相量。

要求：学会用交流电压表、电流表测电压、电流的有效值；学会用波特图仪或交流分析方法测量或分析交流电路；学会用功率表测有功功率和功率因数。

7.1　单相交流电路的分析

例 7－1　在图 7－1a 所示电路中，已知 $\dot{U}=220\angle 30^\circ$ V，$R=30\Omega$，$L=254$mH，$C=80\mu$F，$f=50$Hz。求 $\dot{U}_C$、$\dot{U}_L$、$\dot{U}_R$、$\dot{I}$ 和 P、Q、S。

解：本题采用仪表测量法、交流分析法和单一频率交流分析法三种方法求解。

方法一：仪表测量法

如图 7－1b 所示。用电压电流表的 AC 挡测出电压电流的有效值，用波特图仪（Bode Plotter）测量各电压的初相位，用瓦特表（Wattmeter）测电路的有功功率。

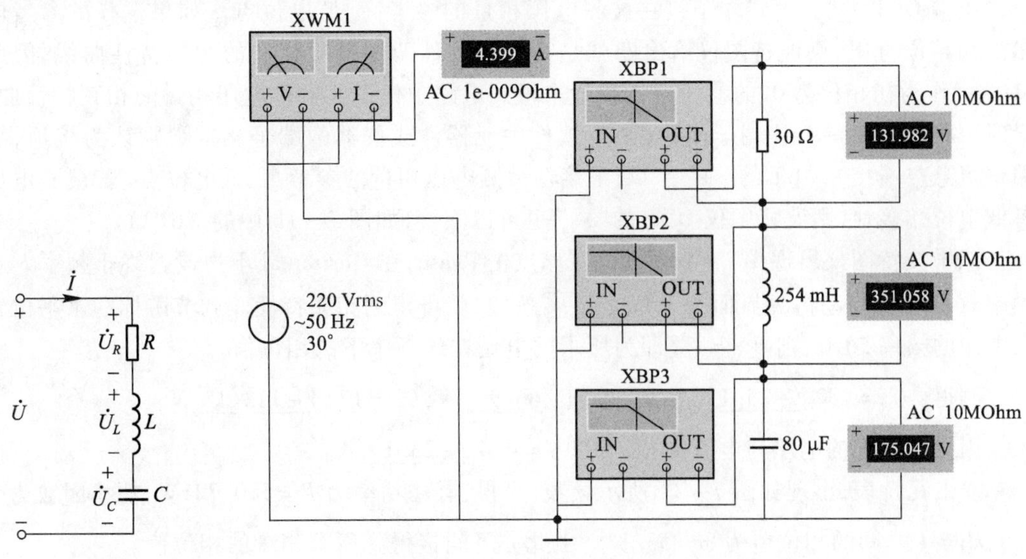

图 7－1a　例 7－1 电路　　　　图 7－1b　用仪表测电压电流相量值和有功功率的电路

在测量前先要对交流电源进行设置,从 Sources 的 POWER_SOURCES 中选取 AC_POWER 即为交流电压源。双击交流电压源,弹出图 7-1c 所示窗口,若仅用电压电流表测量电压电流的有效值,则只设置有效值和频率即可;若只用波特图仪测量相位,则只需设置 AC Analysis Phase 即可;若采用交流分析方法测相量,则只需设置 AC Analysis Magnitude 和 AC Analysis Phase。

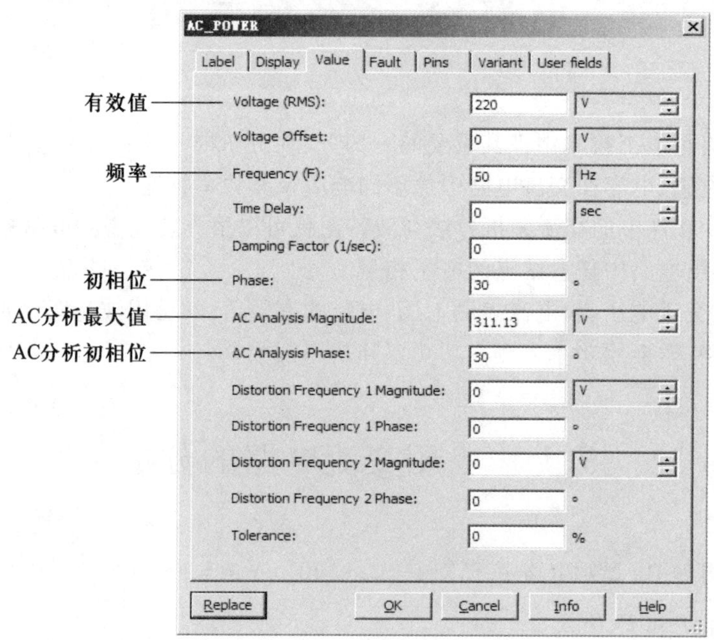

图 7-1c　对交流电压源进行设置的窗口

注意:用波特图仪的"Phase"可以测量电路中某元器件电压相量与参考电压相量之间的相位差,测量时可将波特图仪的输入端 IN 的"+　-"端子接在参考电压相量的参考高、低电位点,将输出端 OUT 的"+　-"端子接在被测电压相量的参考高、低电位点。如果选择的参考电压相量的初相位为 0°,则波特图仪给出的就是被测元器件两端电压相量的相频特性曲线,因此可以将"地"作为初相位为 0°的参考电压相量来得到电路中任一元器件电压相量的相频特性曲线,测量时可将 IN 的"+　-"端子接地(因本软件中元器件或仪器的端子悬空被默认为接地,故接地端也可悬空不接),OUT 的"+　-"端子接在被测电压相量的参考高、低电位点(若被测电压的参考低电位端接地,则波特图仪 OUT 的"-"也可以不接,如图 7-1b 中的 XBP3)。

双击波特图仪出现图 7-1d 所示窗口,点击 Phase,在 Horizontal 下边设置终止频率 F 和开始频率 $I(I<F)$,启动仿真界面右上角的按钮,就可得到相频特性。调节游标的水平位置为输入电压的频率 50Hz,则垂直位置即为所求的电压在该频率下的相位值。

测得:$\dot{U}_R=132\underline{/-23.1^\circ}$ V,$\dot{U}_L=351\underline{/66.9^\circ}$ V,$\dot{U}_C=175\underline{/-113.1^\circ}$ V。

因为电阻上的电压与电流同相,所以 $\dot{I}=4.4\underline{/-23.1^\circ}$ A。

双击瓦特表,出现如图 7-1e 所示读数,可得:有功功率为 $P=580.721$ W,功率因数为 $\cos\varphi=0.6$,$\dot{U}$与 $\dot{I}$ 之间的相位差为 $\varphi=53.1^\circ$。由此亦可间接得到所求相量的相位值。

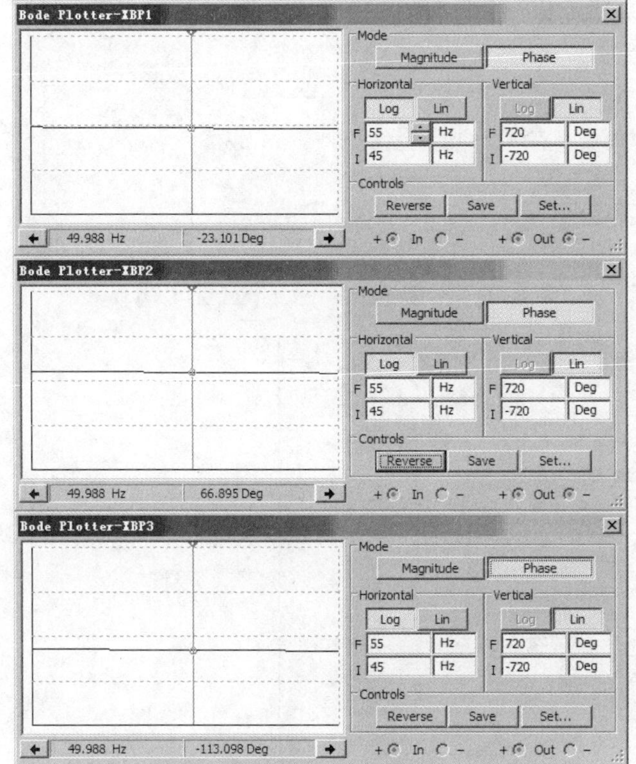

图 7－1d　用波特图仪测得的三个电压的相位

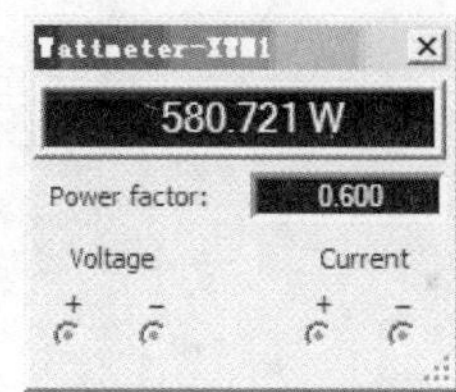

图 7－1e　瓦特表读数

所以 $S=\dfrac{P}{\cos\varphi}=\dfrac{580.721}{0.6}=967.868\text{V}\cdot\text{A}$，$Q=S\cdot\sin\varphi=774.294\text{var}$。上述结果也可由公式 $P=UI\cos\varphi$，$Q=UI\sin\varphi$，$S=UI$ 得到。

方法二：交流分析法

先画出 *RLC* 串联交流电路，再由 Option/Sheet Properties 的 Net names 中选择 Show all 来显示结点名，如图 7－1f 所示。然后从 Simulate/Analyses 中选择 AC Analysis，按图 7－1g 所示进行频率范围、扫描形式、纵轴标尺的设置，点击 Output 选择要分析的变量，出现图 7－1h 所示变量。由于串联电路的电流相等，故 I(C)＝I(L)＝I(R)，而 I(VS)与他们大小相等，方向相反，相位相差 180°。P(R)为电阻的功率，即整个电路的有功功率，P(C)、P(L)分别为电容、电感的无功功率，P(VS)为电路的视在功率。V(4)为电容电压，即结点 4 与地(结点 0)之间的电压。先选择欲分析的变量，再点击 Add 按钮，则该变量就被添加到图 7－1h 的右边窗口中。

由于所有变量中没有电阻电压(即结点 1、3 间的电压)和电感电压(即结点 3、4 间的电压)，所以必须添加表达式，点击 Add expression... 按钮，出现分析表达式对话框，如图 7－1i 所示，在 Expression 中分别输入表达式 V(1)－V(3)、V(3)－V(4)，或者通过双击上面列出的变量与功能符号来添加表达式，点击 OK，出现图 7－1j 界面，其右边所列即为要分析的所有变量。为了使曲线更清晰，先选择电压电流作为输出变量。

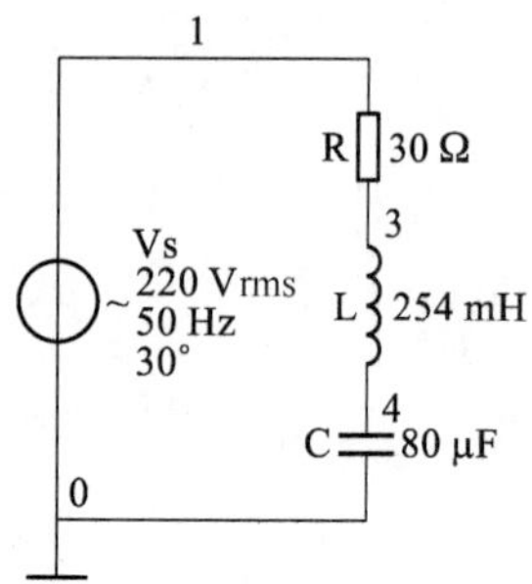

图 7－1f　显示结点电路

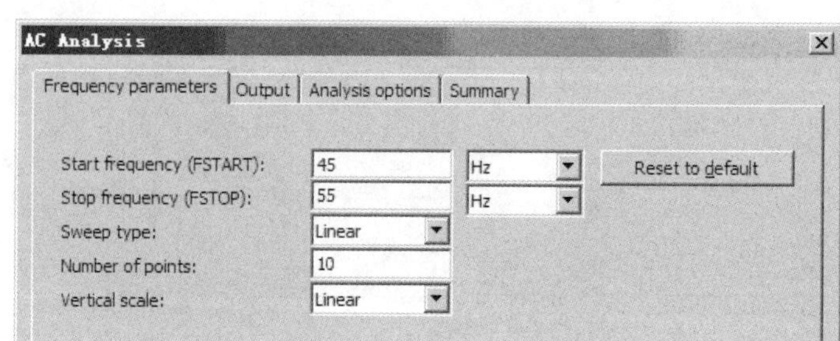

图 7－1g　交流分析频率参数设置窗口

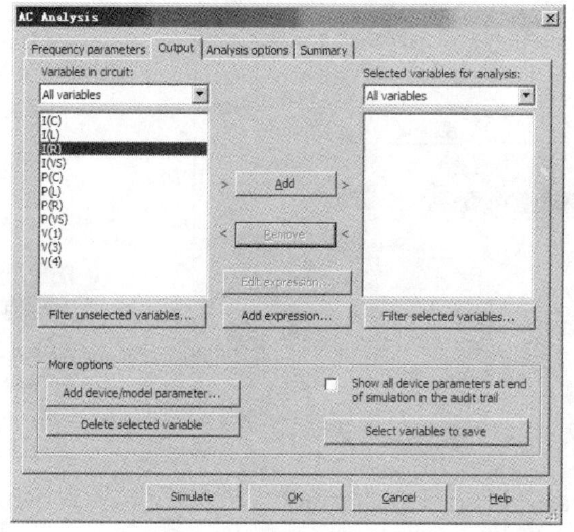

图 7－1h　电路中的所有变量显示窗口

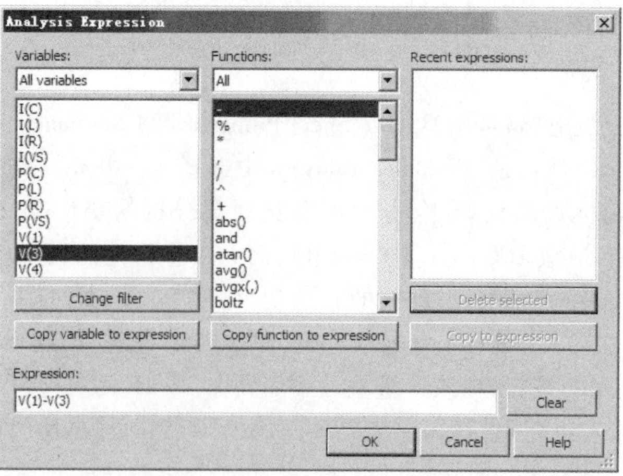

图 7－1i　添加分析表达式对话框

设置完毕后，单击 Simulate 按钮，屏幕显示图 7－1k 所示的分析结果，点击上边的幅频特性曲线再单击，并将游标 2 拖至 50Hz 处，即可读出该频率下电压、电流的最大值，如图 7－1l 所示。同样,点击下边的相频特性曲线再单击 ,并将游标 2 拖至 50Hz 处,即可读出该频率下电压、电流的相位值,如图 7 - 1m 所示。

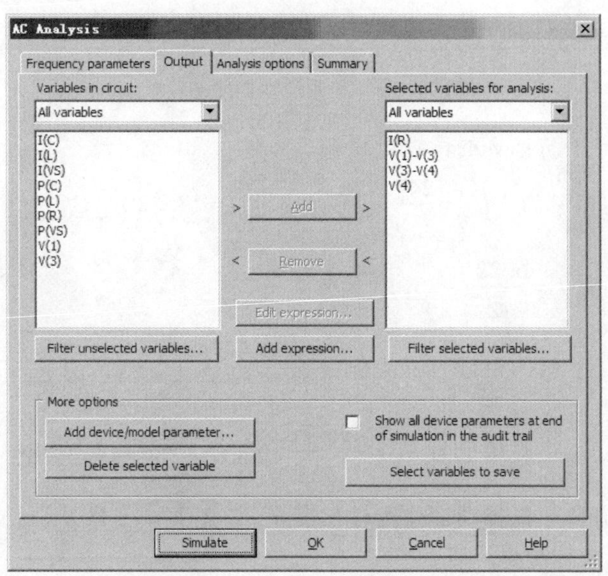

图 7 - 1j　选择电压电流为输出变量的窗口

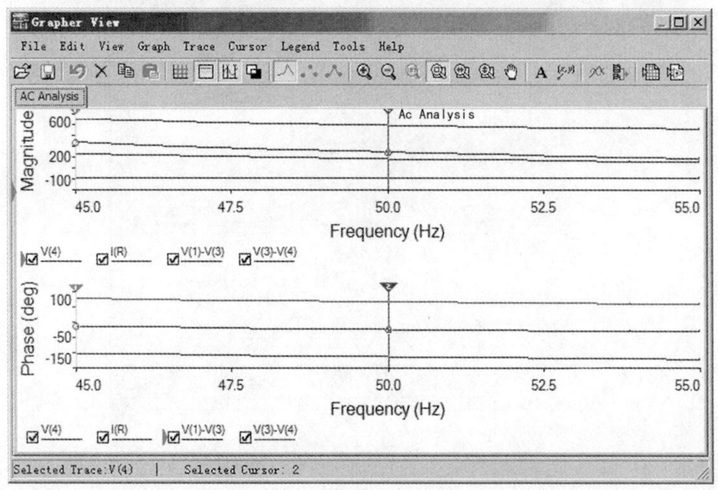

图 7 - 1k　电压电流的幅频和相频特性曲线

Cursor

	V(4)	I(R)	V(1)-V(3)	V(3)-V(4)
x1	45.0000	45.0000	45.0000	45.0000
y1	337.3837	7.6314	228.9432	548.0657
x2	50.0000	50.0000	50.0000	50.0000
y2	247.7478	6.2243	186.7302	496.5631

图 7 - 1l　幅频特性曲线的读数

Cursor

	V(4)	I(R)	V(1)-V(3)	V(3)-V(4)
x1	45.0000	45.0000	45.0000	45.0000
y1	-102.6214	-12.6214	-12.6214	77.3786
x2	50.0000	50.0000	50.0000	50.0000
y2	-113.1126	-23.1126	-23.1126	66.8874

图 7－1m　相频特性曲线的读数

由图 7－1l、7－1m 中游标 2 的读数可得：

电容电压 V(4)的相量为　$\dot{U}_C=\dfrac{247.75}{\sqrt{2}}\angle -113.1° = 175.2\angle -113.1°$ V

电流 I(R)的相量为 $\dot{I}=\dfrac{6.22}{\sqrt{2}}\angle -23.1° = 4.4\angle -23.1°$ A

电阻电压 V(1)－V(3)的相量为　$\dot{U}_R=\dfrac{186.73}{\sqrt{2}}\angle -23.1° = 132.1\angle -23.1°$ V

电感电压 V(3)－V(4)的相量为 $\dot{U}_L=\dfrac{496.56}{\sqrt{2}}\angle 66.9° = 351.2\angle 66.9°$ V

在交流分析输出窗口中选择功率作为输出变量，如图 7－1n 所示。仿真后得到功率的曲线与读数，如图 7－1o 所示。可得：

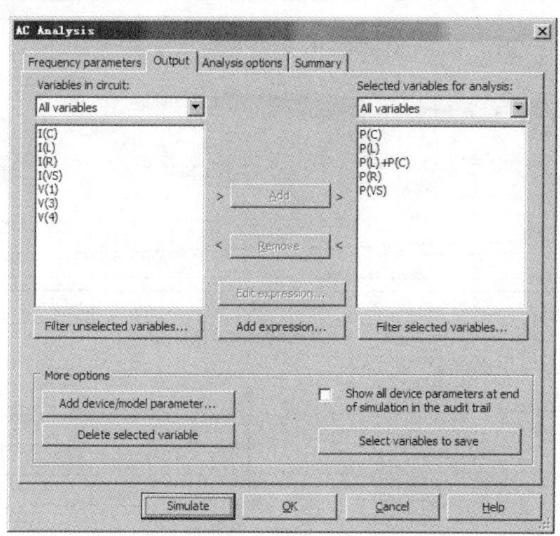

图 7－1n　选择功率作为输出变量

电路的有功功率 P(R)为 $P=581.4$W

电路的无功功率 P(L)＋P(C)为 $Q=774.1$var

电路的视在功率 P(VS)为 $S=968.2$V · A

方法三：单一频率交流分析法

Multisim 11.0 仿真软件新增了单一频率交流分析方法，可用于分析电路在单一频率下响应的幅值和相位，使得分析方法更加简单。按图 7－1f 画好电路后，从 Simulate/Analyses 中选择 Single Frequency AC Analysis。在图 7－1p 所示窗口中设置 Frequency 频率或自动检测频率 Auto－detect，在 Complex number format 处选择 Magnitude/ Phase；在输出参数窗口选择要求的电压、

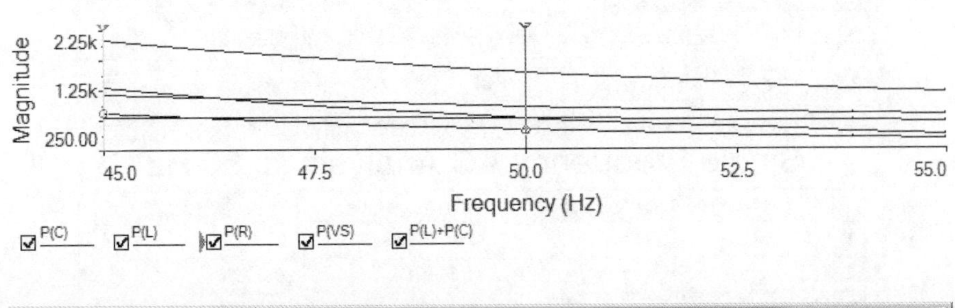

Cursor

	P(C)	P(L)	P(R)	P(VS)	P(L)+P(C)
x1	46.2521	46.2521	46.2521	46.2521	46.2521
y1	1.1271k	1.9331k	785.8569	1.1259k	806.0718
x2	50.0009	50.0009	50.0009	50.0009	50.0009
y2	771.4949	1.5456k	581.3579	968.2555	774.1468

图 7－1o　功率的曲线与读数

电流及功率,如图 7－1p 所示。单击 Simulate 按钮运行分析结果显示如图 7－1q 所示。

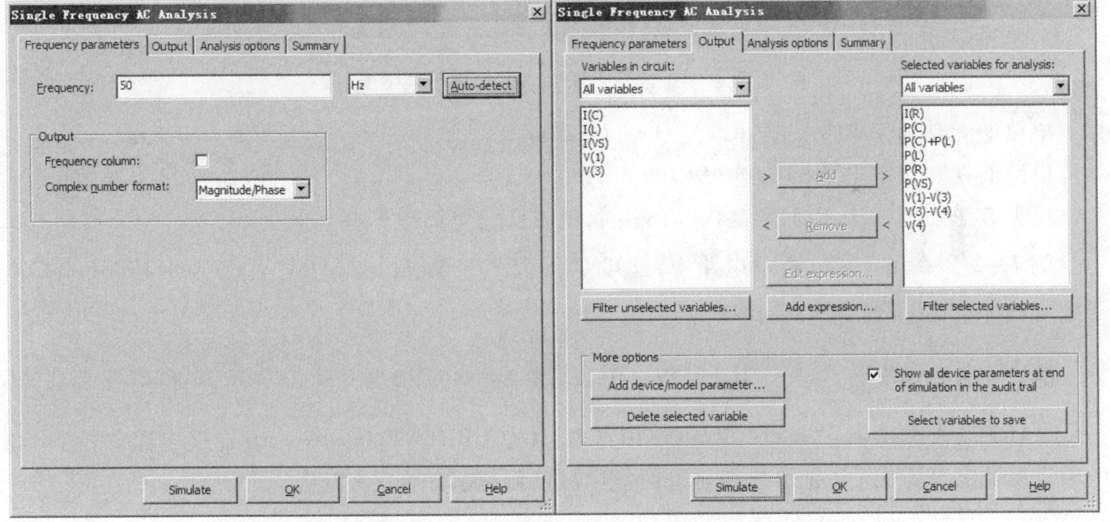

图 7－1p　单一频率交流分析频率及输出参数设置窗口

由图 7－1q 可得:

电容电压 V(4)的相量为　$\dot{U}_C=\dfrac{247.56}{\sqrt{2}}\underline{/-113.1^\circ}\ \text{V}=175.1\ \underline{/-113.1^\circ}\ \text{V}$

电阻电压 V(1)－V(3)的相量为　$\dot{U}_R=\dfrac{186.65}{\sqrt{2}}\underline{/-23.1^\circ}\ \text{V}=132.0\ \underline{/-23.1^\circ}\ \text{V}$

电感电压 V(3)－V(4)的相量为　$\dot{U}_L=\dfrac{496.48}{\sqrt{2}}\underline{/66.9^\circ}\ \text{V}=351.1\ \underline{/66.9^\circ}\ \text{V}$

电流 I(R)的相量为　$\dot{I}=\dfrac{6.22}{\sqrt{2}}\underline{/-23.1^\circ}\ \text{A}=4.4\ \underline{/-23.1^\circ}\ \text{A}$

电路的有功功率 P(R)为 $P=580.7\text{W}$

Grapher View

File　Edit　View　Graph　Trace　Cursor　Legend　Tools　Help

Single Frequency AC Analysis | Single Frequency AC Analysis | Single Frequency AC Analysis

Single Frequency AC Analysis @ 50 Hz

	AC Frequency Analysis	Magnitude	Phase (deg)
1	P(C)	770.13465	-90.00000
2	P(L)	1.54451 k	90.00000
3	I(R)	6.22183	-23.13541
4	P(R)	580.66784	0.00280 p
5	V(4)	247.55882	-113.13541
6	V(1)-V(3)	186.65495	-23.13541
7	V(3)-V(4)	496.48010	66.86459
8	P(VS)	967.89925	-126.86459
9	P(L) + P(C)	774.37317	90.00000

Selected Diagram: Single Frequency AC Analysis @ 50 Hz

图 7 - 1q　单一频率交流分析仿真结果

电路的无功功率 P(L) + P(C) 为 $Q=774.4\text{var}$

电路的视在功率 P(VS) 为 $S=967.9\text{V}\cdot\text{A}$

可见方法三与方法二所得结果基本相同,但方法三更简单一些。

例 7 - 2　在图 7 - 2a 所示电路中,已知 $\dot{U}_S=\sqrt{2}\angle 0^\circ\ \text{V}$, $\dot{I}_S=\sqrt{2}\angle 90^\circ\ \text{mA}$, $\omega=1000\text{rad/s}$, $R_1=R_2=1\text{k}\Omega$, $L=1\text{H}$, $C=1\mu\text{F}$。求 $\dot{U}_C$。

解:先求电源频率 $f=\dfrac{1000}{2\pi}\text{Hz}=159.2\text{Hz}$,从 Sources 的 SIGNAL_VOLTAGE_SOURCES 中选取 AC_VOLTAGE,从 SIGNAL_CURRENT_SOURCES 中选取 AC_CURRENT,按图 7 - 2b 连接电路(注意本题中电压源的参考方向)并显示结点名,再对电源进行设置,如图 7 - 2c 所示。

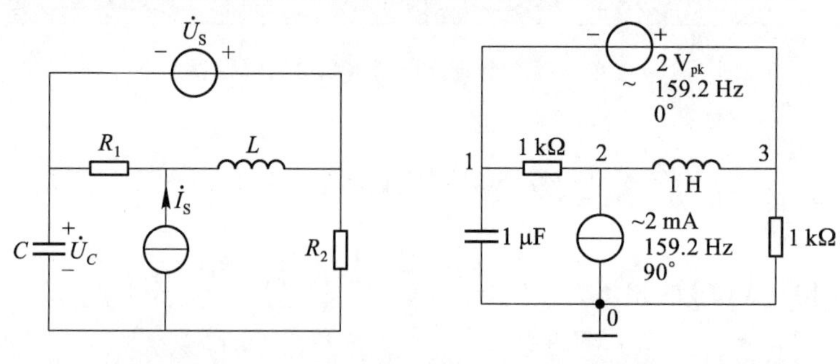

图 7 - 2a　例 7 - 2 电路　　　　图 7 - 2b　显示结点电路

方法一:单一频率交流分析法

从 Simulate/Analyses 中选择 Single Frequency AC Analysis,按图 7 - 2d 所示进行频率及输出变量的设置,单击 Simulate 按钮,即得电容电压的幅值与初相位如图 7 - 2e 所示。

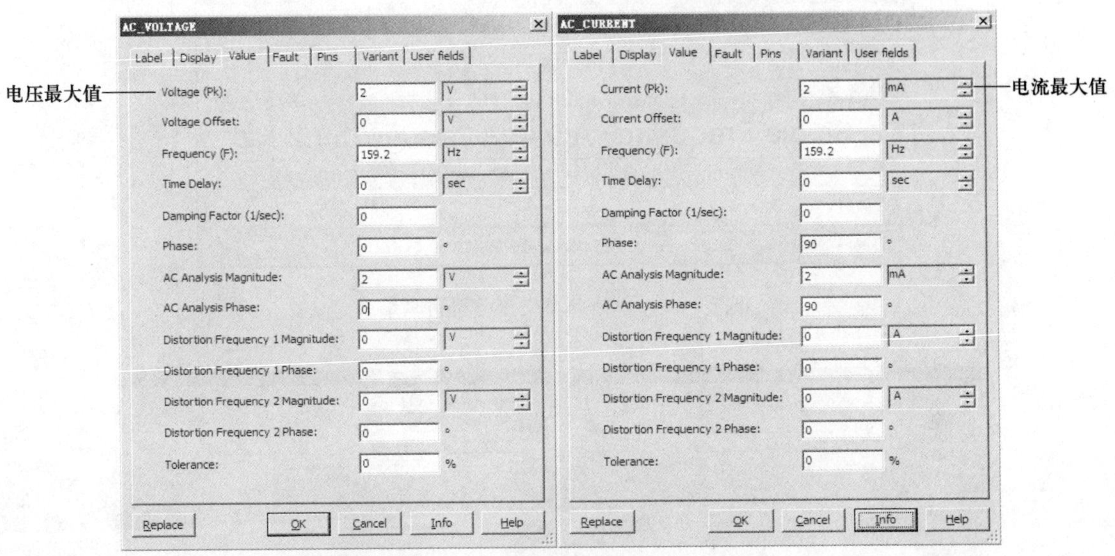

图 7-2c　电压源与电流源的设置

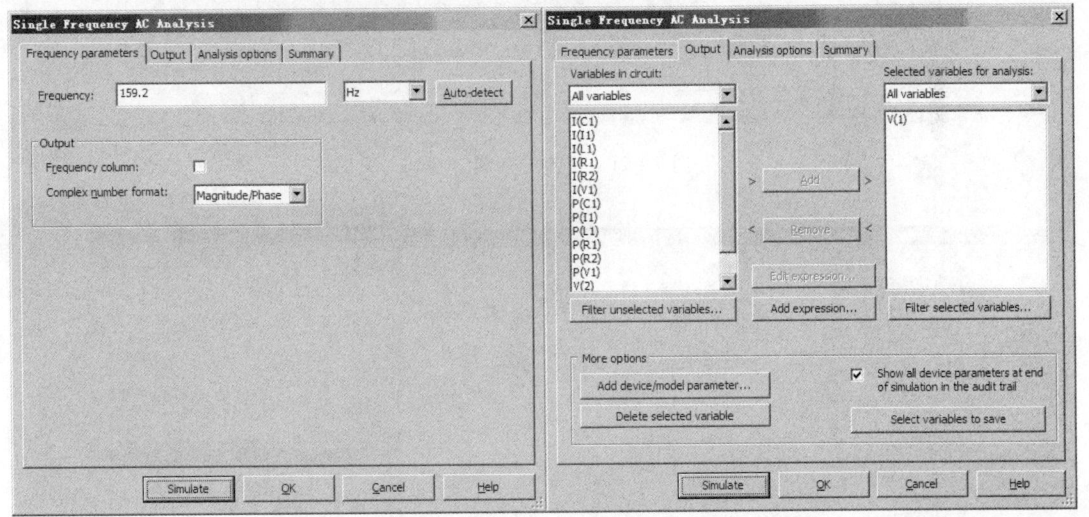

图 7-2d　单一频率交流分析频率及输出参数设置窗口

方法二：交流分析法

从 Simulate/Analyses 中选择 AC Analysis，按图 7-2f 所示进行频率范围、扫描形式、纵轴标尺及输出变量的设置，单击 Simulate 按钮，即得电容电压的频率特性如图 7-2g 所示。

两种方法所得结果相同，即 $\dot{U}_C=\frac{2}{\sqrt{2}}\angle 90^\circ\ \text{V}=1.414\angle 90^\circ\ \text{V}$

本题也可用仪表测量法求解(请读者自己练习)。

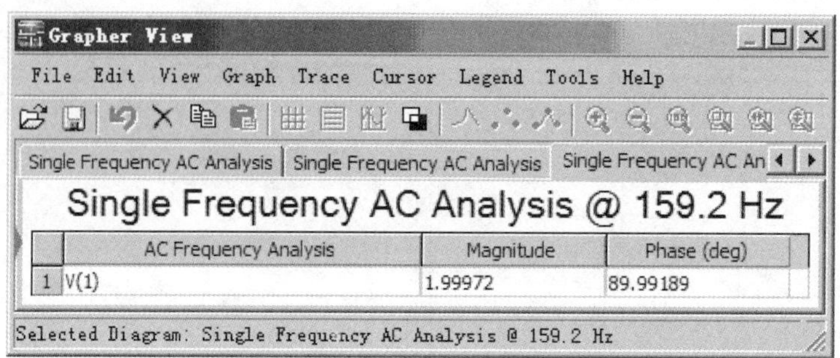

图 7－2e 单一频率交流分析仿真结果

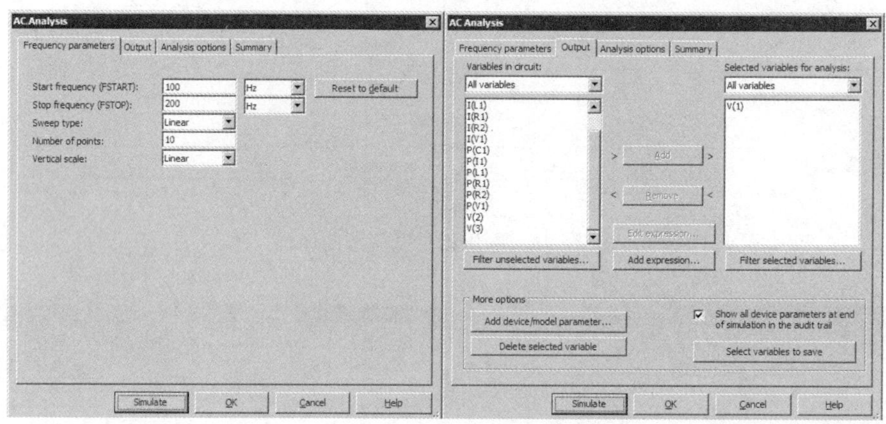

图 7－2f 交流分析设置窗口

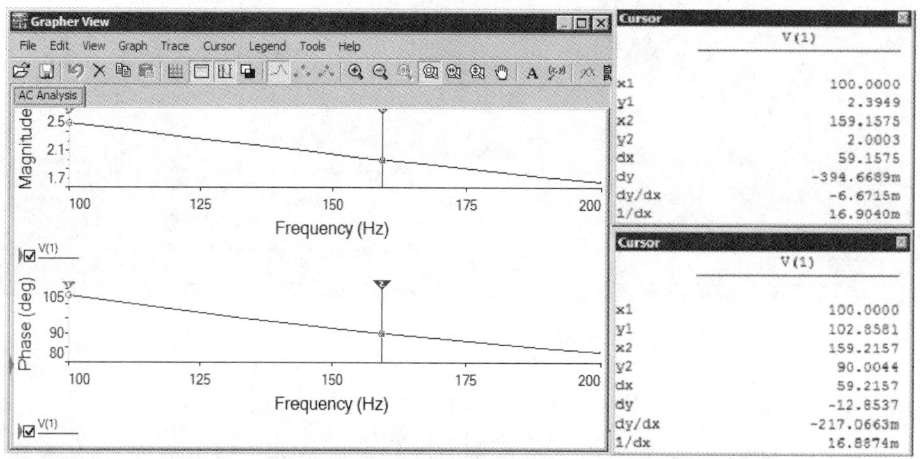

图 7－2g 交流分析给出的幅频和相频特性曲线及读数

例 7－3 在图 7－3a 所示电路中，已知 $R_1=6\Omega$，$R_2=8\Omega$，$X_L=8\Omega$，$X_C=6\Omega$，$\dot{U}=220\underline{/0^\circ}$ V。求(1) $\dot{I}$、$\dot{I}_1$、$\dot{I}_2$、$\dot{U}_{AB}$；(2) P、Q、S。

解：设电源频率为 50Hz，将 X_L、X_C 换成等效电感和电容

$$L=\frac{X_L}{\omega}=\frac{8}{2\pi\times50}\text{H}\approx25.5\text{mH},\quad C=\frac{1}{\omega X_C}=\frac{1}{2\pi\times50\times6}\text{F}\approx531\mu\text{F}$$

图 7-3a　例 7-3 电路

用电流电压表（AC 挡）和波特图仪测量电流电压相量，用瓦特表测量有功功率，如图 7-3b 所示。图中波特图仪 XBP1、XBP2、XBP3 的输入端 IN+、IN- 可以接地也可以不接，还可以接在初相位为 0°的电压源两端，XBP2、XBP3 的输出端 OUT+、OUT- 也可以接在电阻两端，XBP4 的 IN-、OUT- 可以接地也可以不接。波特图仪读数如图 7-3c 所示。

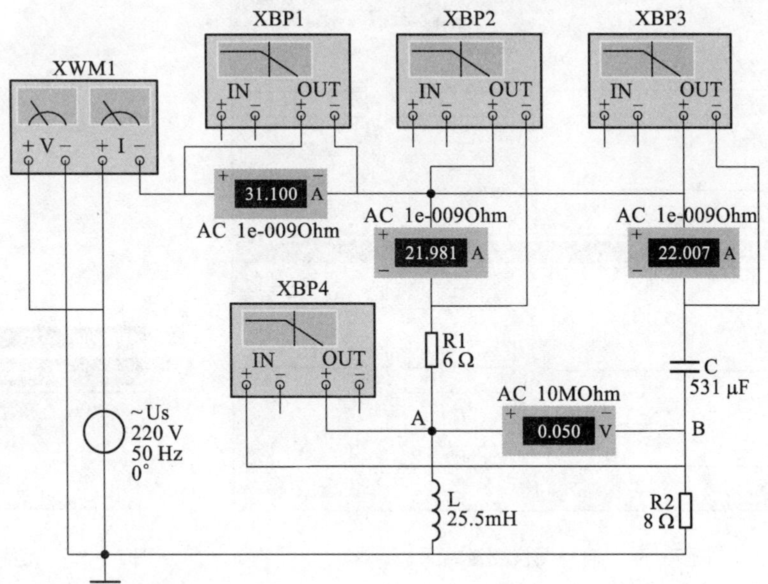

图 7-3b　测量 $\dot{I}_1$、$\dot{I}_2$ 的电路

由此可得 $\dot{I}\approx31\angle-8.1^\circ$ A，$\dot{I}_1\approx22\angle-53.2^\circ$ A，$\dot{I}_2\approx22\angle36.9^\circ$ A，$\dot{U}_{AB}\approx0$V

由图 7-3d 所示瓦特表读数可得

$$P=6.774\text{kW},\cos\varphi=0.990,\sin\varphi=\sin8.1^\circ=0.14$$

所以
$$S=\frac{P}{\cos\varphi}=\frac{6.774}{0.990}\text{kV}\cdot\text{A}=6.84\text{kV}\cdot\text{A},Q=S\cdot\sin\varphi=0.96\text{kvar}$$

上述结果也可由公式 $P=UI\cos\varphi$，$Q=UI\sin\varphi$，$S=UI$ 得到。

本题也可用交流分析法求解（请读者自己练习）。

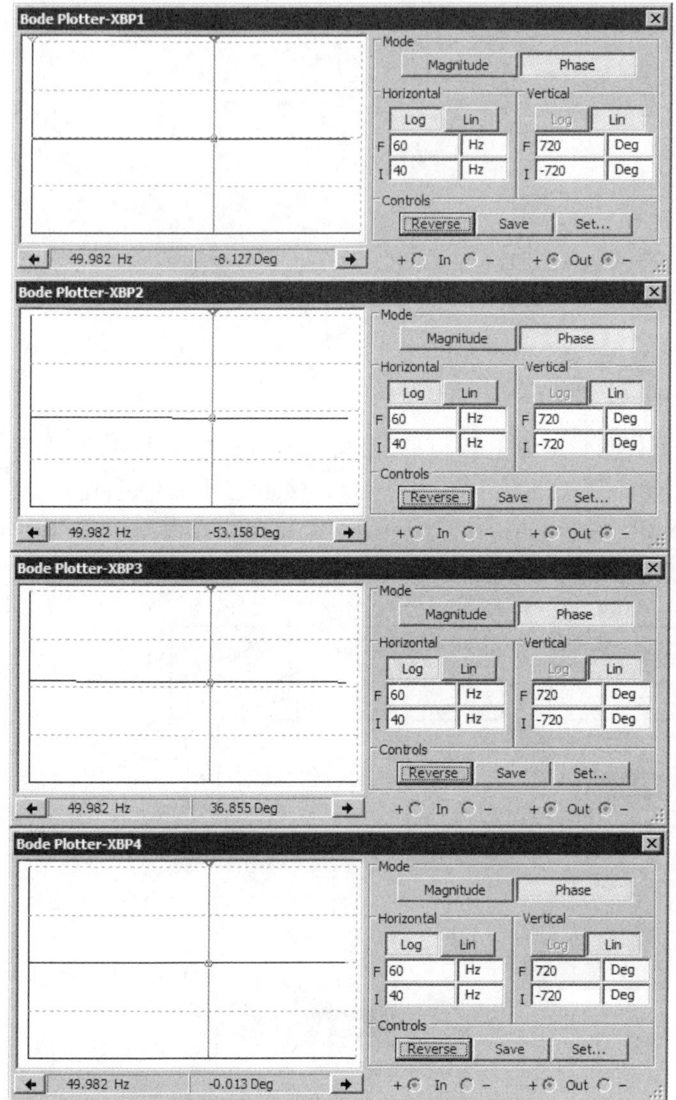

图 7-3c　波特图仪测量结果

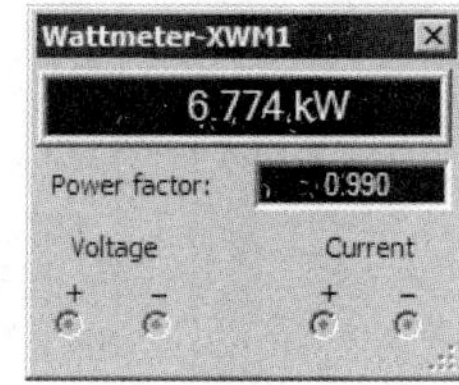

图 7-3d　瓦特表读数

例 7-4　在图 7-4a 所示电路中，已知 $\dot{U}=28.28\angle 0^\circ$ V，$R=10\Omega$，$L=32\text{mH}$，$f=50\text{Hz}$。

求(1) 并联电容前(S 断开)的 $\dot{I}_1$、$\dot{I}$、P、Q、S、$\cos\varphi$；

(2) 要使功率因数提高到 0.95，应并联多大电容？说明电容变化对电路有何影响？

解： 测量电路如图 7-4b 所示，其中电容使用了可变电容。

(1) 将图 7-4b 中的电容调到零或者直接断开开关，即得并联电容前的数值

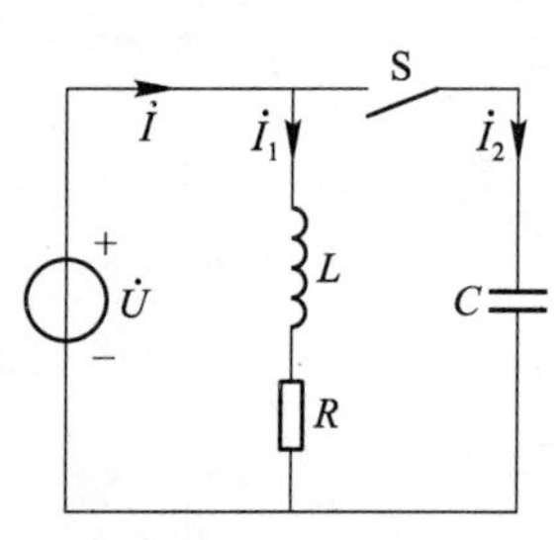

图 7-4a　例 7-4 电路

$P\approx40\mathrm{W}$，$\cos\varphi=\cos\varphi_1=0.705$（$\cos\varphi_1$为负载的功率因数），$\varphi=\arccos0.705=45°$，$\dot{I}=\dot{I}_1\approx2\angle-45°\ \mathrm{A}$，$S=UI=28.28\times2\mathrm{V}\cdot\mathrm{A}=56.56\mathrm{V}\cdot\mathrm{A}$，$Q=S\cdot\sin\varphi\approx40\mathrm{var}$

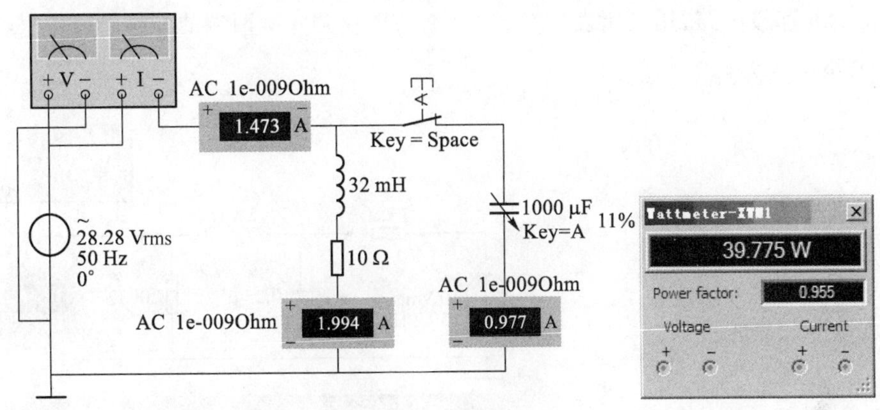

图 7－4b　测量电路图

（2）要提高电路的功率因数，需在感性负载两端并联电容，闭合开关，调节电容的大小，并观察电路中各量的变化。见表 7－1。

表 7－1　电容变化对电路的影响

C(μF)	I(A)	I_1(A)	I_2(A)	P(W)	$\cos\varphi$	Q(var)	Q_C(var)	注
0	1.994	1.994	0	39.763	0.705	40.01	0	未并电容
60	1.660	1.994	0.533	39.753	0.847	24.96	15.87	欠补偿
110	1.473	1.994	0.977	39.775	0.955	12.36	27.63	
160	1.407	1.994	1.422	39.777	1.0	0	40.21	完全补偿
210	1.477	1.994	1.866	39.772	0.952	－12.79	52.77	过补偿
260	1.668	1.995	2.310	39.757	0.843	－25.37	65.33	

表 7－1 中无功功率是由公式 $Q=UI\sin\varphi$ 与 $Q_C=UI_2$ 计算所得，其余各量均为测量所得。

可以看到随着电容的增大，I_2与 Q_C逐渐增大，I 与$|Q|$先减小后增大，$\cos\varphi$ 先增大后减小，P 与 I_1保持不变，$Q_L=Q+Q_C\approx40\mathrm{var}$ 也保持不变。显见并联电容后，负载的电压、电流、无功功率、功率因数均没有改变，即负载的工作状态不变。提高功率因数指的是提高整个电路的功率因数，而非负载本身的功率因数。

由图 7－4b 可测得当电容 $C=1000\times11\%\ \mu\mathrm{F}=110\mu\mathrm{F}$ 时，满足要求 $\cos\varphi=0.955$，此时 $I_1\sin\varphi_1>I_2$，电路为感性电路，所以 $\dot{I}=1.473\angle\arccos0.955=1.473\angle-17.3°\ \mathrm{A}$。

当电容 $C=1000\times21\%\ \mu\mathrm{F}=210\mu\mathrm{F}$ 时，也满足要求 $\cos\varphi=0.952$，此时 $I_1\sin\varphi_1<I_2$，电路为容性电路，所以 $\dot{I}=1.478\angle\arccos0.952=1.478\angle17.8°\ \mathrm{A}$

例 7－5　在图 7－5a 所示电路中，已知 $\dot{U}=10\angle0°\ \mathrm{V}$，$\omega=1000\mathrm{rad/s}$。求该单口网络的戴维宁等效电路。

解： 电源的频率为 $f=\dfrac{1000}{2\pi}\mathrm{Hz}=159.2\mathrm{Hz}$

要求 a、b 两端的戴维宁等效电路,需求出 a、b 两端的开路电压与等效阻抗。

(1) 测量 a、b 两端的开路电压 $\dot{U}_{OC}$。

按图 7-5b 连接电路,用电压表(AC 挡)及波特图仪测 a、b 两端的开路电压得

$\dot{U}_{OC} = 1.666 \underline{/-2.483°}$ V

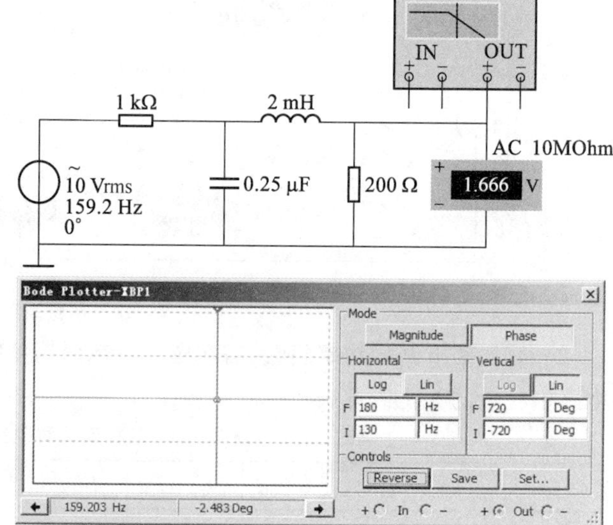

图 7-5a　例 7-5 电路

图 7-5b　测 a、b 两端的开路电压

(2) 求 a、b 两端的等效阻抗。

方法一:阻抗仪测量法。

将电压源短路,从 LabVIEW Instruments 中取出 Impedance Meter(阻抗仪)接在电路两端,如图 7-5c 所示,按图 7-5d 所示将起始频率与终止频率均设为电源频率 159.2Hz,扫描方式设为线性,扫描点数设为 1。

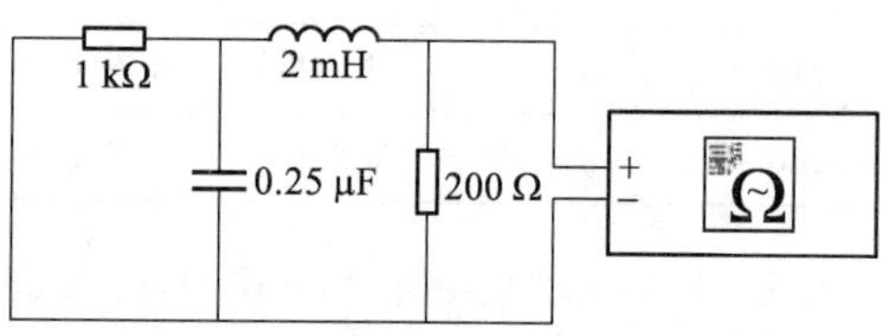

图 7-5c　用阻抗仪测等效阻抗

仿真运行后可得:

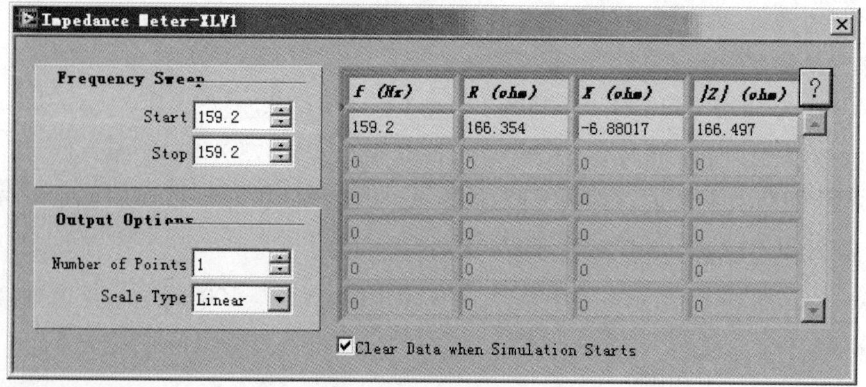

图 7-5d　阻抗仪测量结果

电阻 $R=166.354\Omega$，电抗 $X=-6.880\Omega$，阻抗 $|Z|=166.497\Omega$。

计算可得等效复阻抗为 $Z_0=|Z|\arctan\dfrac{X}{R}=166.5\underline{/-2.368°}\ \Omega$

方法二：短路电流法。

按图 7-5e 连接电路，用电流表（AC 挡）及波特图仪测 a、b 两端的短路电流得 $\dot{I}=0.010\underline{/-0.115°}$ A。

所以 a、b 两端的等效阻抗为 $Z_0=\dfrac{\dot{U}_{OC}}{\dot{I}}=166.6\underline{/-2.368°}\ \Omega$。

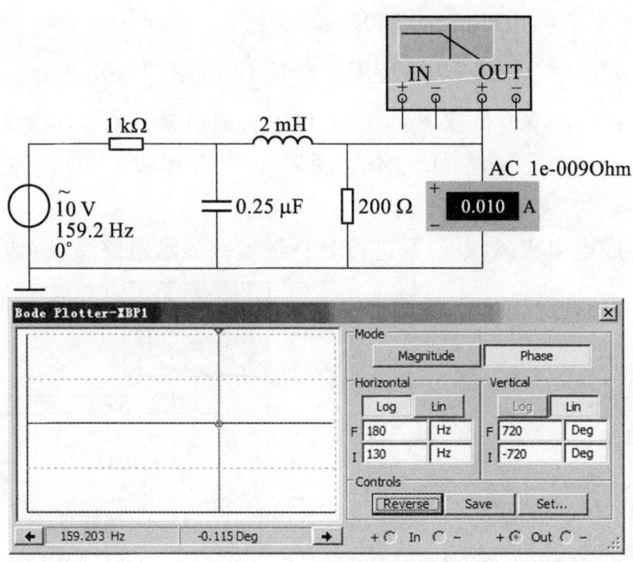

图 7-5e 测 a、b 两端的短路电流

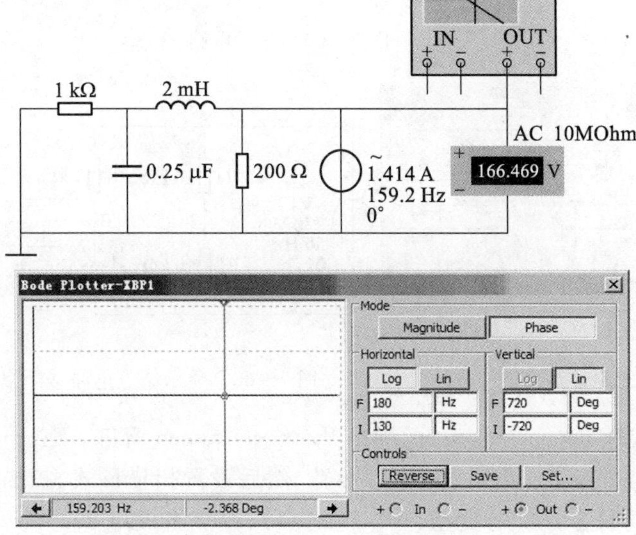

图 7-5f 附加电源法求等效阻抗

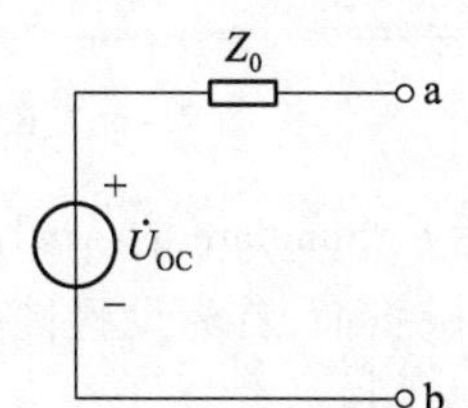

图 7-5g 戴维宁等效电路

方法三：附加电源法。

将原电压源短路，在 a、b 端附加一个与原电源相同频率的电流源 $\dot{I}_S = 1\angle 0°$ A，如图 7－5f 所示，用电压表（AC 挡）及波特图仪测其两端的电压得 $\dot{U}_S = 166.469\angle -2.368°$ V。所以 a、b 两端的等效阻抗为 $Z_0 = \dfrac{\dot{U}_S}{\dot{I}_S} = 166.469\angle -2.368°\ \Omega$。

（3）最后得到本题单口网络的戴维宁等效电路如图 7－5g 所示。

例 7－6　在图 7－6a 所示电路中，已知 $\dot{U} = 220\angle 0°$ V，$f = 50$Hz。试证明当电位器 R 从 0→∞ 变化时，$\dot{U}_o$的有效值不变，它的相位从 180°→0°变化。

解：方法一：用电压表（AC 挡）与波特图仪测量 $\dot{U}_o$，如图 7－6b 所示。

按"A"或"Shift＋A"键调节电位器 R 的大小，可以看到当 R 从 0 变到最大时，$\dot{U}_o$的有效值 U_o = 109.945V 保持不变，它的相位从 180°→0° 变化。图 7－6c 所示是 $R = 10\Omega$ 时波特图仪的测量结果。

方法二：参数扫描法。

先将电位器 R 换成电阻 R，对电压源进行分析设置并显示电路结点，如图 7－6d 所示。

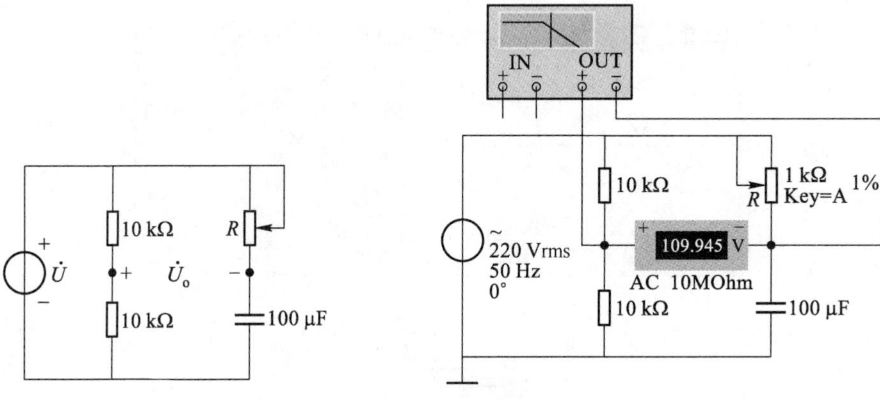

图 7－6a　例 7－6 电路　　　　图 7－6b　测量电路

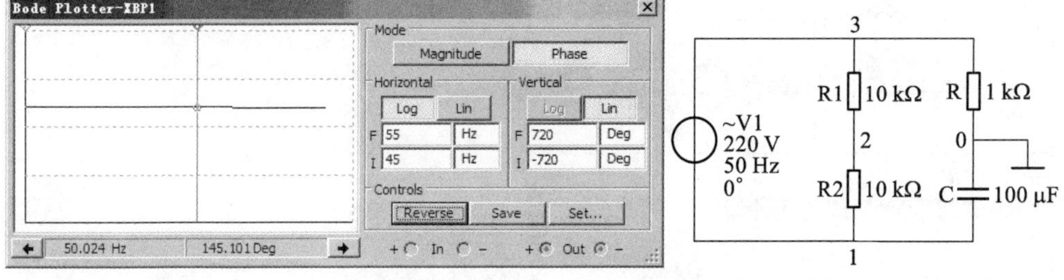

图 7－6c　R＝10Ω 时的测量结果　　　　图 7－6d　显示结点电路

然后从 Simulate 的 Analyses 中选择 Parameter Sweep，弹出 Parameter Sweep 窗口。在 Analysis parameters 页面，首先设置被扫描的器件参数、器件、器件名、参数，然后设置扫描形式、扫描起始值、结束值、扫描点数、增量，最后设置联合分析的类型（AC Analysis），并点击 Edit analysis，对交流分析的频率参数进行设置，如图 7－6e 所示。

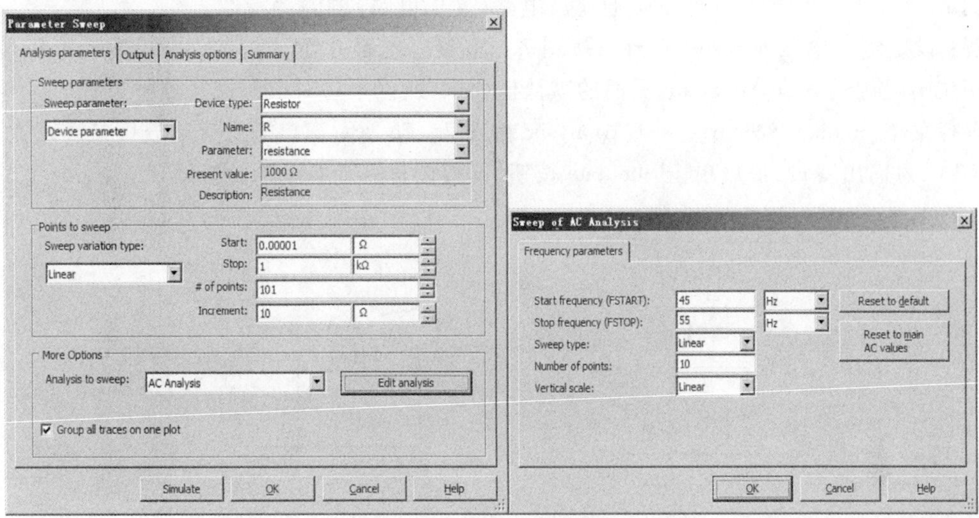

图 7-6e　参数分析联合交流分析的设置窗口

在设置输出变量窗口中选择要分析的结点名“1”。最后单击 Simulate 按钮，就可以得到图 7-6f所示的仿真结果。可以看出，当电阻从 0 变到 1000Ω 时，其幅频特性都重合在一起，即 $\dot{U}_o$的有效值 $U_o=\dfrac{155.5650}{\sqrt{2}}\text{V}=109.998\text{V}$ 保持不变，而它的相位从 180°→0°变化。

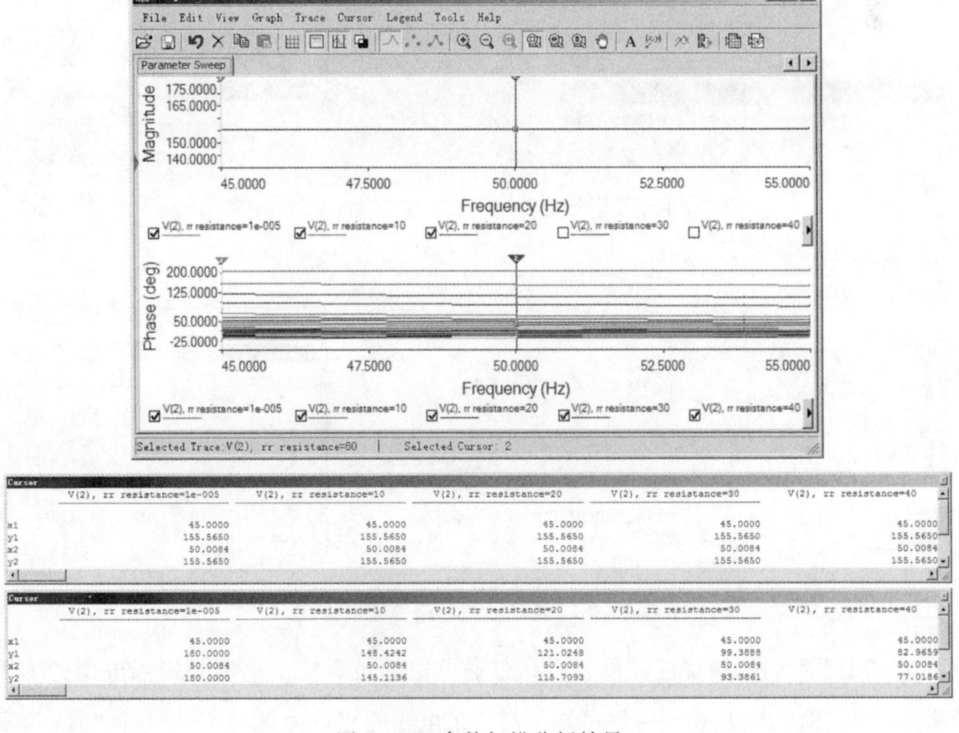

图 7-6f　参数扫描分析结果

例 7-7　分析图 7-7a 所示带通滤波电路(文氏电路)的频率特性。

解: 设定输入电压 $u_i = \sin 100\pi t$V,按图 7-7b 接好电路并显示结点。由于输入电压最大值及初相位与电源的 Analysis Setup 页面的默认值相同,所以不必对电源进行分析设置。

选择菜单 Simulate/Analyses/AC Analysis,按图 7-7c 所示窗口进行交流分析参数设置,并选择"V(3)"为输出变量,最后单击 Simulate 按钮,即得图 7-7d 所示的分析结果。

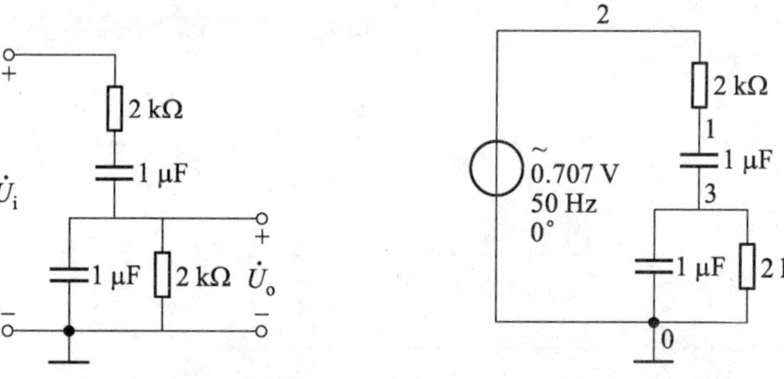

图 7-7a　例 7-7 电路　　　　图 7-7b　显示结点电路

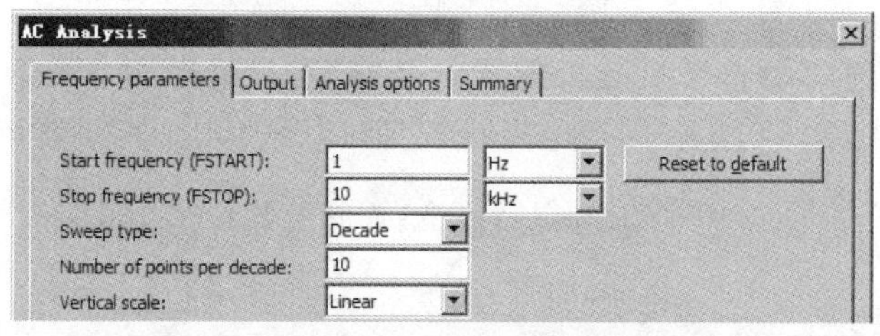

图 7-7c　交流分析参数设置

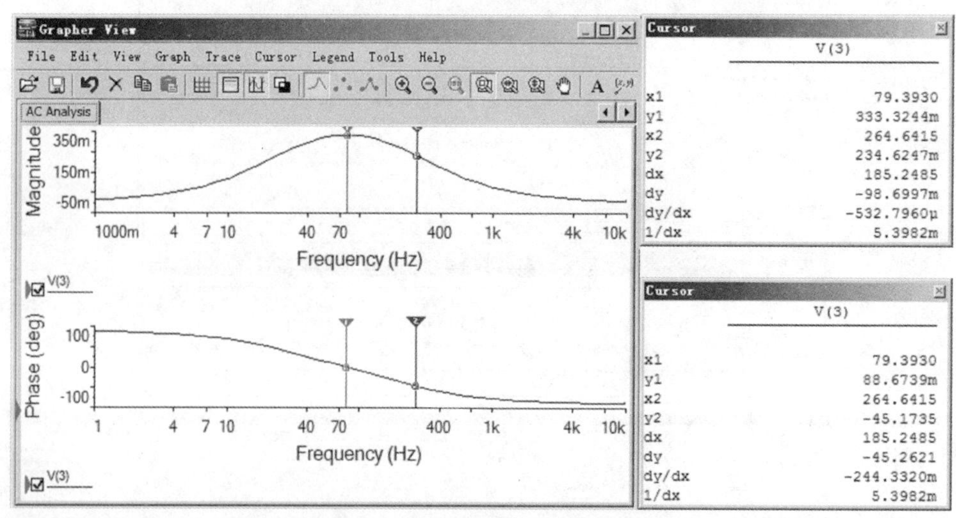

图 7-7d　带通滤波电路的频率特性

从图 7-7d 所示的幅频特性可以看出该带通电路的最高输出电压是输入电压的 1/3,其对应的频率大约为 79Hz,而从相频特性可知最高输出电压的相位为 0,即 $\dot{U}_o$与 $\dot{U}_i$同相位,电路发生谐振,其谐振频率为$f_0 \approx 79\text{Hz}$。在电子技术中,用此 RC 串并联网络可以选出$f = f_0 = \frac{1}{2\pi RC}$的信号,故该网络又称 RC 选频网络。

由幅频特性还可得到在输出最大电压的$\frac{1}{\sqrt{2}}$倍(约 235mV)处所对应的频率分别为:下限截止频率$f_L \approx 24\text{Hz}$,上限截止频率$f_H \approx 265\text{Hz}$。二者之差即为通频带宽度:$\Delta f = f_H - f_L = 241\text{Hz} \approx 3f_0$。

例 7-8　有一 RLC 串联电路,接于 $\dot{U}_m = 10\angle 0°\ \text{V}$、$f = 1000\text{Hz}$ 的交流电源上。已知:$R = 1\Omega$,$L = 1\text{mH}$,C 为可变电容,变化范围为 0~47μF,试求:(1)C 调至何值时,该电路发生串联谐振,并测量谐振电流及各元器件上的电压。(2)画出电流频率特性曲线与 L 和 C 的谐振曲线。

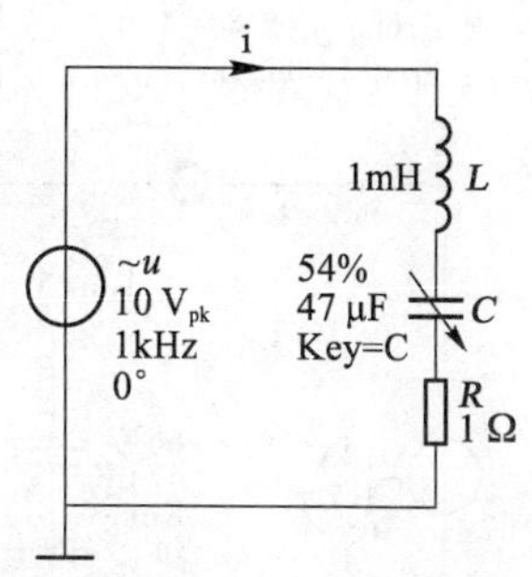

图 7-8a　例 7-8 电路

解:(1)按图 7-8a 连接电路,用交流电压表测 L、C 两端的电压,采用实时测量探针来测量电路中某点与地之间的电压、电流,Probe1 测量电路的总电压与电流,Probe2 测量电阻上的电压与电流,采用电流探针间接测量电流的波形,如图 7-8c 所示。双击电流探针,弹出图 7-8b 所示电流探针属性窗口,将电压与电流的比例设置为 1mV/mA,将示波器 A 通道与电流探针相连,B 通道与电源电压相连,则可用示波器的 A、B 通道同时观察 i 与 u 的波形。

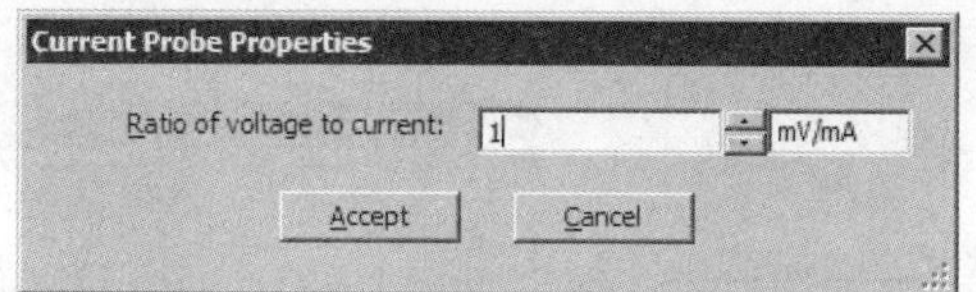

图 7-8b　电流探针属性窗口

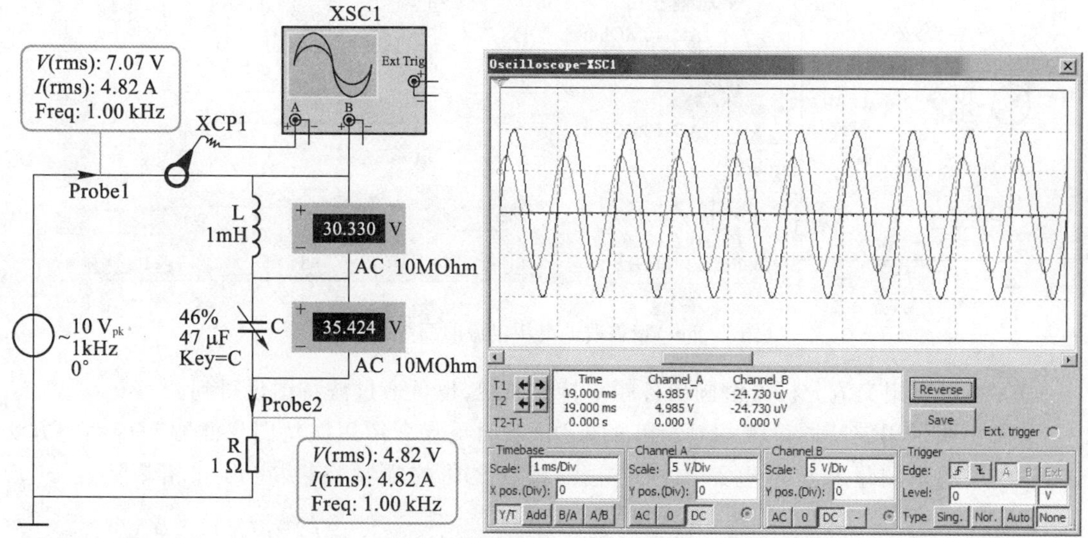

图 7-8c　电容较小时的电压电流的读数与波形

调节 C 的大小,并观察各读数与波形的变化,可得:当电容取值较小时,电流超前电压,电路呈容性,如图 7-8c 所示;当电容取值较大时,电流滞后于电压,电路呈感性,如图 7-8d 所示;当 $C=54\% \times 47\mu\mathrm{F}=25.38\mu\mathrm{F}$ 时,电流与电压同相,此时电路发生谐振,电路呈阻性,如图 7-8e 所示。谐振时:$U_R=U=7.07\mathrm{V}$,$U_L=U_C=QU=44\mathrm{V}$,$Q=6.3$,$I=7.07\mathrm{A}$ 为最大电流。

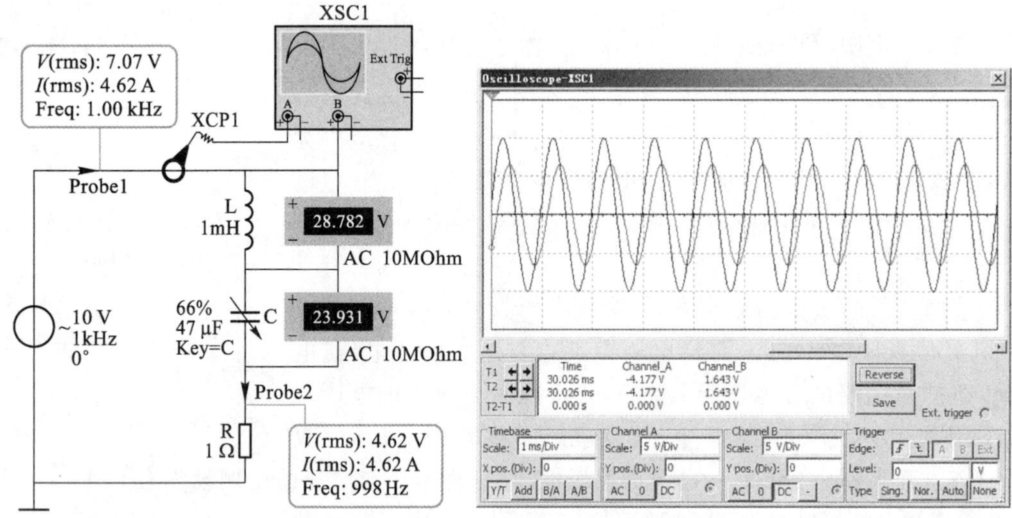

图 7-8d　电容较大时的电压电流的读数与波形

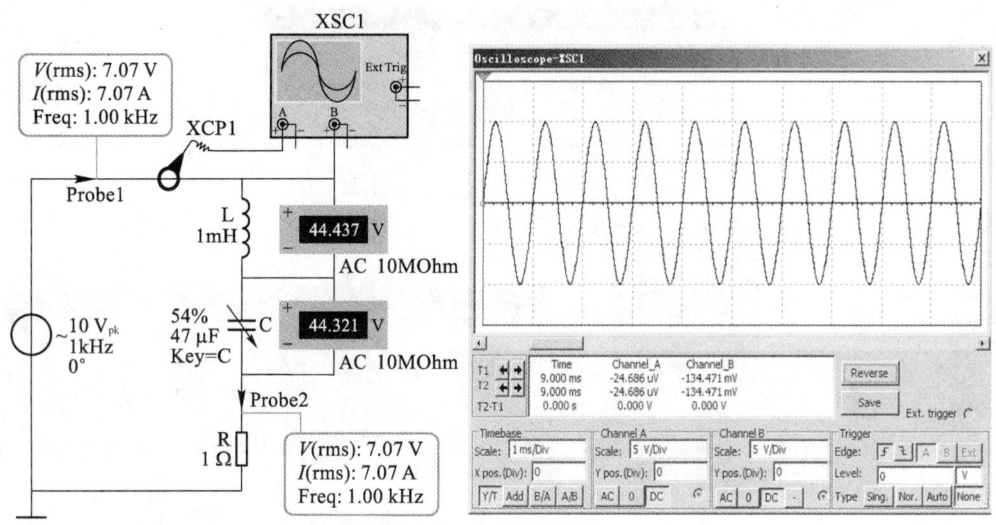

图 7-8e　谐振时的电压电流的读数与波形

(2) 本题可用交流分析方法画出各频率特性曲线,也可通过波特图仪得到。

前面介绍了用波特图仪测相频特性的方法,下面重点介绍用波特图仪测幅频特性的方法。波特图仪可用来测量和显示电路中两个电压相量之比的幅频特性 $A(f)$ 和相频特性 $\varphi(f)$。图 7-8f是用波特图仪测量电流(即电阻电压)与电压相量之比,即$\dfrac{\dot{I}_{\mathrm{m}}}{\dot{U}_{\mathrm{m}}}=\dfrac{I_{\mathrm{m}}(f)\angle\psi_i(f)}{U_{\mathrm{m}}(f)\angle\psi_u(f)}=A(f)\angle$

$\varphi(f)$的频率特性的接线图(由于电源与电阻的参考低电位端均接地,所以 IN - 与 OUT - 可以不接地)。

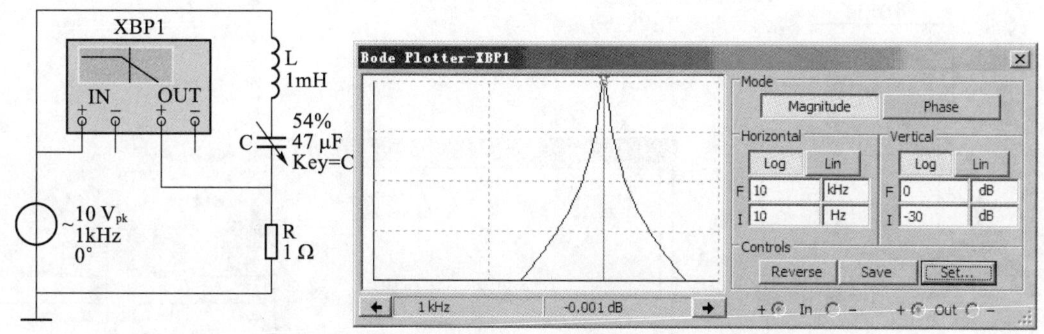

图 7-8f　用波特图仪测 $A(f)$的电路及幅频特性曲线

双击波特图仪,并点击"Magnitude",正确设置横轴与纵轴的起点和终点值,即可得到图 7-8f所示幅频特性 $A(f)$曲线,这里纵轴的刻度是 $20\lg A(f)$,单位是 dB。将光标拖至谐振频率 $f_0=1\text{kHz}$处,可得 $20\lg A(f_0)=0\text{dB}$,$A(f_0)=I_m(f_0)/U_m(f_0)=1$,$I(f_0)=7.07\text{A}$,此时电流最大。点击波特图仪的"Phase",即可得到图 7-8g 所示相频特性 $\varphi(f)$曲线,$\varphi(f)=\psi_i(f)-\psi_u(f)$,在 $f_0=1\text{kHz}$ 处,$\varphi(f_0)=0°$,即电流与电压同相。由于 $\dot{U}_m=10\angle 0°$ V 是不随频率变化的定值,所以可间接获得电流的频率特性。

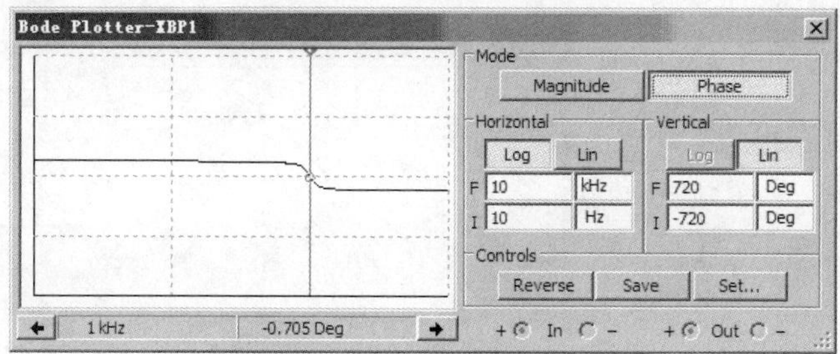

图 7-8g　相频特性曲线

要想直接获得电流(电阻电压)的幅频特性曲线,可将幅值为 10V 的电压源分成幅值为 1V 和 9V 的两个电压源串联,并将电源进行分析设置,然后以 1V 电源为输入,以电阻电压为输出,按图 7-8h连接波特图仪,即可获得电流与 1V 电压之比的幅频特性,也就是电流的幅频特性曲线。

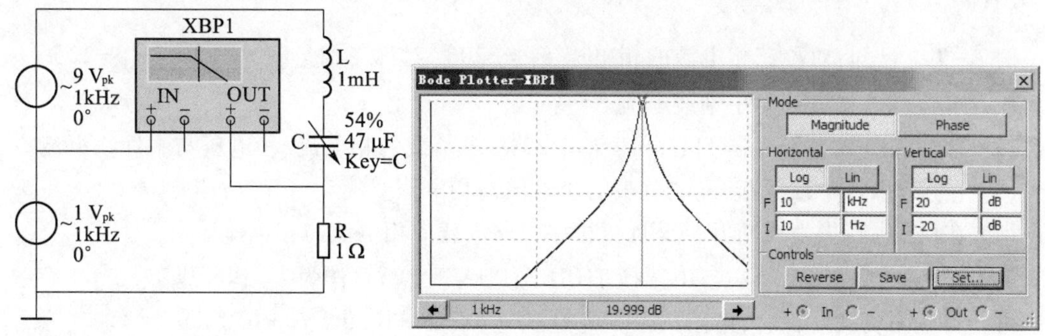

图 7-8h　电流的幅频特性曲线测量电路与结果

同理可得电感电压的幅频特性曲线如图7-8i所示,电容电压的幅频特性曲线如图7-8j所示。点击“Phase”可得相应的相频特性曲线(图略)。

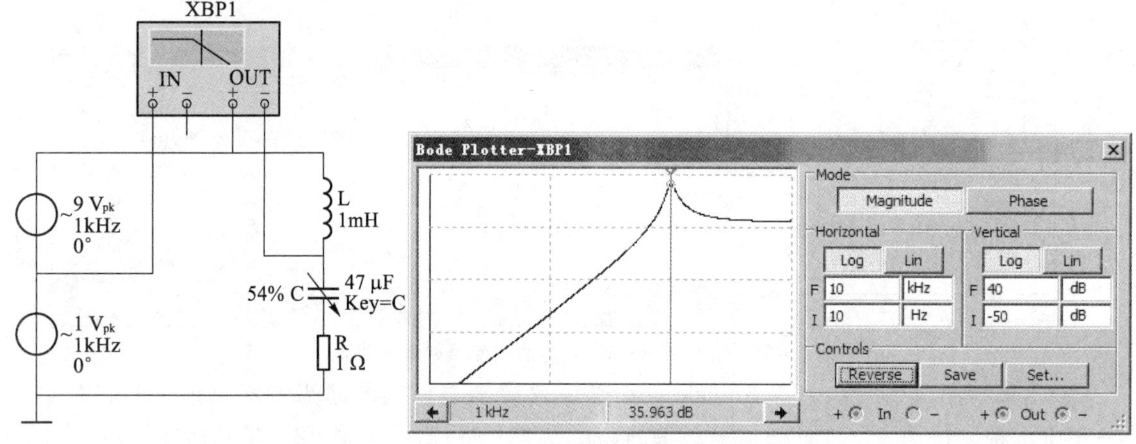

图7-8i　电感电压的幅频特性曲线测量电路与结果

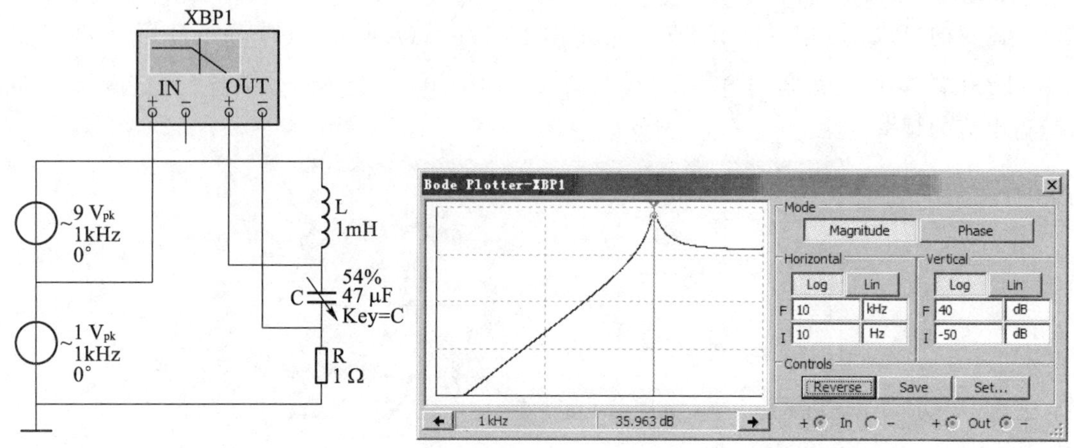

图7-8j　电容电压的幅频特性曲线测量电路与结果

7.2　三相交流电路的分析

例7-9　已知:对称三相电源的相电压$U_P=220V$,对称三相负载$R_1=R_2=R_3=22\Omega$。

(1) 求负载的相电流与中性线电流。

(2) 若三相负载变为$R_1=11\Omega, R_2=R_3=22\Omega$,求负载的相电流、相电压与中性线电流。

(3) 在(2)中若中性线断开,求负载的相电流与相电压。

(4) 在(2)中若中性线断开,A相负载短路,求负载的相电流与相电压。

解: 从 ÷ 的 POWER_SOURCES 中选择THREE_PHASE_WYE作为三相电源。

(1) 当三相负载对称时,由图7-9a可得:$I_1=I_2=I_3=10.0A, I_N=0.0A$。

(2) 当三相负载变为$R_1=11\Omega$,$R_2=R_3=22\Omega$时,由图7-9b可得

$I_1 = 20.0\text{A}, I_2 = I_3 = 10.0\text{A}, I_N = 10.0\text{A}, U_1 = U_2 = U_3 = 220.0\text{V}$

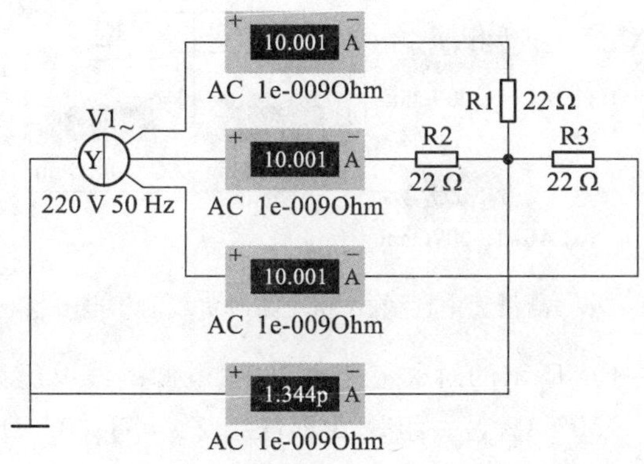

图 7-9a　测量对称负载的相电流与中性线电流

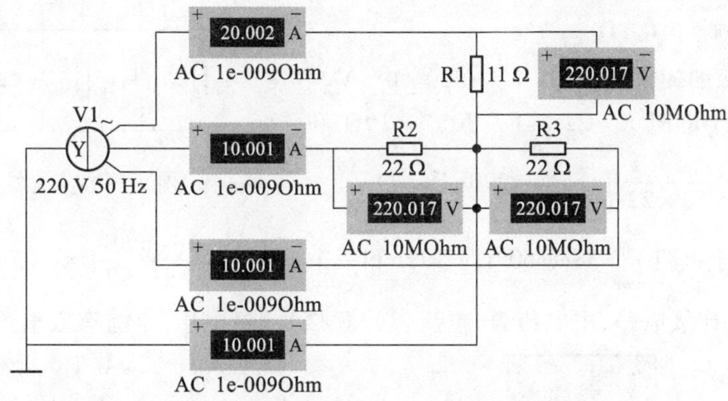

图 7-9b　测量不对称负载的相电流、相电压与中性线电流

（3）当中性线因故断开时，由图 7-9c 可得

$I_1 = 15.0\text{A}, I_2 = I_3 = 11.5\text{A}, U_1 = 165.0\text{V}, U_2 = U_3 = 252.0\text{V}$

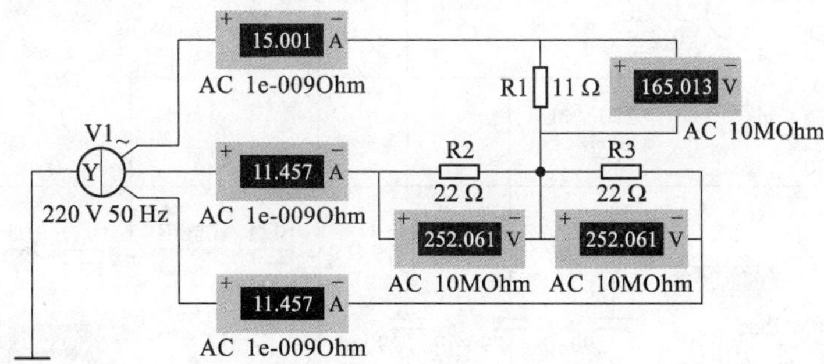

图 7-9c　测量无中性线不对称负载的相电流、相电压

（4）当中性线断开，A 相负载短路时，由图 7-9d 可得

$I_1 = 30.0\text{A}, I_2 = I_3 = 17.3\text{A}, U_1 = 0.0\text{V}, U_2 = U_3 = 381.1\text{V}$

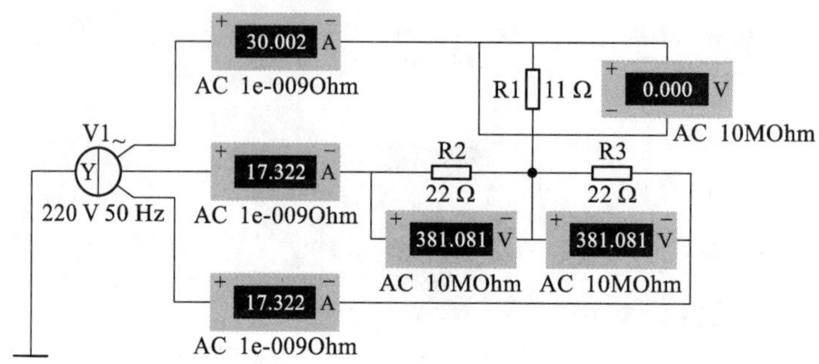

图7-9d　测量无中性线、A相短路时负载的相电流、相电压

例7-10　在如图7-10a所示的对称三相电路中，电源的线电压为380V，有两组对称负载，一组是Y形联结 $Z_Y=22\angle-30°\ \Omega$，另一组是Δ形联结 $Z_\Delta=38\angle 60°\ \Omega$。求

（1）Y形联结负载的相电压。

（2）Δ形联结负载的相电流。

（3）线路电流 $\dot{I}_1$、$\dot{I}_2$、$\dot{I}_3$。

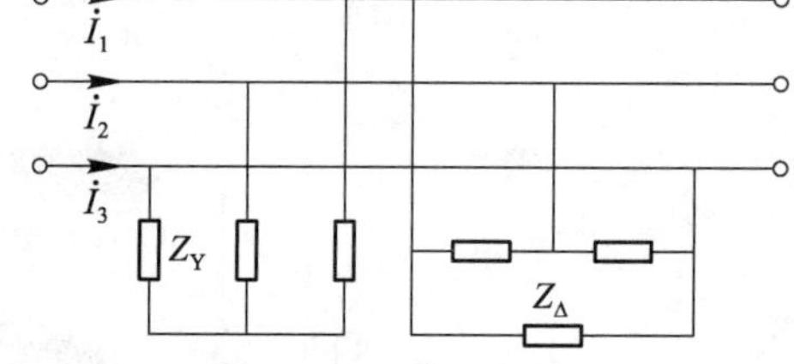

图7-10a　例7-10电路

解：假设电源的频率为50Hz，$\dot{U}_1=220\angle 0°$ V。

Z_Y等效为一个电阻 $R=22\cos(-30°)=19\Omega$ 和一个电容 $C=\dfrac{1}{2\pi\times50\times22\sin30°}\text{F}\approx290\mu\text{F}$。

Z_Δ等效为一个电阻 $R=38\cos60°\Omega=19\Omega$ 和一个电感 $L=\dfrac{38\sin60°}{2\pi\times50}\text{H}\approx105\text{mH}$。

按图7-10b连接电路，用电压表、电流表（AC挡）测量电压、电流有效值可得：

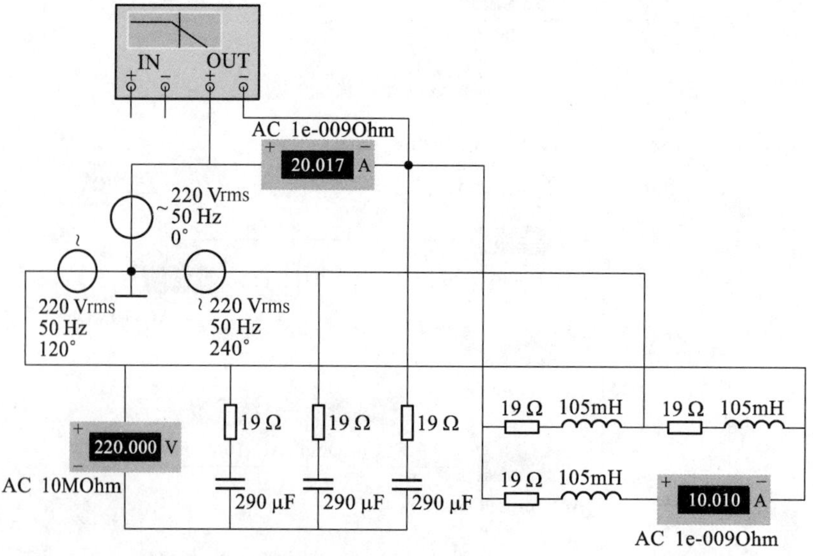

图7-10b　例7-10测量电路

（1）Y形联结负载的相电压为 $U_1=U_2=U_3=220$V。

（2）Δ 形联结负载的相电流为 $I_{12}=I_{23}=I_{31}=10\mathrm{A}$。

（3）线路电流为 $I_1=I_2=I_3=20\mathrm{A}$。

为了测量 $\dot{I}_1$ 的相位，可在该支路串一个小阻值电阻，也可以不串电阻直接用波特图仪测量电流表内阻（1nΩ）上的电压相位（在测量以前必须对三相电源进行分析设置），如图 7－10b 所示。按图 7－10c 设置波特图仪，就可得到 $\dot{I}_1$ 的相频特性，最后测得 $\dot{I}_1\approx 20\,\underline{/-30^\circ}$ A。

因为电路是对称电路，所以 $\dot{I}_3\approx 20\,\underline{/90^\circ}$ A，$\dot{I}_2\approx 20\,\underline{/-150^\circ}$ A。

本题也可用交流分析法求解。

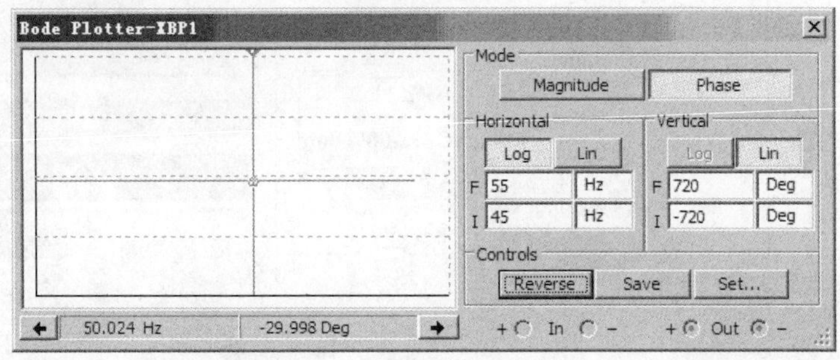

图 7－10c　波特图仪测得的 $\dot{I}_1$ 的相位

例 7－11　在图 7－11a 所示三相三线制电路中，电源线电压为 380V，$R_1=R_2=R_3=2.2\mathrm{k}\Omega$，$C=2\mu\mathrm{F}$，试求负载对称（开关 S 断开）和不对称（S 闭合）时的相电流和线电流的有效值及三相电路的总功率；若负载采用星形联结，则负载的相电流、相电压及三相总功率又如何。

解： 三相电路中的电压电流可采用电压表、电流表（AC 挡）直接测量。

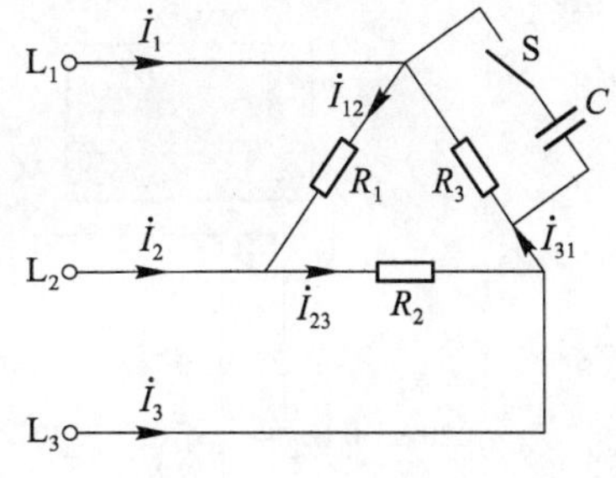

图 7－11a　例 7－11 电路

三相总功率则由功率表测量：

对于负载对称的三相电路，因其每相负载消耗的功率相同，故只需用一只功率表测量任一相的功率，将其读数乘以 3 即为三相电路的总功率。对于负载不对称的三相电路，需用三只功率表测量每一相的功率，将其读数相加即为三相电路的总功率，即 $P=P_1+P_2+P_3$，这种测量方法称为三瓦计法。

在三相三线制电路中，通常用两只功率表测量三相功率，称为二瓦计法。二瓦计法的接线原则为：将两只功率表的电流线圈分别串接入任意两相火线，电流线圈的同名端（＋端）必须接在电源侧；两只功率表电压线圈的同名端（＋端）必须各自接到电流线圈的同名端，非同名端（－端）必须同时接到（没有接入功率表电流线圈的）第三根火线上。如图 7－11b 所示，则三相负载所消耗的总功率 P 为两只功率表读数的代数和，即 $P=P_1+P_2$，式中 P_1 和 P_2 分别表示两只功率表读数，而且其中任何一只功率表的读数没有独立的意义。

注意： 二瓦计法适用于对称或不对称的三相三线制电路，对于三相四线制电路一般不适用。本题电路均采用二瓦计法测量三相电路总功率。测量电路如图 7－11b、c、d、e 所示，测量结果见表 7－2、表 7－3。

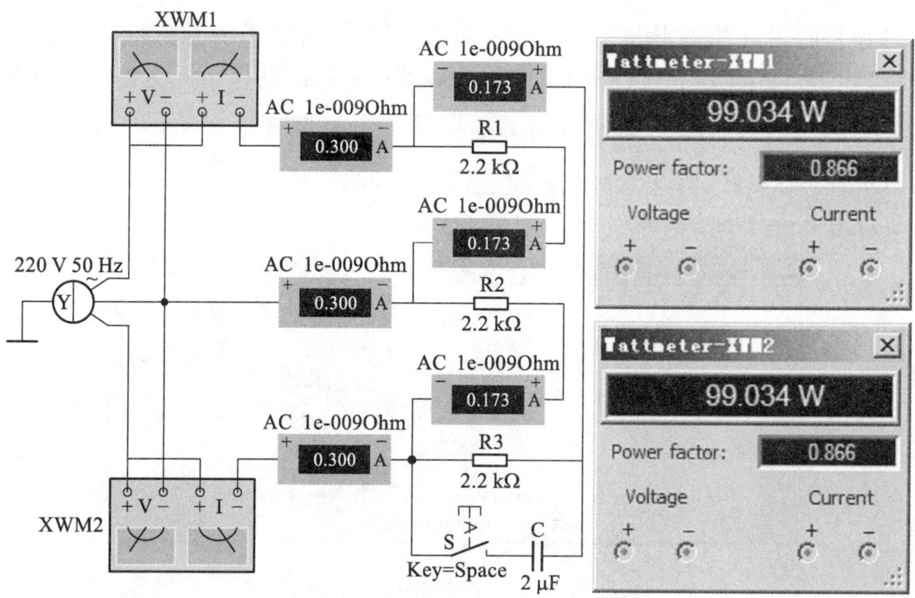

图 7－11b 对称负载三角形联结测试电路

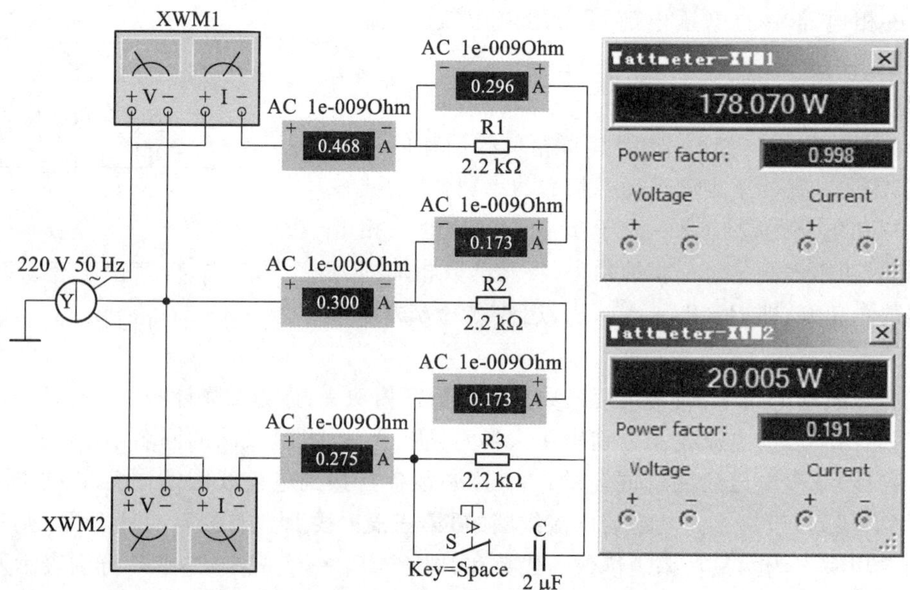

图 7－11c 不对称负载三角形联结测试电路

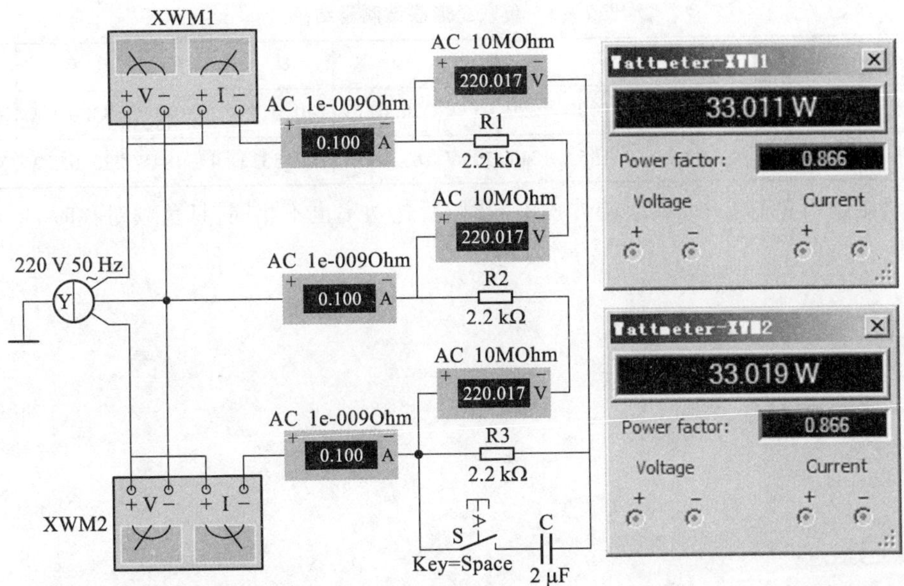

图 7－11d 对称负载星形联结测试电路

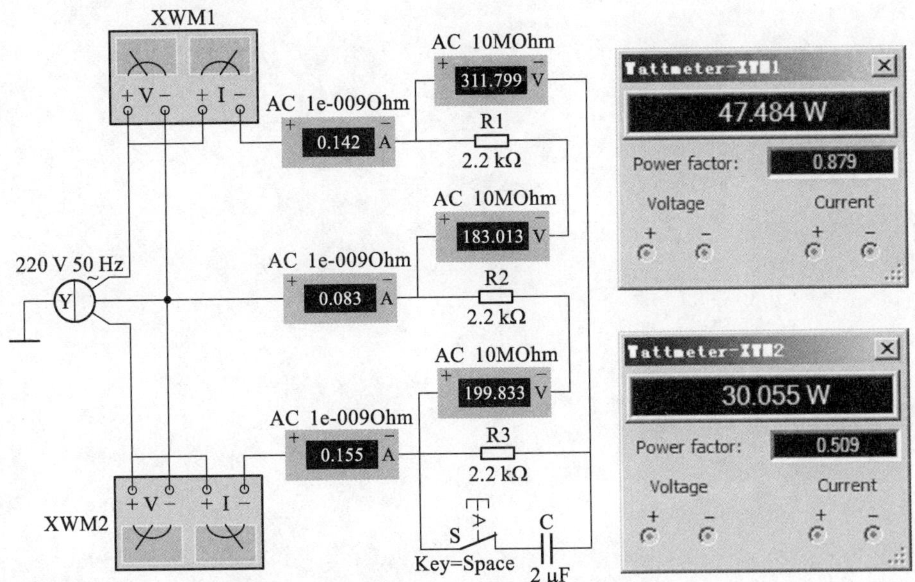

图 7－11e 不对称负载星形联结测试电路

表 7－2 负载三角形联结测量结果

	I_1	I_2	I_3	I_{12}	I_{23}	I_{31}	P_1	P_2	P_Δ
负载对称	0.300A	0.300A	0.300A	0.173A	0.173A	0.173A	99.034W	99.034W	198.068W
负载不对称	0.468A	0.300A	0.275A	0.173A	0.173A	0.296A	178.070W	20.005W	198.075W

表7-3 负载星形联结测量结果

	I_1	I_2	I_3	U_1	U_2	U_3	P_1	P_2	P_Y
负载对称	0.100A	0.100A	0.100A	220.017V	220.017V	220.017V	33.011W	33.019W	66.30W
负载不对称	0.142A	0.083A	0.155A	311.799V	183.013V	199.833V	47.484W	30.055W	77.539W

由测量结果可得，同一负载连接方式不同时，所耗功率也不相同，且负载对称时 $P_\Delta = 3P_Y$。

第 8 章 Multisim 11.0 在模拟电子电路分析中的应用

模拟电子电路的分析是电工电子技术中的一个难点，利用 Multisim 11.0 所提供的虚拟仪器及各种分析方法可以很方便地得到测量和分析结果，直观地看到输入输出波形。

要求：掌握二极管的多种用途（如整流、限幅、开关、稳压等）；掌握单管放大电路静态工作点的测试或分析方法；学会放大电路电压放大倍数、输入电阻、输出电阻和频率特性的测试方法；熟悉用示波器观察输入、输出电压波形；掌握运放的线性与非线性应用；了解用温度扫描、参数扫描、直流扫描法对电路进行分析的情况。

8.1 二极管电路

8.1.1 普通二极管

例 8-1 电路如图 8-1a 所示，求 A、O 两端的电压 U_{AO}，并判断二极管是导通，还是截止。

解： 将电压表接到 A、O 两端和 D 两端，如图 8-1b 所示。测量结果为 $U_{AO} = -6.67V$，$U_D = 0.67V$。由此可以判断出二极管处于导通状态。

该电路由于二极管的钳位作用，输出电压 U_{AO} 被钳制在 $-6.67V$。

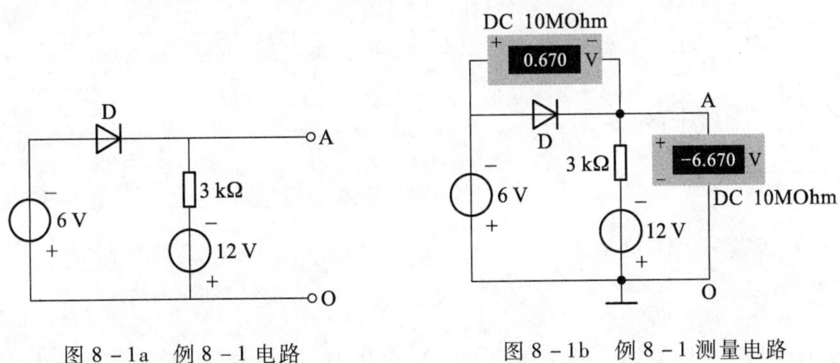

图 8-1a 例 8-1 电路　　图 8-1b 例 8-1 测量电路

例 8-2 求图 8-2a 所示电路 A、O 两端的电压 U_{AO}，并判断二极管 D_1、D_2 是导通，还是截止。

解： 将电压表接到 A、O 两端和 D_2 两端，如图 8-2b 所示，电压表显示 $U_{AO} = -5.271V$，二极

管 D_2两端为正向电压 0.729V，故该电路中 D_2优先导通，所以使 U_{AO}被钳制在 -5.271V，这样 D_1两端为反向电压，故截止。

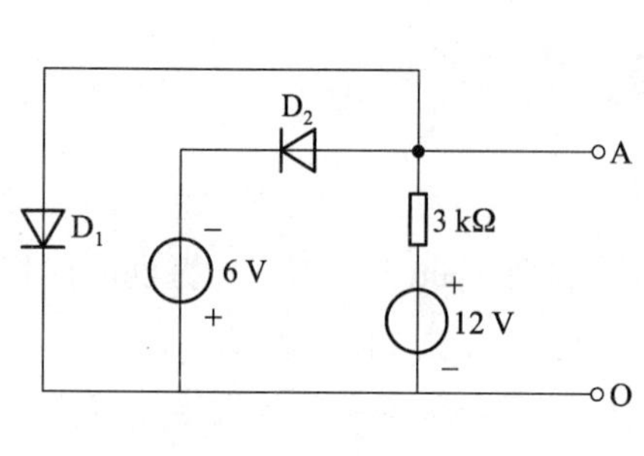

图 8-2a　例 8-2 电路

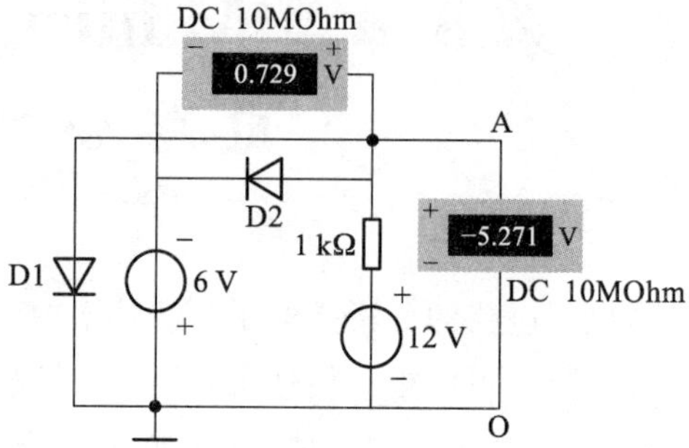

图 8-2b　例 8-2 测量电路

例 8-3　电路如图 8-3a 所示，已知 $E = 5V$，$u_i = 10\sqrt{2}\sin\omega t V$，试画出输出电压 u_o的波形。

解： 观察波形需要用示波器，如图 8-3a 所示。为了便于输出波形和输入波形对应观察，本例中示波器接入了两路信号，即 A 通道接输入信号、B 通道接输出信号，观察波形时除了要选择合适的 Timebase 挡和 V/Div 挡外，还要调节两个通道的水平位置，即 Channel A 和 Channel B 的 Y pos.(Div)，这样两路信号才能上下错开，如图 8-3b 所示。

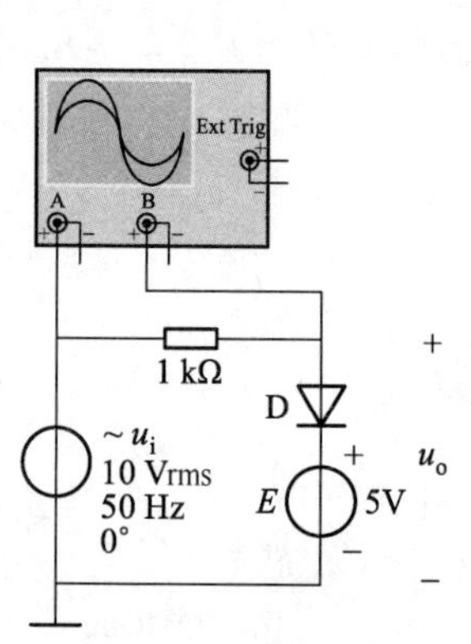

图 8-3a　例 8-3 测量电路

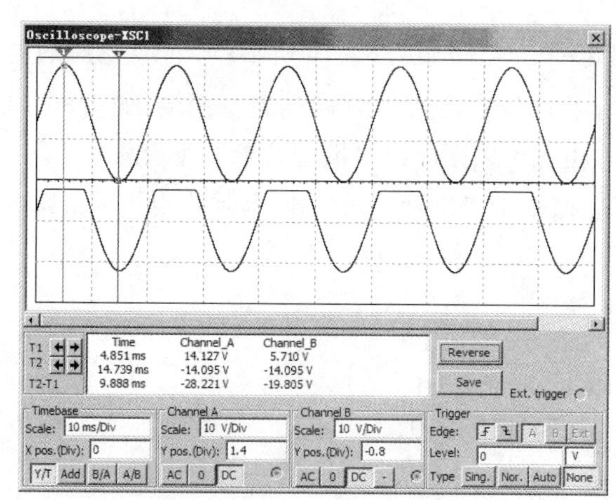

图 8-3b　例 8-3 的测量波形

从测量波形可以看出，当输入信号高于约 5V 电压时，二极管导通，可近似认为短路，故输出电压近似等于 U_S值；当输入信号低于约 5V 电压时，二极管截止，可近似认为开路，故输出电压等于输入电压。

例 8-4　电路如图 8-4a，已知 $E = 5V$，$u_i = 10\sqrt{2}\sin\omega t V$，试画出输出电压 u_o的波形。

解： 测量电路及测量结果见图 8-4a、图 8-4b。

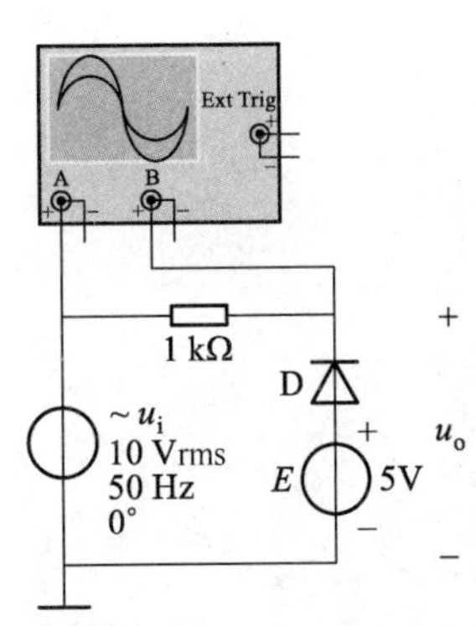

图 8－4a 例 8－4 测量电路

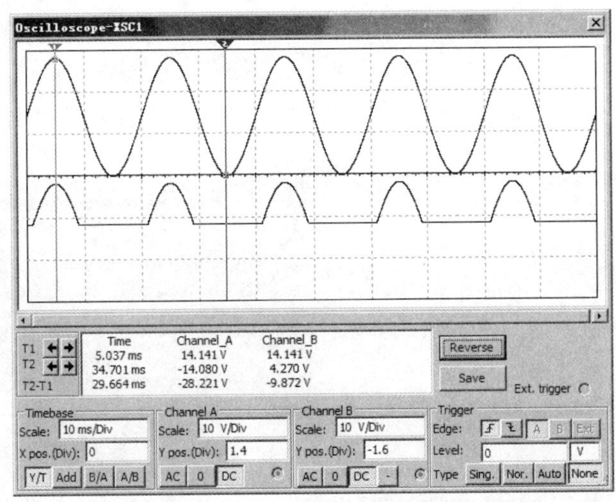

图 8－4b 例 8－4 的测量波形

8.1.2 特殊二极管

1. 发光二极管

例 8－5 电路如图 8－5 所示，观察发光二极管的发光情况。

解： 发光二极管外加正向偏置电压时会发光。电路接好后，单击屏幕右上角的电源按钮，按空格键让开关动作，就会观察到发光二极管的发光情况。

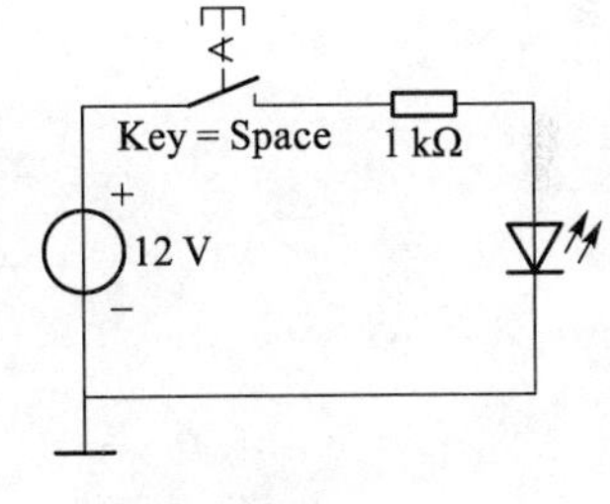

图 8－5 例 8－5 电路

2. 稳压管

例 8－6 电路如图 8－6a 所示，已知两个稳压管的稳定电压 $U_Z = 6V$，$u_i = 12\sin\omega t V$，二极管的正向压降为 0.7V，试画出输入、输出电压的波形。并说出稳压管在电路中所起的作用。

解： 在稳压管实际元器件库中选择两个型号为 1N4735A 的稳压管，放到图纸上，双击其中一个稳压管，出现图 8－6b 所示界面，点击编辑模型（Edit model）按钮修改稳压管的 U_Z 参数（BV），设为 6，如图 8－6c 所示，再点击“Change all models”按钮，确定即可。

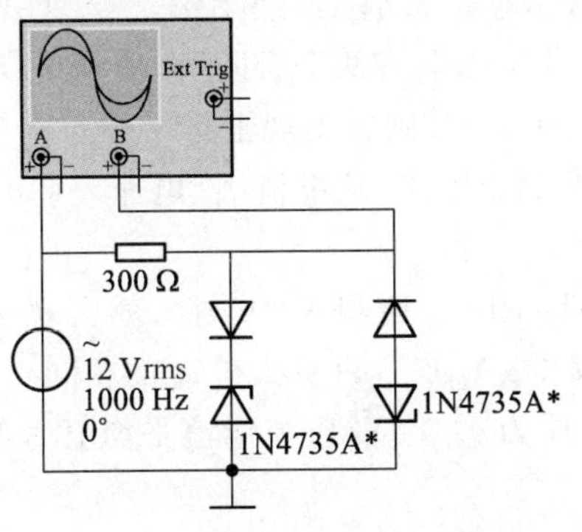

图 8－6a 例 8－6 测量电路

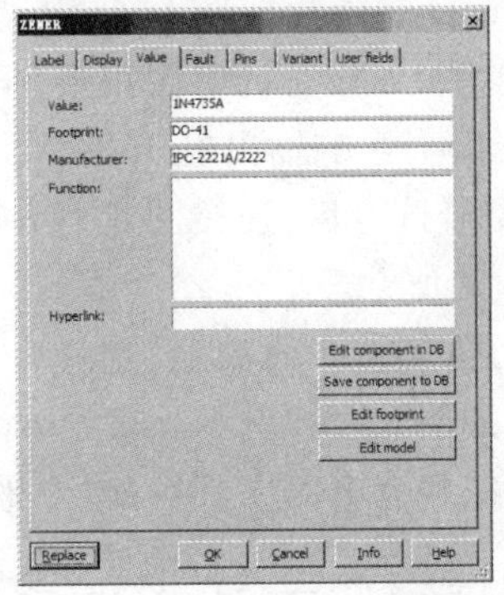

图 8－6b 稳压管标签

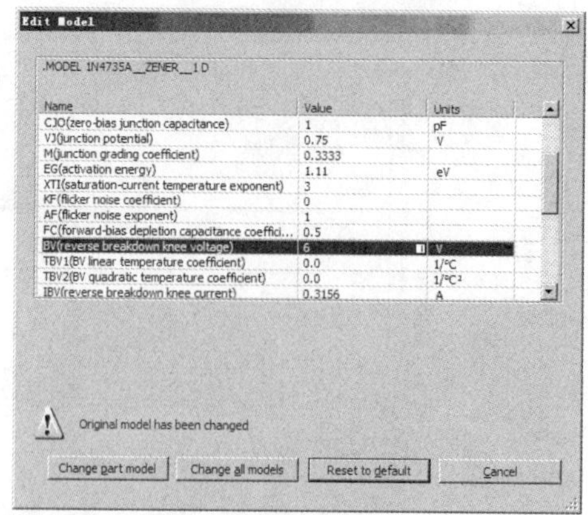

图 8-6c　修改稳压管参数

按图 8-6a 连接电路，将示波器 A、B 通道接输入、输出电压，可测得其电压波形如图 8-6d 所示，移动示波器游标可测得输出电压在 -6.7V ~ 6.7V 之间，可见稳压管在电路中起限幅的作用。

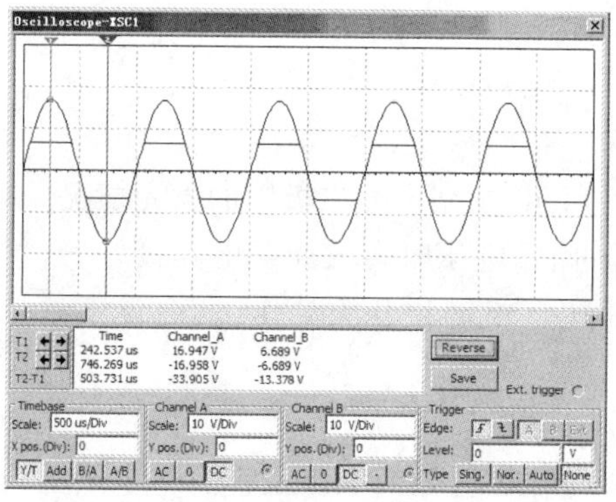

图 8-6d　输入输出电压波形

8.1.3　整流滤波及稳压电路

例 8-7　电路如图 8-7a 所示。已知 $u_2 = 10\sqrt{2}\sin 314t\text{V}$，$R_L = 240\Omega$，试画出 u_O、i_D 的波形，并求 I_O、U_O。

解：首先，选择二极管型号 1N4150，然后双击该二极管，再使用编辑模型（Edit model）按钮查看二极管的参数，二极管的参数很多，但最重要的参数有两个，即正向压降 VJ 和反向耐压参数 BV，因为正向压降会影响输出电压的大小，而耐压不够，则会出现击穿。

当二极管型号选定后，连接图 8-7b 所示的测量电路，从电流表、电压表（DC 挡）直接读数，即可得出 I_O、U_O 的值。

然后用鼠标左键双击示波器，选择合适的 Timebase 挡和 V/Div 挡，就会观察到半波整流的输出电压波形，如图 8-7c 所示。由于 $u_O = i_D R_L$，故 i_D 波形的形状和 u_O 的相同。

结论：该半波整流电路中，测得输出平均电压为 4.188V，整流电流平均值为 17mA，与理论值 $U_O = 0.45U_2 = 4.5\text{V}$，$I_O = \dfrac{U_O}{R_L} = 0.45\dfrac{U_2}{R_L} = 17.18\text{mA}$ 近似吻合。

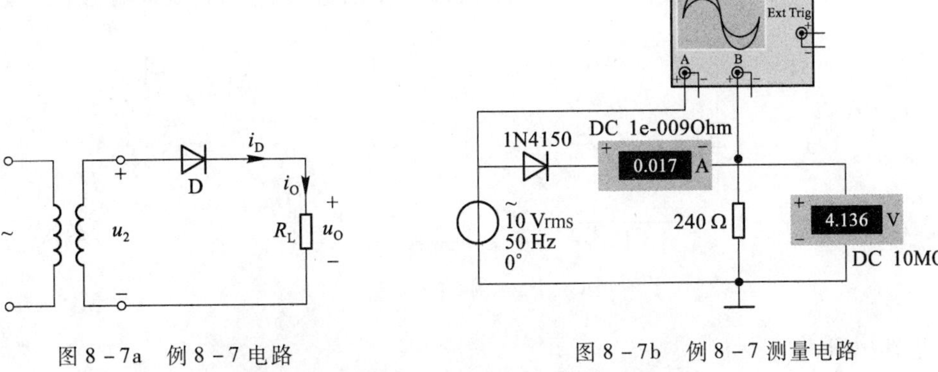

图 8－7a　例 8－7 电路　　　　图 8－7b　例 8－7 测量电路

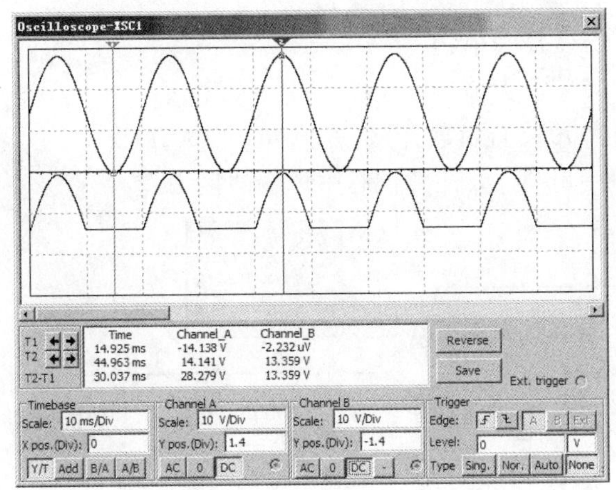

图 8－7c　半波整流的输出电压波形

若将二极管参数中的 BV 值改为 10V(修改参数后,应点击 Change part model 按钮),那么二极管就会反向击穿,波形见图 8－7d。

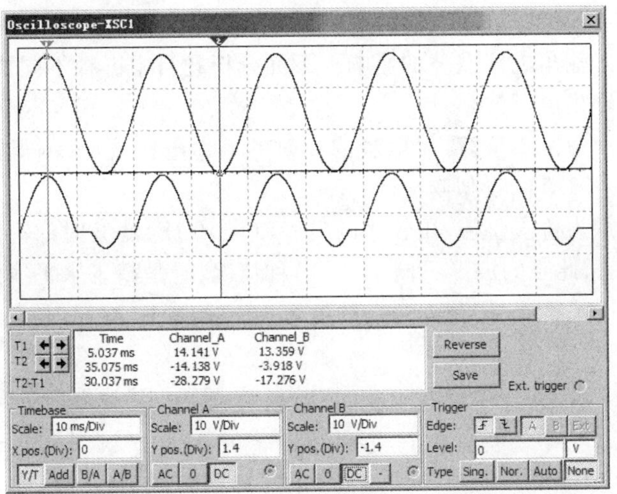

图 8－7d　二极管反向击穿后的波形

例8-8 电路如图8-8a所示,测量下列几种情况下的输出电压,并观察输出电压波形。

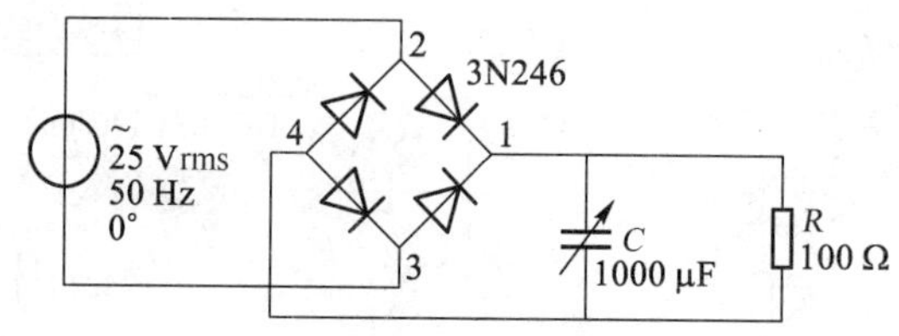

图8-8a 例8-8电路

(1) 可变电容 $C = 0\ \mu F$;

(2) 可变电容 C 为1%最大值($C = 10\mu F$);

(3) 可变电容 C 为25%最大值;

(4) 可变电容 C 为95%最大值;

(5) 可变电容 $C = 1000\mu F$,且负载开路(去掉 $R = 100\Omega$)。

解: 测量电路如图8-8b所示,注意该题中地线的接法。

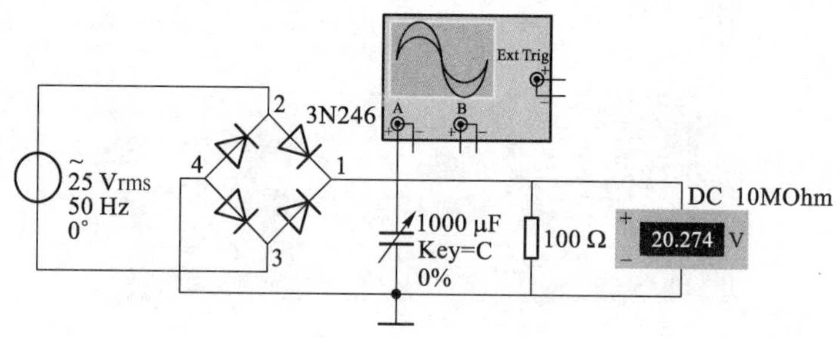

图8-8b 例8-8测量电路

该题使用了可变电容,通过改变可变电容的电容量(按键C或Shift-C),可以观察到桥式整流、桥式整流并带有电容滤波以及负载开路三种不同情况下输出电压大小的变化,同时还可以观察到电容容量的大小对输出电压纹波的影响。下面分析题目中五种不同情况下测出的输出电压和用示波器观察到的输出电压波形:

(1) 图8-8c所示为桥式整流、无电容滤波时的输出电压波形,测得输出电压为20.278V,与理论值 $U_O = 0.9U_2 = 22.5V$,近似吻合。

(2) 图8-8d所示为桥式整流、用较小的电容($C = 10\mu F$)滤波时的输出电压波形,测得输出电压为20.578V。注意,此时的波形不同于第(1)种情况,它是高于水平线的。

(3) 图8-8e为桥式整流、用稍大一点的电容($C = 250\mu F$)滤波时的输出电压波形,测得输出电压为29.014V。

(4) 图8-8f为桥式整流、用再大一点的电容($C = 950\mu F$)滤波时的输出电压波形,测得输出电压为31.637V。

(5) 图8-8g为桥式整流、大电容($C = 1000\mu F$)滤波、且负载开路(断开 R)时的输出电压波形,为一条直线,测得输出电压为33.131V,与理论值 $U_O = \sqrt{2}U_2 = 35.35V$,近似吻合。

结论: 桥式整流、电容滤波时,随着电容值的增加,输出电压的平均值增大,纹波减小。

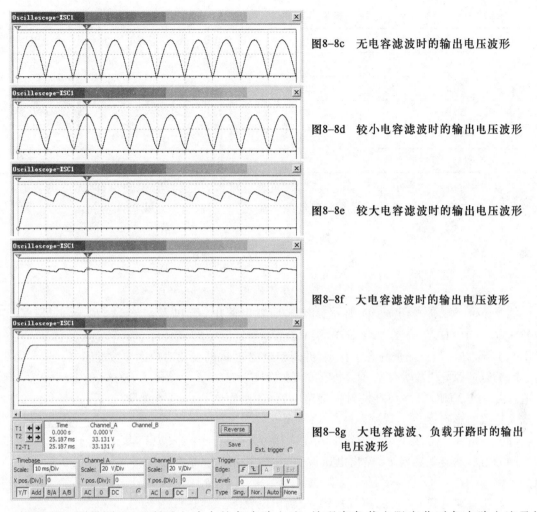

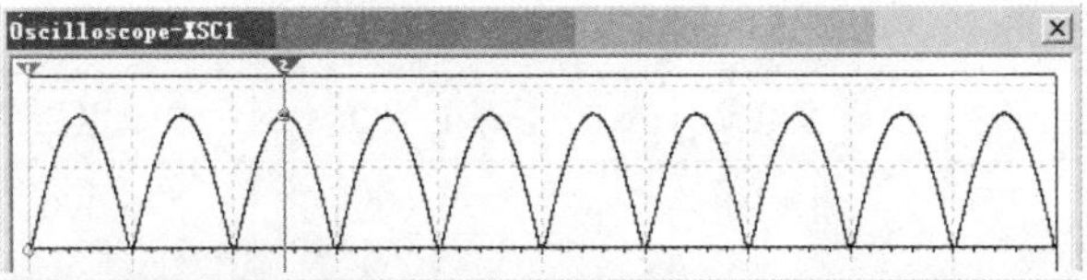

图8-8c　无电容滤波时的输出电压波形

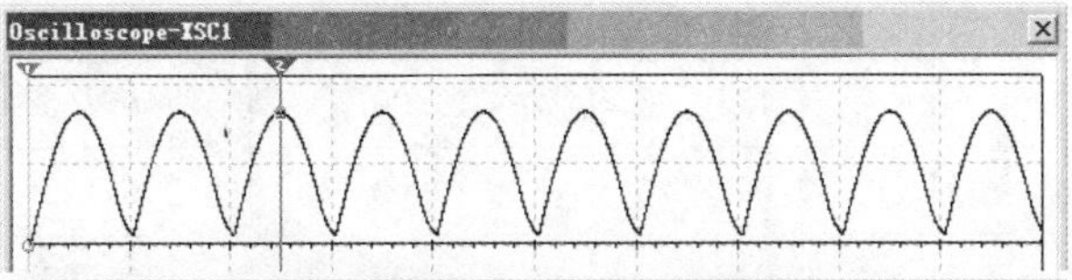

图8-8d　较小电容滤波时的输出电压波形

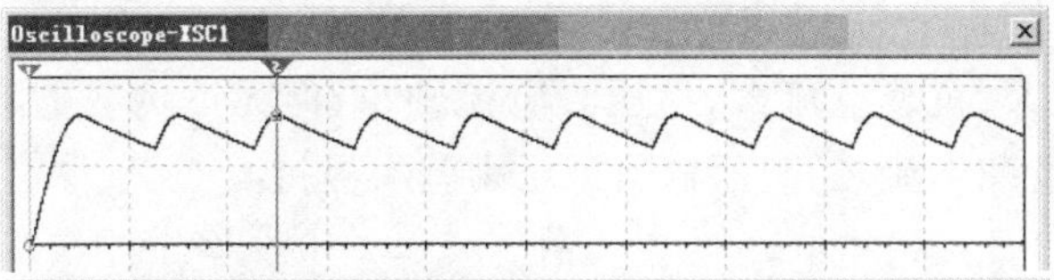

图8-8e　较大电容滤波时的输出电压波形

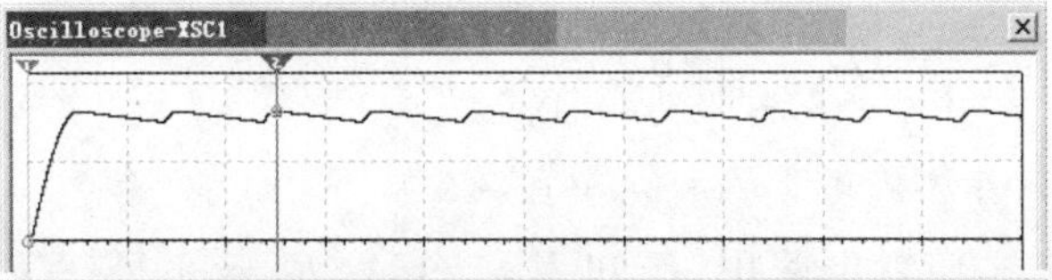

图8-8f　大电容滤波时的输出电压波形

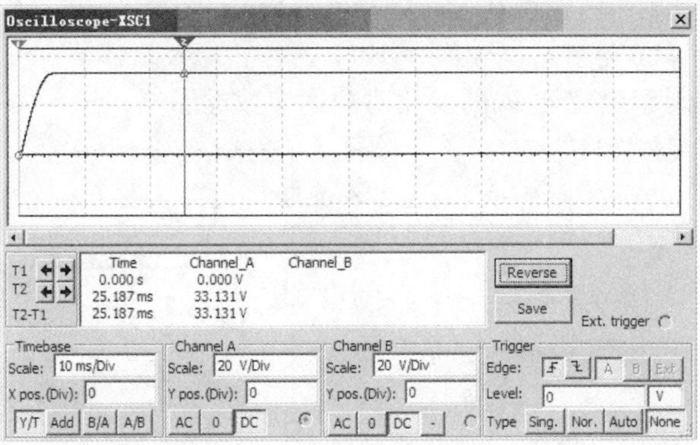

图8-8g　大电容滤波、负载开路时的输出电压波形

例 8-9　测量图 8-9 所示电路中的各支路电流，并观察负载电阻变化对各支路电流及输出电压的影响。

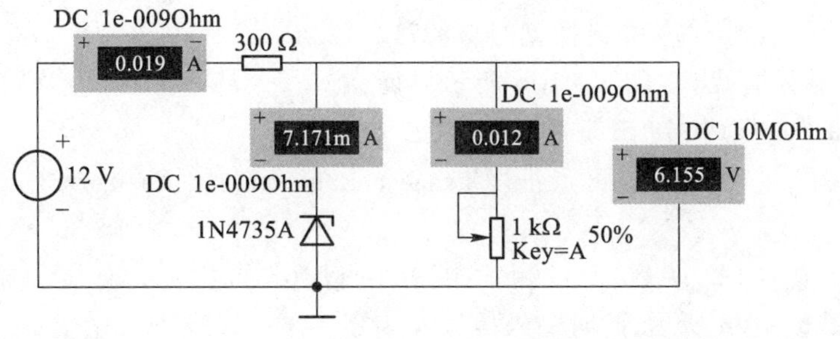

图 8-9　例 8-9 测量电路

解： 测试过程中，通过改变负载大小（按键 A 或 Shift-A），可以观察到各支路电流及输出电压的变化情况。测试结果见表 8-1。

表 8-1 例 8-9 的测试结果

R(最大值的百分比)	负载电流/mA	稳压管电流/mA	电源电流/mA	输出电压/V
95%	6.495	13.00	19.00	6.170
80%	7.709	12.00	19.00	6.168
50%	12.00	7.171	19.00	6.155
35%	17.00	2.092	20.00	6.123
30%(反向饱和与击穿的临界状态)	20.00	0.016	20.00	5.997

可以看出,负载电流小,稳压管电流就大,负载电流大,稳压管电流则小,但无论负载电阻如何变化,电源电流总是等于稳压管电流与负载电流之和,而输出电压则基本保持不变。

8.2 单管放大电路

例 8-10 在如图 8-10a 所示分压式偏置电路中,已知 $U_{CC}=12V$,$R_{B1}=5.1k\Omega$,$R_P=100k\Omega$,$R_{B2}=10k\Omega$,$R_E=1.2k\Omega$,$R_C=5.1k\Omega$,$R_L=1\ k\Omega$,$R_S=10\Omega$,$\beta=50$(选晶体管型号为 2N2712)。要求:(1) 测量静态工作点,并观察电位器 R_P的变化对静态参数的影响;

(2) 测量源电压放大倍数 A_{us}、电压放大倍数 A_u、输入电阻 r_i、输出电阻 r_o,并观察发射极旁路电容 C_E对电压放大倍数的影响;

(3) 测量幅频特性 $A_u(f)$,求出上、下限频率 f_H、f_L;

(4) 用示波器观察输入、输出电压波形,比较其相位关系;

(5) 使旁路电容 C_E开路,再观察输入、输出电压波形有何变化。

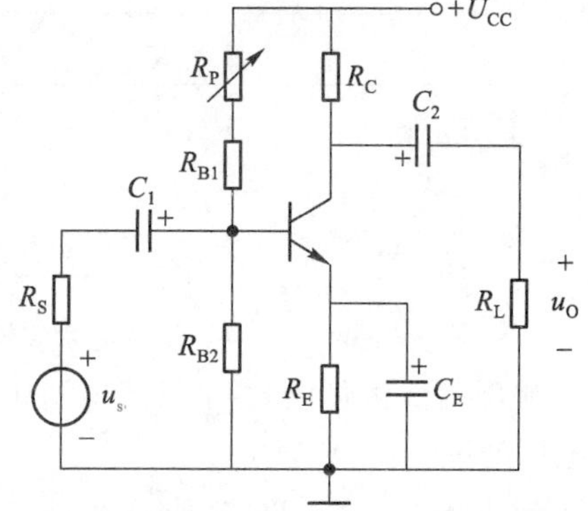

图 8-10a 单管分压式偏置放大电路

解:晶体管型号及参数的设置方法为:

在晶体管的实际元器件库中选择型号 2N2712,放到图纸上,双击该晶体管,出现图 8-10b 所示界面,点击编辑模型(Edit model)按钮修改晶体管的 β 参数(Bf),设为 50,如图 8-10c 所示,再点击"Change part model"或"Change all models"按钮,确定即可。

(1) 静态工作点 Q (V_B、I_C、U_{CE})的测试:电表用直流(DC)挡。

测试电路如图 8-10d 所示,此时输入信号 u_s为零。

闭合仿真开关,各电压、电流的静态值便显示出来。改变电位器 R_P的阻值(按 A 或 a 键),观察到静态工作点会随 R_P而变化。判断静态工作点的位置是否合适(即 Q 是否在交流负载线的中点,这时集电极电位 V_C约为 6~8V)。若不合适,试作调整。

(2) 动态测试:注意输入信号 u_s为 mV 级的小信号。电表全部要选择交流(AC)挡。

① 电压放大倍数的测量:

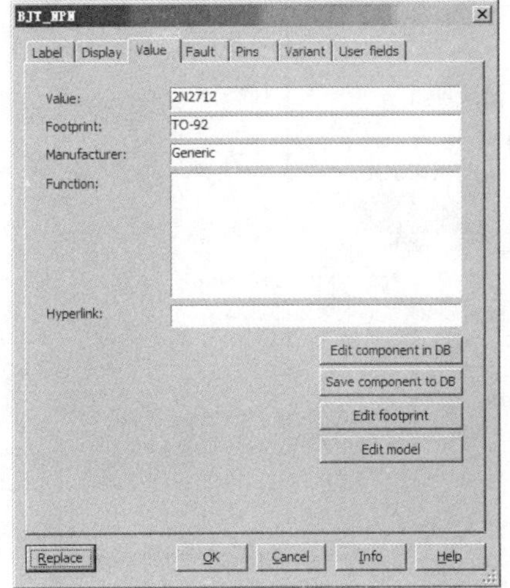

图 8-10b　三极管标签

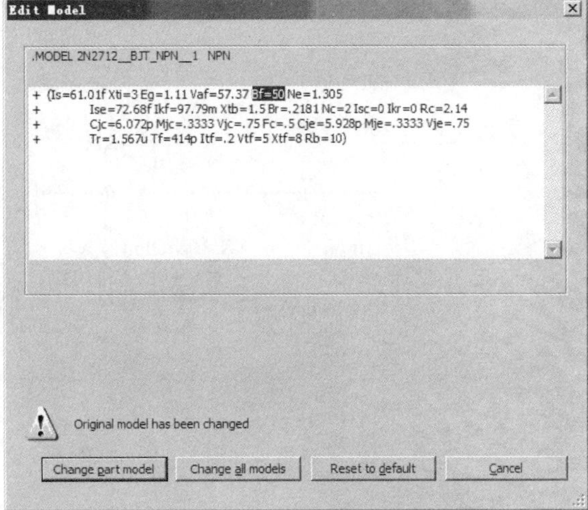

图 8-10c　修改三极管参数

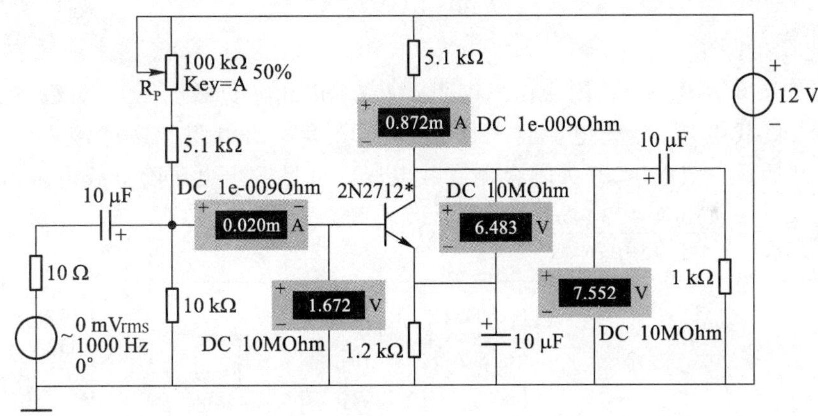

图 8-10d　静态工作点的测试电路及测试结果

将电压表直接接到放大电路的输出端,即可测得输出电压值,如图 8-10e 所示。

源电压放大倍数是输出电压与信号源电压的比值即

$$A_{us} = -\frac{234}{10} = -23.4$$

电压放大倍数是输出电压与输入电压的比值。

有旁路电容时,电压放大倍数为

$$A_u = -\frac{234}{9.933} = -23.56$$

没有旁路电容时,电压放大倍数为

$$A_u = -\frac{6.635}{9.986} = -0.66$$

可见,没有旁路电容时,电压放大倍数很低,这是由于引入了负反馈的缘故。

② 输入电阻的测量:

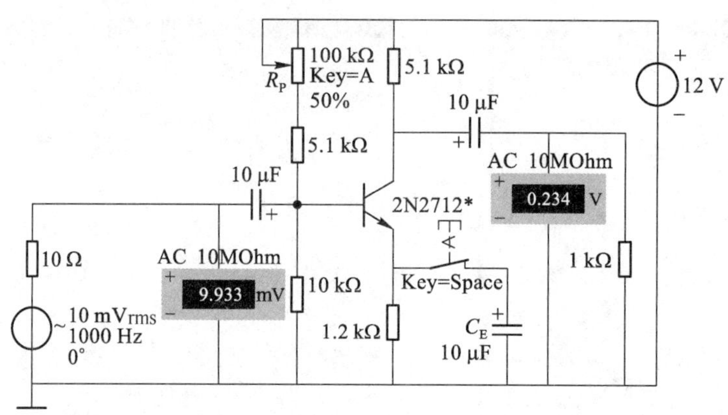

图8-10e　电压放大倍数测量电路

测试电路如图8-10f所示。输入电阻=输入电压/输入电流，所以结果为

$$r_i=\frac{9.933\mathrm{mV}}{7.305\mu\mathrm{A}}=1.36\mathrm{k}\Omega$$

③ 输出电阻的测量：

测试电路如图8-10f所示，因为输出电阻=(空载电压-负载电压)/负载电流，所以只要测出空载电压、负载电压、负载电流这三个值就可求得输出电阻。这里接入一个切换开关Space，开关断开测量空载电压，开关闭合测有载电压。可见输出电压随负载电阻值的增加而增大。测量结果为：$r_o=\frac{(1364-234)\mathrm{mV}}{234\mu\mathrm{A}}=4.83\mathrm{k}\Omega$

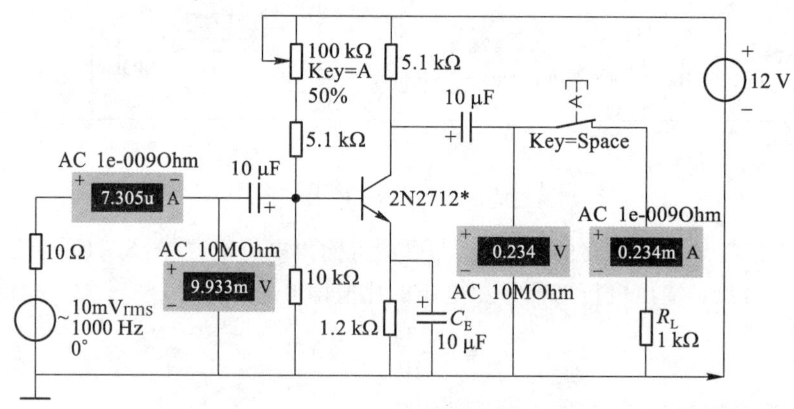

图8-10f　输入电阻、输出电阻的测量电路

(3) 幅频特性$A_u(f)$的测量。

注意：这里是用波特图仪测量电压放大倍数的幅频特性$A_u(f)=U_o(f)/U_i(f)$，所以应将其输入端"IN+"接输入信号，输出端"OUT+"接输出信号。测试电路如图8-10g所示。双击波特图仪，在波特图仪的控制面板上，选择"Magnitude"，设定垂直轴的终值F为60dB，初值I为-60dB，水平轴的终值F为100GHz，初值I为100mHz，且垂直轴和水平轴的坐标全设为对数方式(Log)，观察到的幅频特性曲线如图8-10h所示。用控制面板上的右移箭头将游标

移到1000Hz处，测得电压放大倍数为27.587 dB（$20\lg A_u=27.587$ dB，$A_u=23.95$，与图8-10e所测结果相同），将游标移到中频段，测得电压放大倍数为28.767 dB，然后再用左移、右移箭头移动游标找出电压放大倍数下降3dB时所对应的两处频率——下限频率f_L和上限频率f_H，这里测得下限频率f_L为544.8Hz，上限频率f_H为50.501 MHz，两者之差即为电路的通频带f_{BW}，这里$f_{BW}=f_H-f_L$，约为50MHz。可见电路的通频带较宽。将旁路电容C_E断开，再观察幅频特性可看到通频带更加展宽，但电压放大倍数减小（图略），这是由于负反馈的影响造成的。

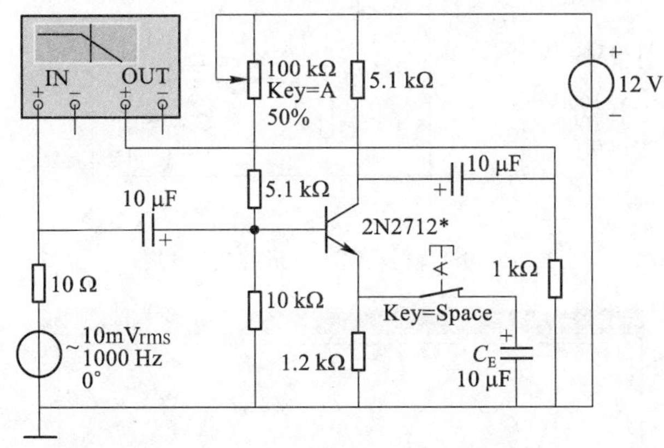

图8-10g　频率特性的测量电路

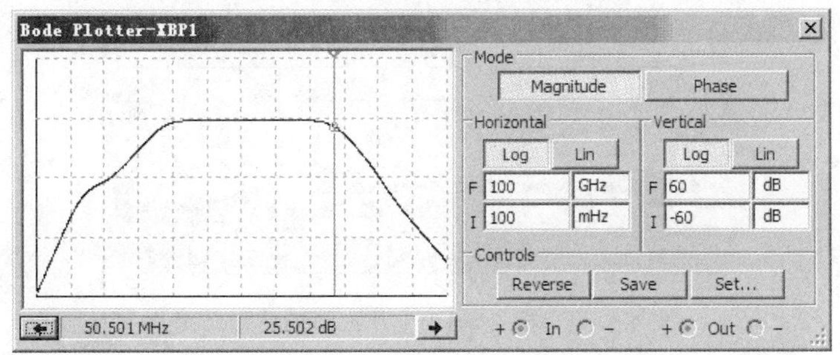

图8-10h　幅频特性曲线

（4）观察输入、输出波形。

将示波器的A通道接放大电路的输入端，B通道接放大电路的输出端，如图8-10i所示。调节示波器面板参数见图8-10j，即可观察到清晰的输入、输出电压波形，并能测出输入电压的幅值约为14mV，输出电压幅值约为296mV，两者相比得到的就是电压放大倍数约为21。波形显示，输出电压与输入电压反相位。

另外，改变电位器R_P的阻值，可观察到截止失真和饱和失真，电压放大倍数也会随之改变。将R_P增大到100%最大值时，可观察到截止失真，波形见图8-10k；当R_P减小到10%最大值时，可观察到饱和失真，波形见图8-10l；将电器R_P调到50%最大值（即静态工作点适中），而信号源增大为100mV时，可观察到两头失真的波形如图8-10m所示。

（5）断开开关S使旁路电容C_E开路后，实质是引入了负反馈，通过示波器可看到失真波形得到了明显的改善，但这时的电压放大倍数明显降低了，这一点可从示波器B通道V/Div挡位看出。图 8－10n 为负反馈对饱和失真波形的改善情况图。

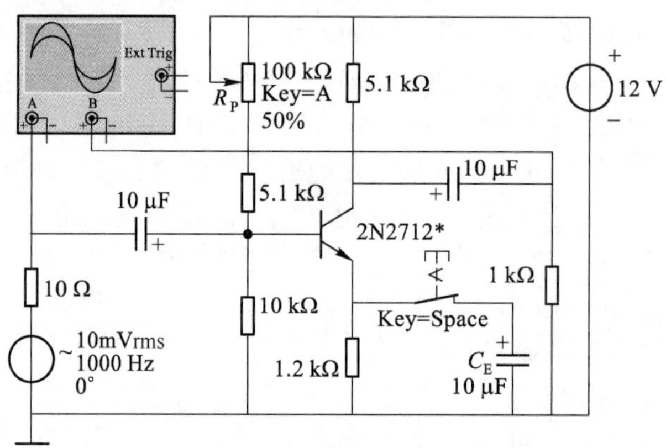

图 8－10i　输入、输出波形的测量电路

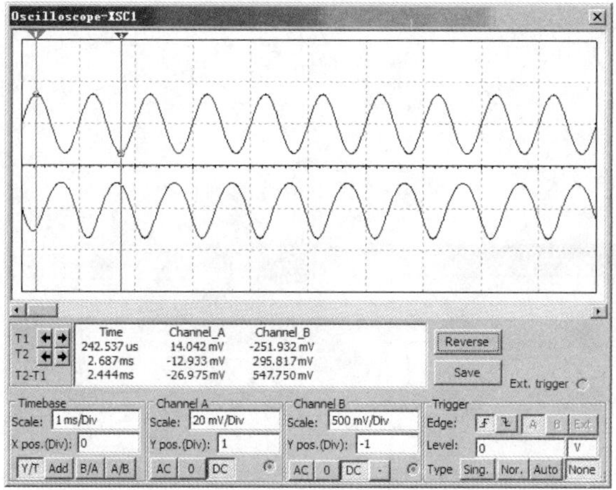

图 8－10j　输入、输出电压波形的测量结果

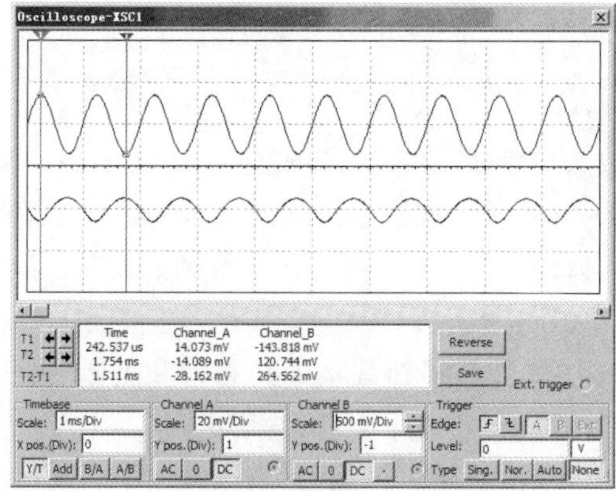

图 8－10k　截止失真波形

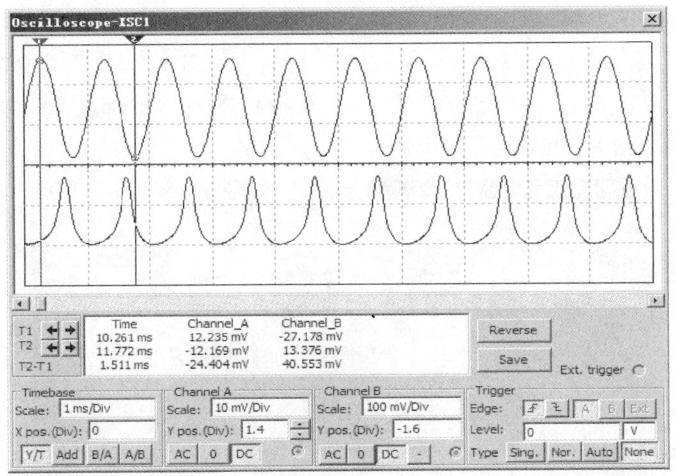

图 8－10l　饱和失真波形

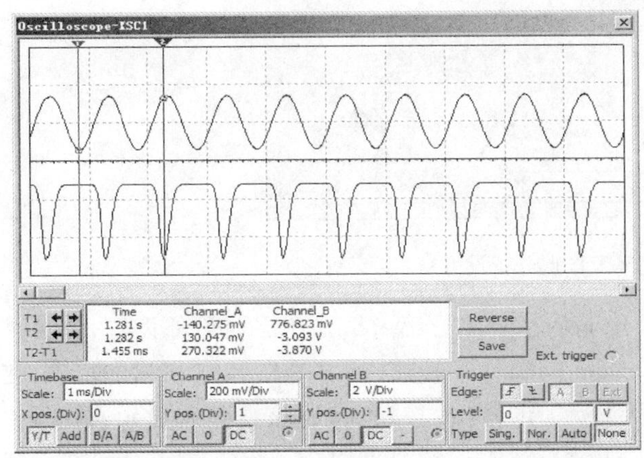

图 8－10m　两头失真波形

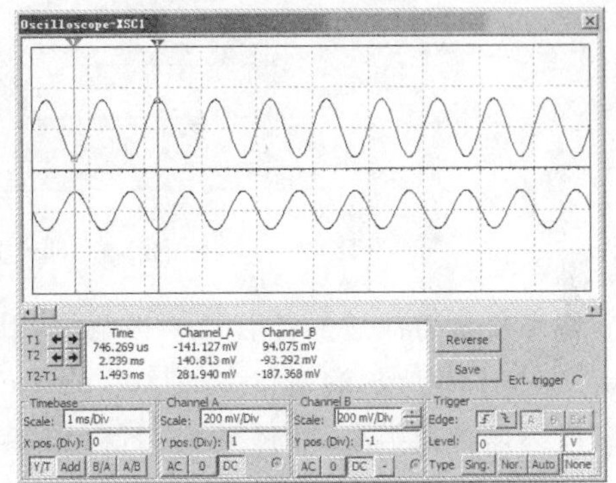

图 8－10n　负反馈对饱和失真波形的改善情况

例 8－11　电路如图 8－11a 所示，(1)测量静态工作点；(2)用温度扫描方法分析晶体管在不同工作温度环境下静态工作点的变化情况；(3)用参数扫描法分析晶体管电流放大倍数 β 值对集电极电流 i_C 的影响。

解：(1) 静态工作点可以直接用电压表和电流表的 DC 挡测量，还可以用直流工作点分析方法得到。直流工作点分析可以给出电路直流工作状态下各个结点的电压，各个元器件的电流和元器件、模型参数的数值。下面就用该方法得出图示电路的静态工作点。

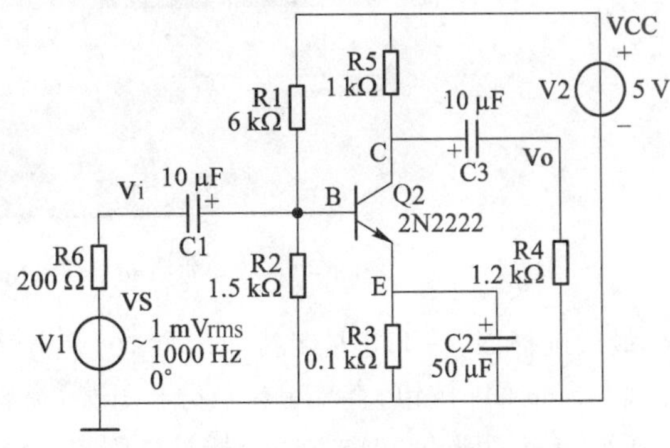

图 8－11a　例 8－11 电路

分析时首先要显示电路结点，并将晶体管集电极、发射极、基极结点改为 C、E、B，将输入电压结点改为 Vi，信号源结点改为 Vs，输出结点改为 Vo，电源电压结点改为 VCC，如图

8－11a 所示。

选择菜单 Simulate/Analyses/DC Operating Point，进入直流工作点设置窗口，窗口左侧所示是电路中的所有变量，在其中选择需要分析的变量，然后单击窗口中部的 Add 按钮，将欲分析的变量添加到窗口右侧，如图 8－11b 所示。

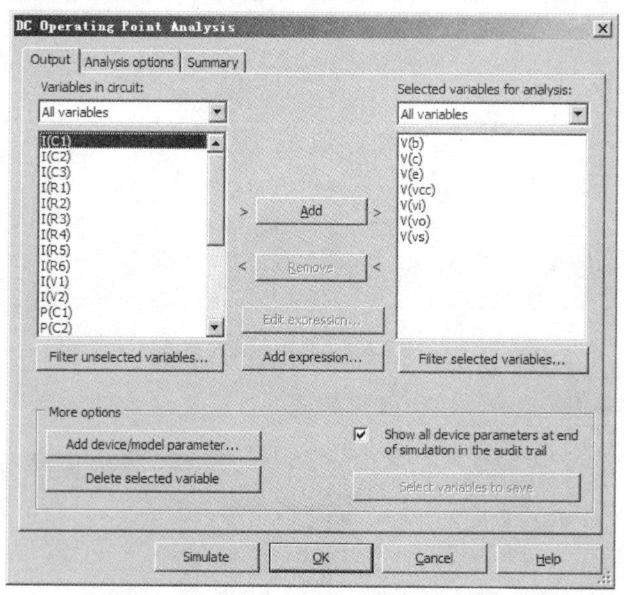

图 8－11b　直流工作点分析设置窗口

如果要获得流过晶体管三个极电流和跨接 PN 结的电压 U_{BC}、U_{BE}，还需要另外设置，方法是单击图 8－11b 所示的窗口中的 Add device/model parameter 按钮，弹出图 8－11c 所示的窗口，在该窗口选择参数类型、器件类型、名称和参数 ic 后，单击 OK 按钮，这时该参数就显示在图 8－11b 左侧窗口中，继续这个过程，将 ib、ie、vbe、vbc 都添加上，如图 8－11d 所示。在晶体管放大器静态工作点分析中，经常需要知道 U_{CE}，但是晶体管参数中并没有 U_{CE}，点击图 8－11d 中的 Add expression 按钮，弹出图 8－11e 所示窗口，把表达式 V(c) － V(e) 加入表达式对话框中，点击 OK。

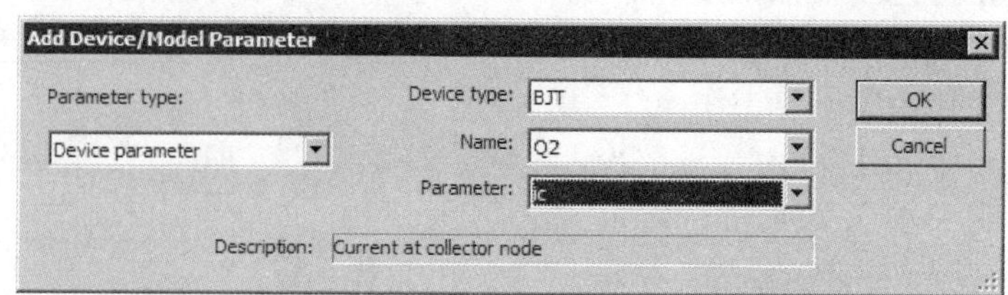

图 8－11c　单击 Add device/model parameter 后出现的窗口

最后选择图 8－11d 左侧新加的参数，点击 Add 按钮将其添加到窗口右侧，如图 8－11f 所示，单击 Simulate 按钮，直流工作点分析开始，所得直流工作点数据如图 8－11g 所示。

（2）下面用温度扫描方法分析晶体管集电极电位 V_C 随温度的变化情况：

选择 Simulate /Analyses / Temperature Sweep 菜单，再按图 8－11h 所示设置温度扫描参数，

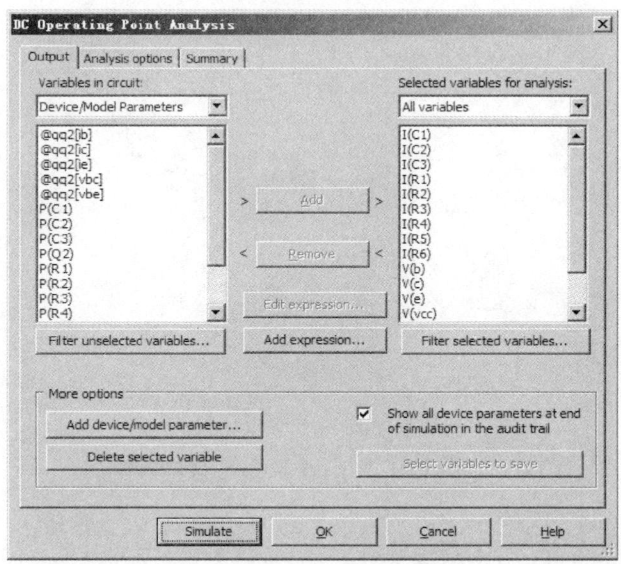

图 8－11d　添加完模型参数后的窗口

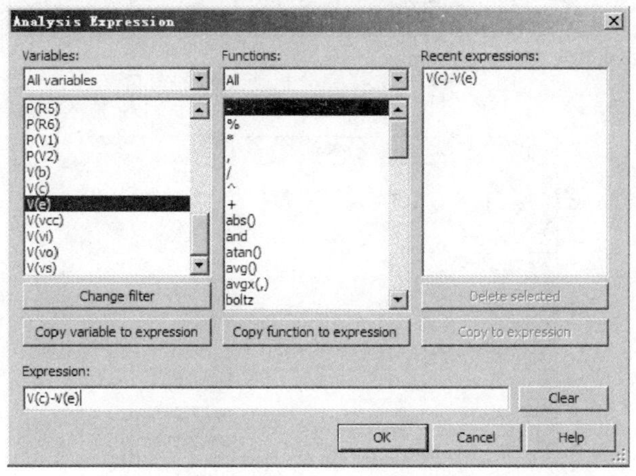

图 8－11e　添加表达式的窗口

再选择联合直流工作点分析，并设置输出变量为 V(c)，单击 Simulate 按钮，得到晶体管集电极电压随温度变化的分析结果见图 8－11i。从图中显示的测量结果可以看出晶体管集电极电压随温度升高而降低。

另外，温度对静态工作点中其他各量的影响也可以通过上述步骤得到。

(3) 用参数扫描法分析晶体管电流放大倍数 β 值对集电极电流 i_C 的影响。

选择 Simulate /Analyses / Parameter Sweep 菜单，再按图 8－11j 所示设置参数扫描参数，注意晶体管电流放大倍数是模型参数。再选择联合直流工作点分析，并设置输出变量为 i_C，设置方法见图 8－11c，设置完成后单击 Simulate 按钮，就得到晶体管集电极电流随 β 变化的分析结果如图 8－11k 所示。从图中显示的测量结果可以看出，当 β 变化 4 倍时，晶体管集电极电流 i_C 的变化只有 1.2 倍。

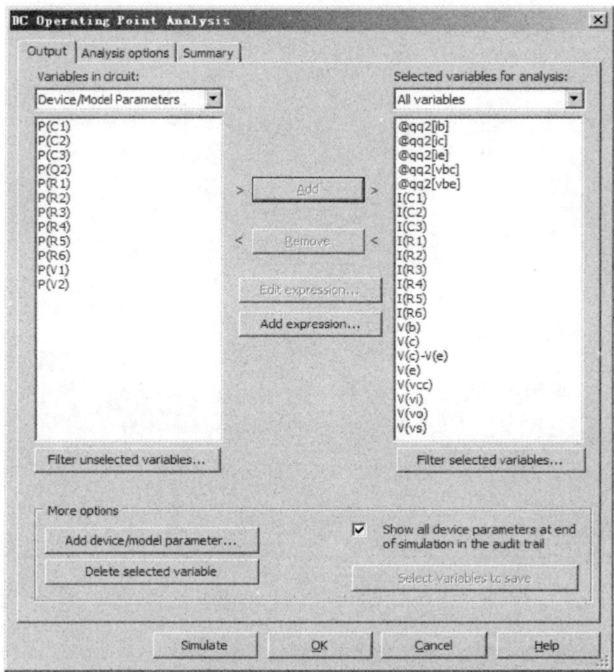

图 8－11f　选择完分析变量后的窗口

	DC Operating Point	
1	@qq2[ib]	28.15653 u
2	@qq2[ic]	3.03433 m
3	@qq2[ie]	-3.06248 m
4	@qq2[vbc]	-998.01753 m
5	@qq2[vbe]	659.37798 m
6	I(C1)	0.00000
7	I(C2)	0.00000
8	I(C3)	0.00000
9	I(R1)	672.29797 u
10	I(R2)	644.14144 u
11	I(R3)	3.06248 m
12	I(R4)	0.00000
13	I(R5)	3.03433 m
14	I(R6)	0.00000
15	V(b)	966.21216 m
16	V(c)	1.96567
17	V(c)-V(e)	1.65943
18	V(e)	306.24817 m
19	V(vcc)	5.00000
20	V(vi)	0.00000
21	V(vo)	0.00000
22	V(vs)	0.00000

图 8－11g　直流工作点分析结果

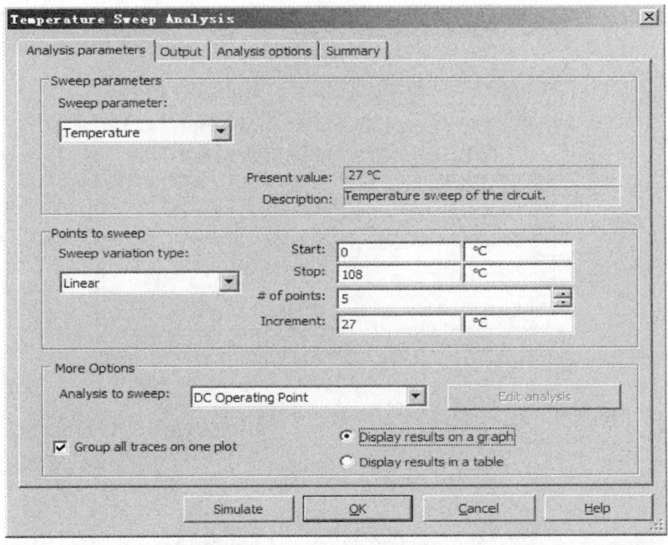

图 8－11h　设置温度扫描分析

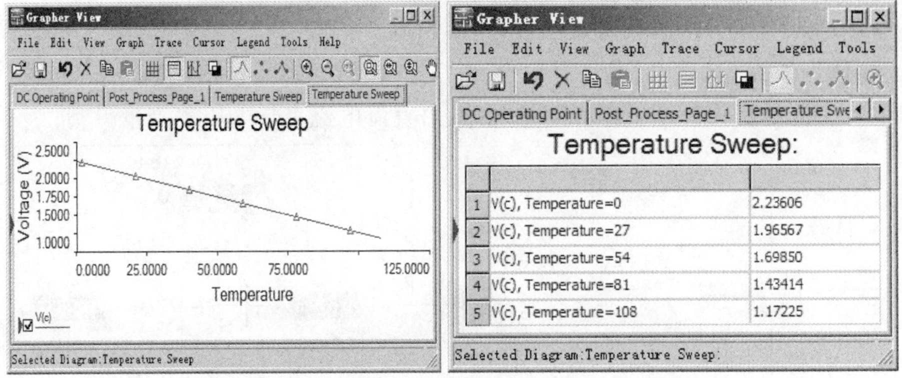

图 8－11i　集电极电压随温度变化的扫描结果

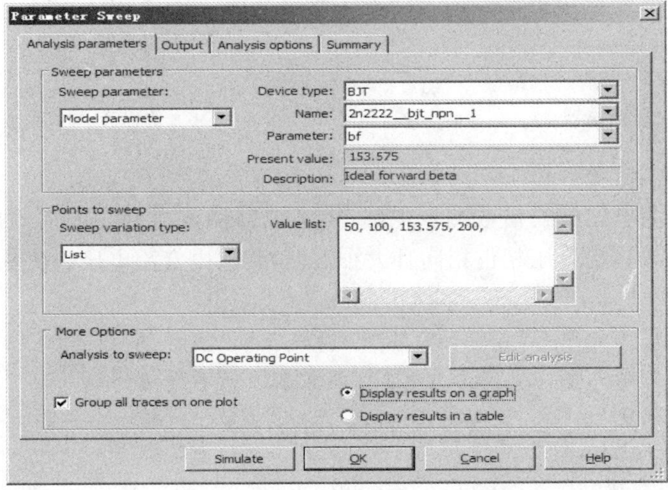

图 8－11j　设置对晶体管 β 的参数扫描窗口

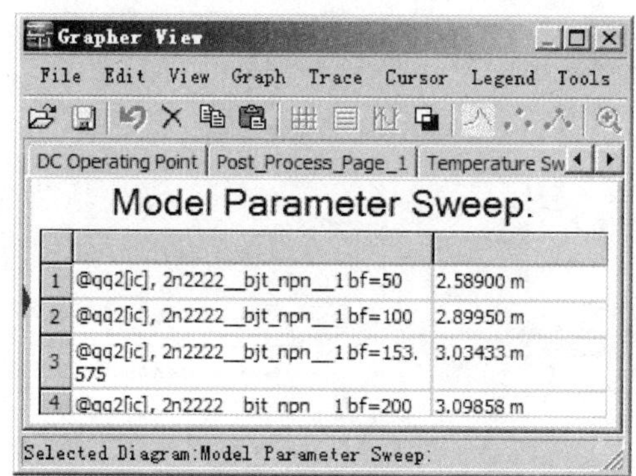

图 8－11k　参数扫描结果

8.3　射极输出器

例 8－12　图 8－12a 所示的射极输出器，已知 $U_{CC}=12V$，$R_B=120k\Omega$，$R_E=4k\Omega$，$R_L=4k\Omega$，$R_S=100\Omega$，晶体管的 $\beta=40$。求：静态工作点、电压放大倍数、输入输出电阻。

解：图 8－12b 所示为静态工作点测量电路，由直流电流表与电压表测量得到：

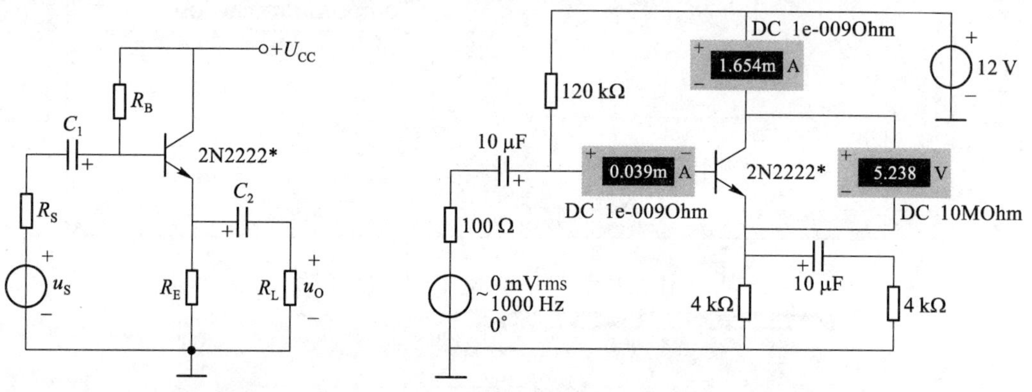

图 8－12a　射极输出器　　　　图 8－12b　静态工作点测量电路

$I_B=0.039mA$，$I_C=1.654mA$，$U_{CE}=5.238V$

图 8－12c 所示为电压放大倍数测量电路，由示波器测量得到的输入输出电压波形可以看到，射极输出器的输入输出电压相位相同且大小近似相等，由交流电压表测量得到

$$A_u=\frac{9.886mV}{9.977mV}=0.99$$

图 8－12d 所示为输入输出电阻测量电路，由交流电压表测量得到

$r_i=\dfrac{\text{输入电压}}{\text{输入电流}}=\dfrac{9.977mV}{0.226\mu A}=44.1k\Omega$，可见输入电阻很大；

$r_o=\dfrac{\text{空载电压}-\text{有载电压}}{\text{有载电流}}=\dfrac{9.927mV-9.886mV}{2.472\mu A}=16.6\Omega$，可见输出电阻很小。

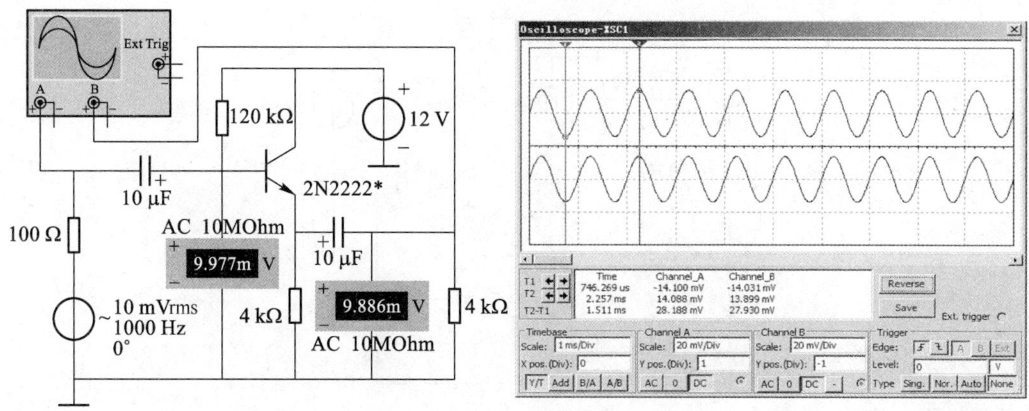

图 8－12c　电压放大倍数及输入输出电压波形测量电路

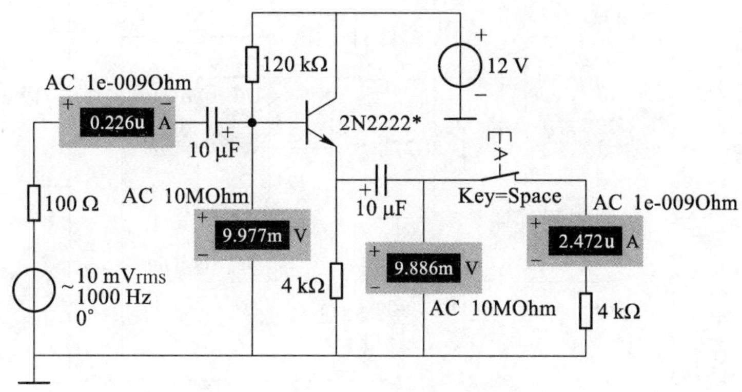

图 8－12d　输入输出电阻测量电路

8.4　差分放大电路

例 8－13　电路如图 8－13a 所示，已知晶体管型号为 2N2712，$\beta = 50$，测量其静态工作点，并求差模放大倍数、共模放大倍数及共模抑制比。

解： 该电路为长尾式差分放大电路。

(1) 测量静态工作点。

测量静态工作点时需将输入信号短路或设为零，如图 8－13b 所示。

测量结果为 $V_{B1} = V_{B2} = -0.026\text{V}$，$V_{C1} = V_{C2} = 6.209\text{V}$，$I_E = 2.368\text{mA}$

(2) 测量差模放大倍数。

测量电路如图 8－13c 所示，由测量结果可知，单端输出时差模放大倍数 $A_{od} = \dfrac{509}{10} \approx 51$

这里输出电压与输入电压同相位，如图 8－13d 所示。若输出电压从左边晶体管的集电极取出，则输出电压与输入电压反相位。

(3) 测量共模放大倍数及共模抑制比：测量电路如图 8－13e 所示，输入、输出电压波形如图

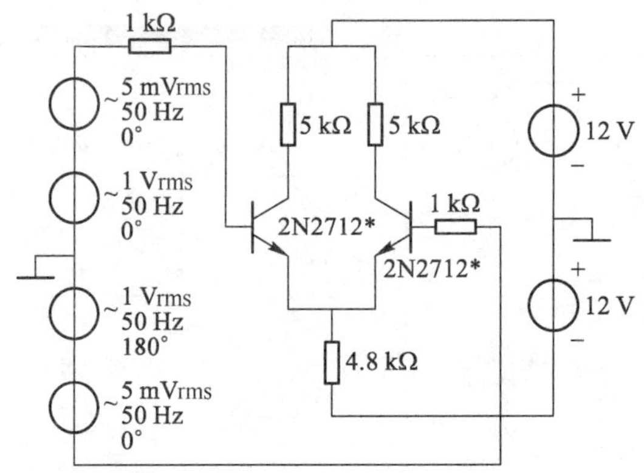

图 8 - 13a　例 8 - 13 电路

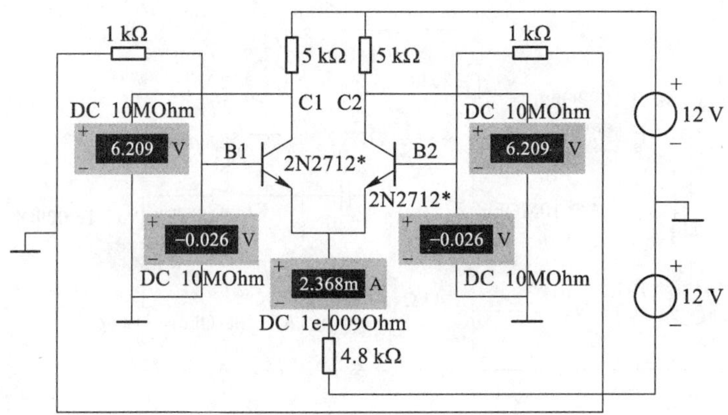

图 8 - 13b　静态工作点的测量电路

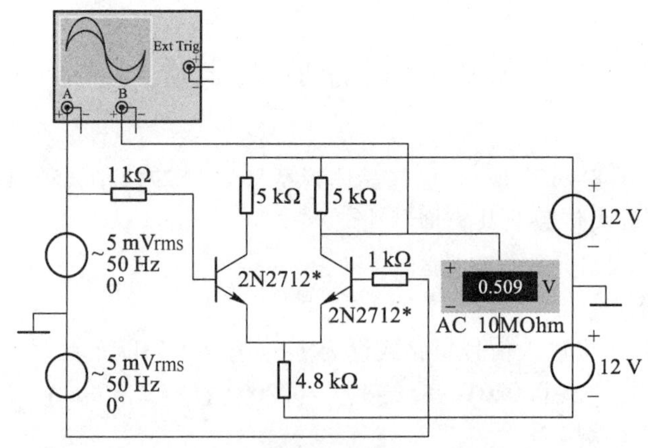

图 8 - 13c　差模放大倍数的测量电路

8 - 13f 所示。

由测量结果可知，共模放大倍数 $A_{oc}=\dfrac{0.504}{1}\approx 0.50$

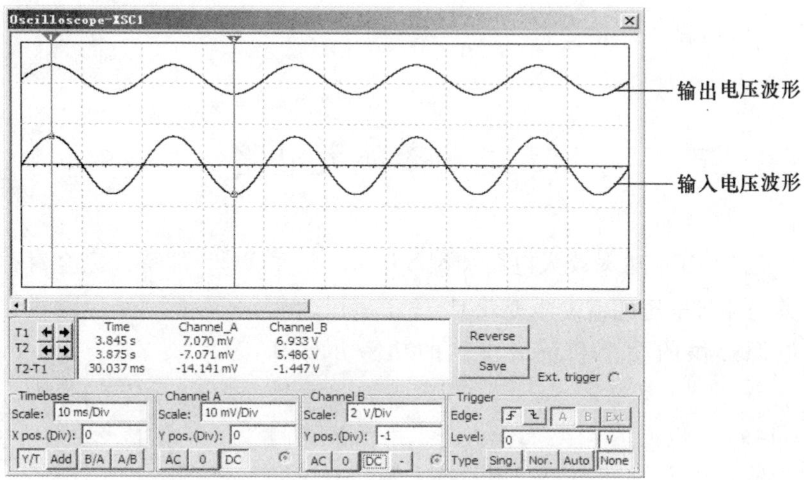

图 8－13d　差模输入时的输入、输出电压波形

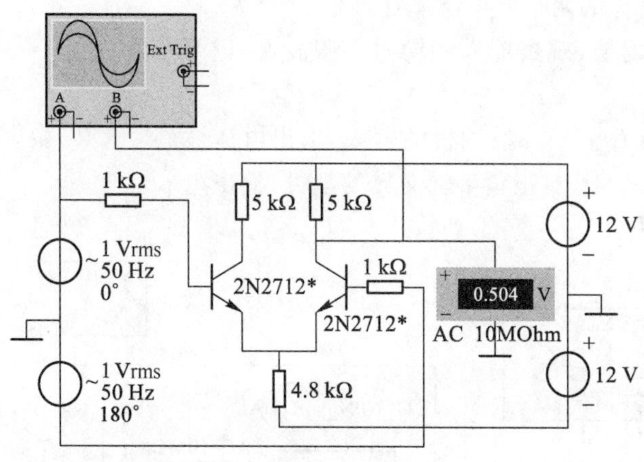

图 8－13e　共模放大倍数的测量电路

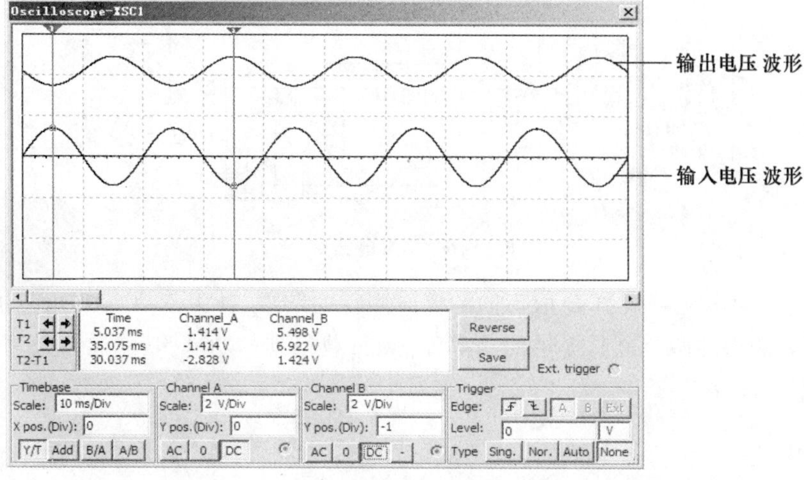

图 8－13f　共模输入时的输入、输出电压波形

于是可知，共模抑制比为 $K_{CMR}=\frac{A_{od}}{A_{oc}}=\frac{51}{0.50}=102$

8.5　功率放大电路

例8-14　已知OCL功率放大电路如图8-14a所示，T_1、T_2的特性完全对称，$U_{CC}=23V$，$R_L=8\Omega$，试观察当输入电压的值发生变化时，输出电压的波形，测量每个电源提供的功率和负载得到的功率并计算效率。

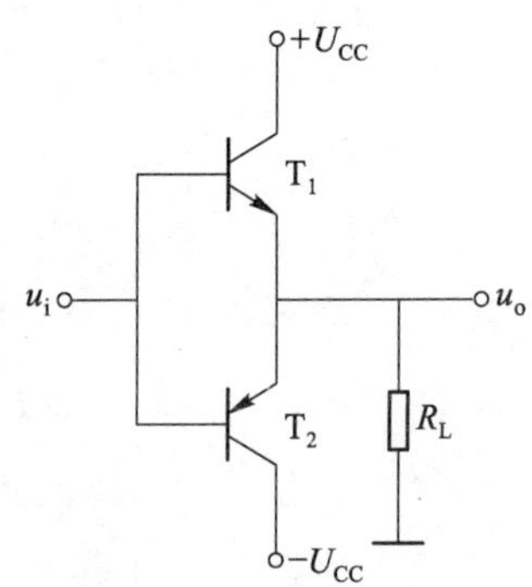

图8-14a　OCL互补对称功率放大电路

解：图8-14a中，电路为乙类工作状态。用示波器测量功率放大器的输入和输出电压波形，用瓦特表测量电源提供的功率和负载得到的功率，测试电路如图8-14b所示，其中T_1、T_2为特性完全对称的两个虚拟晶体管。

改变输入电压u_i的值，观察输入和输出电压波形，记录瓦特表读数。

图8-14c所示为$U_i=2V$时，测得的输入、输出电压波形。显然，乙类工作状态下，在正负半轴交界的地方，输出电压波形出现了交越失真。

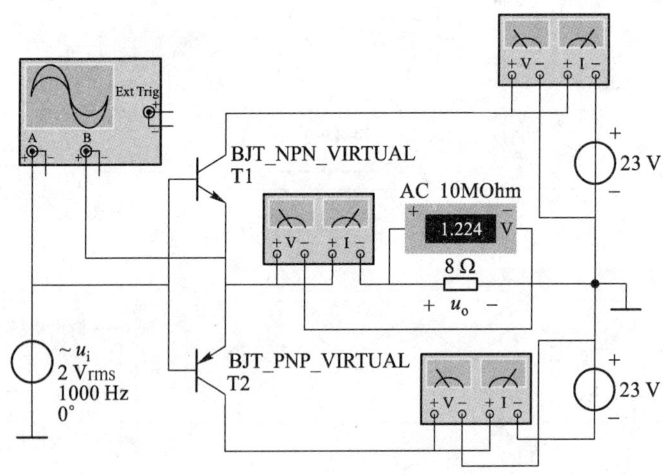

图8-14b　测量电路

表8-2是当电源电压有效值U_i取不同的值时测得的结果，其中U_o为输出电压的有效值，P_{E1}和P_{E2}为瓦特表测得的两个电源提供的功率，P_O为负载得到的功率，功率转换效率可由公式$\eta=P_O/(P_{E1}+P_{E2})$计算得到。

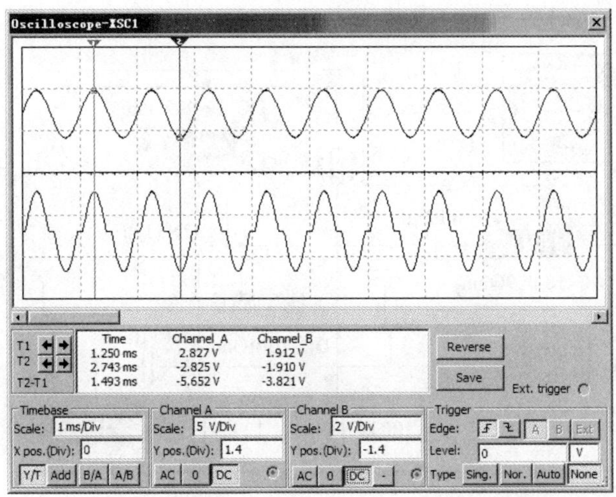

图 8-14c　$U_i=2V$ 时的输入、输出电压波形

表 8-2　例 8-14 的测试结果

U_i	U_o	P_{E1}	P_{E2}	P_O	η
2V	1.224V	1.414W	1.414W	187mW	6.6%
7V	6.159 V	7.674W	7.674W	4.742W	26.1%
13V	12.138V	15.323W	15.323W	18.417W	60.1%
14V	13.136V	16.608W	16.608W	21.569W	64.9%
16V	15.132V	19.158W	19.158W	28.622W	74.7%
16.9V	16.030V	20.278W	20.278W	32.121W	79.2%

表中结果与理论计算基本相同，U_o最大时，P_O最大，η 最高。

8.6　场效应晶体管电路

例 8-15　图 8-15a 所示为场效应晶体管构成的源极跟随器电路，试测量其静态参数，并求电压放大倍数及输入电阻，观察输出电压波形。

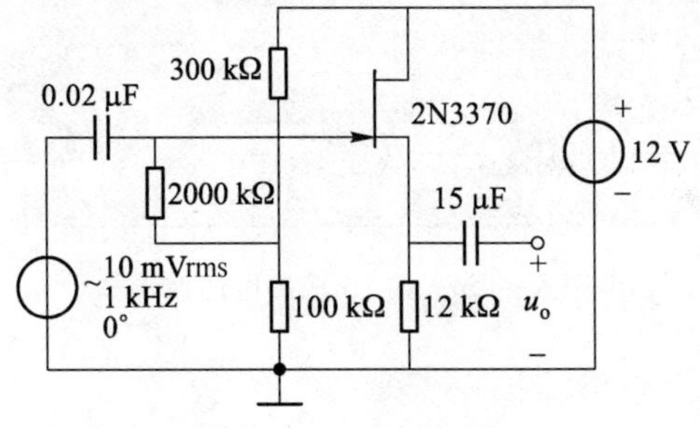

图 8-15a　例 8-15 电路

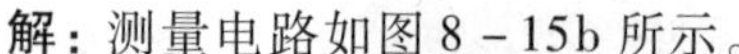

解：测量电路如图8－15b所示。

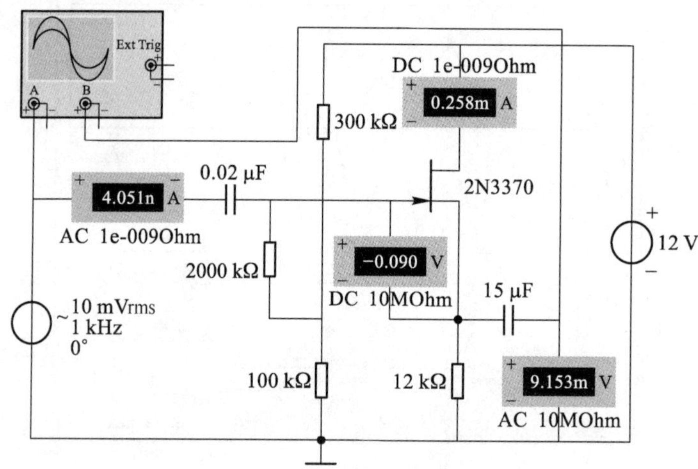

图8－15b　测量电路

由直流电压表测得栅源电压为 $U_{GS}=-90\text{mV}$，由直流电流表测得漏极电流为 $I_D=0.258\text{mA}$。由交流电压表测得输出电压为9.153mV，由交流电流表测得输入电流为4.051nA。

故电压放大倍数为
$$A_u=\frac{9.153}{10}=0.9153$$

输入电阻为
$$r_i=\frac{\text{输入电压}}{\text{输入电流}}=\frac{10\text{mV}}{4.051\text{nA}}=2.47\text{M}\Omega$$

图8－15c所示为由示波器观察到的输入、输出电压波形，可以看出，源极跟随器的输出电压与输入电压是同相位的，且电压放大倍数略小于1，这和由晶体管构成的射极跟随器非常相似。

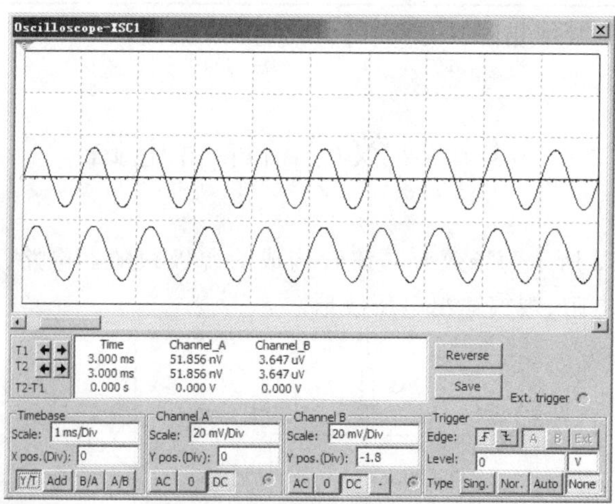

图8－15c　输入、输出电压波形

8.7 运放的线性应用

例 8－16 分别测量图 8－16a、图 8－16b 两种输入信号下对应的输出电压。

解：该电路给出了两种输入电压信号，一种为直流 0.5V，另一种为交流 $U_i=0.5\text{V}, f=1\text{kHz}$。测量电路及结果如图 8－16a、图 8－16b 所示。注意，测量时图 8－16a 中的电压表要选择 DC 挡、图 8－16b 中的电压表要选择 AC 挡。结果表明：测量值与理论计算是相吻合的。

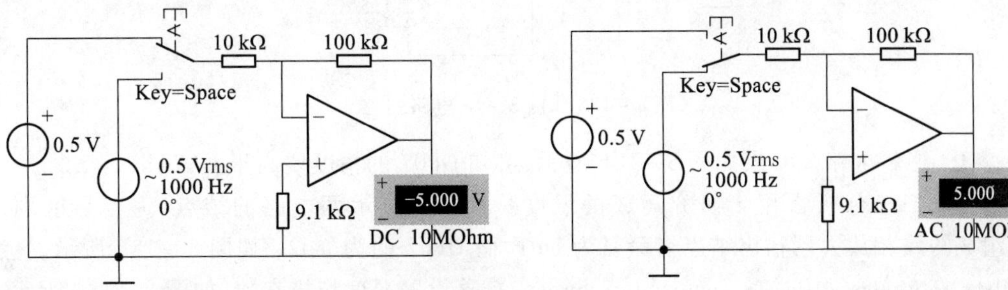

图 8－16a 反相比例放大电路（输入直流电压） 图 8－16b 反相比例放大电路（输入交流电压）

例 8－17 电路如图 8－17a 所示，已知 $U_1=2\text{mV}, U_2=5\text{mV}, U_3=1\text{mV}$。试测量各级运算放大电路的输出电压 U_{o1} 和 U_{o2}。

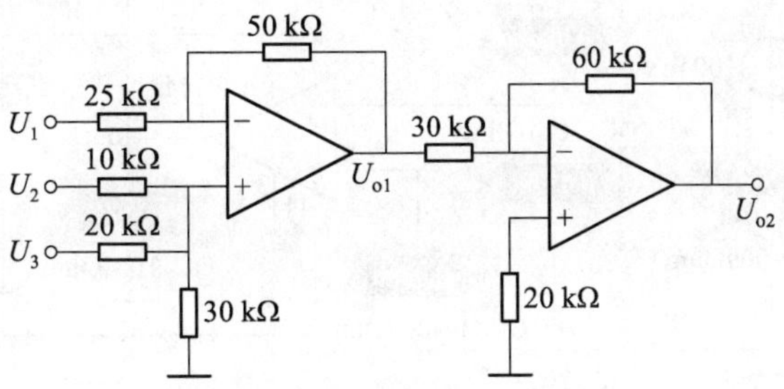

图 8－17a 例 8－17 电路

解：本题由加减运算电路和反相比例运算电路两级运放组成。在输出端接入直流电压表即可测出各级输出电压，测试电路见图 8－17b。

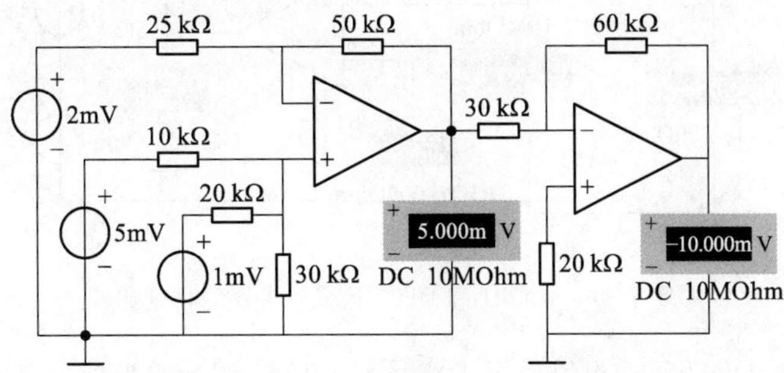

图 8－17b 各级输出电压的测量电路

例 8－18 对于图 8－18a 所示电路，将集成运算放大器分别选为 μA741MJ 和高精度的 OP07CD。

（1）测量各个电压、电流，比较两运放精度的差异。

（2）用温度扫描法分析两个运放电路输出电压随温度从 0℃变化到 54℃时的情况。

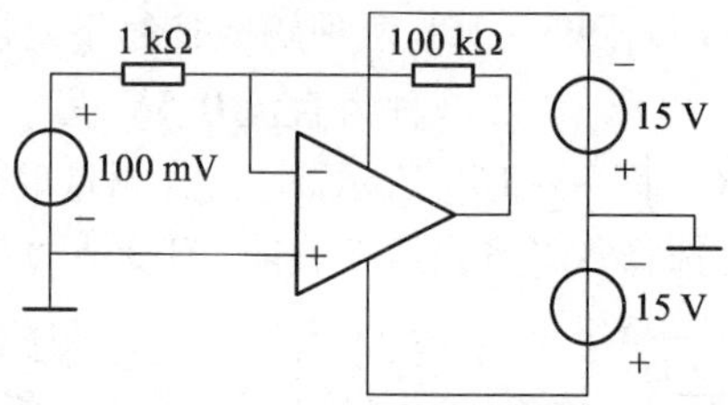

图 8－18a　例 8－18 电路图

解：（1）测量电路及结果如图 8－18b 所示，可知 OP07 的精度要高于 μA741。

（2）温度扫描分析常用于研究运放的温度特性。先显示两电路的结点，为容易区别，将 μA741 组成的反相放大器输出结点名命名为 out1，而 OP07 的为 out2，如图 8－18b 所示。然后在 Simulate 的 Analyses 中选择 Temperature Sweep，接着设置温度扫描参数，如图 8－18c 所示，再选择联合直流工作点分析，并将 out1、out2 设置为输出变量。分析结果如图 8－18d 所示。

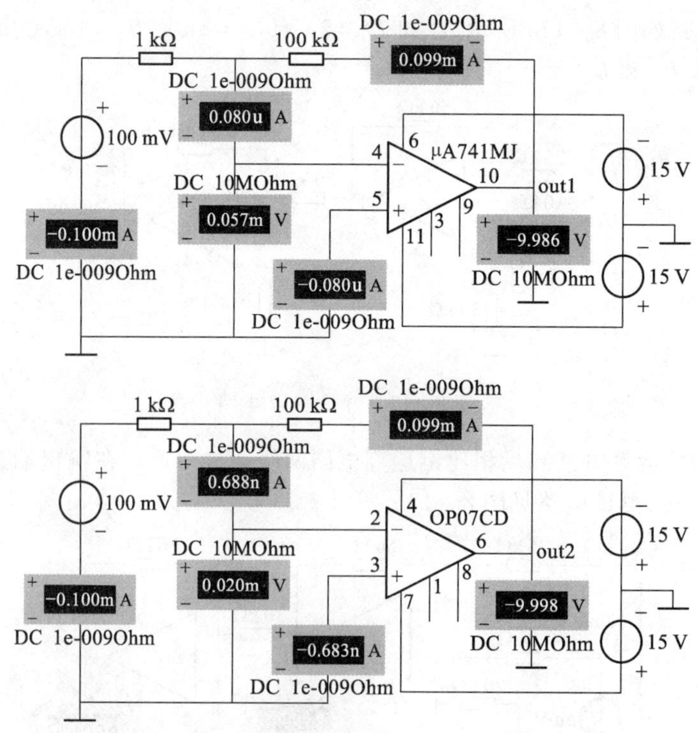

图 8－18b　μA741 和 OP07 运算放大器的精度比较

由分析结果可知，OP07 组成电路的温度漂移比 μA741 组成电路小很多，由于该两个芯片管脚完全兼容，可以互换，所以为提高电路性能，可以将 μA741 更换成 OP07。

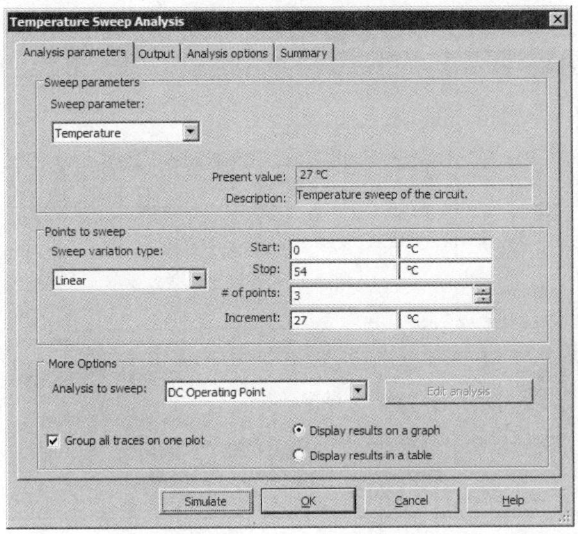

图 8-18c 温度扫描设置

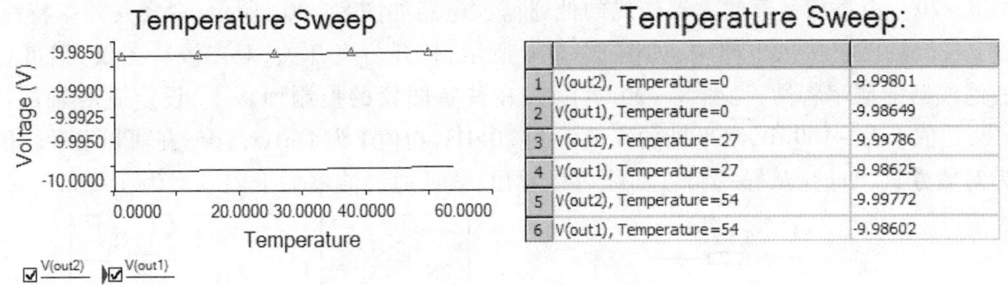

1	V(out2), Temperature=0	-9.99801
2	V(out1), Temperature=0	-9.98649
3	V(out2), Temperature=27	-9.99786
4	V(out1), Temperature=27	-9.98625
5	V(out2), Temperature=54	-9.99772
6	V(out1), Temperature=54	-9.98602

图 8-18d 温度扫描结果

例 8-19 由集成运算放大器构成的反相积分电路如图 8-19a 所示,输入信号由函数信号发生器产生,观察输出波形。

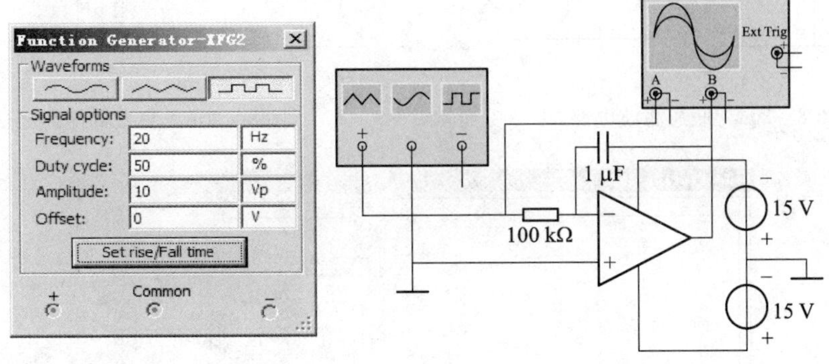

图 8-19a 反相积分测试电路

解: 双击信号发生器,选择频率为 20Hz、幅值为 10V 的方波信号,将示波器接在放大电路的输出、输入端,如图 8-19a 所示。打开仿真开关,双击示波器,即可观察到图 8-19b 所示的积分波形，注意，观察波形时示波器的 Timebase 挡和 V/Div 挡要作相应的调整。

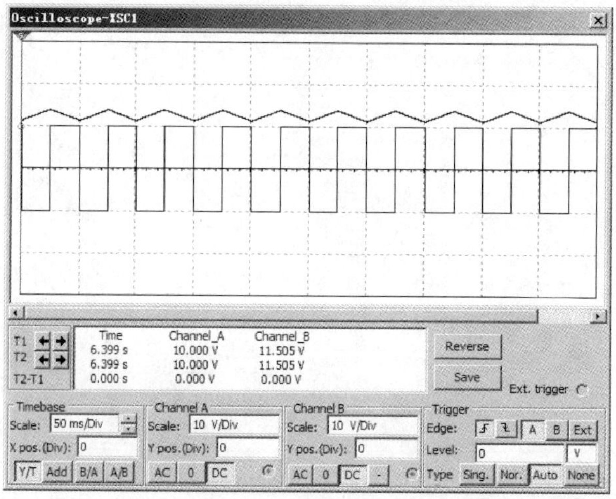

图 8－19b　积分电路的输入、输出波形

例 8－20　由集成运算放大器构成的低通滤波电路如图 8－20a 所示，观察其频率特性。

解： 将波特图仪接入电路中，如图 8－20b 所示，打开仿真开关，双击波特图仪，则可观察到该低通滤波器的频率特性，见图 8－20c，注意，在波特图仪的控制面板上，设定垂直轴的终值 F 为 10dB，初值 I 为－100dB，水平轴的终值 F 为 20kHz，初值 I 为 1mHz，且垂直轴和水平轴的坐标全设为对数方式(Log)，从频率特性曲线可以看出，该低通滤波器的上限频率为 5.9Hz。

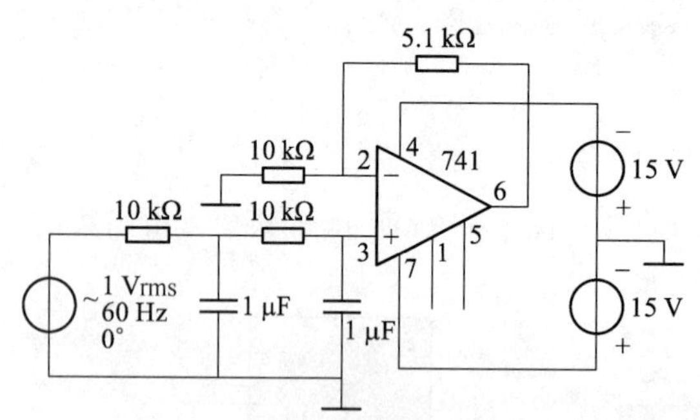

图 8－20a　低通滤波电路

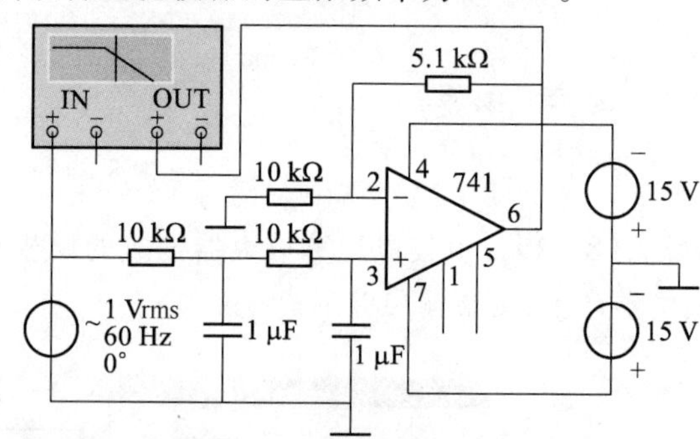

图 8－20b　频率特性的测试电路

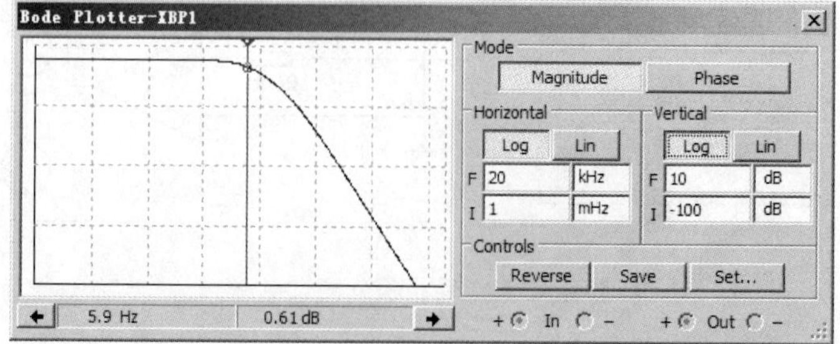

图 8－20c　低通滤波器的频率特性

8.8 运放的非线性应用

例 8-21 观察图 8-21a 所示过零比较器电路的电压传输特性及输入、输出电压波形。

解： 用示波器观察电压比较器的电压传输特性和输入、输出波形的电路如图 8-21a 所示，A 通道接电路的输入端，B 通道接电路的输出端，双击示波器，将示波器的工作方式（即坐标轴）设置成 B/A，即出现图 8-21b 所示的电压传输特性，将示波器的工作方式设置为 Y/T，即可观察到图 8-21c 所示的波形，为了使曲线清晰，观察时需调整 Timebase 挡和两通道的 V/Div 挡。

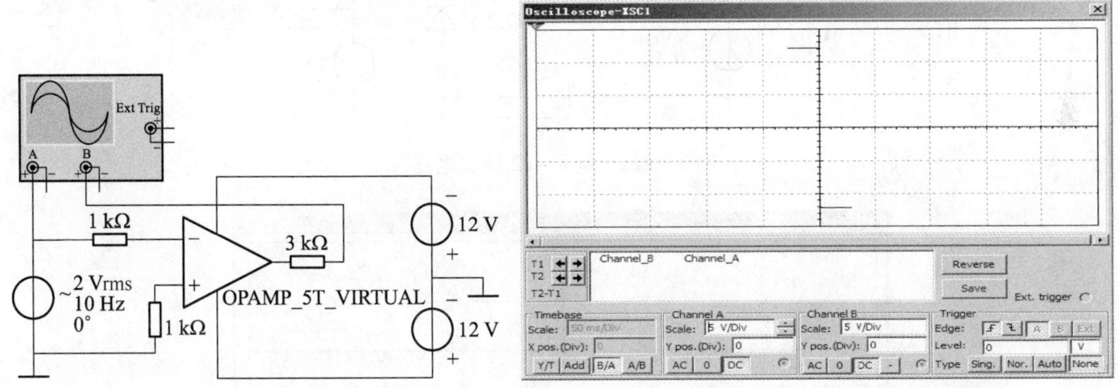

图 8-21a 过零比较器测试电路

图 8-21b 过零比较器的电压传输特性

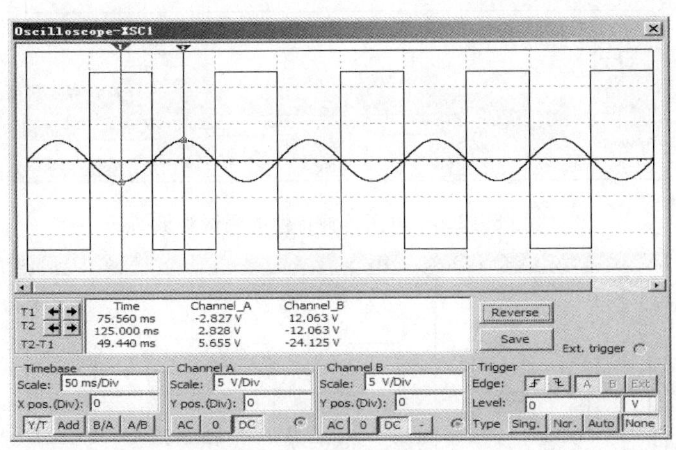

图 8-21c 电压比较器的输入、输出电压波形

由此可见，当输入电压大于零时，输出电压为负向饱和值 -11.1V，当输入电压小于零时，输出电压为正向饱和值 11.1V，这正是电压比较器的显著特点。

例 8-22 已知稳压二极管的型号为 1N753A，其稳定电压值为 6V，观察图 8-22a 所示电路的电压传输特性及输入、输出电压波形。

解： 选择稳压二极管的型号为 1N753A，编辑（Edit model）其稳定电压参数（BV）为 6V。双击示波器，将示波器的工作方式设置为 B/A，即可观察到该电路的电压传输特性，测试结果见图 8-22b。将示波器的工作方式设置为 Y/T，即可观察到该电路的输入、输出电压波形，测试结果见图 8-22c。由测量结果可知，当输入电压大于 3V 时，输出电压约为 +6.7V，当输入电压小于 3V 时，输出电压约为 -6.7V。

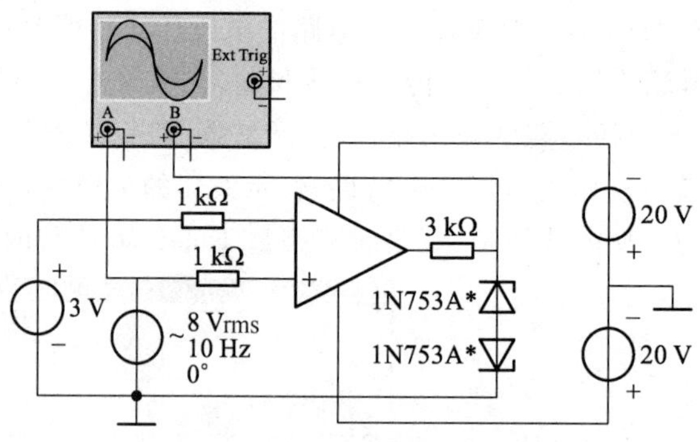

图 8-22a　例 8-22 测试电路

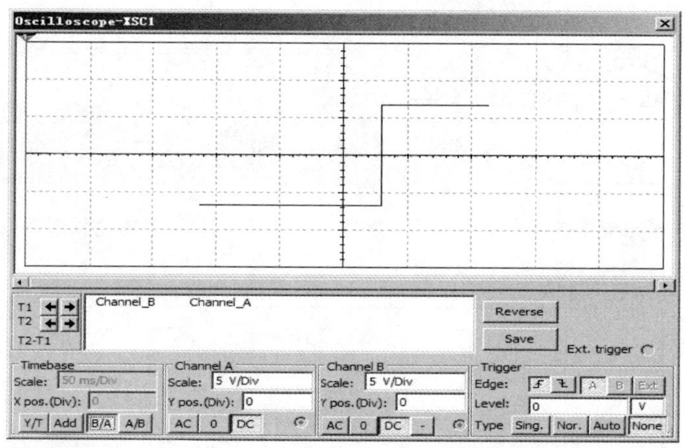

图 8-22b　电压传输特性的测试结果

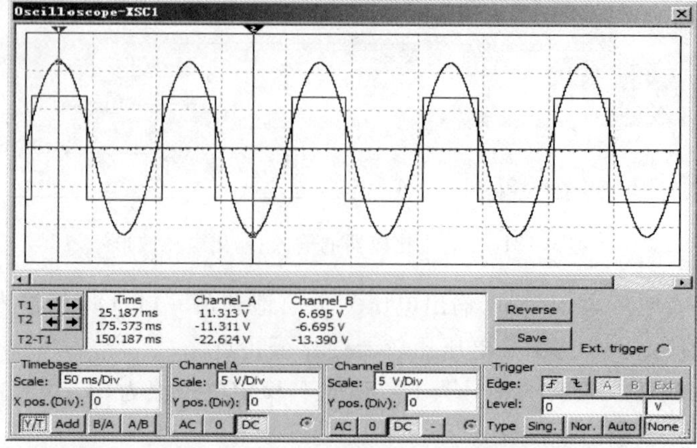

图 8-22c　输入、输出电压波形的测试结果

例 8-23　使用运放组成的方波发生器电路如图 8-23a 所示,试观察电容充放电曲线和输出电压波形。

解: 用示波器观察到的波形如图 8-23 b 所示。本题亦可用暂态分析方法得到波形。

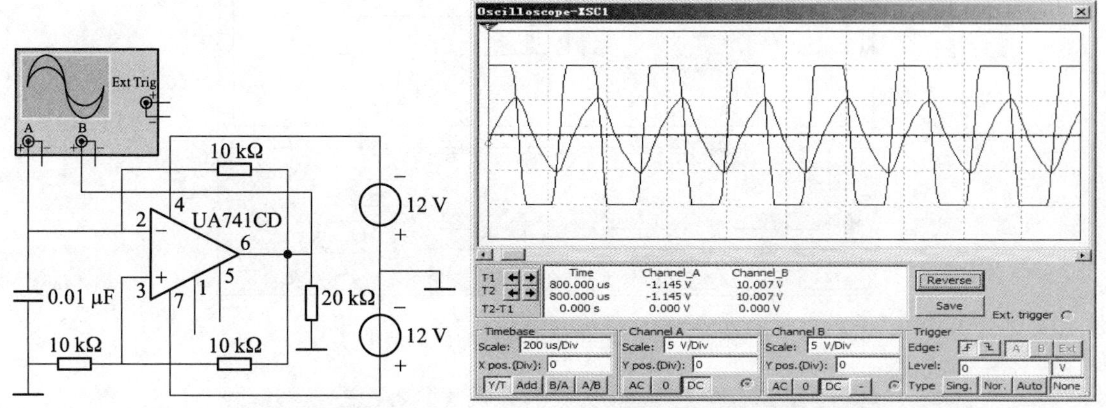

图 8-23a　例 8-23 测试电路　　　　图 8-23b　示波器测出的波形

例 8-24　电路如图 8-24a 所示,已知稳压二极管的稳定电压值为 6V,观察电压传输特性及输入、输出电压波形。

解: 测试电路如图 8-24b 所示,编辑稳压二极管 1N753A 的稳定电压参数(BV)为 6V。双击示波器,将示波器的工作方式设置为 B/A,即可观察到该电路的电压传输特性,测试结果见图 8-24c。

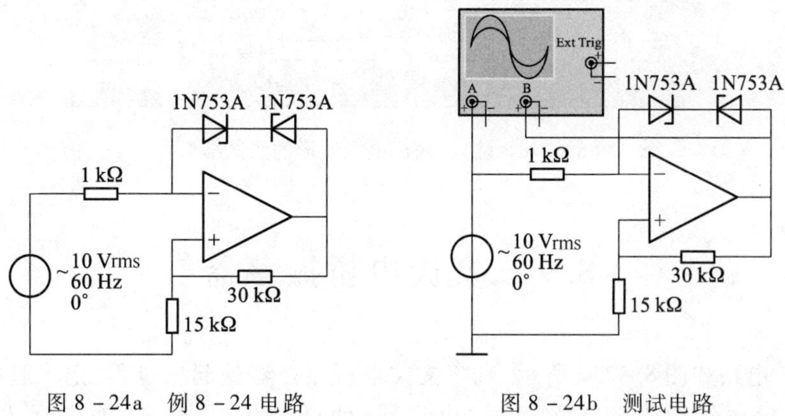

图 8-24a　例 8-24 电路　　　　图 8-24b　测试电路

将示波器的工作方式设置为 Y/T,即可观察到该电路的输入、输出电压波形,测试结果见图 8-24d。

由测量结果可知,当输入电压大于 3V 时,输出电压进行负跳变,当输入电压小于 -3V 时,输出电压进行正跳变。

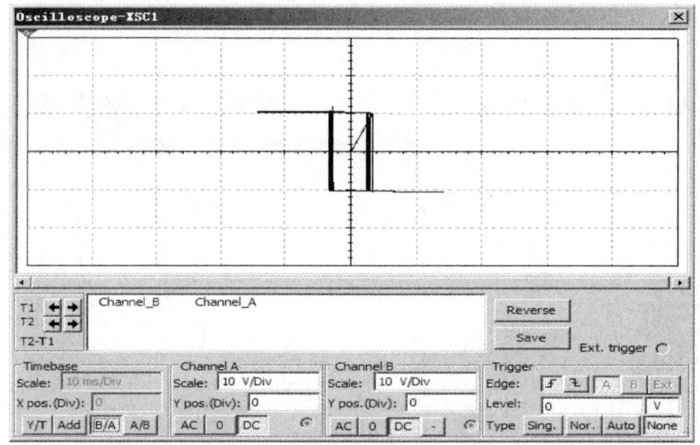

图 8-24c 电压传输特性的测试结果

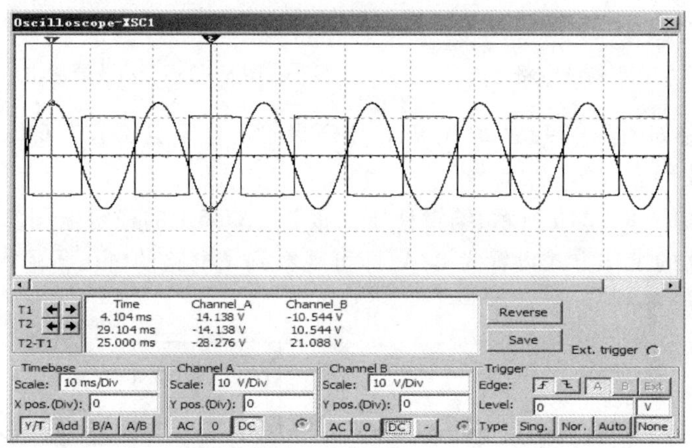

图 8-24d 输入、输出电压波形的测试结果

8.9 文氏电桥振荡器

例 8-25 电路如图 8-25a 所示，观察文氏电桥振荡器的起振过程，记录起振时间。然后观察文氏电桥振荡器产生的正弦波，读出周期，计算振荡频率。另外观察 R 阻值的变化(由 9.9 kΩ变为 9 kΩ)对文氏电桥振荡器的影响。

解：(1) 观察文氏电桥振荡器的起振过程：

打开仿真开关，双击示波器，观察文氏电桥振荡器的起振过程，如图 8-25b 所示，这个过程大约需要 300ms。

(2) 观察文氏电桥振荡器产生的正弦波：

待图 8-25b 所示波形稳定后，测量得到该正弦波的周期约为 1ms，因此可计算出振荡频率为 1kHz。

(3) 将 R 的阻值由 9.9kΩ 改为 9kΩ，再观察文氏电桥振荡器的起振过程及产生的输出

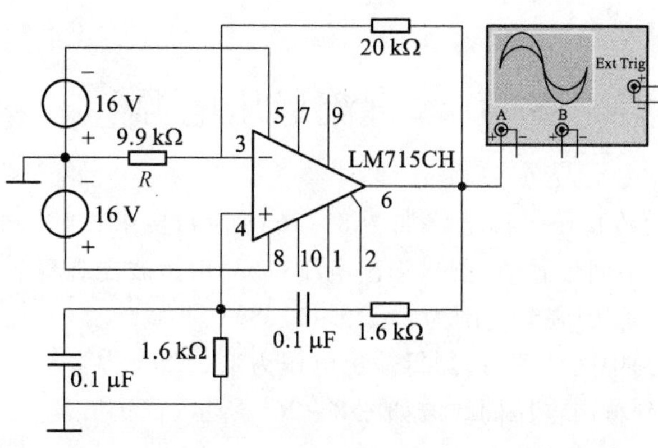

图 8－25a 文氏电桥振荡器测试电路图

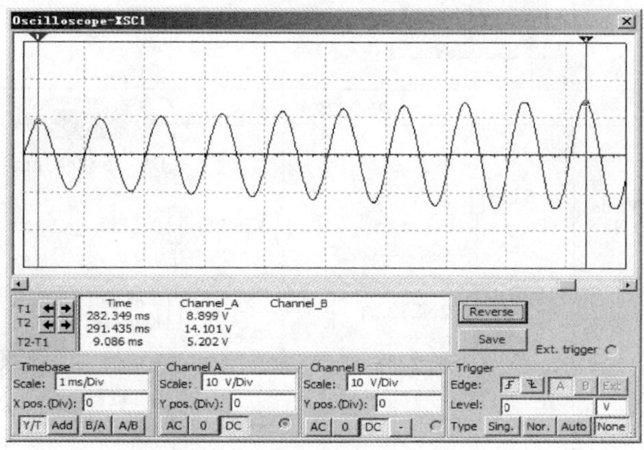

图 8－25b 文氏电桥振荡器的输出波形图

波形。

阻值改变后，起振时间（约 26ms）明显缩短，这是因为放大倍数增大的缘故，但输出波形严重失真，测量结果见图 8－25c。

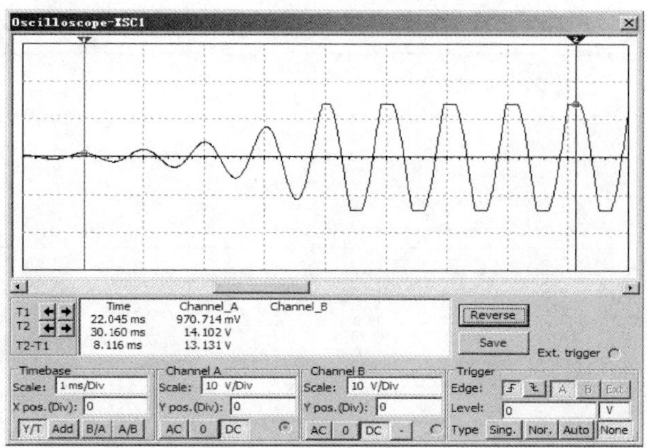

图 8－25c 文氏电桥振荡器的输出波形失真

8.10　直流稳压电源

例 8－26　串联型直流稳压电源电路如图 8－26a 所示，要求：(1) 测量输出电压的调节范围；(2) 当电位器调节到中间位置时，测量输出电压；(3) 用示波器观察输出电压的纹波。

解：(1) 测得输出电压的调节范围为 8.375～13.89V。

(2) 当电位器调节到中间位置时，测得输出电压为 13.529V。

(3) 用示波器观察到输出电压的纹波如图 8－26b 所示。

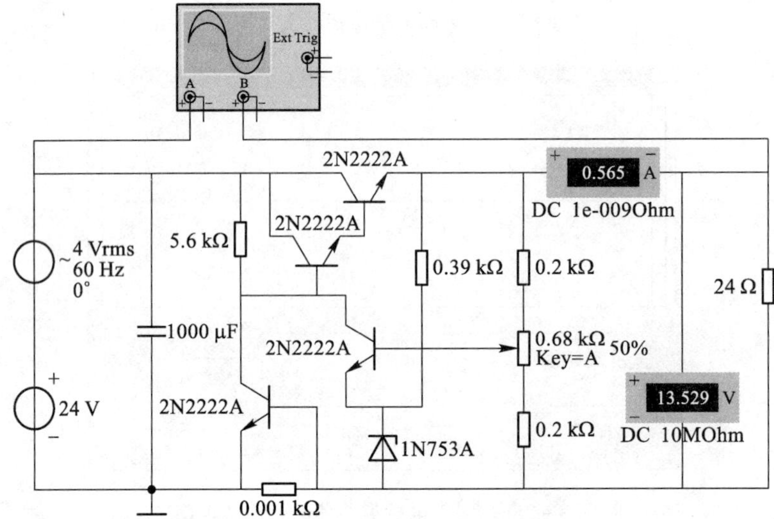

图 8－26a　串联型直流稳压电源测试电路图

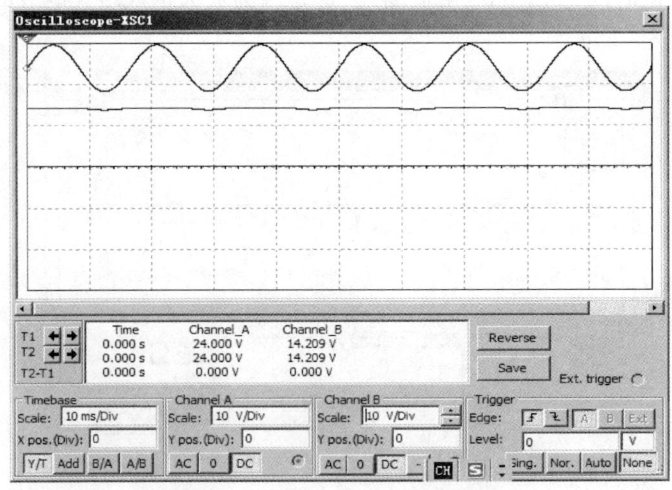

图 8－26b　输入输出波形图

例 8－27　图 8－27a 电路为三端稳压器 7805 组成的供电电路，试求 7805 的三端电流和输出电压，并分析当电源电压发生变化时，输出电压和电流的变化情况及 7805 芯片耗散功率与输入电压之间的关系。

（注：三端稳压器可从元器件库中的 VOLTAGE_REGULATOR 中选取）

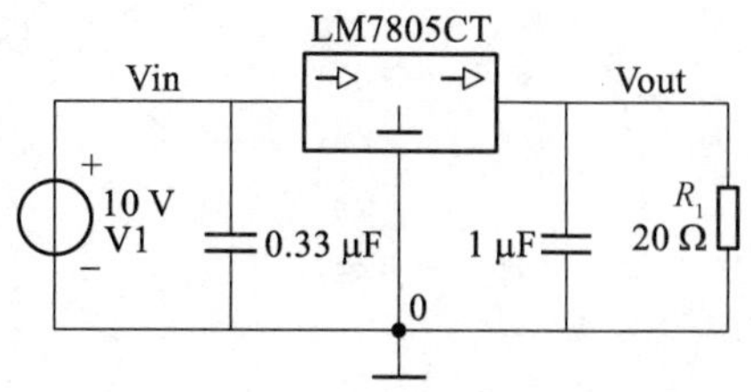

图 8－27a　三端稳压器 7805 组成的供电电路图

解：（1）用电流表和电压表（DC 挡）测量 7805 的三端电流和输出电压如图 8－27b 所示。可见，7805 的输入电流与输出电流近似相等，输出电压为 5V。

（2）要分析输出电压和电流及 7805 芯片耗散功率与输入电压之间的关系，就应当使用直流扫描方法。

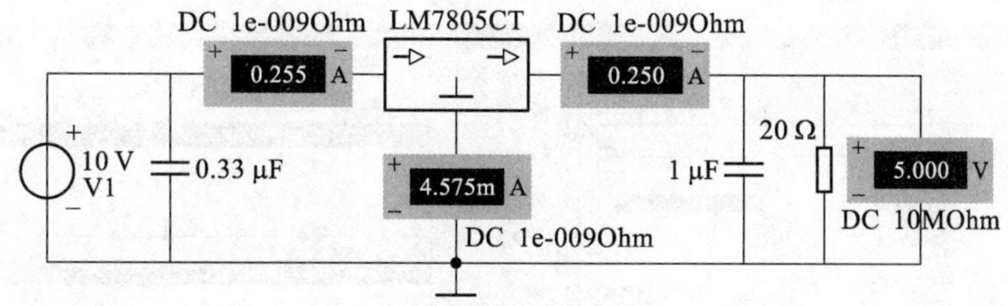

图 8－27b　测量电流、电压的电路图

首先显示电路结点如图 8－27a 所示，然后选择 Simulate/Analyses/DC Sweep，并设置分析参数和输出变量如图 8－27c 所示，注意将流过负载电阻 R_1 的电流加入输出变量。分析结果如图 8－27d所示。

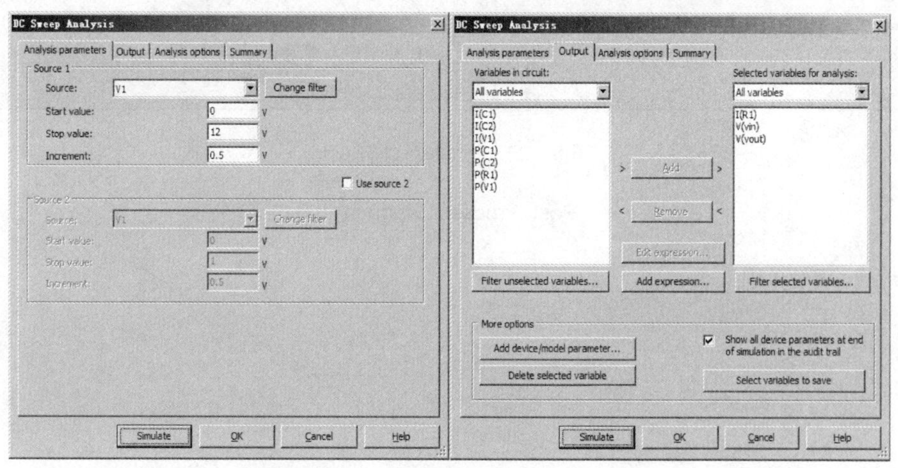

图 8－27c　分析参数与输出变量设置窗口

有了这个分析结果，就可以使用数据后处理功能获得 7805 芯片的耗散功率（即输入功率减去输出功率）。选择 Simulate/Postprocess，设置数据后处理窗口的参数如图 8－27e 所示，单击 Draw 按钮，得到经过后处理的 7805 芯片耗散功率如图 8－27f 所示。由图 8－27f 可以看出，由于输出电压近乎常数，所以耗散功率与输入电压成线性关系。

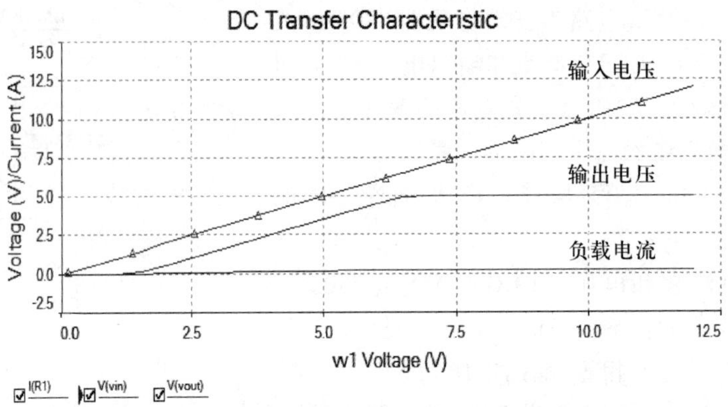

图 8－27d　输入电压、输出电压和负载电流曲线图

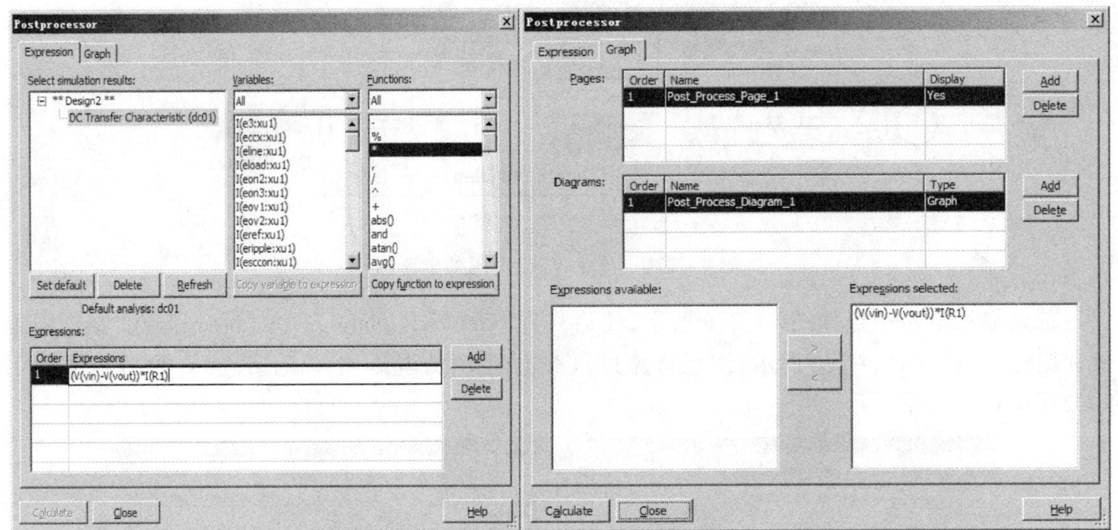

图 8－27e　数据后处理窗口

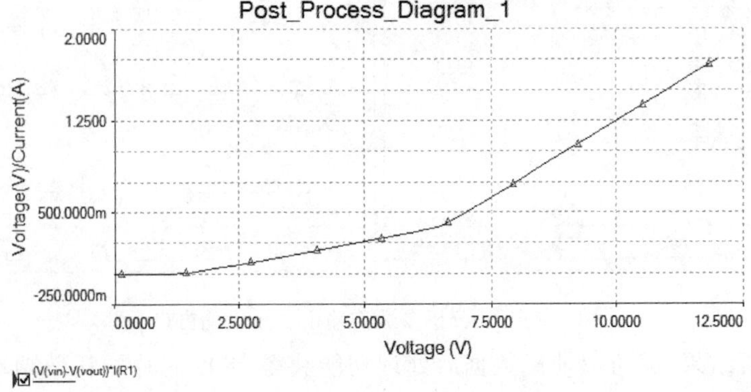

图 8－27f　经过后处理的 7805 耗散功率曲线图

例 8－28　图 8－28a 电路为三端可调式集成稳压器 LM117H 的基本应用电路，试调节电位

器 R_2，看输出电压有何变化。

解：三端可调式集成稳压器 LM117H 可实现输出电压 1.25～37V 连续可调，且最大输出电流可达 1.5A。其基准电压设置很小，约为 1.25V，而允许的输入电压范围大（3～40V）。为了使电路正常工作，它的输出电流应不小于 5mA。

在图 8－28b 电路中选用 40V 作为输入电压，并用电压、电流表（DC 挡）测量基准电压、输出电压和输出电流，调节 R_2 的大小可以看到，当 R_2 从 0%～68%（即 0～6.8kΩ）变化时，稳压器输出电流约为 5.2mA，基准电压 $U_{REF} \approx 1.25V$，输出电压从 1.25～37V 变化。测量值与由公式 $U_O = U_{REF}\left(1+\frac{R_2}{R_1}\right)$ 计算所得的值基本一致。

本题也可用对 R_2 进行参数扫描的方法来分析输出电压。

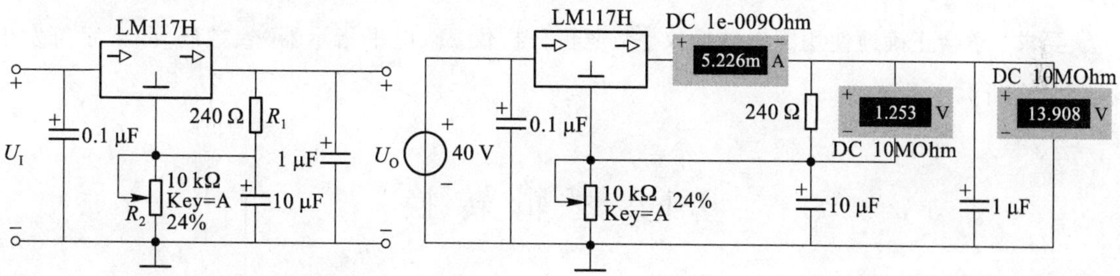

图 8－28a 例 8－28 电路图　　图 8－28b 测量电路图

例 8－29 图 8－29a 为三端集成稳压器 7805 组成的电路，试观察当电位器 R_2 变化时，图中电流 I_O 与电压 U_O 有何变化，并说明电路的特点。

解：测量电路如图 8－29b 所示。测量可得：

当 R_2 变化时，$I_O \approx 0.95A$，基本不变，具有恒流的特点，故该电路可做恒流源电路。

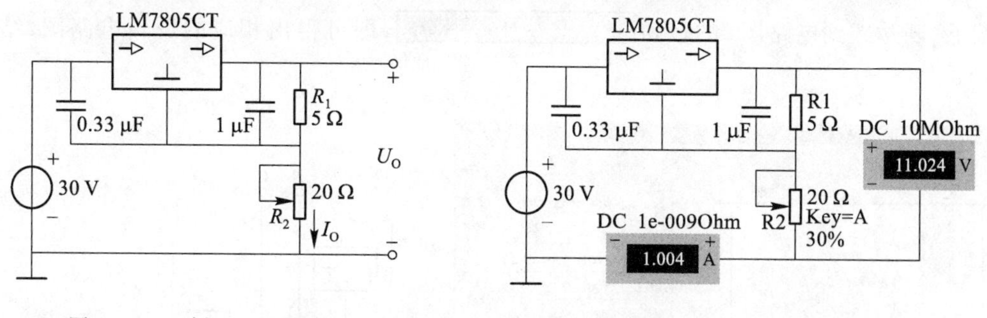

图 8－29a 例 8－29 电路图　　图 8－29b 测量电路图

当 R_2 增大时，U_O 也随之增大，且 $U_O \approx 5\left(1+\frac{R_2}{R_1}\right)$，故该电路又是输出可调的稳压电源。

第 9 章　Multisim 11.0 在数字电子电路分析中的应用

数字电子电路和模拟电子电路具有截然不同的特点和分析方法，采用 Multisim 11.0 软件可以很直观地观察到数字电路的输出状态与波形，从而为理解数字电路、学好数字电子技术提供帮助。

要求： 学会正确地使用逻辑转换仪、逻辑分析仪、电平指示器、数码管、字符发生器等分析数字电路。

9.1　逻辑转换

例 9-1　根据逻辑关系表达式 $F=AB+\overline{A}B+C$，求真值表并画出逻辑电路图。

解： 从仪器栏中取出逻辑转换仪图标，再用鼠标左键双击它，在逻辑转换仪面板图最底部的一行空位置中，输入该逻辑关系表达式，然后按下"表达式到真值表"的按钮 A|B → 1 0|1，即可得出相应的真值表，结果见图 9-1a。注意，在逻辑关系表达式中变量右上方的"'"表示的是逻辑非。

按下"表达式到电路图"的按钮 A|B → ，即可得出相应的逻辑电路图，结果见图 9-1b。

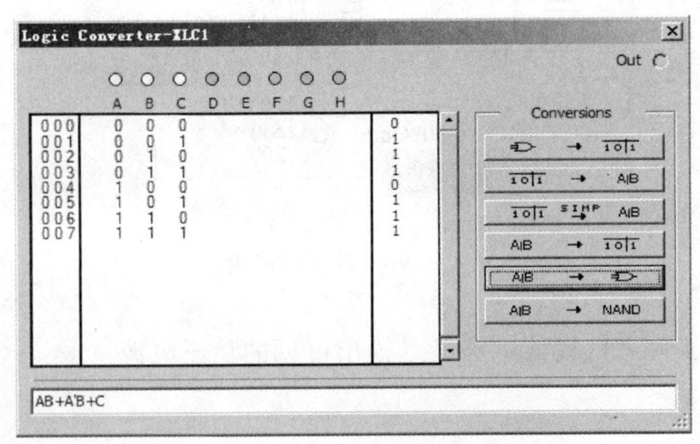

图 9-1a　表达式到真值表的转换

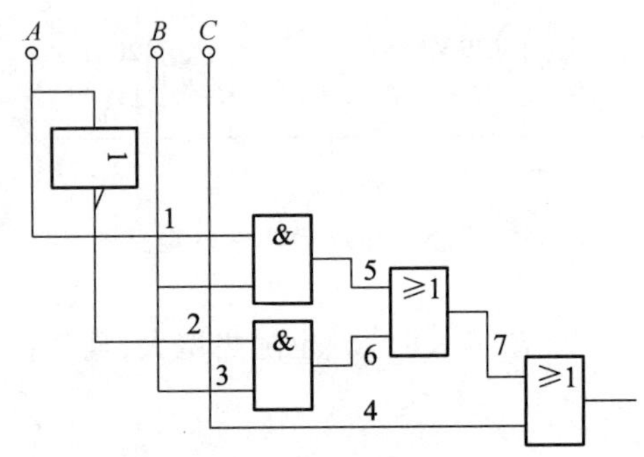

图 9-1b　表达式到电路图

例 9-2　化简下列逻辑关系表达式：

$$F=\overline{\overline{AC+\overline{A}BC+\overline{B}C}+AB\overline{C}+\overline{A}B}$$

解：在逻辑转换仪面板最底部的一行空位置中，输入该逻辑关系表达式，因为面板图中没有化简逻辑表达式的直接方式，所以需要先将表达式转换成真值表 A|B → 10|1 ，然后再按下“真值表到最简表达式”的按钮 10|1 SIMP A|B ，这样即可得到化简后的表达式，转换过程及结果见图 9-2a、图 9-2b。按下“真值表到**与非**门电路”按钮 A|B → NAND 即可得到用两输入端**与非**门画出的电路图，如图 9-2c 所示。

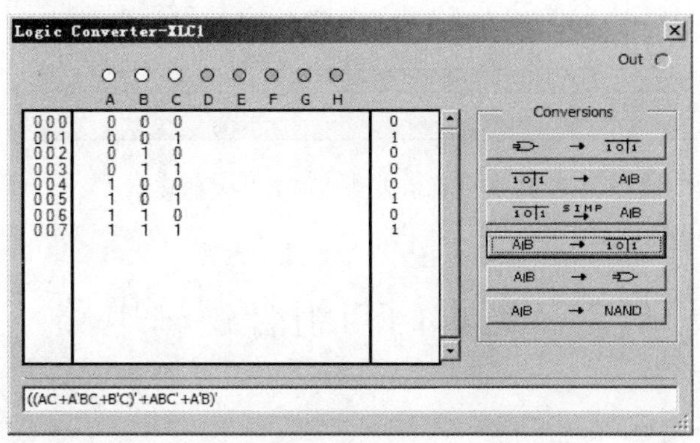

图 9-2a　表达式到真值表的转换

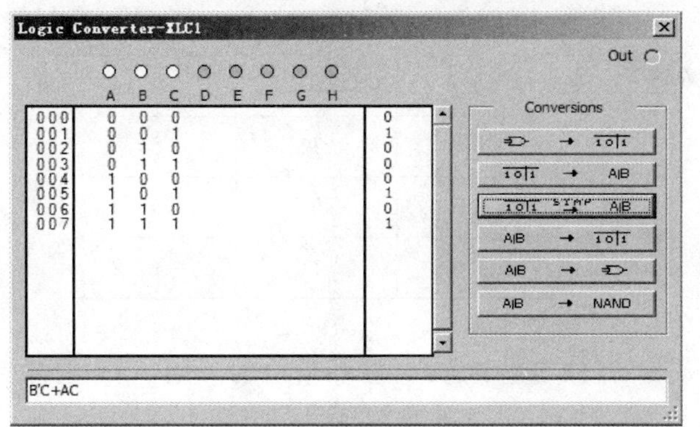

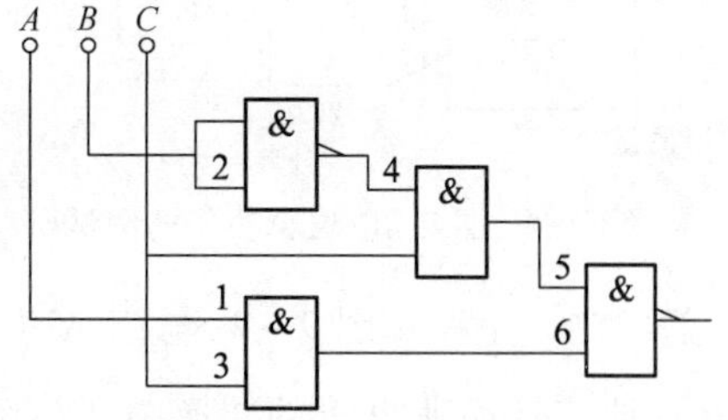

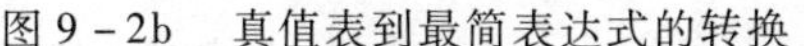

图 9-2b　真值表到最简表达式的转换　　图 9-2c　最简表达式到**与非**门电路的转换

例 9-3　化简包含无关项的逻辑关系表达式：

$$F = \sum m(2,4,6,8) + \sum d(0,1,13)$$

解：因为该表达式中最大的项数为 13，所以应该从逻辑转换仪的顶部选择四个输入端（A、B、C、D），此时真值表区会自动出现输入信号的所有组合，而右边输出列的初始值全部为“?”，根据逻辑表达式改变真值表的输出值（用鼠标左键点一次“?”即变“0”，点两次“?”即变“1”，点三次“?”即变“X”），得到的真值表如图 9-3 所示。

按下“真值表到最简表达式”的按钮 10|1 SIMP A|B ，相应的逻辑表达式就会出现在逻辑转换仪底部的逻辑表达式栏内。这样就得到了该式的最简表达式：$F = \overline{A}\,\overline{D} + \overline{B}\,\overline{C}\,\overline{D}$

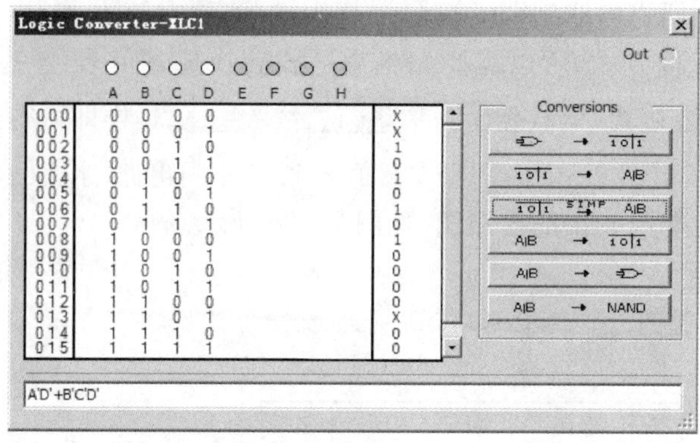

图9-3　真值表到最简表达式的转换

9.2　逻辑门与组合逻辑电路

例9-4　测试“与门”的逻辑功能。

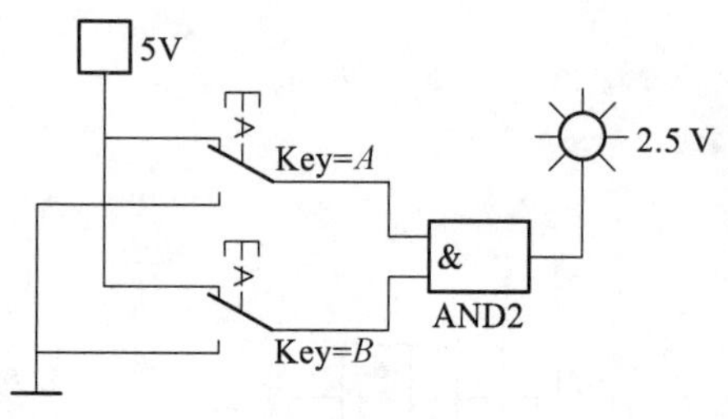

图9-4　“与门”逻辑功能的测试电路图

表9-1　“与门”逻辑功能的测试结果

输入 A	输入 B	输出 F
0	**0**	**0**
0	**1**	**0**
1	**0**	**0**
1	**1**	**1**

解：测试电路见图9-4，与门AND2从 的 TIL 中选取，输入信号的**1**用+5V电源提供，**0**用地信号提供，**0**、**1**的转换用开关切换，输出信号用电平指示器（在 中）测试。测试时，闭合仿真开关，输入**0**或**1**。结果为**1**，电平指示器发光，结果为**0**，电平指示器不亮，测试结果见表9-1。

例9-5　测试“三态门”的逻辑功能。

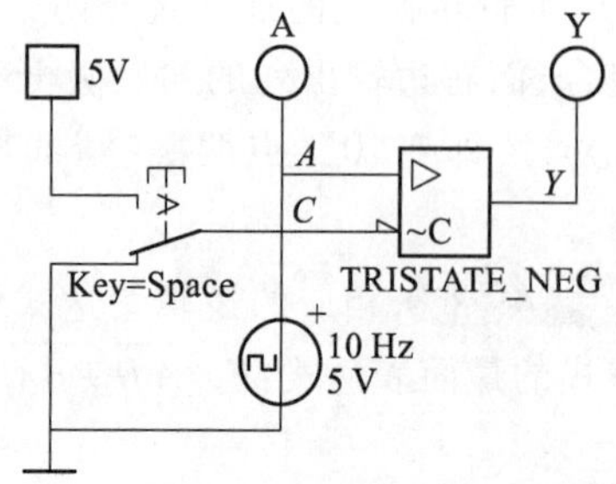

图9-5　“三态门”逻辑功能的测试电路图

表9-2　“三态门”逻辑功能的测试结果

输入 C	输入 A	输出 Y
1	X	高阻
0	**0**	**0**
0	**1**	**1**

解： 从 的 TTL 中选取三态门 TRISTATE_NEG，按图 9-5 连接电路，控制端 C 通过开关进行高低电平切换，输入端 A 接时钟脉冲，测试时，闭合仿真开关 0 1，通过切换开关使控制端输入 **0** 或 **1**，观察输入 A 与输出 Y 端所接电平指示器的状态，可得：当 $C=\mathbf{1}$ 时，输出 Y 不受输入 A 影响，为高阻状态；当 $C=\mathbf{0}$ 时 $Y=A$。测试结果见表 9-2。

例 9-6　分析图 9-6a 所示电路的逻辑功能。

解： 将电路的输入端 A、B 接到逻辑转换仪的 A、B 输入端，电路的输出端 F 接到逻辑转换仪的 Out 输出端，如图 9-6b 所示，然后双击逻辑转换仪，当出现控制面板后，按下"电路图到真值表"的按钮 → 10|1，即可得出该电路的真值表，再按下"真值表到最简表达式"的按钮 10|1 SIMP AlB，得到的就是所求的最简表达式，结果如图 9-6c 所示。

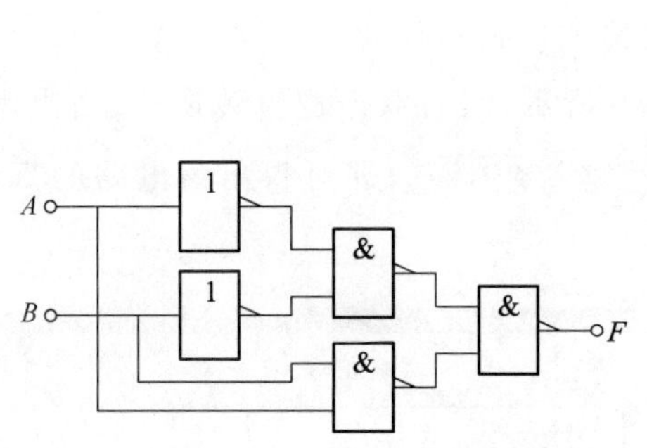

图 9-6a　已知的逻辑电路图

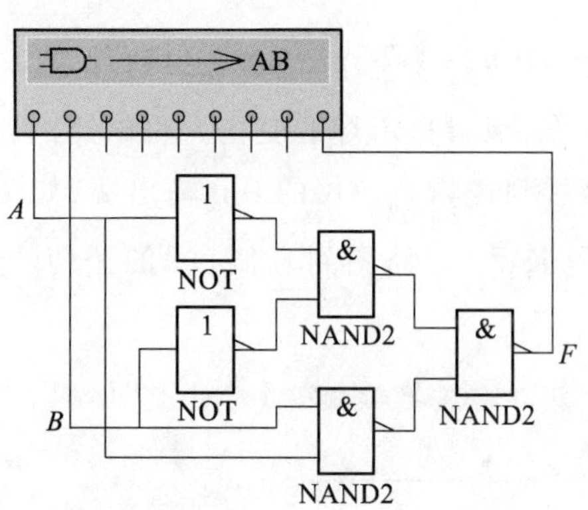

图 9-6b　电路与逻辑转换仪的连接图

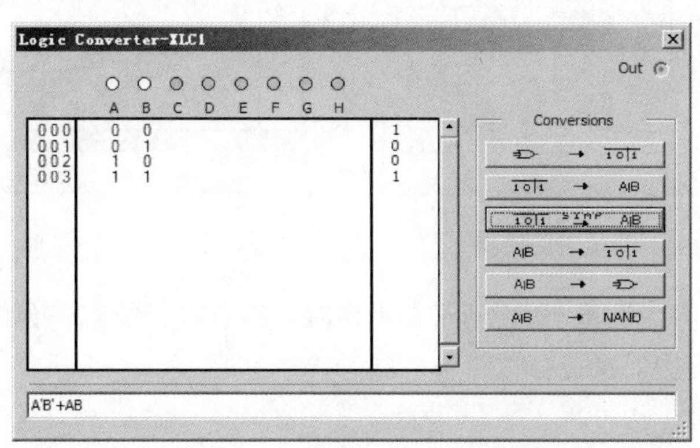

图 9-6c　逻辑转换仪的测量结果

因此该逻辑电路的表达式为　$F=\overline{A}\,\overline{B}+AB$

由真值表或表达式可知，当 $A=B$ 时，$F=\mathbf{1}$，当 $A\neq B$ 时，$F=\mathbf{0}$，所以该电路实现的是**同或**逻辑关系。

例 9-7　图 9-7a 为安装在三个不同位置开关控制一个楼道电灯的电路，其中任何一个开关都能控制电灯的亮灭。试列出其真值表。

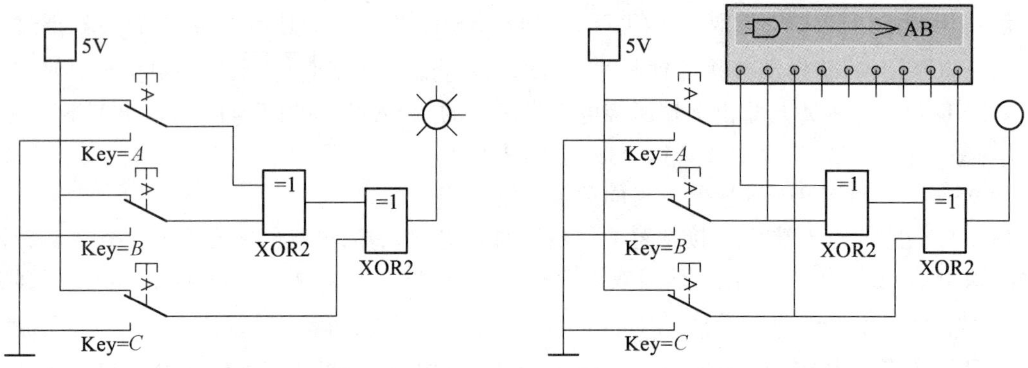

图 9－7a　三个开关控制一个电灯的电路图　　图 9－7b　电路与逻辑转换仪的连接图

解：从的 TTL 中选取**异或**门 XOR2，按图 9－7a 连接电路，改变三个开关中任何一个的状态，观察指示灯的变化。将电路的输入端接到逻辑转换仪的 A、B、C 输入端，电路的输出端接到逻辑转换仪的 Out 输出端，如图 9－7b 所示，然后双击逻辑转换仪，当出现控制面板后，按下“电路图到真值表”的按钮，即可得出该电路的真值表，见图 9－7c。

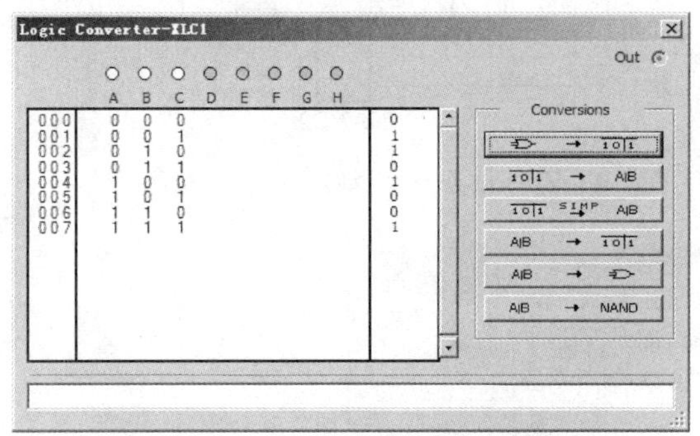

图 9－7c　逻辑电路到真值表的转换

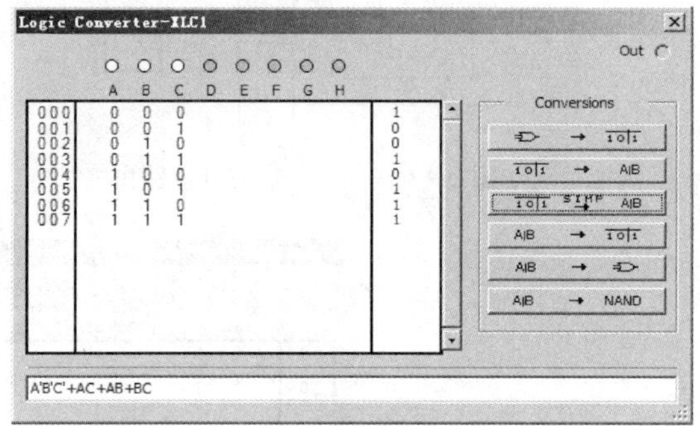

图 9－8a　真值表

例 9－8　有 A、B、C 三台电机，它们正常工作时必须有且只能有一台电机运行，如果不满足这个条件，就发出报警信号，试设计该报警电路。

解：用逻辑转换仪完成设计。

从逻辑转换仪的顶部选择需要的输入端（A、B、C），此时真值表区会自动出现输入信号的所有组合，而右边输出列的初始值全部为?。假定输入端为 **1** 表示电机运行，输出端为 **1** 表示发出报警信号。根据设计要求，改变真值表的输出值（1、0 或 X），可得到真值表如图 9－8a 所示。按下“真值表到最简表达式”的按钮，相应的逻辑表达式就会出现在逻辑转换仪底部的逻辑表达式栏内。然后，按下“表达式到电路图”的按钮，就得到了所要设计的电路，见图 9－8b。最后，若需要可在输入端接上切换开关，在输出端接上指示灯或蜂鸣器。

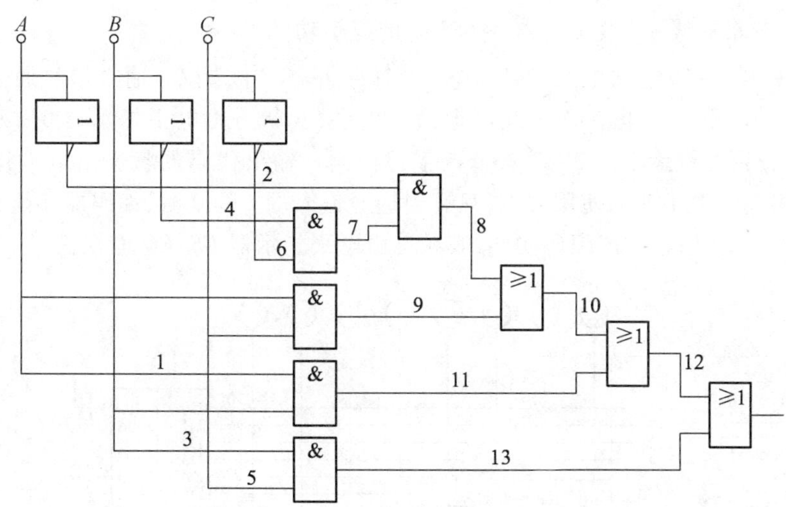

图 9－8b　由逻辑转换仪自动生成的电路图

例 9－9　测试用 74LS86 组成的奇偶校验电路。

解：测试电路见图 9－9，74LS86 从的 74LS 中选取。输入信号用电平指示器监视，**1** 用 +5V 电源提供，**0** 用地信号提供，**0**、**1** 用切换开关转换，输出信号用电平指示器监视。测试时，闭合仿真开关，改变输入信号，观察输出结果，结果为 **1**，电平指示器发光，结果为 **0**，电平指示器不亮，测试结果见表 9－3。

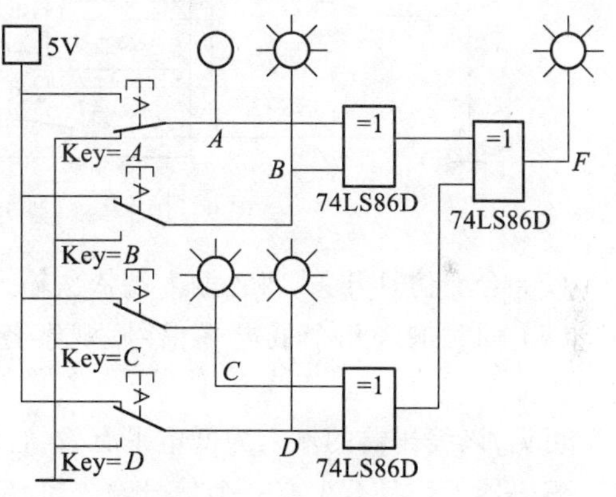

图 9－9　用 74LS86 组成的奇偶校验电路图

表 9－3　奇偶校验电路的测试结果

输入 *ABCD*	奇偶性	输出 *F*	输入 *ABCD*	奇偶性	输出 *F*
0000	偶	**0**	**1000**	奇	**1**
0001	奇	**1**	**1001**	偶	**0**
0010	奇	**1**	**1010**	偶	**0**
0011	偶	**0**	**1011**	奇	**1**
0100	奇	**1**	**1100**	偶	**0**
0101	偶	**0**	**1101**	奇	**1**
0110	偶	**0**	**1110**	奇	**1**
0111	奇	**1**	**1111**	偶	**0**

例 9－10　分析 8 线－3 线编码器 74LS148 的逻辑功能。

解：（1）按图 9－10 连接电路，74LS148 从 的 74LS 中选取。输入信号通过开关接优先编码器的输入端，**1** 用 +5V 电源提供，**0** 用地信号提供，其状态由电平指示器 0～7 监视，**0**、**1** 用切换开关转换，分别由键盘上的 0～7 八个数字键控制。输出代码的状态由电平指示器 A_0～A_2 监视。按照编码器 74LS148 的使用要求，只有当选通输入端 $EI=0$ 时，编码器才能正常工作。两个扩展输出端 GS、EO 用于扩展编码功能，其状态由电平指示器 GS、EO 监视。

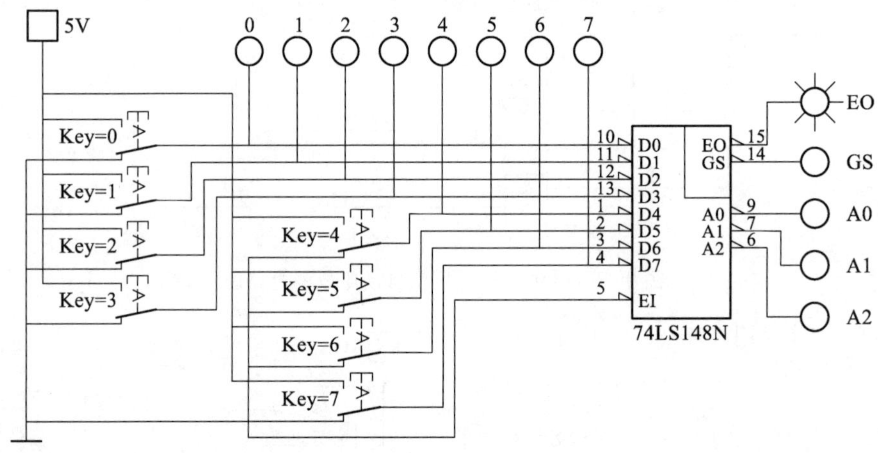

图 9－10　编码器 74148 逻辑功能的测试电路图

（2）合上仿真开关，将各输入端依次输入低电平 **0**，观察输出代码的变化。

（3）同时输入几个低电平信号，观察各输入信号优先级别的高低，记录并整理结果见表 9－4。

可见，该编码器的输入为低电平有效，且输入 7 端的优先级别最高，输入 0 端的优先级别最低。编码器工作且至少有一个信号输入时，$GS=\mathbf{0}$，编码器工作且没有信号输入时，$EO=\mathbf{0}$。

表 9－4　记录结果

输入								输出				
7	6	5	4	3	2	1	0	A_2	A_1	A_0	GS	EO
0	×	×	×	×	×	×	×	**0**	**0**	**0**	**0**	**1**
1	**0**	×	×	×	×	×	×	**0**	**0**	**1**	**0**	**1**
1	**1**	**0**	×	×	×	×	×	**0**	**1**	**0**	**0**	**1**
1	**1**	**1**	**0**	×	×	×	x	**0**	**1**	**1**	**0**	**1**
1	**1**	**1**	**1**	**0**	×	×	×	**1**	**0**	**0**	**0**	**1**
1	**1**	**1**	**1**	**1**	**0**	×	×	**1**	**0**	**1**	**0**	**1**
1	**1**	**1**	**1**	**1**	**1**	**0**	×	**1**	**1**	**0**	**0**	**1**
1	**1**	**1**	**1**	**1**	**1**	**1**	**0**	**1**	**1**	**1**	**0**	**1**
1	**1**	**1**	**1**	**1**	**1**	**1**	**1**	**1**	**1**	**1**	**1**	**0**

例 9-11　分析 3 线-8 线译码器 74LS138 的逻辑功能。

解：(1) 按图 9-11a 连接电路，74LS138 从的 74LS 中选取。输入信号的三位二进制代码由字符发生器产生，其状态由电平指示器 $A \sim C$ 监视，输出信号的状态由电平指示器 $Y_0 \sim Y_7$ 监视，按照译码器 74LS138 的使用要求，只有当 $G1$ 接高电平、$\sim G2$A 和 $\sim G2$B 接低电平时，译码器才处于工作状态，否则译码器被禁止，所有输出端均被封锁为高电平。

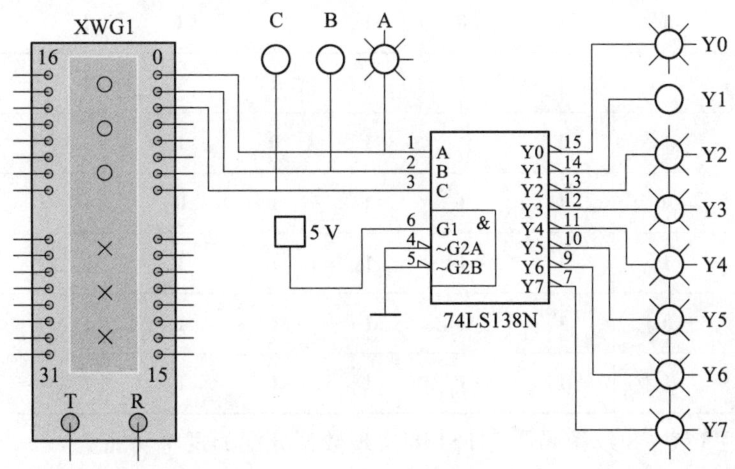

图 9-11a　译码器 74LS138 逻辑功能的测试电路图

(2) 闭合仿真开关，双击字符发生器，出现图 9-11b 所示的控制面板图，单击 Set 按钮，见图 9-11c，在 Settings 对话框中，选择递增编码方式(Up counter)，按图 9-11c 进行设置，然后单击 Accept。之后，不断单击字符发生器面板上的单步输出按钮(Step)，观察输出信号与输入代码的对应关系。

(3) 记录结果见表 9-5。可见，三位输入代码共有 8 种状态组合，对应着 8 个不同的输出信号，输出信号为低电平有效。

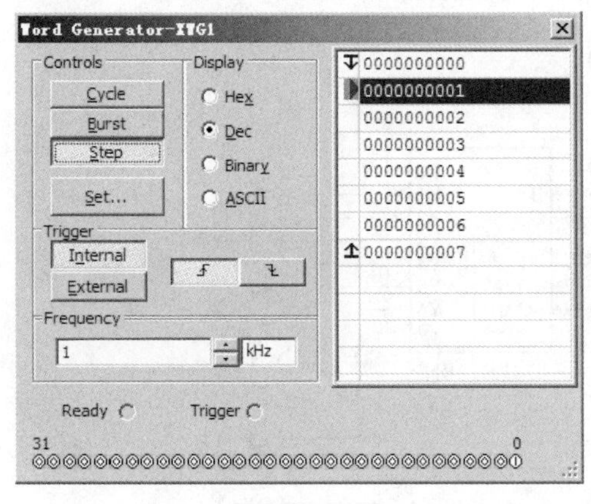

图 9-11b　字符发生器控制面板图

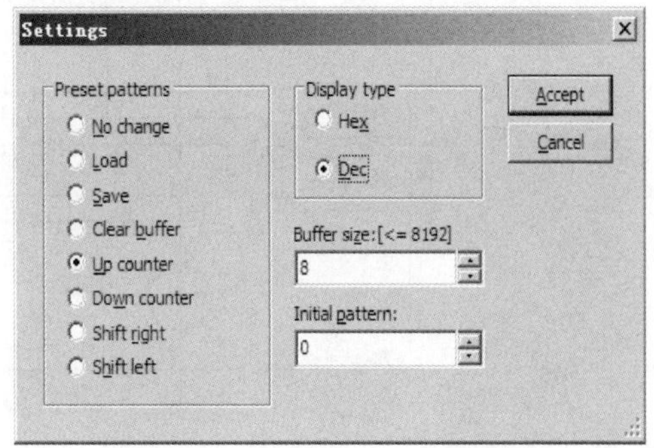

图 9-11c　设置按钮的对话框

表9-5 译码器74LS138的逻辑功能

输入			输出							
C	B	A	Y_0	Y_1	Y_2	Y_3	Y_4	Y_5	Y_6	Y_7
0	**0**	**0**	**0**	**1**	**1**	**1**	**1**	**1**	**1**	**1**
0	**0**	**1**	**1**	**0**	**1**	**1**	**1**	**1**	**1**	**1**
0	**1**	**0**	**1**	**1**	**0**	**1**	**1**	**1**	**1**	**1**
0	**1**	**1**	**1**	**1**	**1**	**0**	**1**	**1**	**1**	**1**
1	**0**	**0**	**1**	**1**	**1**	**1**	**0**	**1**	**1**	**1**
1	**0**	**1**	**1**	**1**	**1**	**1**	**1**	**0**	**1**	**1**
1	**1**	**0**	**1**	**1**	**1**	**1**	**1**	**1**	**0**	**1**
1	**1**	**1**	**1**	**1**	**1**	**1**	**1**	**1**	**1**	**0**

例9-12 用3线-8线译码器74LS138实现数据分配的逻辑功能。

解：(1) 按图9-12连接电路，由A、B、C三线提供地址输入信号，分别通过开关接到+5V或"地"端，并由电平指示器A、B、C监视，控制端~$G2$A作为数据输入端接到频率为100Hz的时钟脉冲上，由电平指示器D监视，~$G2$B接低电平，$G1$接高电平，输出信号的状态由电平指示器监视，时钟脉冲可从 SIGNAL_VOLTAGE_SOURCES 中选 CLOCK _ VOLTAGE，也可从 DIGITAL_SOURCES 中选 DIGITAL_CLOCK。

(2) 合上仿真开关，用键盘上的A、B、C三个按键控制开关来提供不同的地址，观察输出信号与地址输入及数据输入信号间的对应关系，记录结果见表9-6。可以看到在图9-12所示(输入为**000**)状态下，输出Y_1~Y_7指示器均亮，Y_0指示器随着D指示器而闪烁。

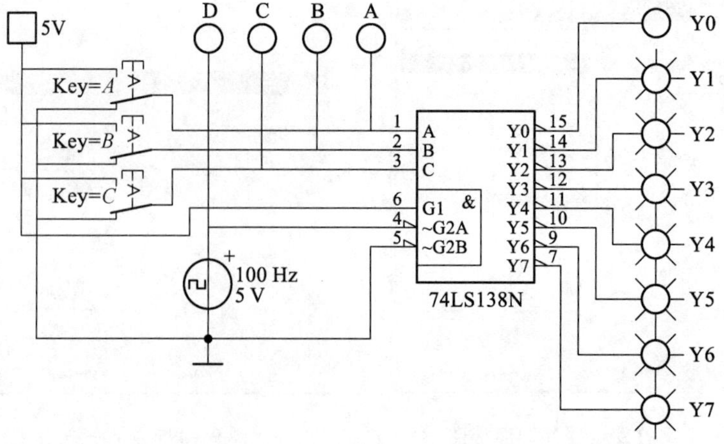

图9-12 用译码器74LS138实现数据分配的电路图

表 9-6　数据分配器的记录结果

输入			输出							
C	B	A	Y_0	Y_1	Y_2	Y_3	Y_4	Y_5	Y_6	Y_7
0	**0**	**0**	D	**1**	**1**	**1**	**1**	**1**	**1**	**1**
0	**0**	**1**	**1**	D	**1**	**1**	**1**	**1**	**1**	**1**
0	**1**	**0**	**1**	**1**	D	**1**	**1**	**1**	**1**	**1**
0	**1**	**1**	**1**	**1**	**1**	D	**1**	**1**	**1**	**1**
1	**0**	**0**	**1**	**1**	**1**	**1**	D	**1**	**1**	**1**
1	**0**	**1**	**1**	**1**	**1**	**1**	**1**	D	**1**	**1**
1	**1**	**0**	**1**	**1**	**1**	**1**	**1**	**1**	D	**1**
1	**1**	**1**	**1**	**1**	**1**	**1**	**1**	**1**	**1**	D

例 9-13　十字路口红绿灯控制，要求路口先直行后转弯，直行绿灯亮几十秒，再左转弯绿灯亮几十秒，东西方向和南北方向交替进行，绿灯依次成对点亮，其他方向应红灯亮。当有特种车辆需要通过路口时，各个方向的红灯都应点亮，以限制普通车辆通行，方便特种车辆通过。试用 2-4 译码器 74LS139 实现。74LS139 的真值表见表 9-7。

解：控制电路逻辑图如图 9-13a 所示，一片 74LS139 集成电路中有两个功能相同的电路，实现上述功能只要半块该集成电路即可。74LS139 的通道选择信号由字符发生器的最低两位来提供，1B 接高位，1A 接低位，共有四种组合，其状态可由电平指示器 B、A 观察，字符发生器的设置如图 9-13b 所示。74LS139 的输出 $1Y_0$、$1Y_1$、$1Y_2$、$1Y_3$ 用于控制红绿灯，红灯在绿灯熄灭时点亮，即红灯和绿灯为**非**关系。片选端 ~$1G$ 连接特种车辆通过的控制开关。由真值表可看出，当 ~$1G$ 为 **0** 时，74LS139 的输出量每次只能有一个为低电平，此时该低电平输出对应的红灯灭，并通过**非**门控制其绿灯点亮，而其余三个高电平输出则使红灯亮，绿灯灭；当 ~$1G$ 为 **1** 时，各方向红灯都亮，绿灯都灭，便于特种车辆快速通过。红绿灯显示状态如表 9-7 所示。

该电路也可由 74LS138 来完成，只需选择其部分功能即可，同学们可自行设计完成。

表 9-7　74LS139 真值表及交通灯状态

片选	通道选择		输出				红绿灯显示状态
~$1G$	$1B$	$1A$	$1Y_0$	$1Y_1$	$1Y_2$	$1Y_3$	
1	×	×	**1**	**1**	**1**	**1**	各方向红灯全亮
0	**0**	**0**	**0**	**1**	**1**	**1**	东西直行绿灯亮
0	**0**	**1**	**1**	**0**	**1**	**1**	东西左转绿灯亮
0	**1**	**0**	**1**	**1**	**0**	**1**	南北直行绿灯亮
0	**1**	**1**	**1**	**1**	**1**	**0**	南北左转绿灯亮

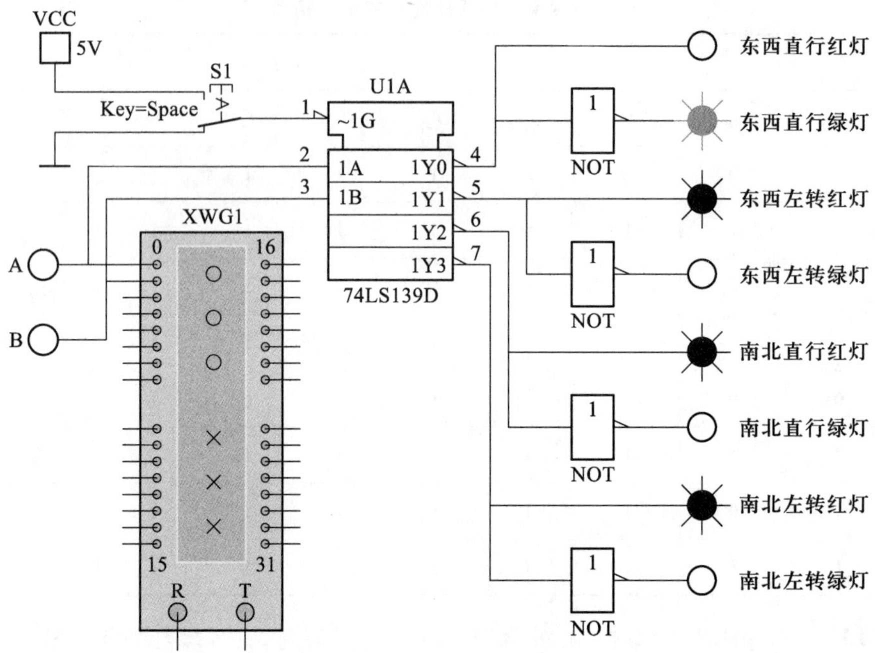

图9-13a　十字路口红绿灯控制电路图

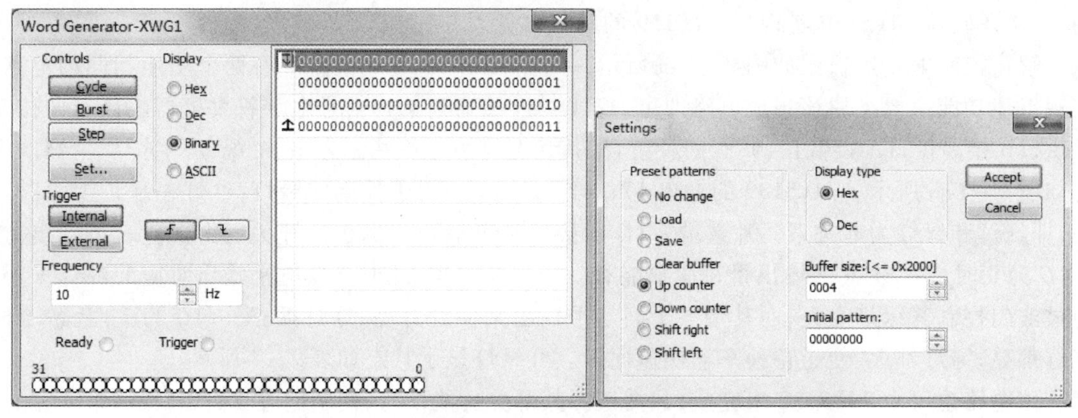

图9-13b　字符发生器控制面板及其设置

例9-14　分别画出用数据选择器74LS151、译码器74LS138(加门电路)实现函数 $F(A,B,C)=\overline{A}\,\overline{B}+B\overline{C}$ 的逻辑图,并加以验证。

解: 先在逻辑转换仪XLC1中输入函数表达式,再点击 A|B → 1 0|1 ,得到其真值表,如图9-14a所示,由此可得函数的最小项表达式为 $F(A,B,C)=\sum m(0,1,2,6)$。据此可画出用74LS151实现函数的电路如图9-14b所示,用74LS138加**与非**门实现函数的电路如图9-14c所示,其中接入逻辑转换仪用于验证电路的正确性,即分别将XLC2、XLC3的输入变量 A、B、C 与74LS151、74LS138的输入端 C、B、A 相接,XLC2的输出与74LS151的 Y 端相连,XLC3的输出和**与非**门的输出相连。双击XLC2、XLC3,点击其 → 1 0|1 ,即可得到真值表,

再点击 10|1 SIMP→ A|B ，即可得到最简表达式，所得结果与图 9－14a 中所示完全相同，说明所画电路正确。

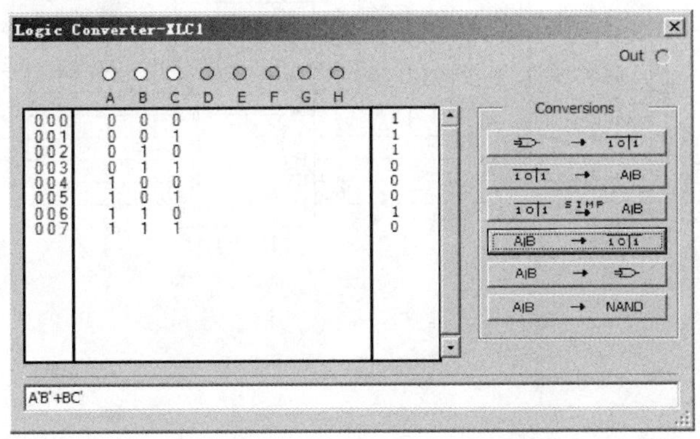

图 9－14a　由表达式得出真值表

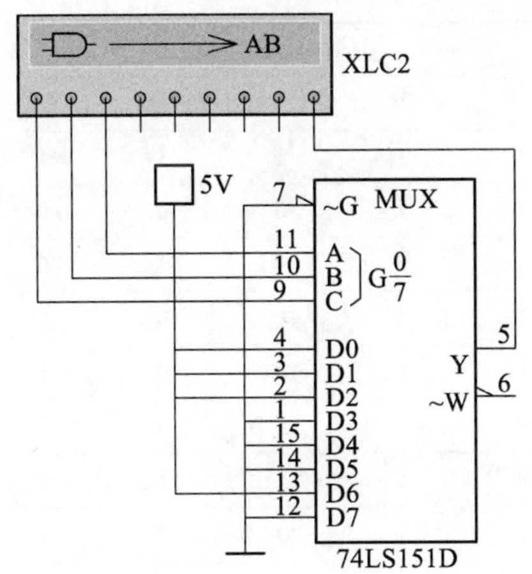

图 9－14b　用 74LS151 实现函数的电路图

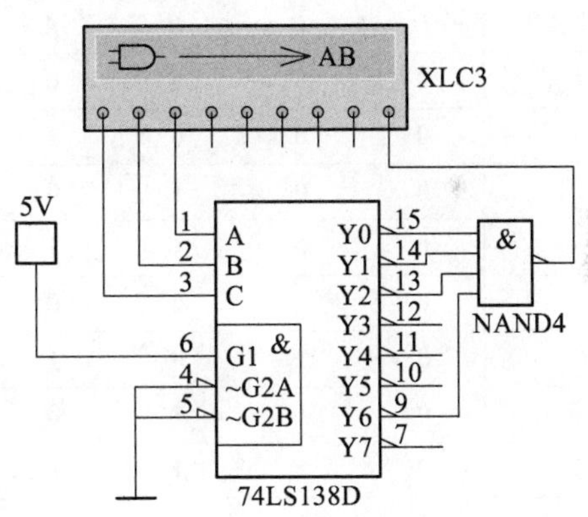

图 9－14c　用 74LS138 实现函数的电路图

例 9－15　分析七段译码器 74LS48 的逻辑功能。

解：（1）画出图 9－15 所示的电路，输入信号的四位二进制代码由字符发生器产生，其状态由电平指示器 A～D 监视，输出信号接七段数码管显示器（从▣中选 SEVEN_SEG_COM_K），为了便于观察，输出信号同时由逻辑电平指示器监视，按照使用要求，七段译码器 74LS48 工作时应使 $\overline{LT}=\overline{BI/RBO}=\overline{RBI}=1$。

（2）闭合仿真开关，双击字符发生器，出现图 9－11b 所示的控制面板图，单击 Set 按钮，见图 9－11c，在 Settings 对话框中，选择递增编码方式（Up counter），将图 9－11c 中的 Buffer size 设为 10，然后单击 Accept。之后，不断单击字符发生器面板上的单步输出按钮（Step），观察七段显示器显示的十进制数与输入代码的对应关系，同时记录七段译码器 74LS48 的输出值。

（3）记录结果见表 9－8。可见，七段译码器 74LS48 输出为高电平有效，七段数码管显示器显示的十进制数与输入的 BCD 码相对应。

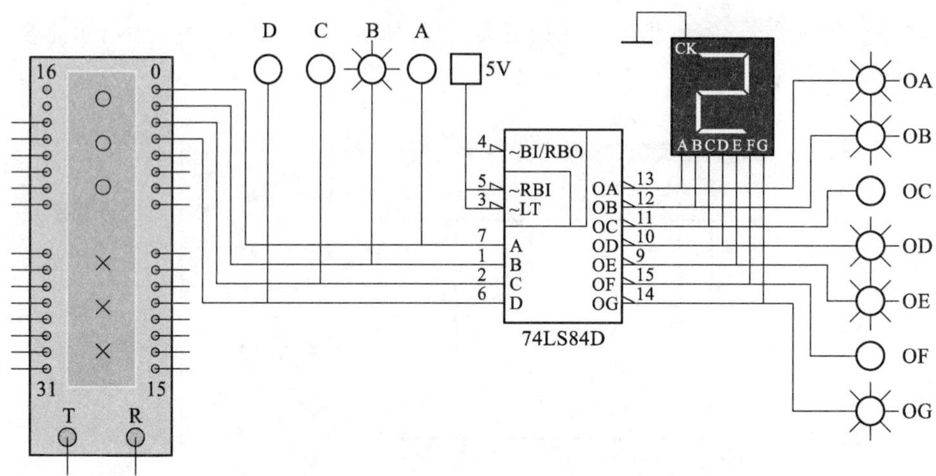

图 9-15　七段译码器 7448 逻辑功能的测试电路图

表 9-8　七段译码器 7448 的逻辑功能

输入					输出						
十进制数	*D*	*C*	*B*	*A*	*OA*	*OB*	*OC*	*OD*	*OE*	*OF*	*OG*
0	0	0	0	0	1	1	1	1	1	1	0
1	0	0	0	1	0	1	1	0	0	0	0
2	0	0	1	0	1	1	0	1	1	0	1
3	0	0	1	1	1	1	1	1	0	0	1
4	0	1	0	0	0	1	1	0	0	1	1
5	0	1	0	1	1	0	1	1	0	1	1
6	0	1	1	0	0	0	1	1	1	1	1
7	0	1	1	1	1	1	1	0	0	0	0
8	1	0	0	0	1	1	1	1	1	1	1
9	1	0	0	1	1	1	1	0	0	1	1

例 9-16　分析图示用优先编码器 74LS148 和七段译码器 74LS48（或 74LS47）组成的编码译码电路。

解： 图 9-16a 中选用了七段译码器 74LS48（其输出为高电平有效），74LS48 用于驱动共阴数码管（从中选 SEVEN_SEG_COM_K），数码管的阴极 CK 接地；图 9-16b 中选用了七段译码器 74LS47（其输出为低电平有效），74LS47 用于驱动共阳数码管（从中选 SEVEN_SEG_COM_A），数码管的阳极 CA 接高电平，图中电阻 RPACK 可从 Basic 的 RPACK 中选取 RPACK VARIABLE 2X7，蜂鸣器可从的 BUZZER 中选取，并将其电压设置为 4V 左右。开关上的数字是键盘按钮的数字键，通过键盘可以控制编码器的输入开关的通和断，编码器根据优先编码的原则输出相应的编码。由于编码器 74LS148 是输出低电平有效，而译码器 74LS48 与 74LS47 的输入端均为高电平有效，所以在两个芯片之间加有反相器。通过仿真可以看到，当有按键接地时，*GS* 灯亮，蜂鸣器发出声音，说明有编码输出，数码管显示优先级高的数字，当所有按键都接高电平时，

GS 灯灭,蜂鸣器不响,说明没有编码输出。

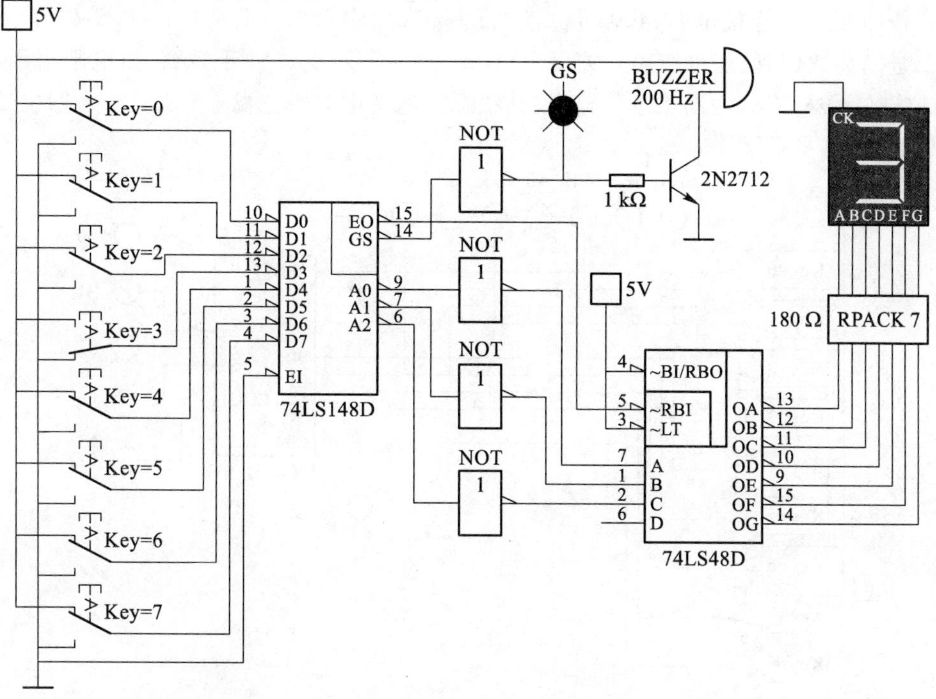

图 9-16a 由 74LS148 与 74LS48 构成的编码译码电路图

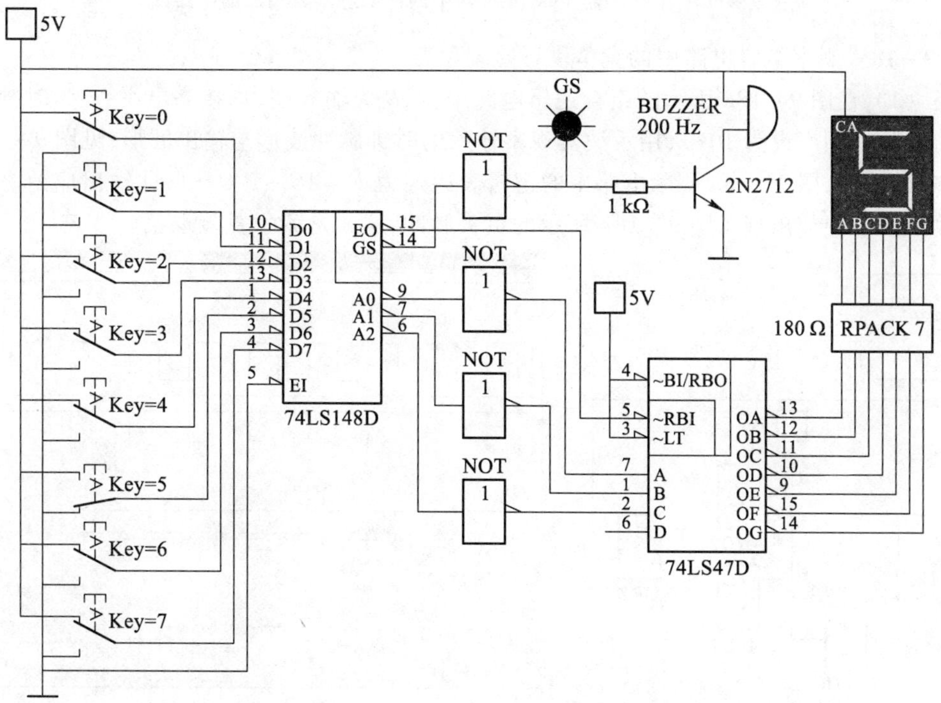

图 9-16b 由 74LS148 与 74LS47 构成的编码译码电路图

例 9-17　用4位超前进位加法器4008实现两个四位二进制数的相加。

解： 按图9-17连接电路，4008从CMOS_5V中选取。$A_3A_2A_1A_0$、$B_3B_2B_1B_0$ 分别是两个四位二进制加数，其值通过切换开关由+5V或"地"提供，为了便于观察，由电平指示器监视。C_{IN}为低位进位输入，C_{OUT}为高位进位输出，其状态由电平指示器监视。$S_3S_2S_1S_0$ 为四位二进制和输出，其状态由电平指示器监视。

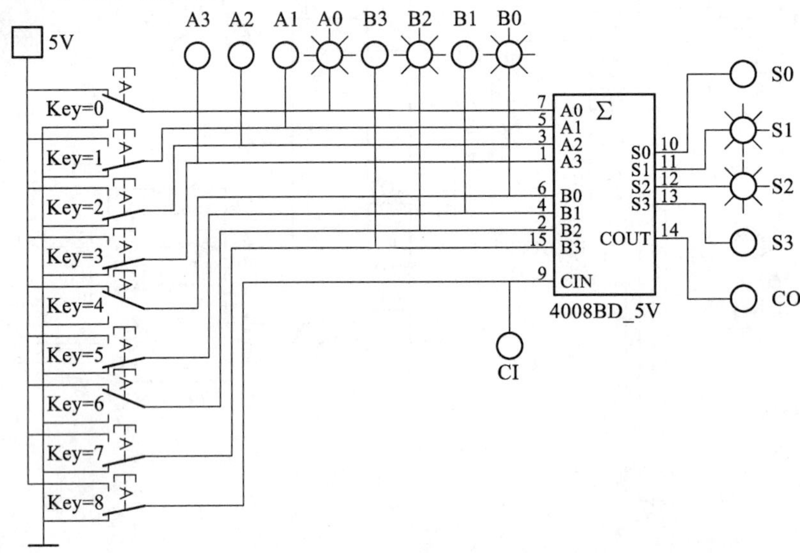

图9-17　用加法器4008实现两个四位二进制数相加的电路图

例 9-18　观察组合电路中的竞争-冒险现象。

解： (1) 在图9-18a所示的组合逻辑电路中，A、B 为输入端，均接高电平，C 为时钟脉冲输入端，时钟脉冲频率设为10Hz，用示波器观察输入的时钟脉冲波形与输出波形，见图9-18b。

从理论上讲，图9-18a所示电路中的逻辑表达式为 $F=AC+B\overline{C}=1$，即输出应始终为高电平，但输出波形中却出现了图9-18b所示的负尖脉冲，这就是竞争冒险现象。

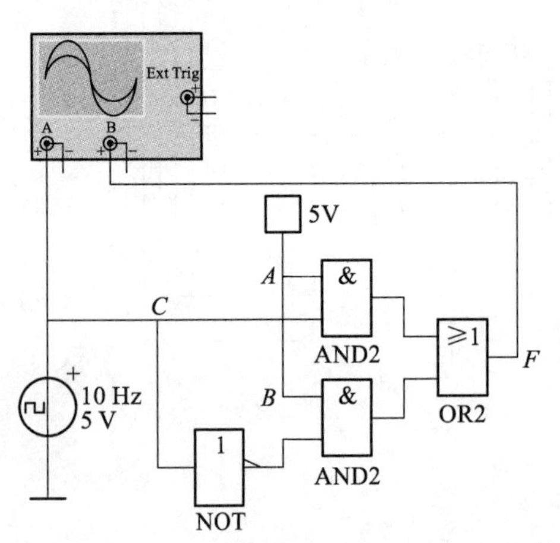

图9-18a　有竞争冒险现象的组合逻辑电路图

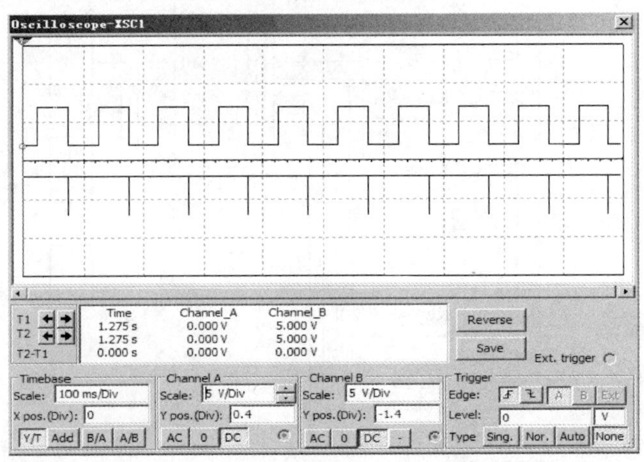

图9-18b　观察到的竞争冒险现象

（2）为消除竞争冒险现象所产生的负尖脉冲，在图 9－18a 的电路中增加冗余项 AB，见图 9－18c，这样 $F = AC + B\overline{C} + AB$，当 $A = B = \mathbf{1}$ 时，无论 C 如何变化，F 始终为 **1**，从而消除了负尖脉冲，波形见图 9－18d。

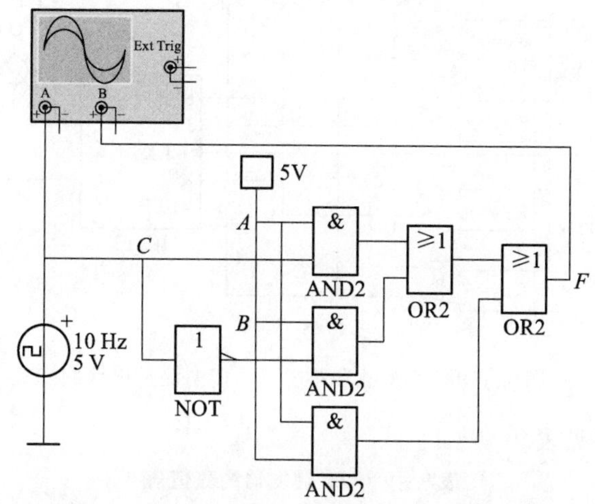

图 9－18c　为消除竞争冒险现象的改进电路图

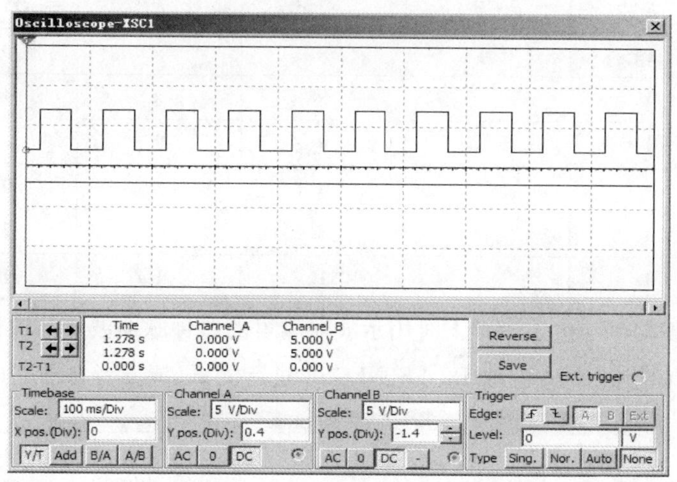

图 9－18d　改进电路的波形图

9.3　触发器与时序逻辑电路

例 9－19　测试 JK 触发器的逻辑功能。

解： 测试电路见图 9－19a，从 的 TTL 中选取 JK_FF。输入信号的 **1** 用 +5V 电源提供，**0** 用地信号提供，**0**、**1** 的转换分别用切换开关 S、R、J、K 控制，时钟信号 CP 由时钟脉冲电源提供，频率设为 10Hz，输入、输出状态用电平指示器显示，为 **1** 时，电平指示器发光，为 **0** 时，电平指示器不亮，用示波器测试输出随时钟变化的波形。测试时，接通仿真开关，通过切换开关改变输入

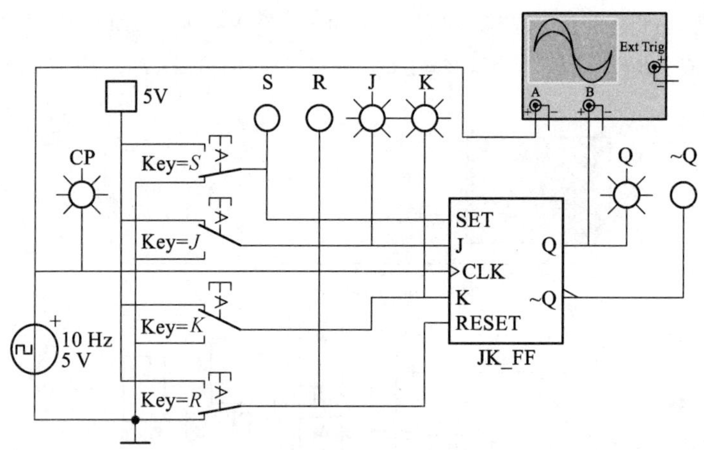

图 9－19a *JK* 触发器逻辑功能的测试电路图

端的状态,可得测试结果见表 9－9。

表 9－9 *JK* 触发器的真值表

输入					输出	
S	R	CP	J	K	Q^{n+1}	$\overline{Q}^{n+1}$
0	**1**	×	×	×	**0**	**1**
1	**0**	×	×	×	**1**	**0**
0	**0**	↑	**0**	**0**	Q^n	$\overline{Q}^n$
0	**0**	↑	**0**	**1**	**0**	**1**
0	**0**	↑	1	**0**	**1**	**0**
0	**0**	↑	**1**	**1**	$\overline{Q}^n$	Q^n

图 9－19b 为当 $S=R=\mathbf{0}$,$J=K=\mathbf{1}$ 时用示波器测得的时钟脉冲波形与输出波形。

本题也可从的TTL 中选取 JK_FF_NEGSR 进行测试,请读者自己完成。

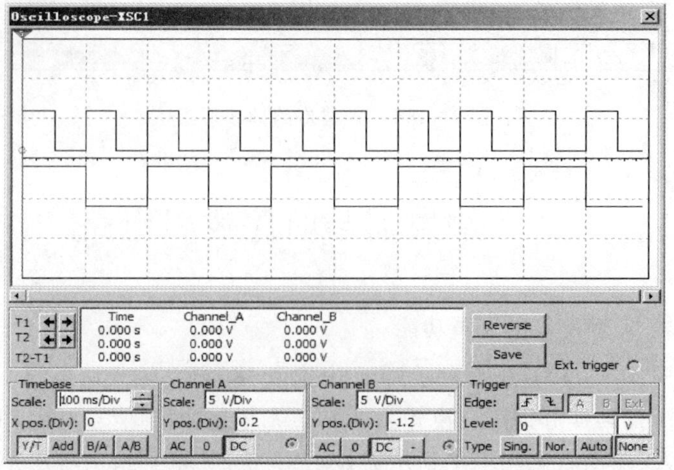

图 9－19b *JK* 触发器的时钟波形与 $J=K=\mathbf{1}$ 时的输出波形图

例 9－20 在图 9－20a 所示电路中，若 $X=\mathbf{00111100}$，触发器初始状态 $Q_1=\mathbf{1}$，$Q_2=\mathbf{0}$。试作出 Q_1、Q_2、J_1、K_1、J_2、K_2及 Z 的时间图。

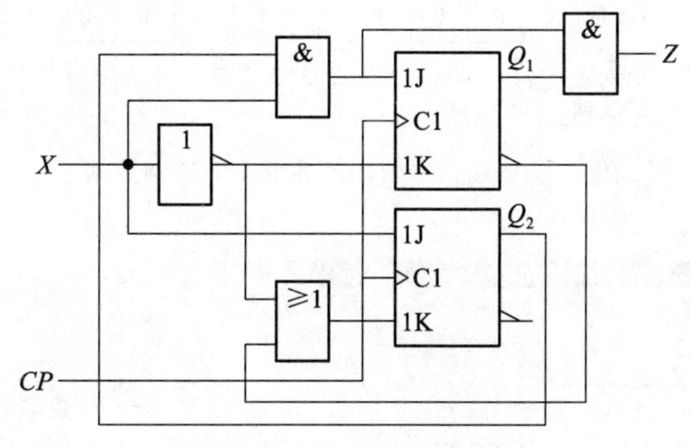

图 9－20a 例 9－20 电路图

解：用数字字信号发生器提供信号，用逻辑分析仪测量波形是仿真触发器电路的常用方法，测试电路见图 9－20b。其中 CP 脉冲与 X 信号均由字信号发生器输出。

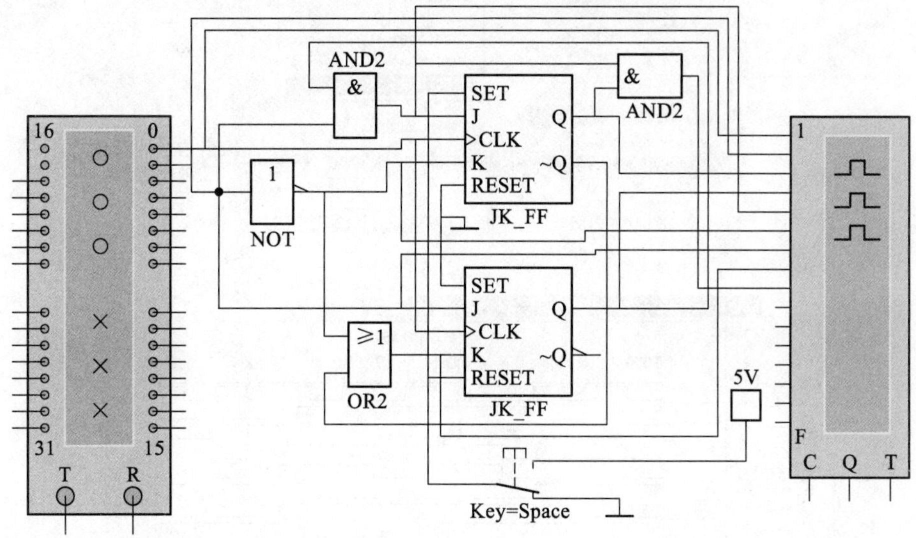

图 9－20b 例 9－20 测量电路图

为了使字信号发生器按照题目要求提供信号，必须在其输出信号编辑窗口中编辑信号。首先在纸上画出时钟脉冲 CP 和信号 X 的时序图，然后以 CP 脉冲为低位，以 X 信号为高位，写出每个脉冲半个周期时间段的所有信号的十六进制或二进制数值，如图 9－20c 所示。最后将这些数值按照地址输入到字信号发生器中输出信号编辑窗口的十六进制或二进制窗口内。编辑完成的信号如图 9－20d 所示。

仿真时，先用空格键将图 9－20b 的开关切换到高电平，使其满足 $Q_1=\mathbf{1}$，$Q_2=\mathbf{0}$ 的初始条件，然后闭合电源开关，按空格键将开关切换到低电平，使触发器正常工作，接着点击字信号发生器控制面板上的“Step”或“Burst”按钮，使其从地址 0000～000F 中以单步运行或单扫描方式输出数字信号，将逻辑分析仪上的 Clocks/Div 设置为 16 就可以得到欲求各量的时间图，如图 9－20e 所示。

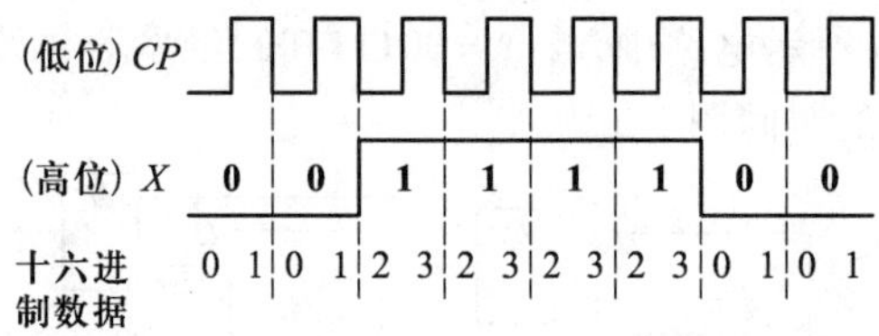

图 9-20c 信号时序转换成十六进制数据

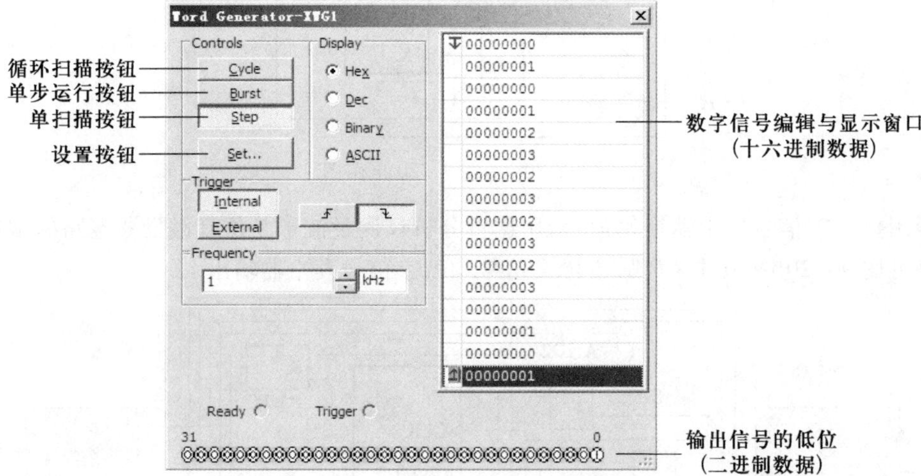

图 9-20d 在字信号发生器中设置信号

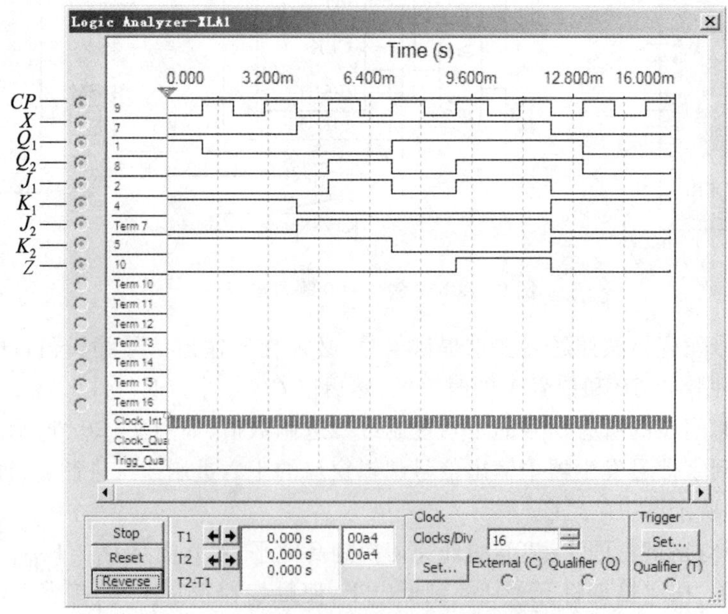

图 9-20e 逻辑分析仪显示的波形图

例 9-21　分析图 9-21a 所示计数器电路的逻辑功能。

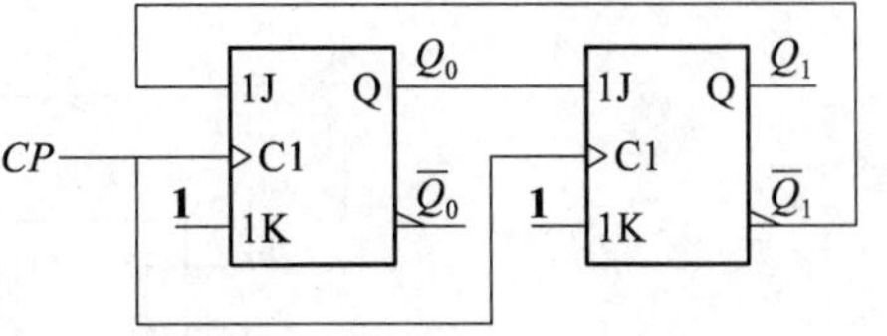

图 9-21a　例 9-21 电路图

解： 从的TTL 中选取 JK_FF_NEGSR（其中置位端 SET、复位端 RESET 均为低电平有效，正常计数时应使其无效，所以应接高电平）。在电路的输出端，用电平指示器和七段译码显示器来显示电路的状态，如图 9-21b 所示，分析结果见表 9-10。用示波器测波形，如图 9-21c 所示。

可见，该计数器是同步三进制加法计数器。

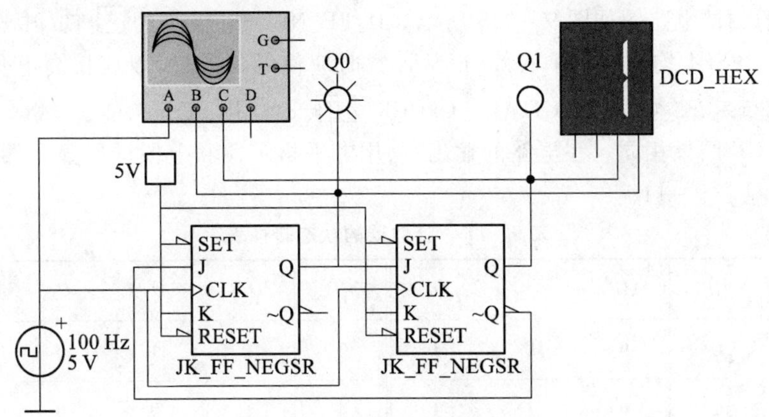

图 9-21b　例 9-21 测试电路图

表 9-10　计数器的状态转换表

CP	Q_1	Q_0	CP	Q_1	Q_0
0	**0**	**0**	2	**1**	**0**
1	**0**	**1**	3	**0**	**0**

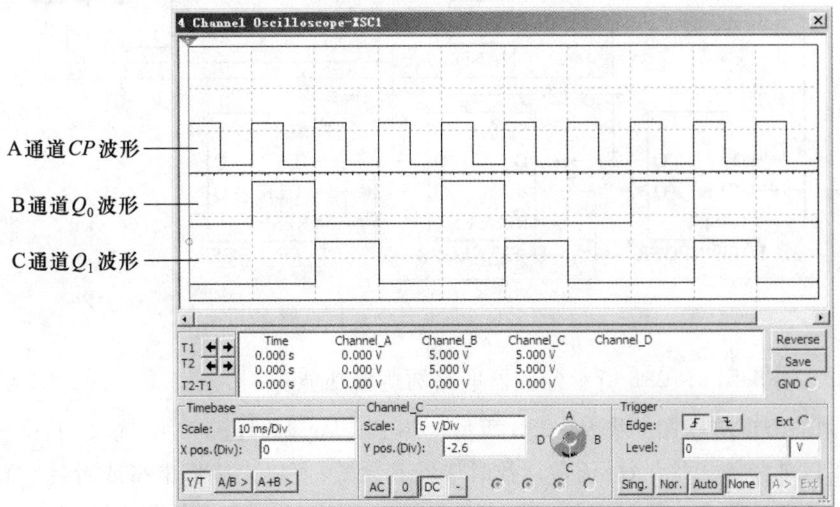

图 9-21c　用示波器测得的 CP 与输出波形图

例 9－22　分析图 9－22a 所示计数器电路的逻辑功能,并画出状态转换表。

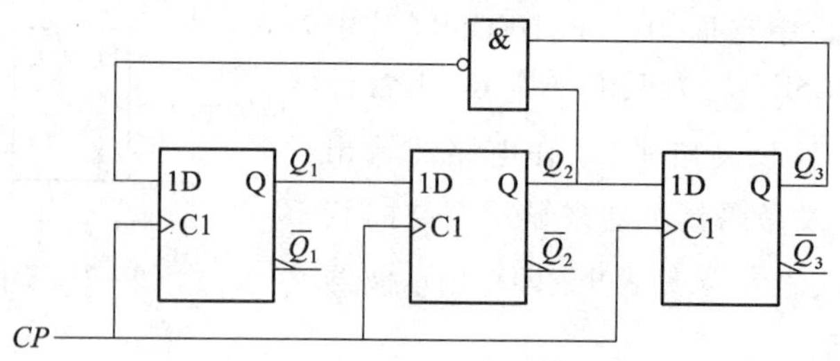

图 9－22a　例 9－22 电路图

解: 本例的测试电路图如图 9－22b 所示。D_FF_NEGSR 从的TTL 中选取(其中置位端 SET、复位端 RESET 均为低电平有效,正常计数时应使其无效,所以应接高电平)。时钟脉冲从 DIGITAL_SOURCES 中选 DIGITAL_CLOCK ,与用 SIGNAL_VOLTAGE_SOURCES 中的 CLOCK_VOLTAGE 结果相同。在电路的输出端,用电平指示器和七段译码显示器来显示电路的状态,分析结果见表 9－11。

表 9－11　计数器的状态转换表

CP	Q_3	Q_2	Q_1	CP	Q_3	Q_2	Q_1
0	**0**	**0**	**1**	3	**1**	**1**	**0**
1	**0**	**1**	**1**	4	**1**	**0**	**0**
2	**1**	**1**	**1**	5	**0**	**0**	**1**

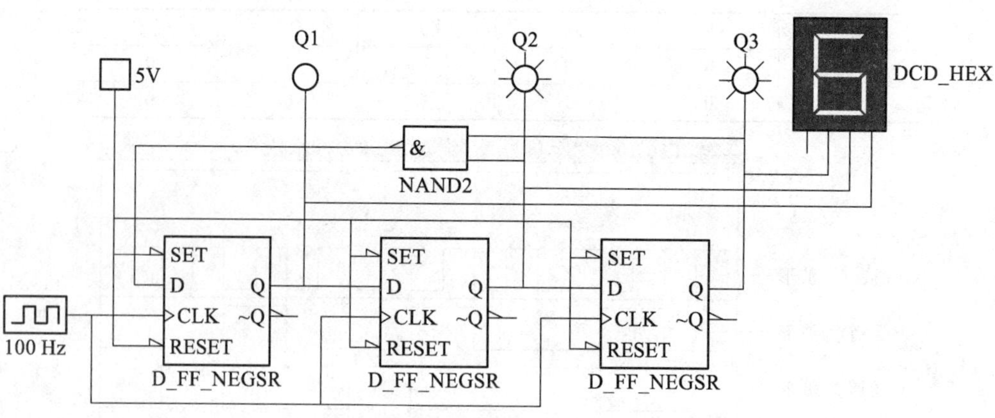

图 9－22b　例 9－22 测试电路图

例 9－23　分析图 9－23a 所示计数器电路的逻辑功能。

解: 本例的测试电路图如图 9－23b 所示。JK_FF 从的TTL 中选取(其中置位端 SET、复位端 RESET 均为高电平有效,正常计数时应使其无效,所以应接低电平或者悬空)。在电路的输出端,用电平指示器和七段译码显示器来显示电路的状态。同时将时钟信号及各触发器的输出端接到逻辑分析仪的输入端用以显示输出波形。

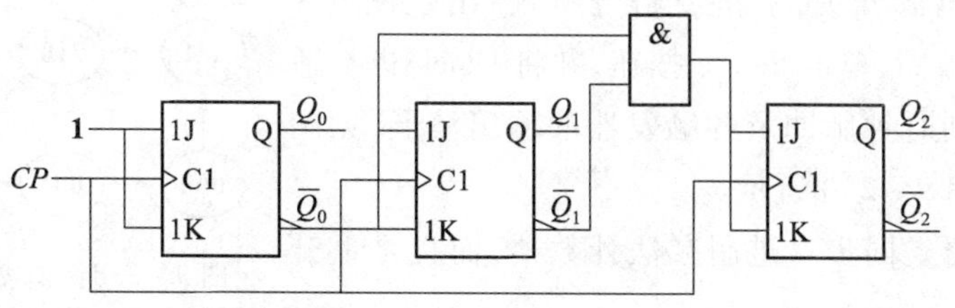

图 9－23a　例 9－23 电路图

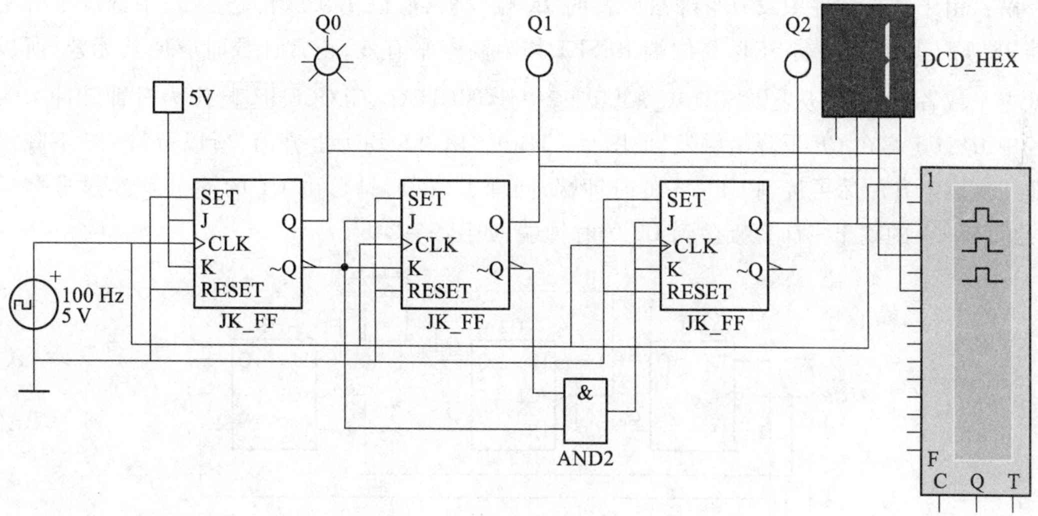

图 9－23b　计数器测试电路图

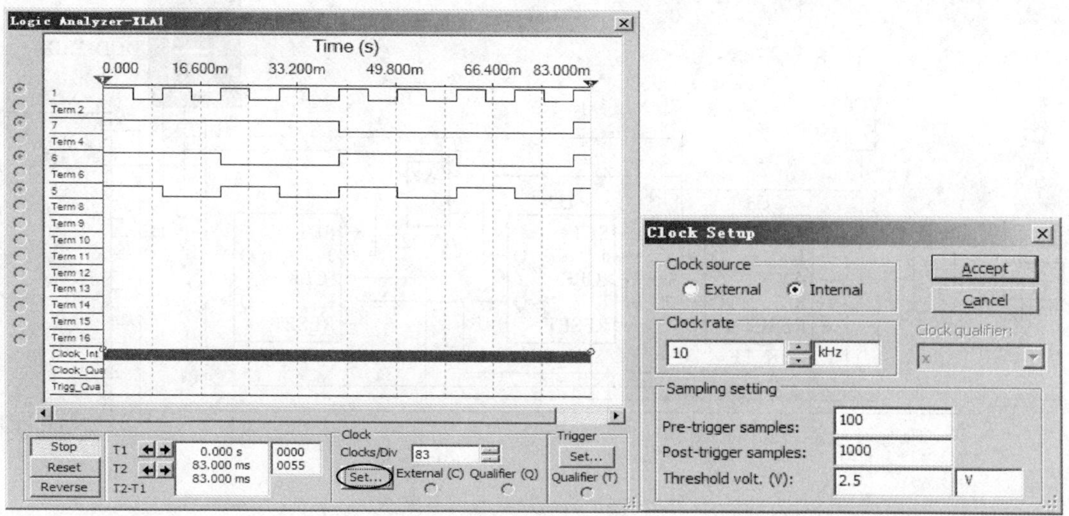

图 9－23c　逻辑分析仪显示的输出波形图

仿真时，闭合电源开关，双击逻辑分析仪，出现图9-23c所示的控制面板图，单击Set...按钮，并将Clock进行适当设置，即可观察到时钟脉冲及各触发器的输出波形，见图9-23c。状态图如图9-23d所示。

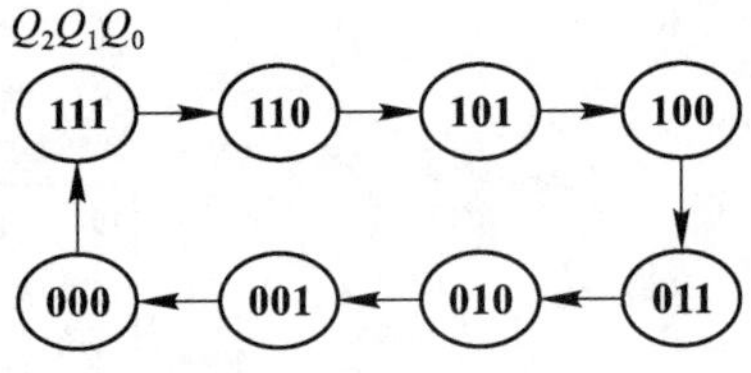

图9-23d　计数器的状态转换图

可见，该计数器是同步八进制减法计数器，而且是上升沿触发。

例9-24　分析图9-24a所示计数器电路的逻辑功能。

解： 由于仿真软件中没有下降沿触发的*JK*触发器，所以仍从的TIL中选取上升沿触发器JK_FF（其中置位端SET、复位端RESET均为高电平有效，正常计数时应使其无效，所以应接低电平或者悬空）。从DIGITAL_SOURCES中选DIGITAL_CLOCK作为时钟脉冲*CP*，由于题中U1、U3均在*CP*下降沿触发，而图9-24b中JK_FF均为上升沿，所以可将*CP*下降沿通过非门变成上升沿后再接到U1、U3的时钟端，同理U2的时钟可由U1的输出*Q*经过非门后提供，也可将U1的输出~*Q*直接接到U2的时钟端，如图9-24b所示。

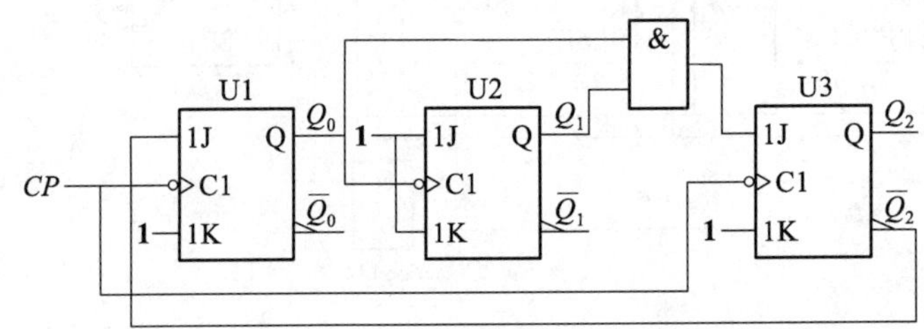

图9-24a　例9-24电路图

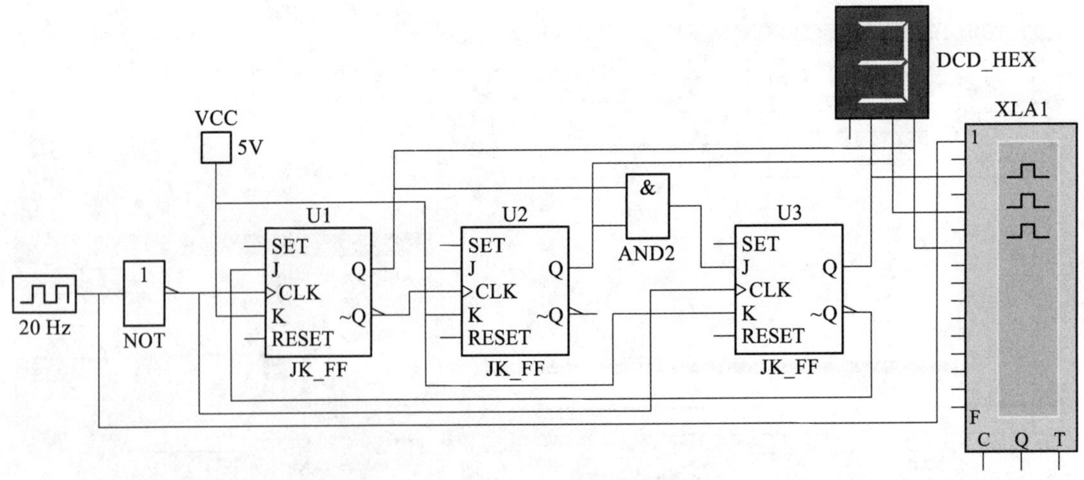

图9-24b　计数器测试电路图

利用数码管和逻辑分析仪观察电路状态和波形，可得该电路为异步五进制加法计算器，波形如图9-24c所示。

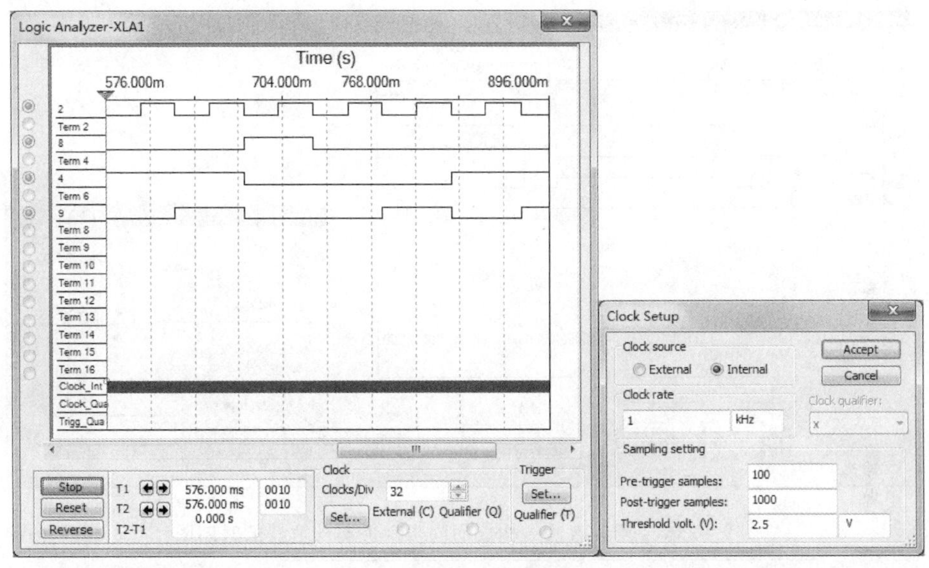

图 9－24c　逻辑分析仪显示的输出波形图

例 9－25　用同步十进制加法计数器 74LS160 构成六进制计数器。

解： 74LS160 具有同步置数、异步清零功能，可用多种方法构成六进制计数器。

（1）置数法一：电路如图 9－25a 所示，令 $ENP = ENT = \overline{CLR} = 1$，时钟脉冲 CLK 由时钟信号源提供，设其频率为 100Hz，同步置数端$\overline{LOAD}$接 Q_A、Q_C 的与非输出，进位信号 RCO 由电平指示器监视，输出端 Q_D、Q_C、Q_B、Q_A 接译码显示器用以观察计数状态，同时接逻辑分析仪用以观察时序波形，波形见图 9－25b。

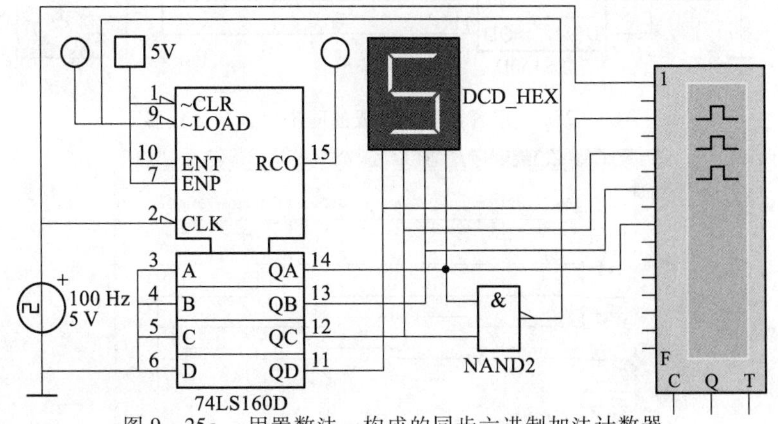

图 9－25a　用置数法一构成的同步六进制加法计数器

观察结果表明，该计数器是同步六进制加法计数器，没有进位输出。

（2）置数法二：

电路如图 9－25c 所示，与置数法一所不同的是该计数器的计数过程为 0→1→2→3→4→9→0，这样就产生了进位输出（RCO 变高电平）。波形如图 9－25d 所示。

（3）清零法：

电路如图 9－25e 所示，逻辑分析仪观察到的时序波形与图 9－25b 所示波形相同。

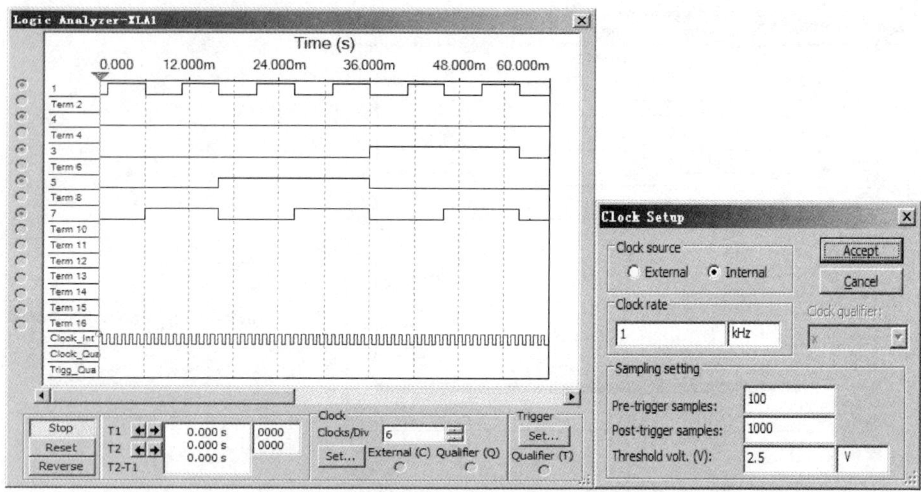

图 9－25b 用置数法一构成的同步六进制计数器的时序图

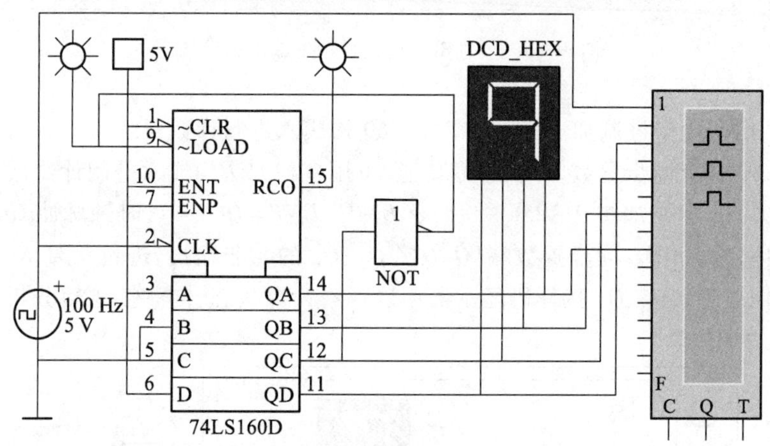

图 9－25c 用置数法二构成的同步六进制计数器

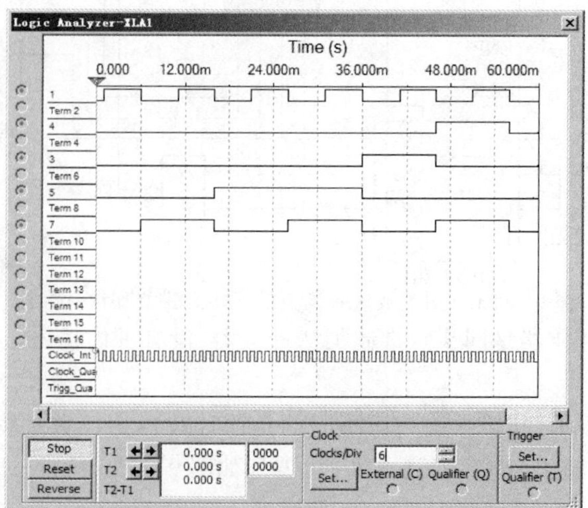

图 9－25d 用置数法二构成的同步六进制计数器的时序图

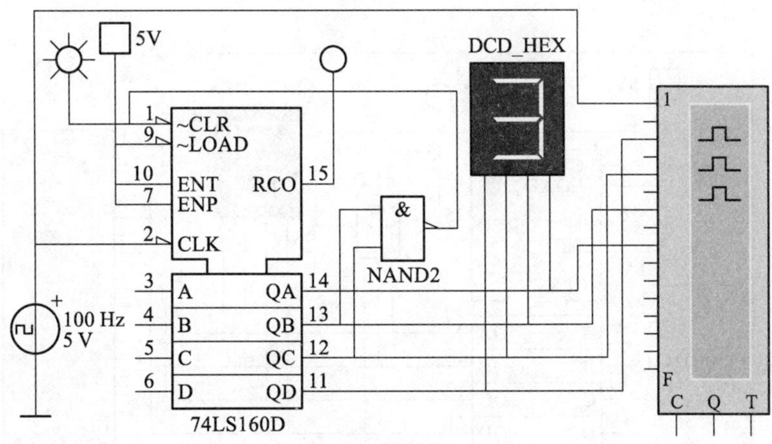

图 9-25e　用清零法构成的六进制计数器

例 9-26　用四位同步二进制加法计数器 74LS163 构成十二进制计数器。

解：方法一：置数法。电路如图 9-26a 所示，置数端$\overline{LOAD}$由进位信号 *RCO* 通过非门给出执行指令，波形见图 9-26b。

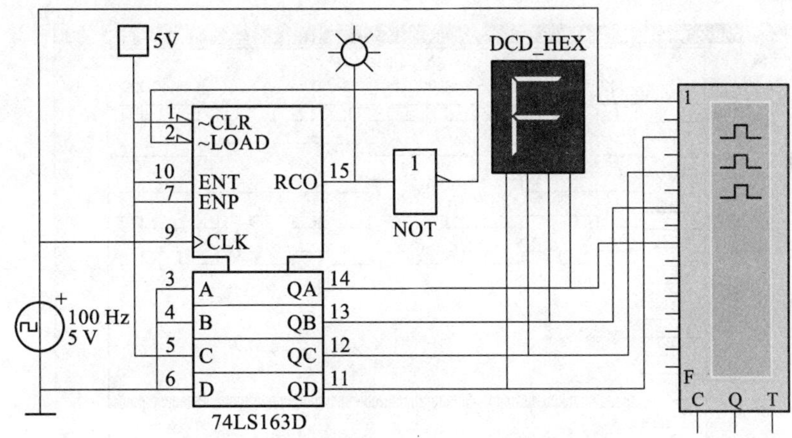

图 9-26a　用置数法构成的十二进制计数器

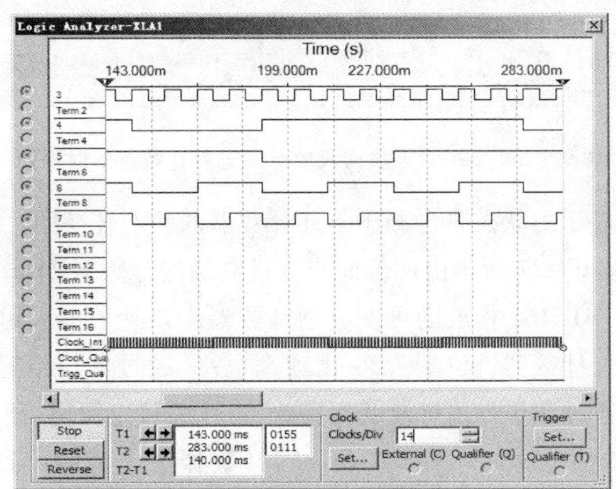

图 9-26b　用置数法构成的十二进制计数器的时序图

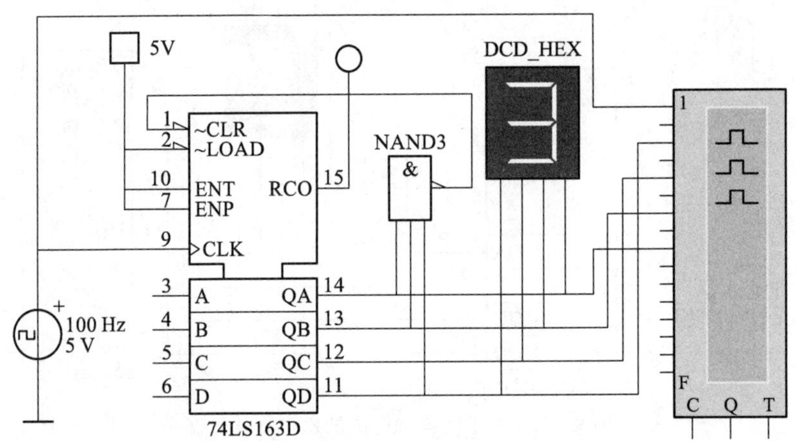

图9-26c　用清零法构成的十二进制计数器

方法二：清零法。电路如图9-26c所示，波形见图9-26d。

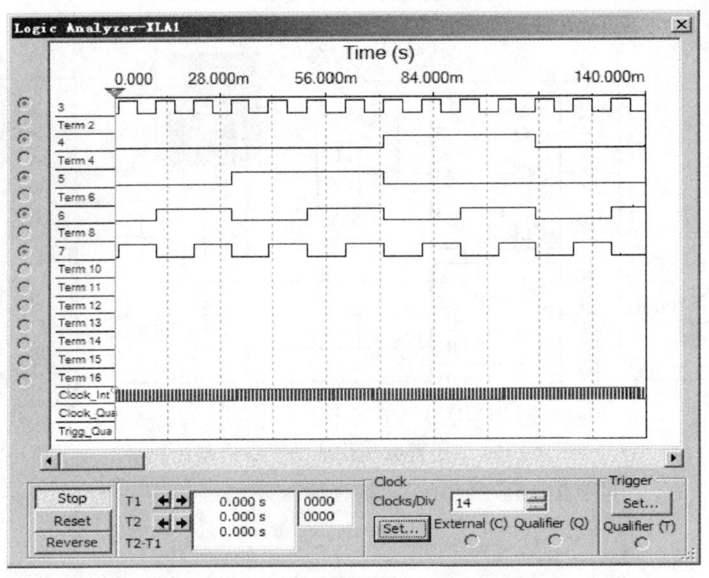

图9-26d　用清零法构成的十二进制计数器的时序图

请读者根据数码管显示的状态自己画出上述计数器的状态转换图。

例9-27　试分析图9-27所示由四位同步二进制加法计数器74LS161构成的计数器。

解：图9-27是由74LS161构成的可变进制计数器。该计数器采用的是反馈预置数法，即当计数器计数到**1111**时，计数器进位端*RCO*出现高电平，通过**非**门给置数端$\overline{LOAD}$发出置数指令，将*DCBA*的值置入，通过动作开关可改变预置数，当开关接电源时，预置数为**0110**，此时数码管循环显示6→7→8→9→*A*→*B*→*C*→*D*→*E*→*F*，计数器为十进制；当开关接地时，预置数为**1010**，此时数码管循环显示*A*→*B*→*C*→*D*→*E*→*F*，计数器为六进制。

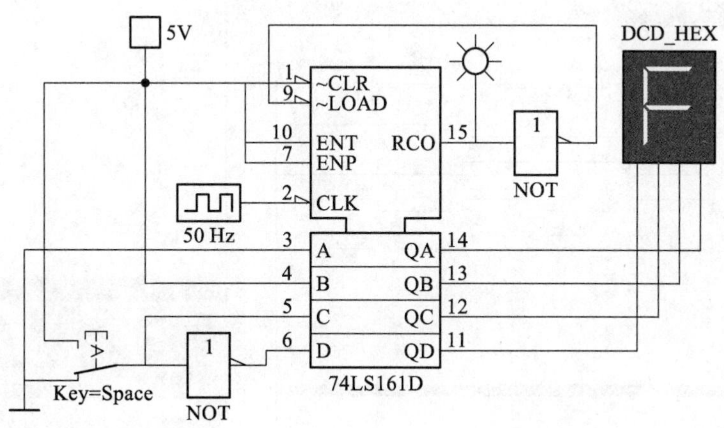

图 9-27 用 74LS161 构成的可变进制计数器

例 9-28 用四位异步二进制加法计数器 74LS293 构成十二进制计数器。

解： 74LS293 由一个二进制计数器 DIV2 和一个八进制计数器 DIV8 组成，二者串联即构成十六进制计数器，R_{01}、R_{02} 为共用异步清零端，高电平有效。本题采用了两种方法构成十二进制计数器。图 9-28a 中将二进制输出端 Q_A 与八进制时钟端 IN_B 相连构成十六进制，再用清零法构成十二进制，其时序图如图 9-28b 所示，图 9-28c 中将八进制输出端 Q_D 与二进制时钟端 IN_A 相连构成十六进制，再用清零法构成十二进制，这两种方法的时序图、状态图相同，只是输出的高低位顺序不同，前者为 $Q_DQ_CQ_BQ_A$，后者为 $Q_AQ_DQ_CQ_B$。

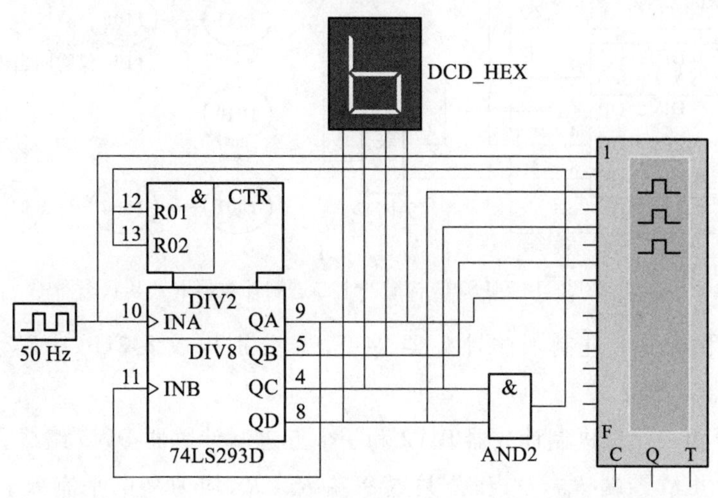

图 9-28a 用 74LS293 构成的十二进制计数器 a

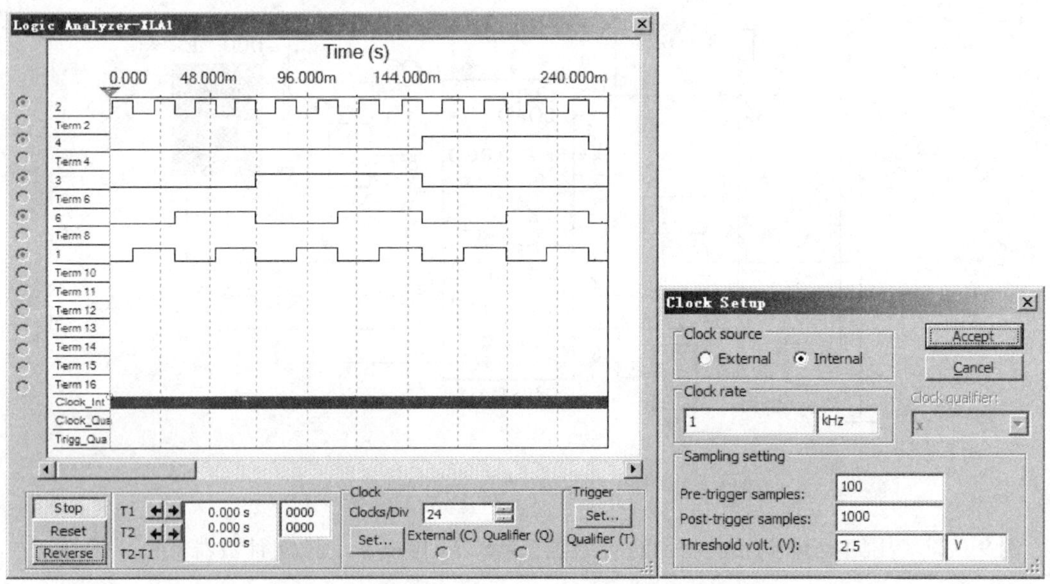

图9－28b　用74LS293构成的十二进制计数器a的时序图

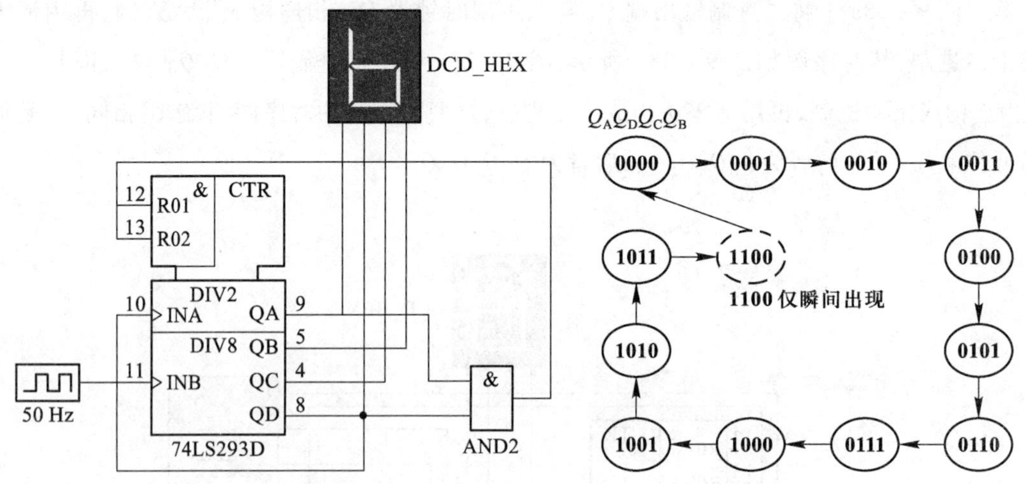

图9－28c　用74LS293构成的十二进制计数器b及其状态图

例9－29　用异步十进制加法计数器74LS290分别构成8421BCD码十进制计数器和5421BCD码十进制计数器。

解：74LS290由一个二进制计数器DIV2和一个五进制计数器DIV5组成，二者串联即构成十进制计数器，公共清零端R_{01}、R_{02}和公共置9端R_{91}、R_{92}均为高电平有效。图9－29a为用74LS290构成的8421码十进制计数器及其状态图，图9－29b为用74LS290构成的5421码十进制计数器及其状态图。

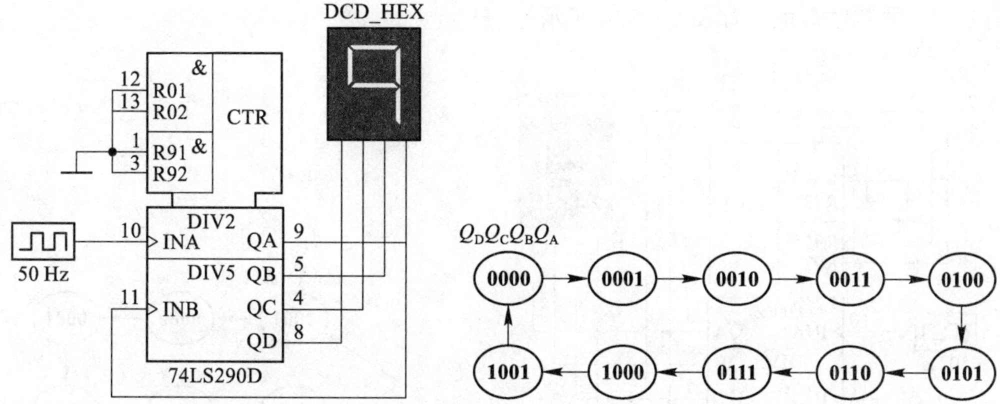

图 9－29a　用 74LS290 构成的 8421 码十进制计数器及其状态图

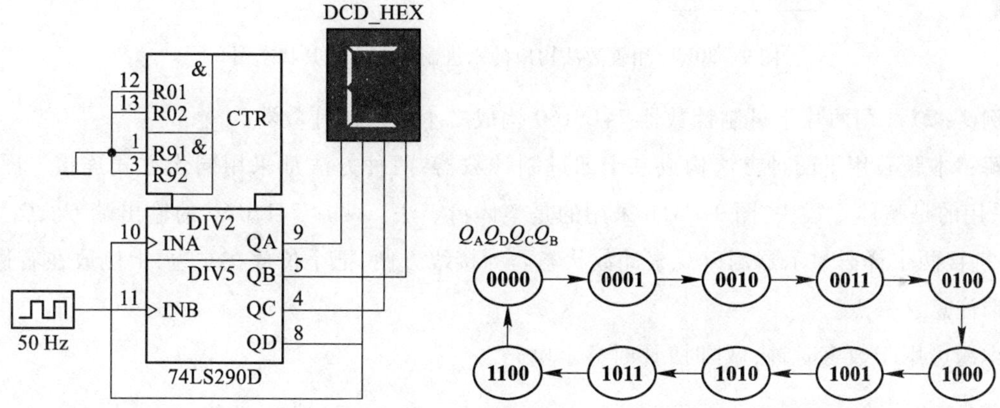

图 9－29b　用 74LS290 构成的 5421 码十进制计数器及其状态图

例 9－30　用 74LS290 构成六进制计数器。

解： 74LS290 具有异步清零端和异步置 9 端，可用清零法和置数法构成六进制计数器。

方法一：清零法。电路如图 9－30a 所示。

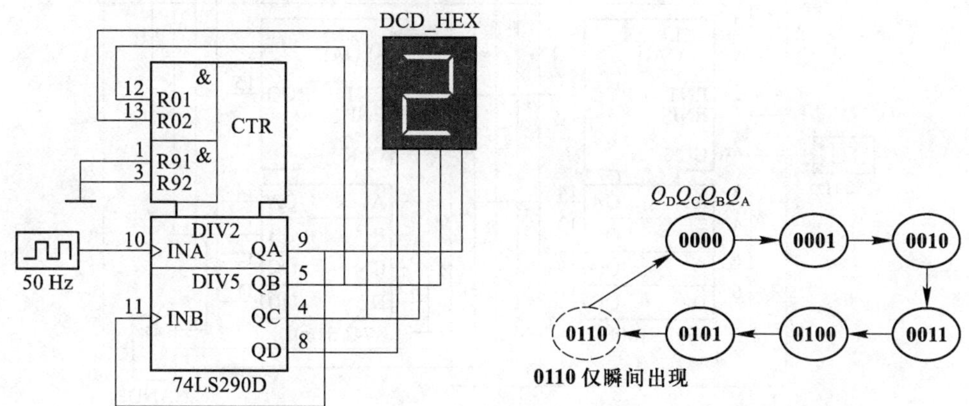

图 9－30a　用清零法构成的六进制计数器及其状态图

方法二：置数法。电路如图 9-30b 所示。

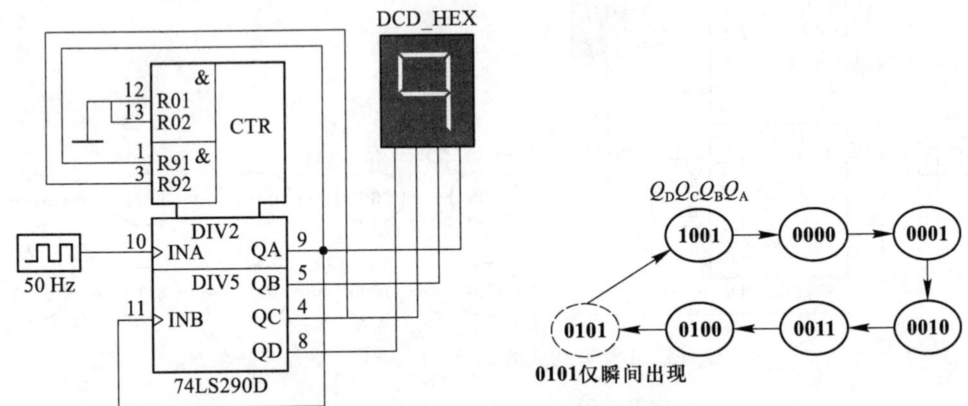

图 9-30b 用置数法构成的六进制计数器及其状态图

例 9-31 用两片十进制计数器 74LS160 构成二十四进制计数器。

解： 本题采用了两种方法构成二十四进制计数器，两种方法都采用同步方式连接。图 9-31a 采用的是整体置数法，图 9-31b 采用的是整体清零法。两片 74LS160 的输出端 Q_D、Q_C、Q_B、Q_A 分别接两个译码显示器用以观察计数状态。为接线方便，把个位放在左边，十位放在右边，看图时请注意这一点。

本题可用于数字时钟，做"时"计时显示电路。

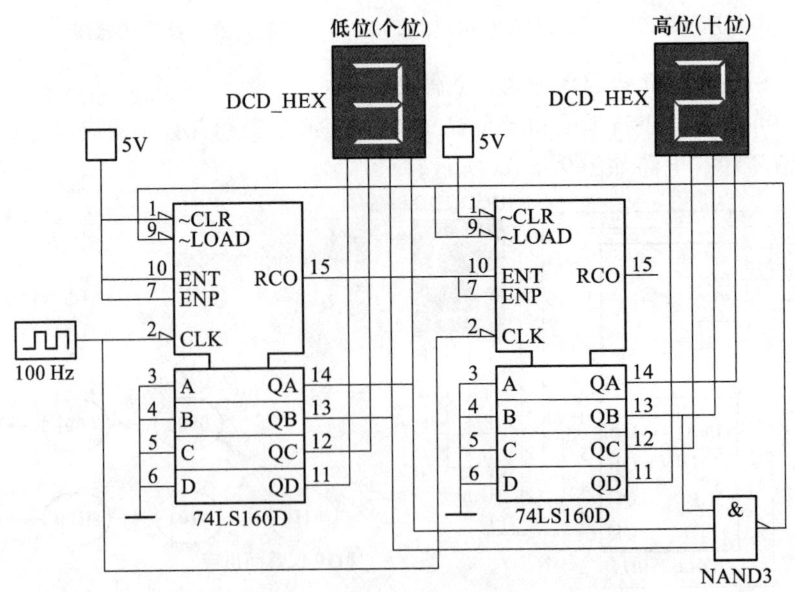

图 9-31a 整体置数法构成的 24 进制计数器("时"计时显示电路)

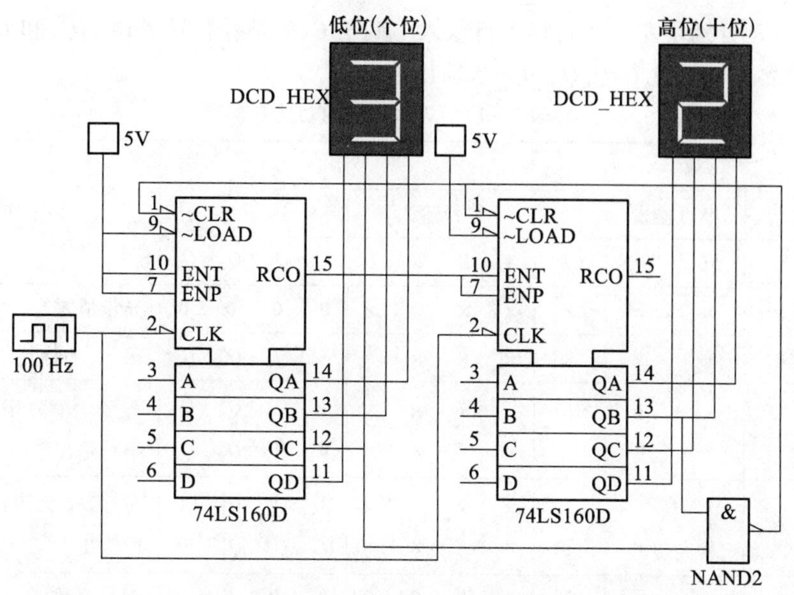

图 9-31b 整体清零法构成的 24 进制计数器(“时”计时显示电路)

例 9-32 用两片十进制计数器 74LS160 构成六十进制计数器。

解: 本题采用异步连接方式,由低位十进制计数器和高位六进制计数器串联组成。电路如图 9-32 所示。注意:为接线方便,把个位放在左边,十位放在右边。

本题可用于数字时钟,做“分”或“秒”计时显示电路。

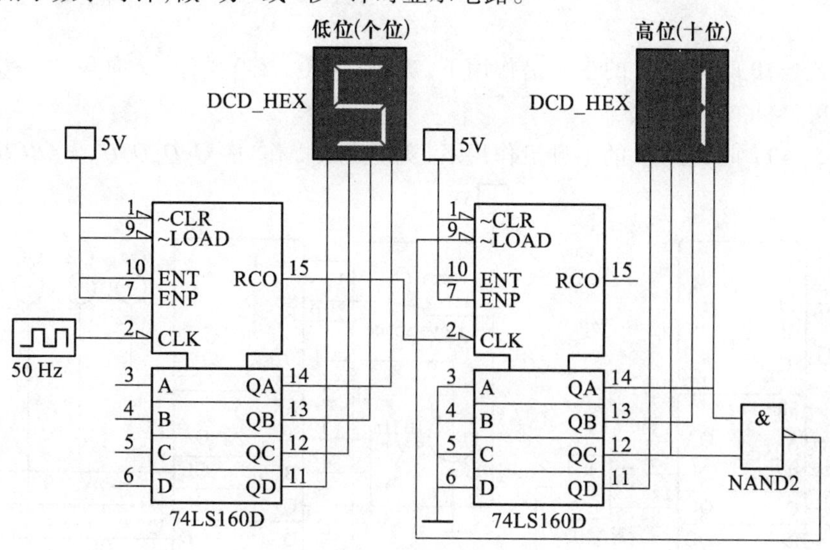

图 9-32 60 进制计数器(“分”或“秒”计时显示电路)

例 9-33 试根据 74LS194 的功能表 9-12,分析由其构成的图 9-33a 所示计数器的功能,并画出状态转换图。

解: 74LS194 是由四个触发器组成的功能很强的四位双向移位寄存器,由功能表可以看出 74LS194 具有如下功能。

(1) SL 和 SR 分别是左移和右移串行输入。A、B、C、D 是并行输入端。Q_A 和 Q_D 分别是左移和右移时的串行输出端，$Q_AQ_BQ_CQ_D$ 为并行输出端。

表 9－12　74LS194 的功能表

输入										输出				工作模式
清零	控制		串行输入		时钟	并行输入								
$\overline{CLR}$	S_1	S_0	SL	SR	CP	A	B	C	D	Q_A	Q_B	Q_C	Q_D	
0	×	×	×	×	×	×	×	×	×	**0**	**0**	**0**	**0**	异步清零
1	**0**	**0**	×	×	×	×	×	×	×	Q_A^n	Q_B^n	Q_C^n	Q_D^n	保　　持
1	**0**	**1**	×	**1**	↑	×	×	×	×	**1**	Q_A^n	Q_B^n	Q_C^n	右移，SR 为串行输入，Q_D 为串行输出
			×	**0**	↑	×	×	×	×	**0**	Q_A^n	Q_B^n	Q_C^n	
1	**1**	**0**	**1**	×	↑	×	×	×	×	Q_B^n	Q_C^n	Q_D^n	**1**	左移，SL 为串行输入，Q_A 为串行输出
			0	×	↑	×	×	×	×	Q_B^n	Q_C^n	Q_D^n	**0**	
1	**1**	**1**	×	×	↑	A	B	C	D	A	B	C	D	并行置数

(2) 异步清零。当 $\overline{CLR}$ = **0** 时即刻清零，与其他输入状态及 CP 无关。

(3) S_1、S_0 是控制输入。当 $\overline{CLR}$ = **1** 时 74LS194 有如下 4 种工作方式：

① 当 S_1S_0 = **00** 时，不论有无 CP 到来，各触发器状态不变，为保持工作状态。

② 当 S_1S_0 = **01** 时，在 CP 的上升沿作用下，实现右移(下移)操作，流向是 $SR \to Q_A \to Q_B \to Q_C \to Q_D$。

③ 当 S_1S_0 = **10** 时，在 CP 的上升沿作用下，实现左移(上移)操作，流向是 $SL \to Q_D \to Q_C \to Q_B \to Q_A$。

④ 当 S_1S_0 = **11** 时，在 CP 的上升沿作用下，实现置数操作，使 $Q_AQ_BQ_CQ_D = ABCD$。

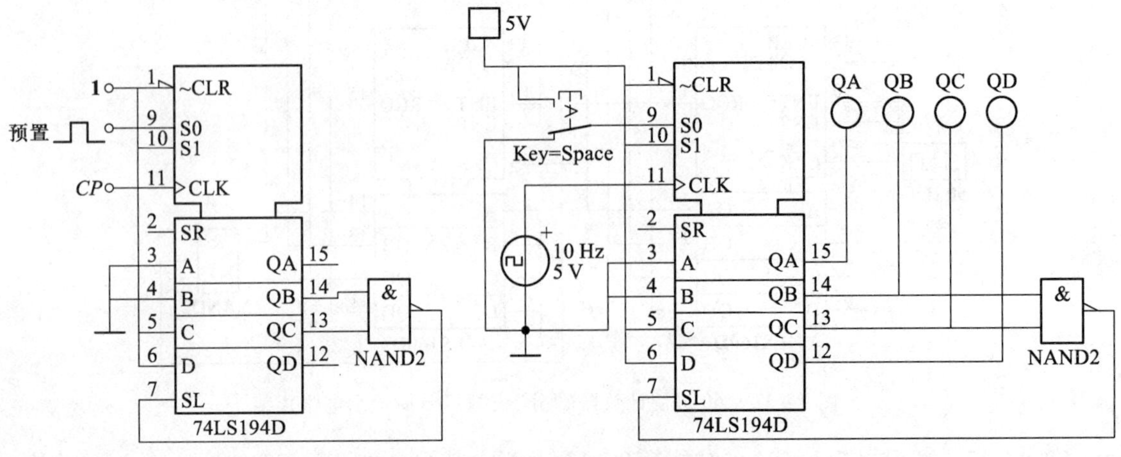

图 9－33a　例 9－33 电路图　　　　图 9－33b　例 9－33 测试电路图

按图 9－33b 连接电路，用逻辑电平指示器显示输出状态，通过开关来控制 S_0 端，当开关打到高电平时，相当于正脉冲预置信号到来，使 S_1S_0 = **11**，从而不论移位寄存器 74LS194 的原状态如何，在 CP 作用下总是执行置数操作使 $Q_AQ_BQ_CQ_D$ = **0011**。当开关接地之后，S_1S_0 = **10**，在 CP 作用下移位寄存器进行左移操作。由逻辑电平指示器显示的状态可知该计数器共 5 个状态，状态图如图 9－33c 所示，是用 74LS194 构成的五进制计数器。

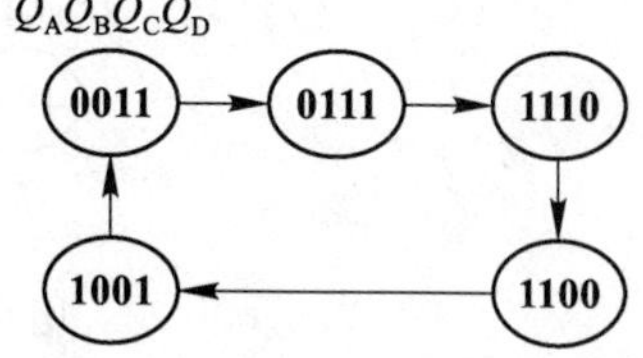

图 9－33c　计数器的状态转换图

例 9－34　设计一个能自启动的四位环形计数器。

解：方法一：用四位移位寄存器构成四位环形计数器。

在四位移位寄存器的基础上，若令 $D_A = Q_C$，构成的四位环形计数器不能自启动，若令 $D_A = \overline{Q}_C\overline{Q}_B\overline{Q}_A$，构成的四位环形计数器则能自启动，电路如图 9－34a 所示，其中的时钟信号由时钟信号源提供，频率取 100Hz，输出信号由电平指示器监视。

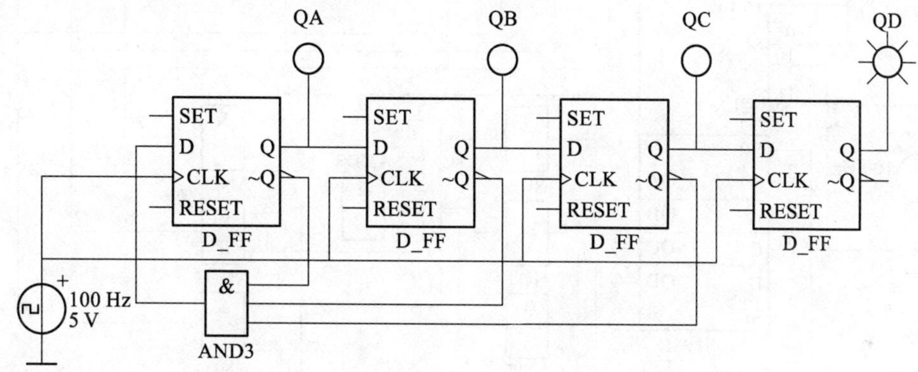

图 9－34a　由移位寄存器构成的四位环形计数器

方法二：用四位移位寄存器芯片 74LS194 构成四位环形计数器。

电路如图 9－34b 所示，为了使计数器能够自启动，需引入附加反馈 $SR = \overline{Q}_C\overline{Q}_B\overline{Q}_A$。

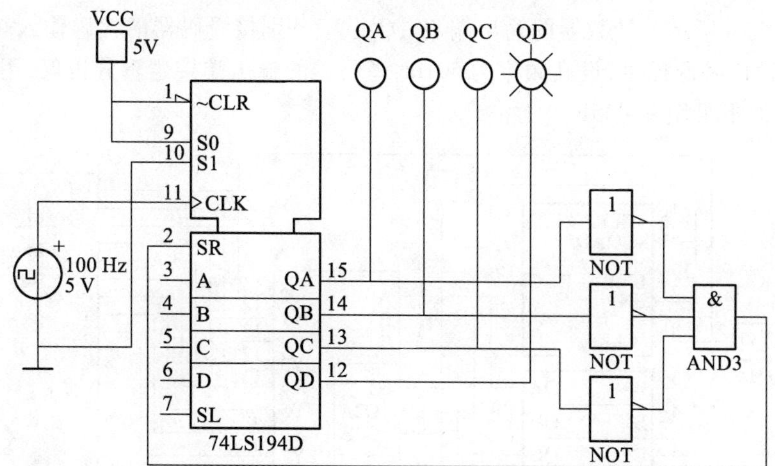

图 9－34b　由移位寄存器 74LS194 构成的四位环形计数器

结果表明，两种方法构成的四位环形计数器的状态变化规律均如图 9－34c 所示。

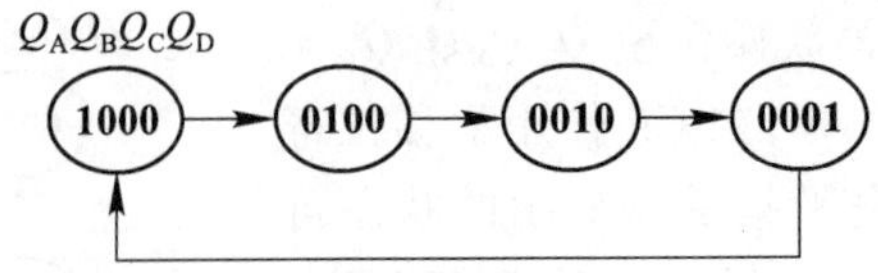

图 9-34c　四位环形计数器的状态图

应用：将上述环形计数器电路稍加修改，即令红灯信号 $R=\overline{Q}_B\overline{Q}_A$，绿灯信号 $G=\overline{Q}_BQ_A$，蓝灯信号 $B=Q_B\overline{Q}_A$，从 Indicators 的 PROBE 中分别选取 PROBE_RED、PROBE_GREEN、PROBE_BLUE 作为三色彩灯，就可成为一个彩灯控制器，电路见图 9-34d。

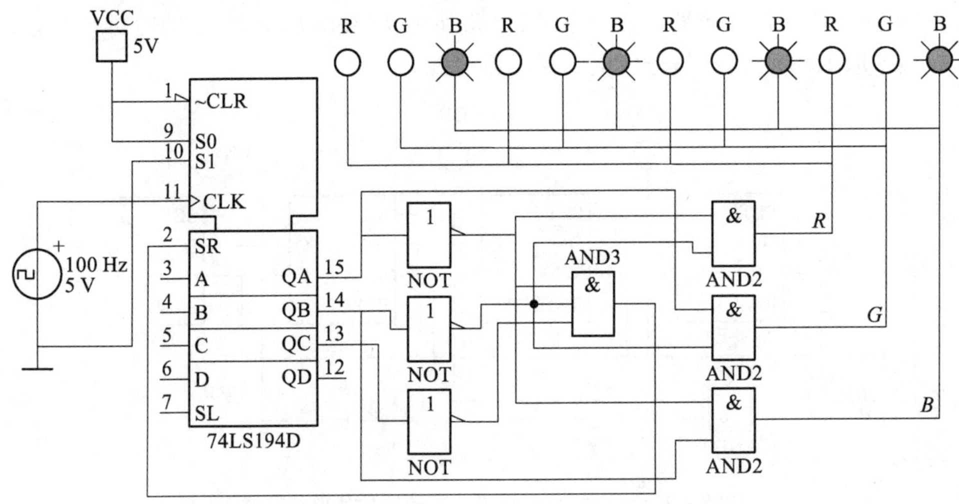

图 9-34d　彩灯控制器电路图

例 9-35　设计一个八位顺序脉冲发生器。

解： 用中规模集成计数器 74LS163 和 3 线-8 线译码器 74LS138 构成的八位顺序脉冲发生器电路如图 9-35a 所示。计数器的输出端 Q_C、Q_B、Q_A 分别接译码器的代码输入端 C、B、A，时钟脉冲 CLK 由时钟信号源提供，设其频率为 50Hz，译码器的输出端接逻辑分析仪，用以观察产生的顺序脉冲，脉冲波形见图 9-35b。

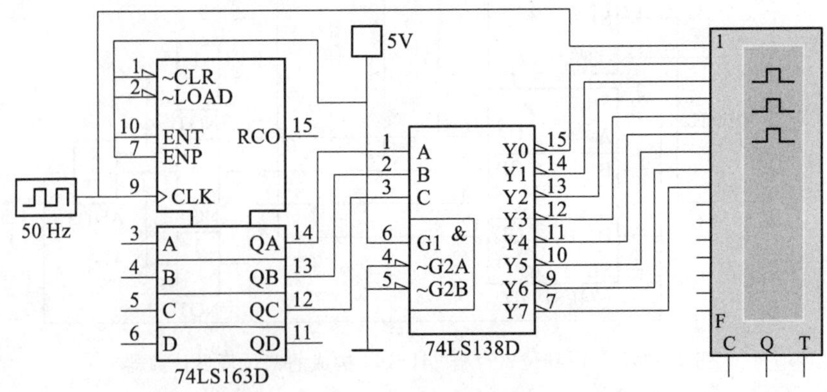

图 9-35a　八位顺序脉冲发生器电路图

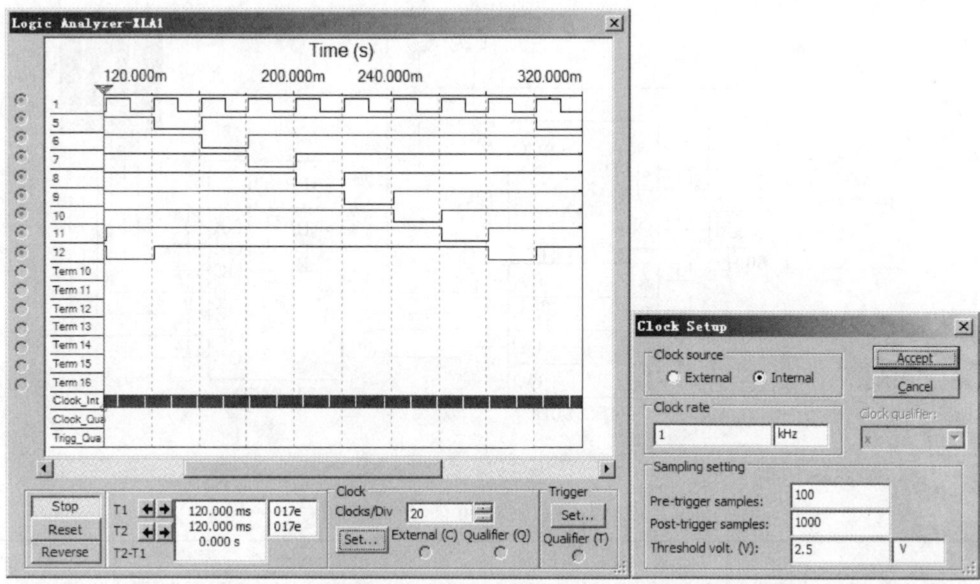

图 9-35b 顺序脉冲发生器波形图

应用:将上述顺序脉冲发生器电路的输出信号 $Y_0 \sim Y_7$ 分别接到电平指示器上,就可成为一个旋转的彩灯,电路见图 9-35c。

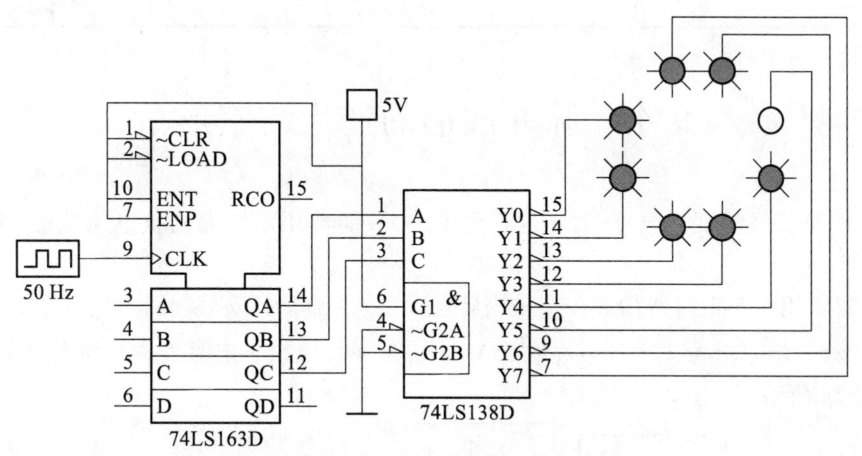

图 9-35c 旋转彩灯电路图

例 9-36 试分析图 9-36 所示由计数器 74LS190 和译码器 74LS47 构成的计数译码电路。

解: 74LS190 为同步十进制可逆计数器,其功能表如表 9-13 所示。由表可知,$\overline{U}/D$为加/减计数的控制端。图 9-36 中通过开关来控制计数器的加、减,计数器输出的四位二进制数通过译码器 74LS47 译码后,由共阳数码管显示出来。用电平指示器 R 显示进位端$\overline{RCO}$的状态,用 M 指示 MAX/MIN 的状态,可以看到二者状态相反,加计数时计到最大值 9 时 R 灭、M 亮,减计数时计到最小值 0 时 R 灭、M 亮。

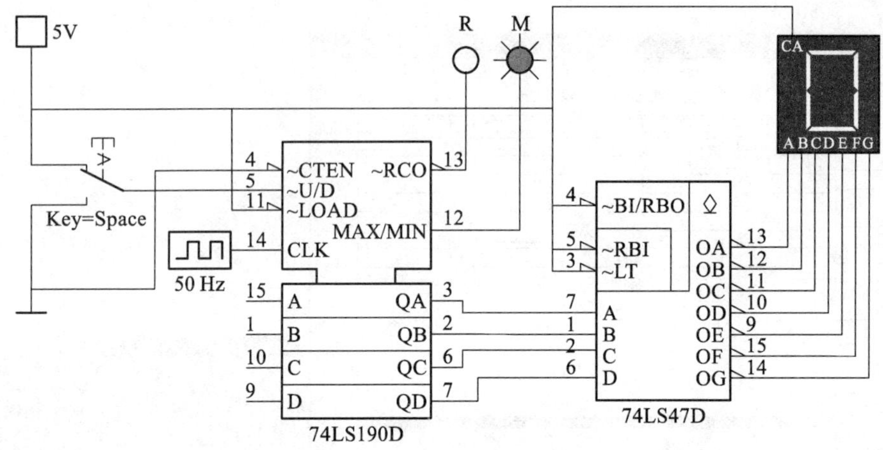

图 9-36　计数译码电路图

表 9-13　74190 的功能表

输　入				输　出
CLK	$\overline{CTEN}$	$\overline{LOAD}$	$\overline{U}/D$	*Q*
×	1	1	×	保持
×	×	0	×	预置数
↑	0	1	0	加计数
↑	0	1	1	减计数

9.4　脉冲波形的产生与整形

脉冲电路都是数模混合电路，对于这样的电路，只能使用示波器测量电压波形，最好采用理想模式仿真。

例 9-37　用 555 定时器构成一个施密特触发器，并测量其阈值和回差电压。

解：从 01 的 MIXED_VIRTUAL 中选取 555-VIRTUAL，用 555 定时器构成的施密特触发器电路如图 9-37a 所示。

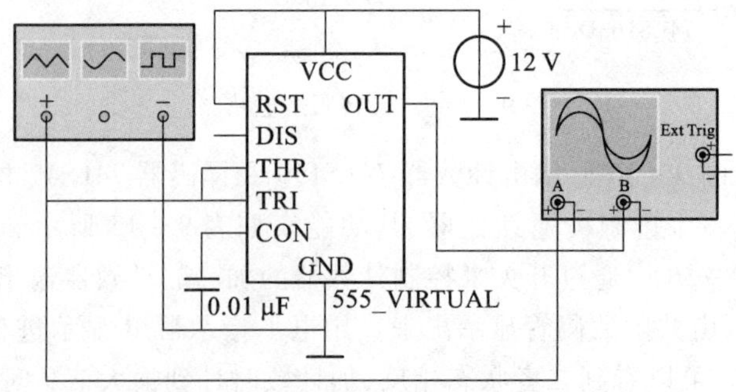

图 9-37a　由 555 构成的施密特触发器测试电路图

施密特触发器可将正弦波或三角波变换成方波，如图 9－37b、图 9－37c 所示。在波形图中通过移动两个游标可大致读出正向和负向阈值电压分别为 $U_{T+}\approx 8\text{V}$，$U_{T-}\approx 4\text{V}$，回差电压约为 4V。

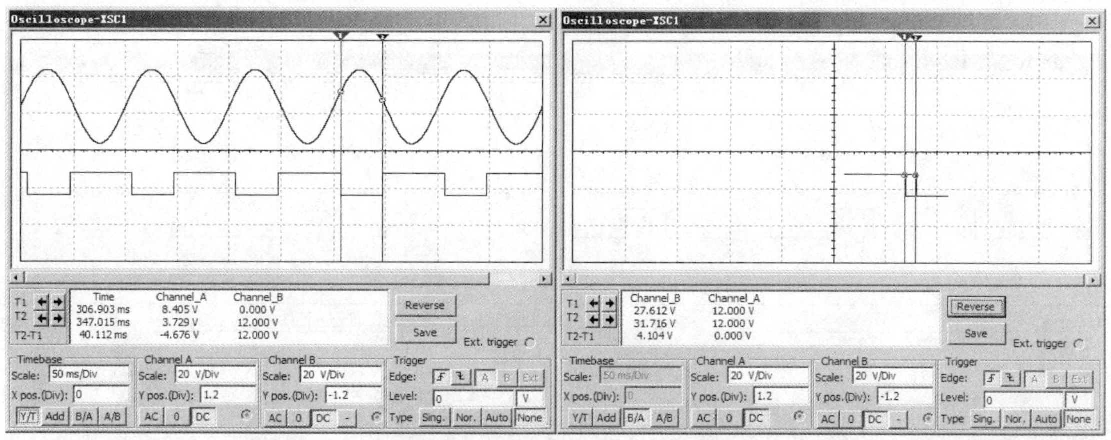

图 9－37b　将正弦波变换为方波的输入、输出波形与电压传输特性图

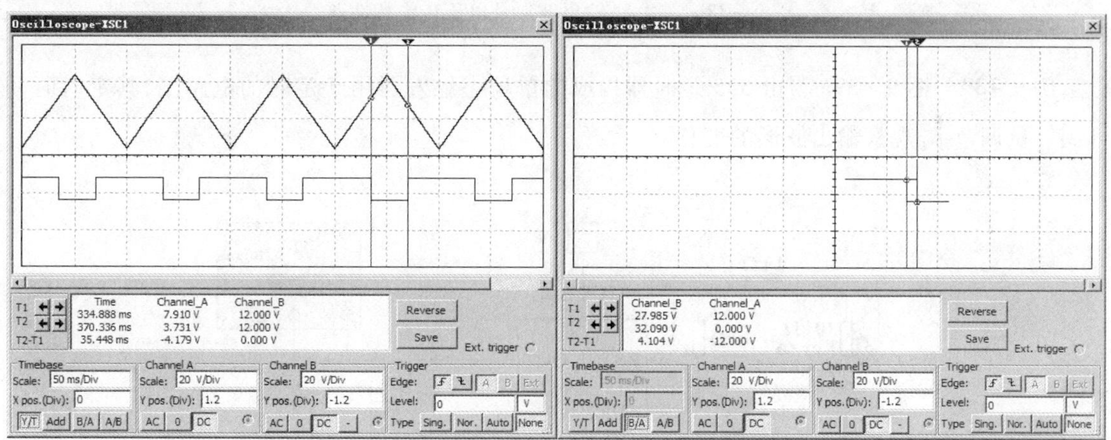

图 9－37c　将三角波变换为方波的输入、输出波形与电压传输特性图

例 9－38　图 9－38a 为由 74HC04 芯片构成的施密特触发器电路。试观察其输入、输出波形及电压传输特性。

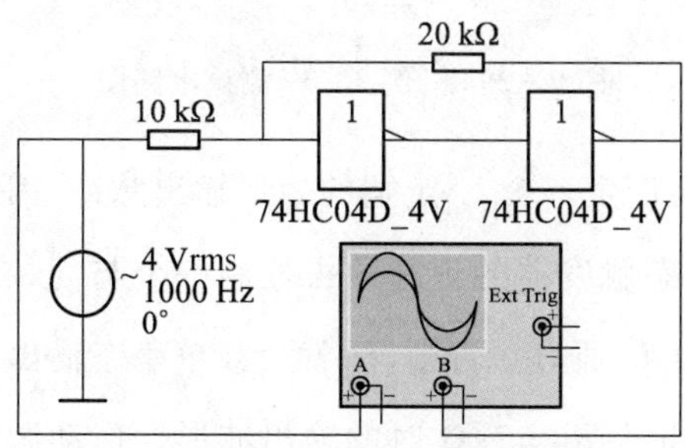

图 9－38a　施密特触发器测试电路图

解： 用示波器测试波形电路如图9-38a所示。将示波器的工作方式设置为Y/T，即可观察到该电路的输入、输出波形，将工作方式设置为B / A，即可观察到电路的电压传输特性，如图9-38b所示。

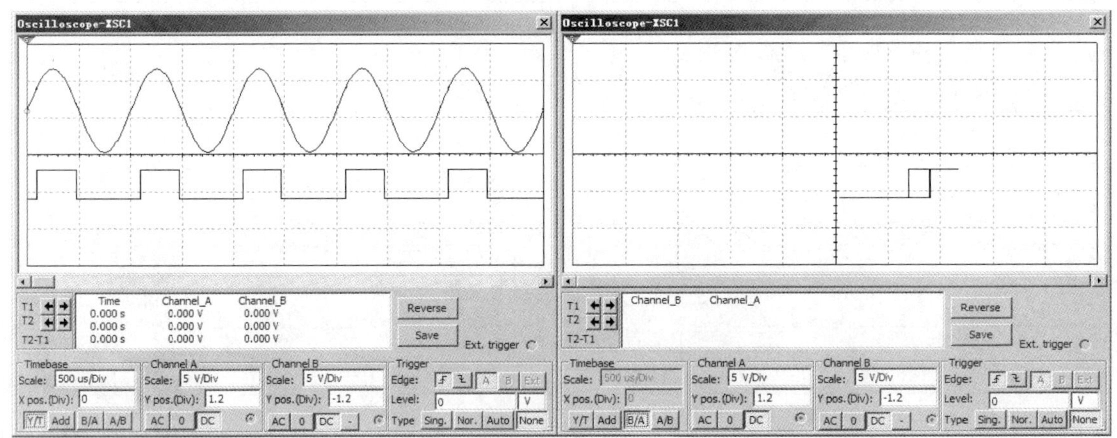

图9-38b　输入、输出波形及电压传输特性图

例9-39　图9-39a为由555定时器构成的单稳态触发器用于定时的电路图，其定时时间可调。试调节R_P观察输出波形的变化。

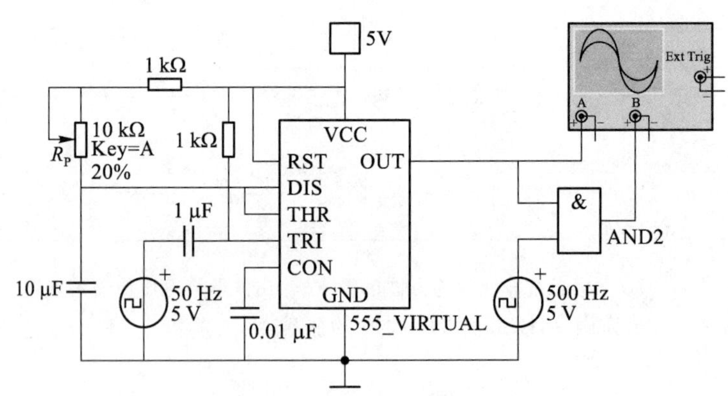

图9-39a　例9-39测试电路图

解： 由于单稳态触发器能产生一个t_{PO}定宽的矩形输出脉冲，因此利用它可起到定时控制的作用。图9-39a是利用单稳态触发器的正脉冲去控制一个**与**门，在输出脉冲宽度为t_{PO}这段时间内能让频率很高的脉冲信号U_a通过。否则，U_a就会被单稳态输出的低电平所禁止。通过调节R_P可改变t_{PO}的宽度，图9-39b为$R_P=2\text{k}\Omega$时的输出波形。拖动游标可测得$t_{PO}=33\text{ms}$，测量结果与由公式$t_{PO}=(R+R_P)C\ln 3\approx 1.1(R+R_P)C=33\text{ms}$计算所得结果相同。

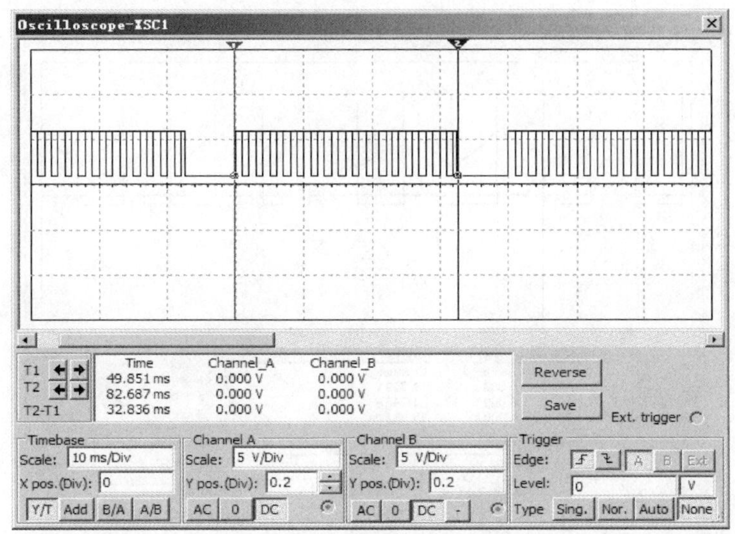

图 9－39b　输出波形图

例 9－40　图 9－40a 为一由 555 定时器组成的门铃电路。试画出输出(OUT)的波形,并求其振荡频率与占空比。

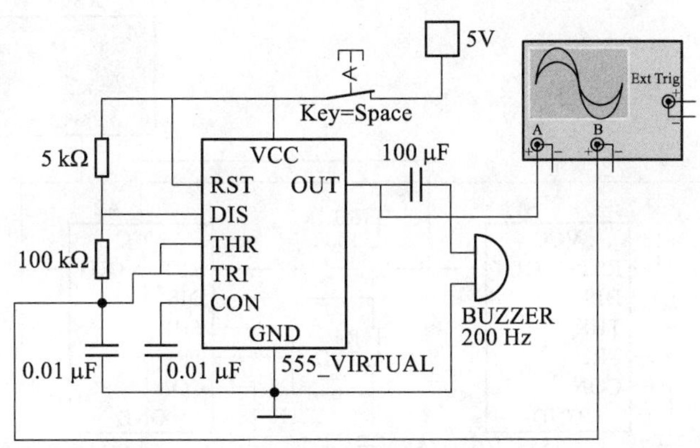

图 9－40a　门铃电路测试图

解：该电路为 555 定时器构成的多谐振荡器。当通过空格键闭合开关时,接通电源,振荡器工作,门铃响。断开开关时,停振,门铃停止发声。

多谐振荡器的输出(OUT)及电容充放电波形如图 9－40b 所示。拖动游标可以读出振荡器的周期约为 $T=1.5\text{ms}$,其中电容充电时间约为 0.75ms,所以振荡器的频率为 $f=\frac{1}{T}=\frac{1}{0.0015\text{s}}\approx 700\text{Hz}$,脉冲波形的占空比为 $q=\frac{0.75}{1.5}\times 100\%=50\%$。

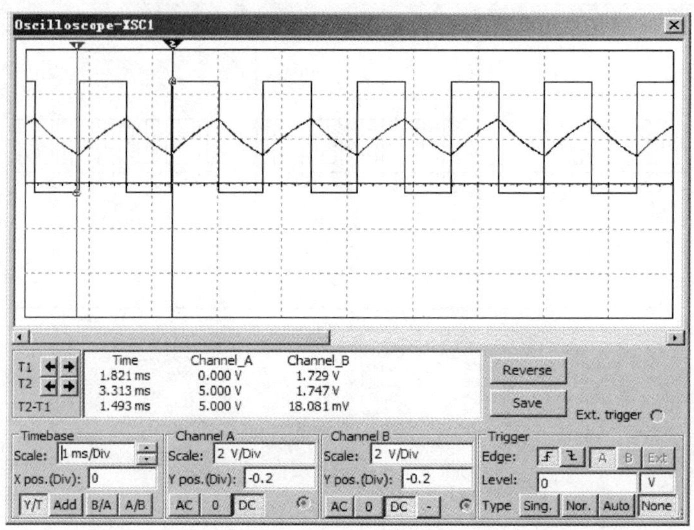

图 9-40b　门铃电路输出波形图

例 9-41　图 9-41a 所示为由多谐振荡器构成的模拟响声发生器的电路，观察其工作波形。

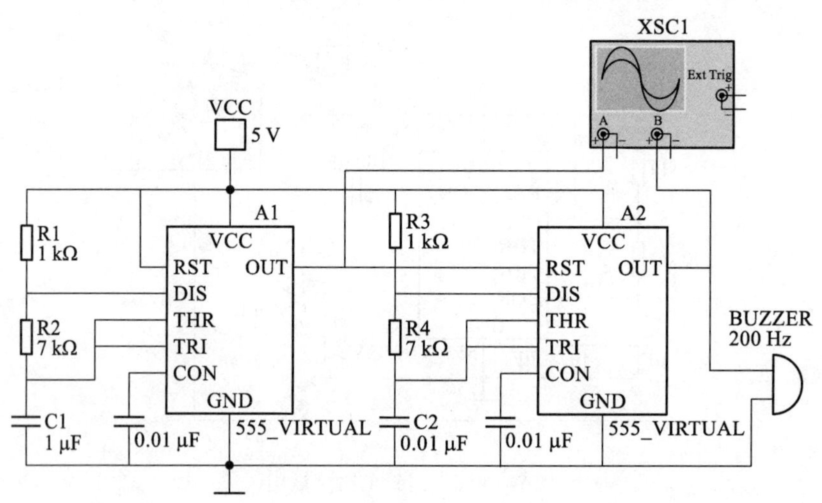

图 9-41a　模拟响声发生器电路测试图

解：图 9-41a 为用两个多谐振荡器构成的模拟响声发生器电路，蜂鸣器可从的 BUZZER 中选取，并将其电压设置为 5V。用示波器观察其输出波形如图 9-41b 所示，由波形图可以测得第一片振荡器的频率约为 100Hz，第二片振荡器的频率约为 10kHz，由于第一片的输出与第二片的复位端相连接，所以当第一片输出为高电平时，允许第二片振荡，蜂鸣器发声；当第一片输出为低电平时，第二片振荡器被复位，停止振荡，蜂鸣器停止发声。

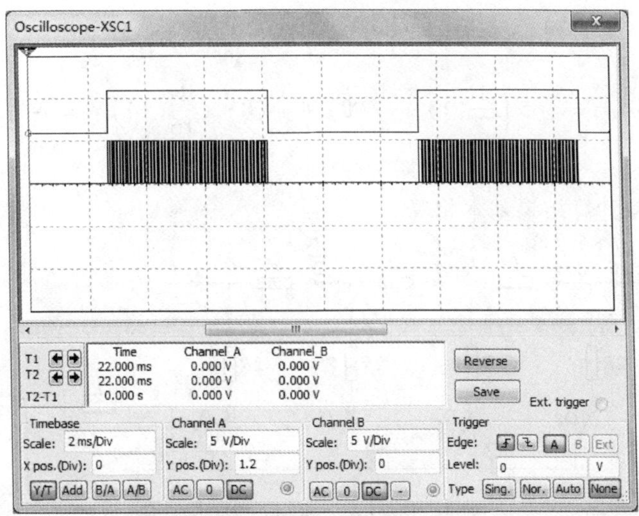

图 9-41b　模拟响声发生器电路输出波形图

9.5　数/模和模/数转换技术

例 9-42　图 9-42a 所示为权电阻 D/A 转换器，输入信号 D_i的电压幅值为 5V，试用电压表测量输出电压 U_o在 $D_0=5V$，$D_1=0V$，$D_2=5V$，$D_3=5V$ 时的值。用电流表观察各个电流之间的关系。

解： 测量电路如图 9-42b 所示。由测量结果可知：$U_o=-R_FI_F=-R_F(I_0+I_1+I_2+I_3)=-3.25V$。

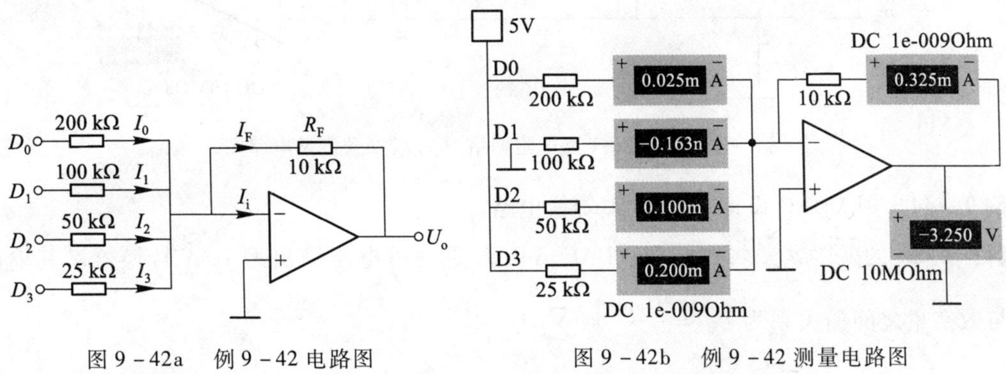

图 9-42a　例 9-42 电路图　　　　图 9-42b　例 9-42 测量电路图

例 9-43　如图 9-43a 所示 $R/2R$ 电阻网络 D/A 转换器中，若是输入 D_0、D_1、D_2、D_3的值为 **1** 就相当于开关动触点接通运放反相端，为 **0** 相当于连接运放同相端。试用电压表测量输出电压 U_o在 $D_0=\mathbf{1}$、$D_1=\mathbf{0}$、$D_2=\mathbf{0}$、$D_3=\mathbf{1}$ 时的值。图中 $R=1k\Omega$，参考电压为 5V。用电流表观察各个电流之间的关系。

解： 测量电路如图 9-43b 所示。输出模拟量与输入数字量的关系为

$$U_o = -U_{REF}\left(\frac{1}{2}D_3 + \frac{1}{4}D_2 + \frac{1}{8}D_1 + \frac{1}{16}D_0\right)$$

代入数字后得：$U_o = -5\left(\frac{1}{2}(\mathbf{1}) + \frac{1}{4}(\mathbf{0}) + \frac{1}{8}(\mathbf{0}) + \frac{1}{16}(\mathbf{1})\right)\text{V} = -(2.5 + 0.3125)\text{V} = -2.8125\text{V}$

可见，测量结果与计算结果基本相等。

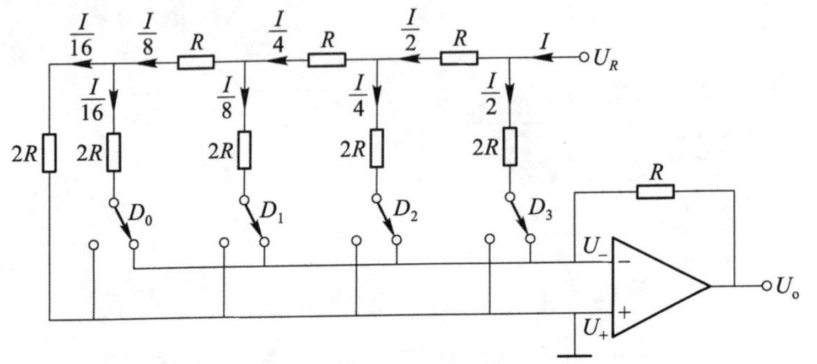

图 9-43a　*R*/2*R* T 型电阻网络 D/A 转换电路图

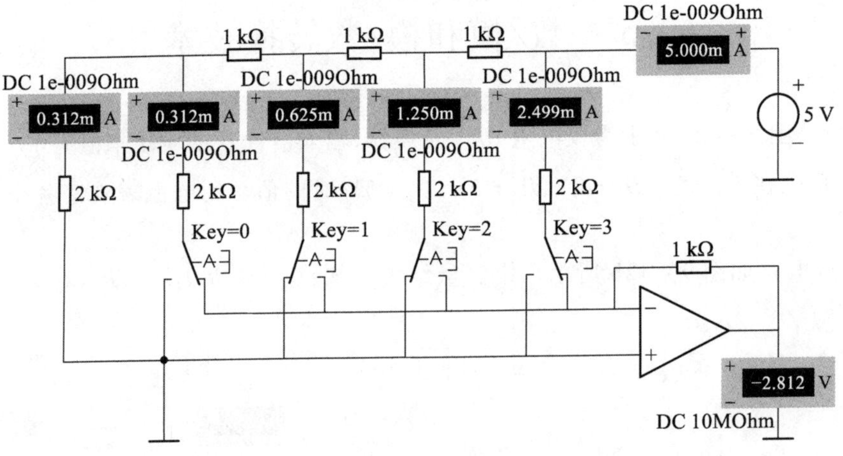

图 9-43b　*R*/2*R* T 型电阻网络 D/A 转换器测试电路图

例 9-44　用 VDAC 设计一个 D/A 转换电路。

解：从 01 的 ADC_DAC 中选取 VDAC，VDAC 是一种电压输出型 D/A 转换器。其输出模拟量与数字量之间的关系为 $U_o = \frac{U_{REF}}{2^n} \times \sum_{i=0}^{n-1} D_i \cdot 2^i$

设参考电压 $U_{REF} = 12\text{V}$，输入的数字量为 **10010011**，电路如图 9-44a 所示，则输出的模拟电压为 $U_o = \frac{12}{2^8} \times (2^0 + 2^1 + 2^4 + 2^7)\text{V} = \frac{12}{256} \times 147\text{V} = 6.89\text{V}$。与所测结果吻合。

图 9-44b 是由十进制计数器 74LS160 和 VDAC 组成的电路，VDAC 的输入端的高四位接地，低四位接 74LS160 的计数输出端。当时钟频率为 100Hz 时，用示波器测量 D/A 转换器的输出电压，可得如图 9-44c 所示的阶梯型波形。

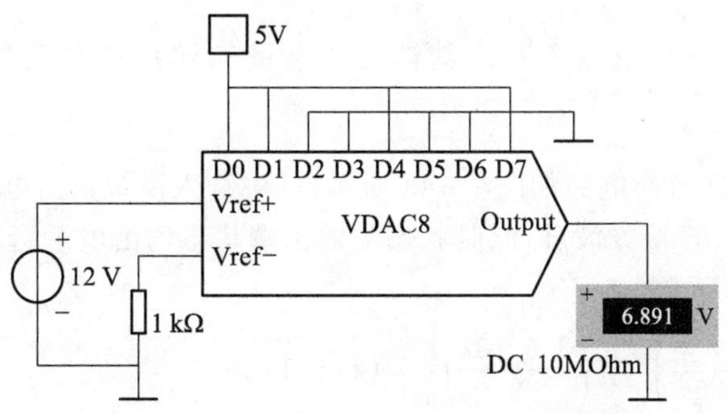

图 9-44a　VDAC 构成的 D/A 转换电路图

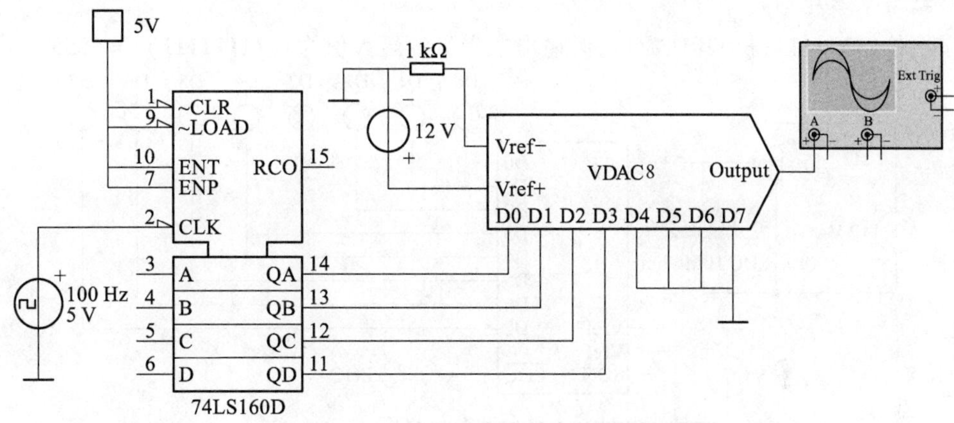

图 9-44b　74LS160 和 VDAC 组成的电路图

图 9-44c　阶梯型波形

例 9-45　用 ADC 设计一个 A/D 转换电路。

解： 从 01 的 ADC_DAC 中选取 ADC，ADC 是一种 A/D 转换元器件，它有四个输入端，分别为模拟量输入端 U_{in}、参考电压输入端 U_{ref+} 和 U_{ref-}、转换控制端 SOC；它有九个输出端，分别为数

字量输出端 $D_0 \sim D_7$、转换结束端 EOC。其输出数字量与模拟量之间的关系为 $\left(\frac{U_{in} \times 2^n}{U_{ref}}\right)_{10} = (D)_2$

由ADC构成的A/D转换电路如图9-45所示，其中输入模拟量由电位器 R 上的电压提供，其值可由电压表测得，SOC 接方波脉冲，其状态与输出端状态均由电平指示器监控。

调节 R 如图9-45所示，测得 $U_{in} = 3.6V$。

代入关系式得 $\left(\frac{U_{in} \times 2^n}{U_{ref}}\right)_{10} = \left(\frac{3.6 \times 2^8}{8}\right)_{10} = (115.2)_{10}$

而由电平指示器的状态可得输出的数字量为 $(D)_2 = (\mathbf{01110011})_2 = (115)_{10}$。可见，测量结果与计算结果基本相等。

调节电位器还可以得到其他数值，但输出数字量的最大值为：$(\mathbf{11111111})_2 = (255)_{10}$。

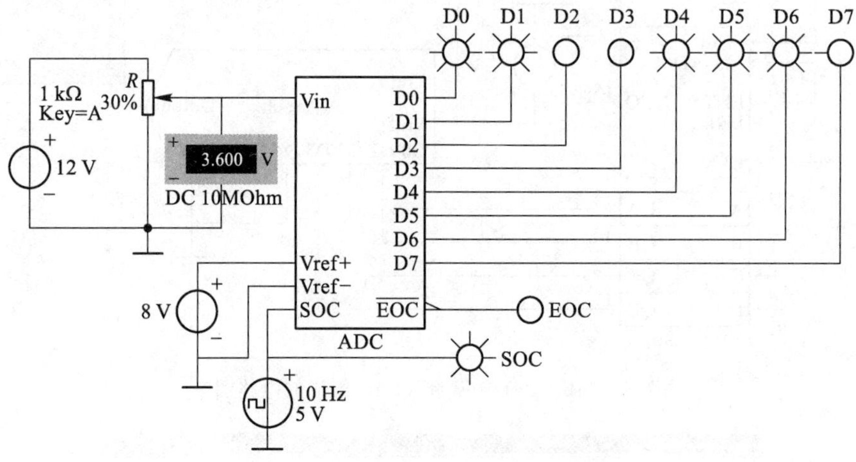

图9-45　由ADC构成的A/D转换电路图

第 10 章 Multisim 11.0 综合应用——设计与仿真实例

本章介绍了利用 Multisim 11.0 进行电子电路应用实例设计的一般方法，通过分析电子电路设计的功能要求，按照综合系统设计的一般方法和步骤，先进行系统的方案设计，再进行原理图设计，包括整机电路及完成某一单独功能的单元电路。最后用 Multisim 11.0 对电路进行仿真分析。

10.1 低频信号发生器

一、设计任务与要求

设计一方波、三角波、正弦波函数发生器，要求：

1. 频率范围 1 ~ 200Hz
2. 输出峰峰值 0 ~ 10V 可调

二、设计方案

产生正弦波、方波、三角波的方案有多种，本次设计采用先产生方波—三角波，再将三角波变换成正弦波的设计方法，其电路组成框图如图 10 - 1 所示。

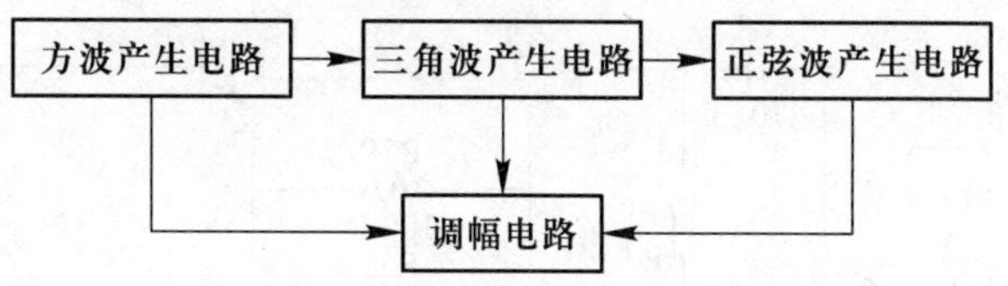

图 10 - 1 低频信号发生器组成框图

1. 方波—三角波产生电路

图 10 - 2[①] 所示电路可自动产生方波—三角波，其工作原理如下：运放 U_{1A} 与 $R_1 \sim R_4$ 组成电压比较器，U_{O1} 端为比较器输出，U_{1B} 与 C_1、C_2、$R_5 \sim R_7$ 组成反相积分器。电压比较器与积分器首尾相连，积分器输出 U_{O2} 反馈到电压比较器的输入端，形成闭环电路，可自动产生方波（U_{O1}）—三角波（U_{O2}）。其频率为

$$f = (R_1 + R_2)/[4R_3(R_5 + R_6)C_1]$$

三角波幅值为：$U_{O2m} = R_3 V_{DD}/(R_1 + R_2)$

当频率为 $1\text{Hz} \leqslant f \leqslant 10\text{Hz}$，开关 S_1 接通 $C_2 = 10\mu\text{F}$；频率为 $10\text{Hz} \leqslant f \leqslant 200\text{Hz}$，开关 S_1 接通 $C_1 = 1\mu\text{F}$。

① 本章插图采用美国标准符号 ANSI。

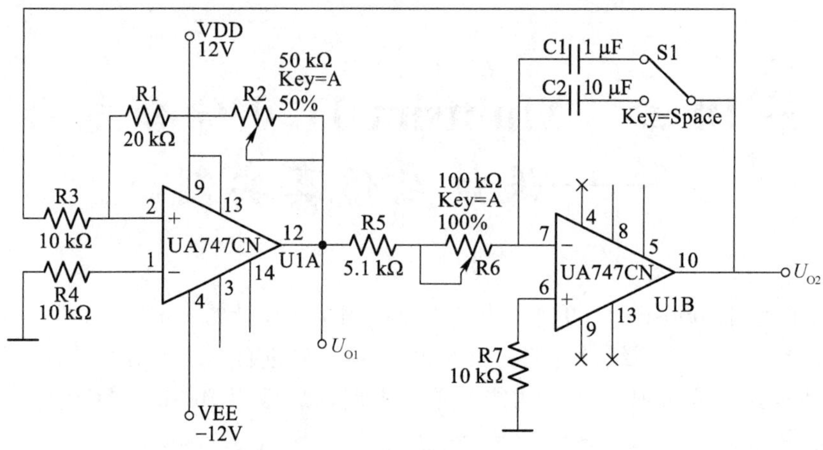

图10-2　方波—三角波产生电路

2. 三角波—正弦波变换电路

三角波—正弦波变换电路如图10-3所示，该电路利用差分对管的饱和与截止特性将三角波变换为正弦波。晶体管选用四只特性完全相同的晶体管，在实际电路中可选用集成差分对管。R_8用于调节输入幅值，R_{10}用于减小差分放大器的线性区，R_{11}调整电路对称性，C_3、C_4、C_5为隔直电容，C_6为滤波电容，以滤除谐波分量，改善输出波形。

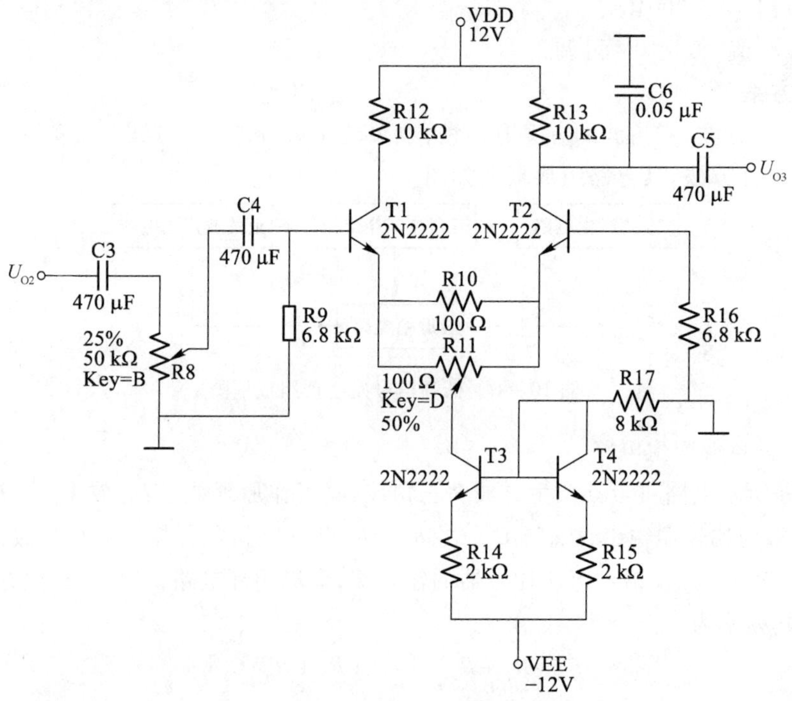

图10-3　三角波—正弦波变换电路

3. 调幅电路

调幅电路如图10-4所示，采用开关S_2、S_3选择三种不同输入波形，通过调节电阻R_{18}、R_{21}可

调节 U_0输出幅值。

$$U_0 = \left(1 + \frac{R_{20} + R_{21}}{R_{22}}\right) U_1$$

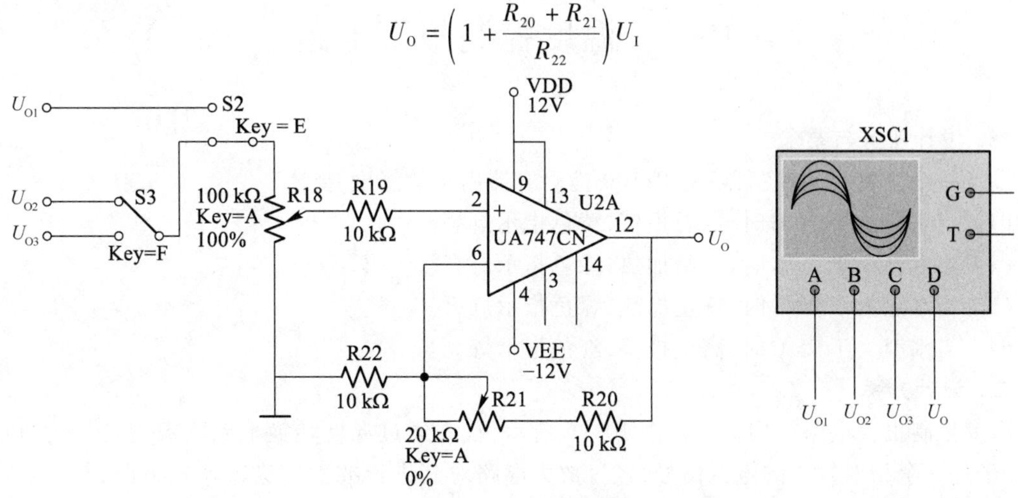

图 10－4　调幅电路

三、仿真运行

1. 创建仿真电路。选择元器件 UA747、双极型晶体管、电阻、电容等，参照图 10－2、图10－3及图 10－4 绘制仿真电路。

2. 仿真运行。在 Multisim 11.0 主界面下，启动仿真开关进行电路仿真。将 U_{01}、U_{02}、U_{03}及 U_0接至四通道示波器(4 Channel Oscilloscope)，设置四通道示波器的 x 轴(时间)、y 轴(电压)等参数。开关选择接通 U_{02}，输出波形如图 10－5 所示。S_1 为频率范围选择，S_2、S_3 为波形选择，拨动开关 S_1 ~ S_3，调节 R_1、R_6、R_{18}、R_{21}，观察输出波形频率及幅值的变化情况。

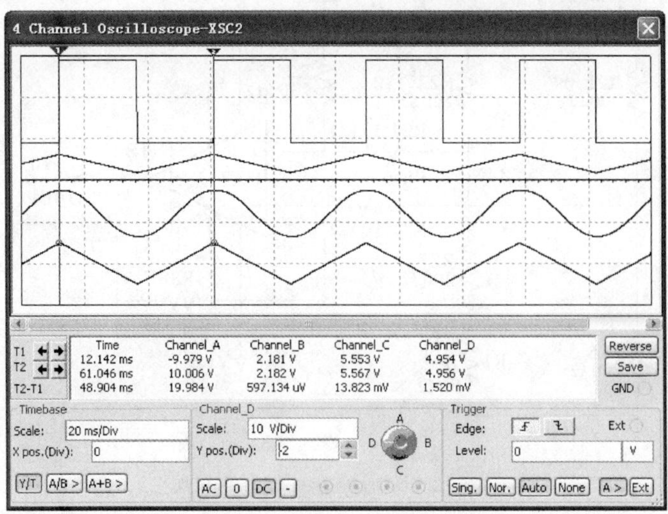

图 10－5　U_{01}、U_{02}、U_{03}、U_0 输出波形

10.2　温度控制报警电路

一、设计任务与要求

设计一个温度自动控制器，用 PT100 检测容器内水的温度，要求：

(1) 当水温小于 30℃时，低温报警，黄色指示灯亮。

(2) 当水温小于 50℃时，开始加热，绿色指示灯亮。

(3) 当水温大于 90℃时，停止加热，绿色指示灯灭。

(4) 当水温大于 95℃时，高温报警，红色指示灯亮。

二、设计方案

温度控制报警电路结构框图如图 10－6 所示，首先通过温度转换电路将温度转变为电压信号，由于是一个相对较小的电压信号，经过放大电路对其进行放大后进入比较电路，与给定值进行比较，比较结果控制指示与报警电路。

图 10－6　温度控制报警电路结构框图

1. 温度检测与放大电路

在温度检测电路中通过铂电阻 PT100 采集温度信号，通过电桥电路转换为电压信号。PT100 的阻值与温度间的关系在控制精度要求不高时，可通过 $R=(100+0.385T)\,\Omega$ 近似计算，温度检测电路如图 10－7 所示。

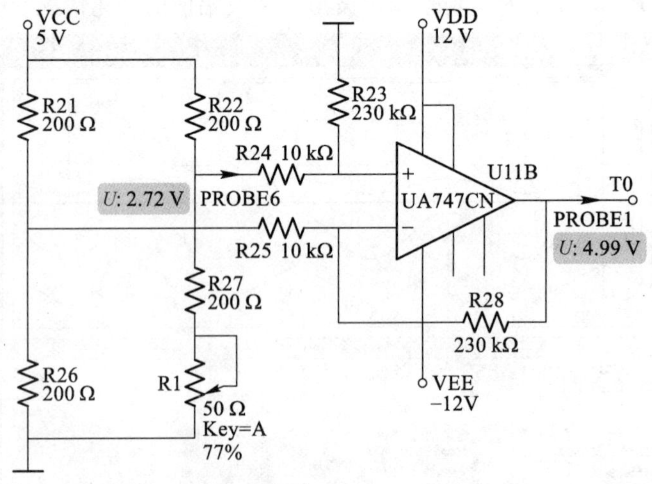

图 10－7　温度检测与放大电路

测温电桥由电阻 R_{21}、R_{22}、R_{26}、R_{27} 及热敏电阻 R_1 组成，为使在静态时，运放输出平衡，取 $R_{21}=R_{22}$，$R_{26}=R_{27}+R_1$，由运放 U_{11B} 各外围电路组成差分放大电路，将电桥输出电压 ΔU 进行放大

$$U_{T0}=\left(1+\frac{R_{28}}{R_{25}}\right)\frac{R_{23}}{R_{23}+R_{24}}U_B-\frac{R_{28}}{R_{25}}U_A$$

选择 $R_4 = R_5 = 10\Omega, R_3 = R_8 = 230\Omega$，则

$$U_{T0} = \frac{R_{28}}{R_{25}}(U_B - U_A) = 23\Delta U$$

在 0℃时 U_{T0} 输出电压为 0V，在 100℃时 U_{T0} 输出电压为 5V。

2. 多路比较控制

比较电路采用如图 10－8 所示电路，由运放连接成电压比较器。U_6 对比较器输出进行整形。通过调节电位器 R_5 设定阈值电压，温度检测电路输出电压接比较器正端。通过调节电位器 R_5，改变阈值电压。在 30℃时 U_{T0} 输出电压为 1.59V，调节电位器 R_1 使运放负端电压为 1.59V。在温度小于 30℃时，U_{30} 输出低电平，在温度大于 30℃时，U_{30} 输出高电平。

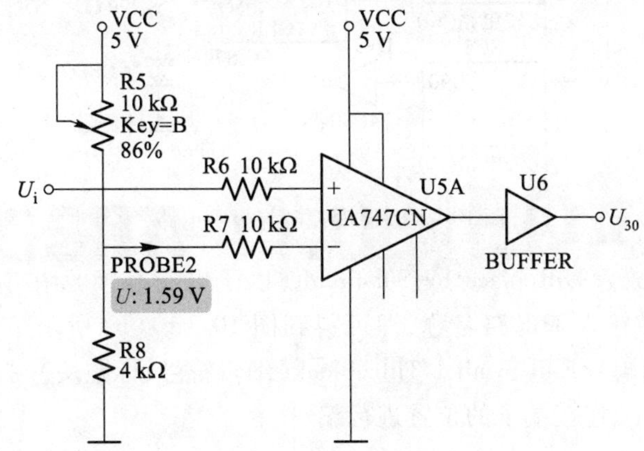

图 10－8　比较电路

3. 加热控制与报警

比较器电路输出对加热器及报警电路进行控制，电路如图 10－9 所示。温度小于 30℃时，比较电路 U_{30} 输出低电平，经非门 U_{1A} 输出进入或门 U_{2A}，U_{2A} 输出高电平，黄色发光二极管 LED_1 点亮。同时晶体管 T_1 导通，蜂鸣器发出声音。温度大于 95℃时，比较电路 U_{95} 输出高电平，红色发光二极管 LED_3 点亮，同时晶体管 T_1 导通，蜂鸣器发出声音。温度小于 30℃时，U_{50} 输出低电平，将 D 触发器置位，开始加热，绿色发光二极管 LED_2 点亮，温度大于 90℃时，U_{90} 输出低电平，经非门 U_{1B} 将 D 触发器复位，停止加热，绿色发光二极管熄灭。

三、仿真运行

1. 创建仿真电路。选择元器件 74LS04、74LS32、74LS74、UA747、电阻、晶体管、LED 等，参照图 10－7～图 10－9 绘制仿真电路。LED_1、LED_2、LED_3 分别选用黄色、绿色、红色发光二极管。电路中使用了集成电路，电路图中只有功能引脚，电源引脚不可见，在绘制电路时要示意性的放置电源（V_{CC}）和地（GND），此时电路才能正常工作。

为了使电路简洁，本例中将温度检测、比较电路采用了子电路模块设计。子电路绘制方法如下：

在元器件库中选取出 UA747、BUFFER、电阻等元器件，单击主菜单 Place（放置）/Connectors（连接端子）/HB/SC Connector（层次块/子电路连接端子）放置连接端子并与电路连接，对端子进行重新设置 RefDes（编号），如图 10－10a 所示。选中电路中要放入子电路模块的全部元器

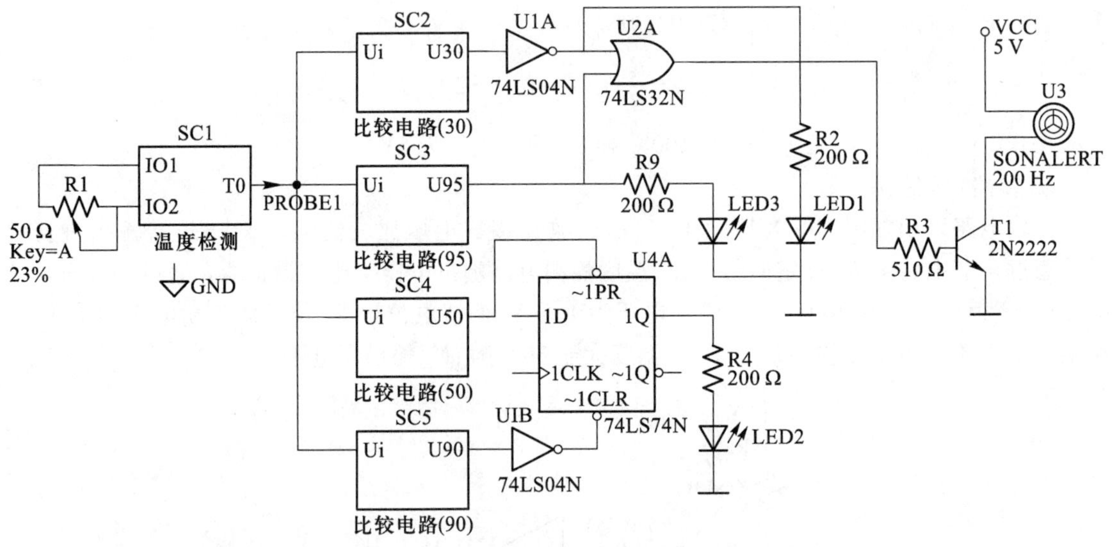

图 10－9 温度控制与报警电路

件,单击主菜单 Place(放置)/Replace by Subcircuit(以子电路替换),在出现的 Subcircuit Name(子电路名称)对话框中输入子电路名称,即可得到图 10－10(b)所示子电路。选中子电路模块,单击主菜单 Edit(编辑)/Edit Symbol/Title Block(编辑符号、标题块),打开 Symbol Edit 窗口,可对子电路的形状、大小、连接端子的位置进行编辑。

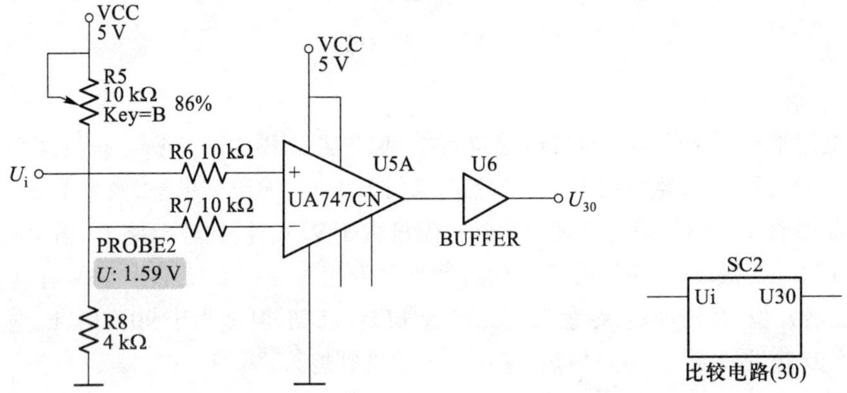

图 10－10a 连接端子与电路的连接　　图 10－10b 子电路

2. 仿真运行。在 Multisim 11.0 主界面下,启动仿真开关进行电路仿真。首先调节电位器对比较电路阈值电压进行调整。根据 PT100 电阻计算公式计算出 30℃时对应电阻,参照图 10－9 调节电位器 R_1 为相应阻值,运行后可直接从测量探针(PROBE1)读取电压值,然后对 30℃比较电路阈值电压进行设定。用同样方法对 50℃、90℃和 95℃比较电路阈值电压进行设定。阈值电压设定完成后,调节电位器 R_1,观察各测量探针、指示灯及蜂鸣器输出情况。

10.3　四路彩灯显示系统

一、设计任务与要求

设计一个四路彩灯控制器，要求：

1. 开机自动置入初始状态后即能按规定的程序进行循环显示。

2. 彩灯由三个节拍构成一组循环，第一节拍时，彩灯逐次渐亮，灯亮间隔 1s；第二节拍时，彩灯按逆序渐灭，间隔 1s；第三节拍时，彩灯同时亮 0.5s，然后同时灭 0.5s，共进行 4 次。每个节拍都为 4s，执行一次循环共需 12s。

3. 用发光二极管显示彩灯系统的各节拍。

二、设计方案

由设计要求可知彩灯的三个节拍可以用移位寄存器 74LS194 实现，通过 S_0 和 S_1 控制输出实现右移、左移和送数。第一节拍右移 **1** 逐次点亮发光二极管，第二节拍逐次左移 **0** 使发光二极管熄灭，第三节拍送 **1** 使发光二极管全亮，送 **0** 使发光二极管全灭。一次循环过程为 12s，故需要一个 12 进制的计数器控制循环。第三节拍时要求 1s 内全灭全亮各一次，故脉冲信号频率比先前两节拍时脉冲频率要快一倍，所以基准脉冲选用 2Hz，在第一、二节拍时通过二分频电路进行分频后，经控制电路送到移位寄存器。在第三节拍时，将基准脉冲经控制电路送到移位寄存器，同时在移位寄存器送数端输入 **0**、**1**，使得输出端控制发光二极管进行闪烁。四路彩灯控制电路结构框图如图 10－11 所示。

1. 二分频电路

二分频电路选用 74LS74 触发器构成，2Hz 脉冲由函数信号发生器提供，电路如图 10－12 所示。

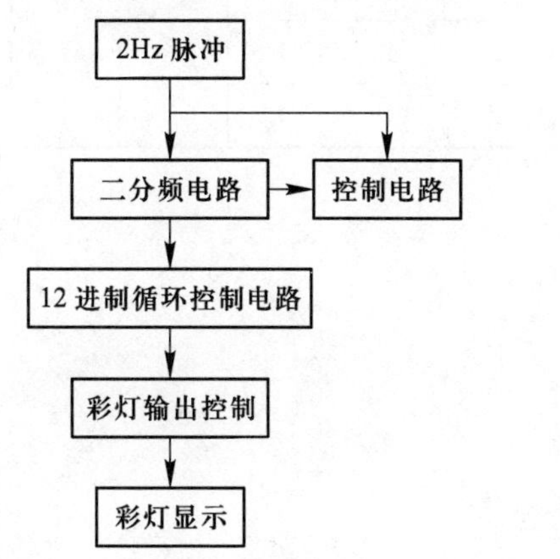

图 10－11　四路彩灯控制电路结构框图

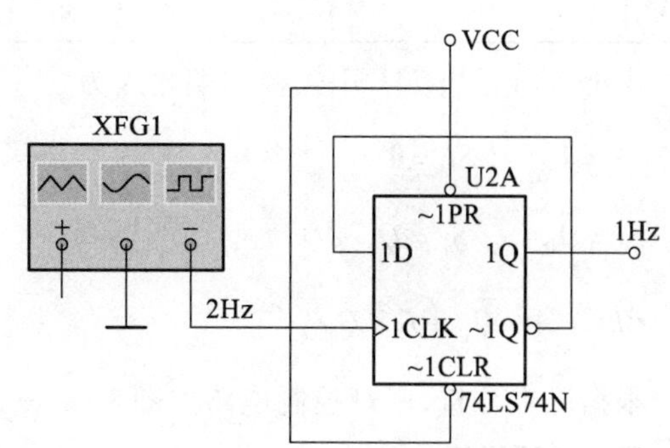

图 10－12　二分频电路

2. 12 进制计数电路及彩灯控制电路

12 进制计数电路由 74LS163 和 74LS20 构成，74LS163 为四位二进制同步计数器，具有同步清零和同步预置功能。该电路使用清零功能构成 12 进制计数器，输出为 **1011** 时，在下一脉冲到来时进行清零。在第三节拍时要求灯闪烁，可将其分为 8 个状态，74LS194 的送数端 $A \sim D$ 接 1Hz 方波信号使输出端闪烁。所以 74LS194 脉冲 CLK 的时钟信号在整个 12s 时间内，前 8s 为 1Hz 频率，后 4s 为 2Hz 频率。周期根据题目要求可列出 12 进制计数器输出与移位寄存器控制端状态真值表如表 10－1 所示。

表 10－1　12 进制输出与移位寄存器控制端真值表

CLK		时间/s	节拍	74LS163				74LS194				
				Q_D	Q_C	Q_B	Q_A	S_0	S_1	SR	SL	动作
0	1Hz 脉冲 A	1	第一节拍	0	0	0	0	1	0	1	*	右移 1
1		2		0	0	0	1	1	0			
2		3		0	0	1	0	1	0			
3		4		0	0	1	1	1	0			
4		5	第二节拍	0	1	0	0	0	1	*	0	左移 0
5		6		0	1	0	1	0	1			
6		7		0	1	1	0	0	1			
7		8		0	1	1	1	0	1			
8	2Hz 脉冲 B	9	第三节拍	1	0	0	0	1	1	*	*	送数
9				1	0	0	0	1	1			
10		10		1	0	0	1	1	1			
11				1	0	0	1	1	1			
12		11		1	0	1	0	1	1			
13				1	0	1	0	1	1			
14		12		1	0	1	1	1	1			
15				1	0	1	1	1	1			

由上表可得出 74LS194 控制端输入为

$$SR = \mathbf{1} \qquad SL = \mathbf{0}$$

$$S_0 = \overline{Q}_C \qquad S_1 = Q_D + Q_C$$

$$CLK = A \cdot \overline{Q}_D + B \cdot Q_D$$

根据以上分析，彩灯控制电路如图 10－13 所示。

三、仿真运行

1. 创建仿真电路。选择元器件 74LS163、74LS194、74LS04、74LS08、74LS20、74LS32、数码管、发光二极管等，参照图 10－12 及图 10－13 绘制仿真电路。其中 2Hz 脉冲信号由函数信号发生器（Function Generator）提供，波形种类选择方波，频率设定为 50Hz，振幅设定为 5V。

2. 仿真运行。在 Multisim 11.0 主界面下，启动仿真开关进行电路仿真。观察发光二极管变

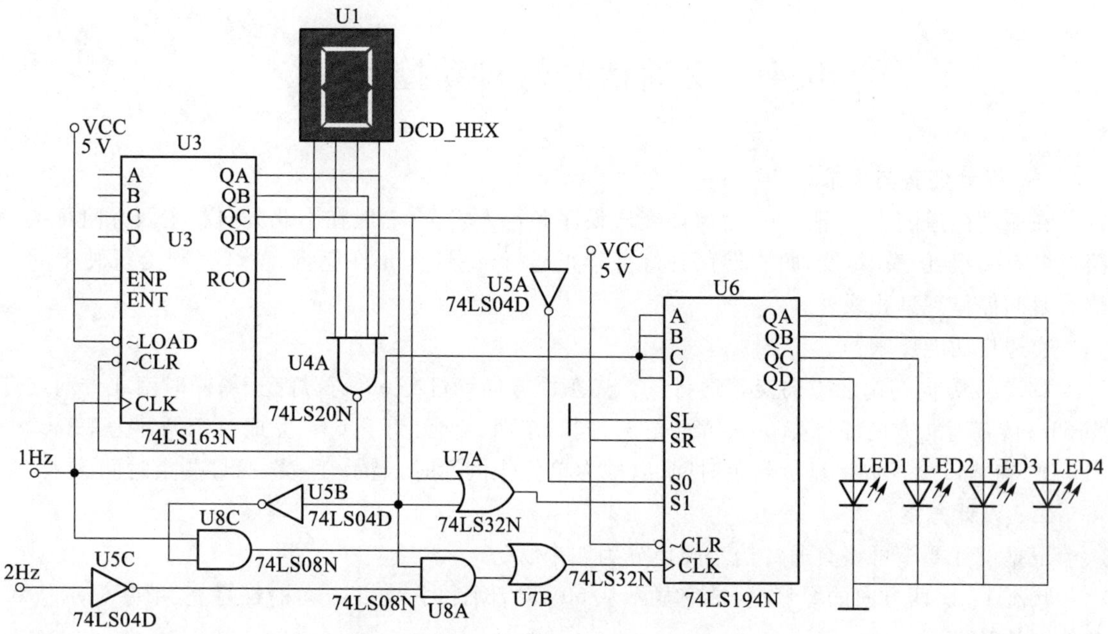

图 10－13　彩灯控制电路

化情况。将时钟信号、S_0、S_1 及彩灯信号接至逻辑分析仪(Logic Analyzer),设置逻辑分析仪的每格时钟数(Clocks/Div)为 50,时钟源选择内部时钟,内部时钟频率设置为 1kHz。四路彩灯输出波形如图 10－14 所示。

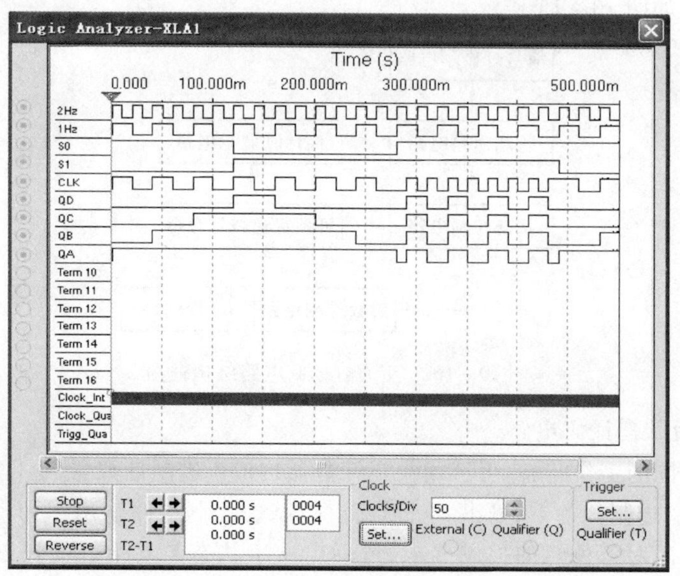

图 10－14　四路彩灯时序图

10.4　交通信号灯自动控制系统

一、设计任务与要求

在城镇街道的十字路口中,为保证交通秩序和行人安全,一般在南北方向和东西方向每条道路上各有一组红、黄、绿交通信号灯,红灯亮禁止通行,绿灯亮允许通行,黄灯亮则给行驶中的车辆有时间停靠到禁止线外。

交通灯功能要求:

1. 东西方向与南北方向交替通行。首先东西方向绿灯亮60s、黄灯亮3s,同时南北方向红灯亮63s;接着南北方向绿灯亮60s、黄灯亮3s,同时东西方向红灯亮63s,完成一个循环为126s。

2. 在路口设置数字显示剩余时间,以秒为单位作倒计时,显示红、黄、绿灯剩余时间。

二、设计方案

根据设计要求可将交通灯信号转换分为四个状态。

状态1:东西方向的绿灯亮,数字显示从60开始倒计时;南北方向的红灯亮,数字显示从63开始倒计时。

状态2:东西方向的黄灯亮,数字显示从3开始倒计时;南北方向的红灯亮。

状态3:东西方向的红灯亮,数字显示从63开始倒计时;南北方向的绿灯亮,数字显示从60开始倒计时。

状态4:东西方向的红灯亮;南北方向的黄灯亮,数字显示从3开始倒计时。

系统结构框图如图10-15所示。

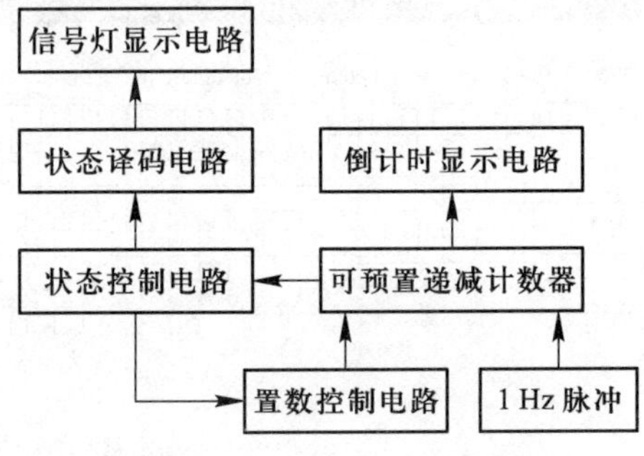

图10-15　交通灯控制电路结构框图

1. 状态控制及状态译码电路

系统有4种不同的工作状态,可选用集成计数器构成4进制计数器,也可用两个D触发器或者JK触发器构成4进制计数器,输出4种状态。以状态控制电路输出作为译码电路的输入,根据4种不同通行状态对三色灯的控制要求,可列出4个状态与6个灯的控制函数真值表,如表10-2所示。

由真值表可得出灯控函数的逻辑表达式为:(可用Multisim 11.0中的逻辑转换器进行化简)

$R = Q_1$　　$Y = \overline{Q}_1 Q_0$　　$G = \overline{Q}_1 \overline{Q}_0$

$r = \overline{Q}_1$　　$y = Q_1 Q_0$　　$g = Q_1 \overline{Q}_0$

表 10-2　6 个灯控制函数真值表

控制器状态		东西方向			南北方向		
Q_1	Q_0	R	Y	G	r	y	g
0	0	0	0	1	1	0	0
0	1	0	1	0	1	0	0
1	0	1	0	0	0	0	1
1	1	1	0	0	0	1	0

根据以上分析,可设计状态控制电路、译码电路及信号灯(用 PROBE 模拟三色灯)显示电路,电路如图 10-16 所示。

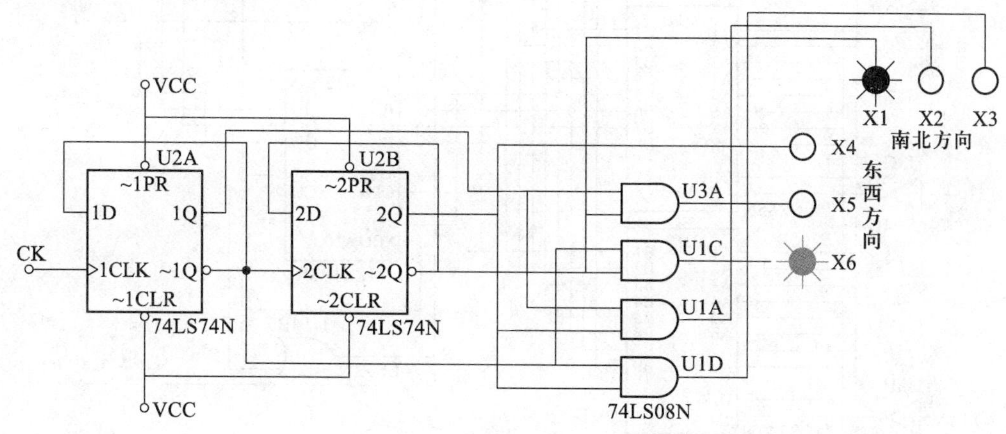

图 10-16　状态控制及状态译码电路

2. 倒计时显示控制电路

十字路口要有数字显示,作为倒计时提示,以便人们更直观地把握时间。当某方向灯亮时,置显示器初值,然后以每秒减 1,直至计数器为 0,十字路口绿、黄、红灯变换,一次工作循环结束。在倒计时过程中计数器还向状态控制电路提供时钟信号。

东西方向显示电路如图 10-17 所示。计数器选用两片 74LS192(可预置十进制同步可逆计数器)芯片级联成一个从可任意设定时间 00~99 倒计至 00 的计数器,其中个位数的 74LS192 芯片的 *DOWN* 接秒脉冲发生器(频率为 1Hz),再把个位数 74LS192 芯片输出端的 *BO* 接到十位数 74LS192 芯片的 *DOWN* 端。当个位数减到 0 时,再减 1 就会变成 9,此时 *BO* 端输出脉冲,会给十位数 74LS192 芯片一个脉冲使十位减 1,相当于借位。将两个芯片的 *BO* 端接至**或**门的输入端,**或**门输出连接至两个芯片的 *LOAD* 端。当个位与十位同时为 0 时,**或**门输出 0,使两个芯片进行置数,置数完成后,下一脉冲到来开始倒计时。

预置到减法计数器的时间常数通过三片 8 路双向三态门 74LS245 来完成。三片 74LS245 的输入数据分别接入 60、3、63 三个不同的常数数值,任一输入数据到减法计数器的置入由状态译码器的输出信号控制不同的 74LS245 的选通信号来实现。选通信号可直接由三色灯输出控制,在红灯熄灭时应置绿灯时间,绿灯熄灭时置黄灯时间,黄灯熄灭时置红灯时间。三色灯的转换顺序为红—绿—黄,对应预置时间为 60、3、63。由于 74LS245 选通信号要求低电平有效,故控制信号经一级反相器后输出接相应 74LS245 的选通信号。

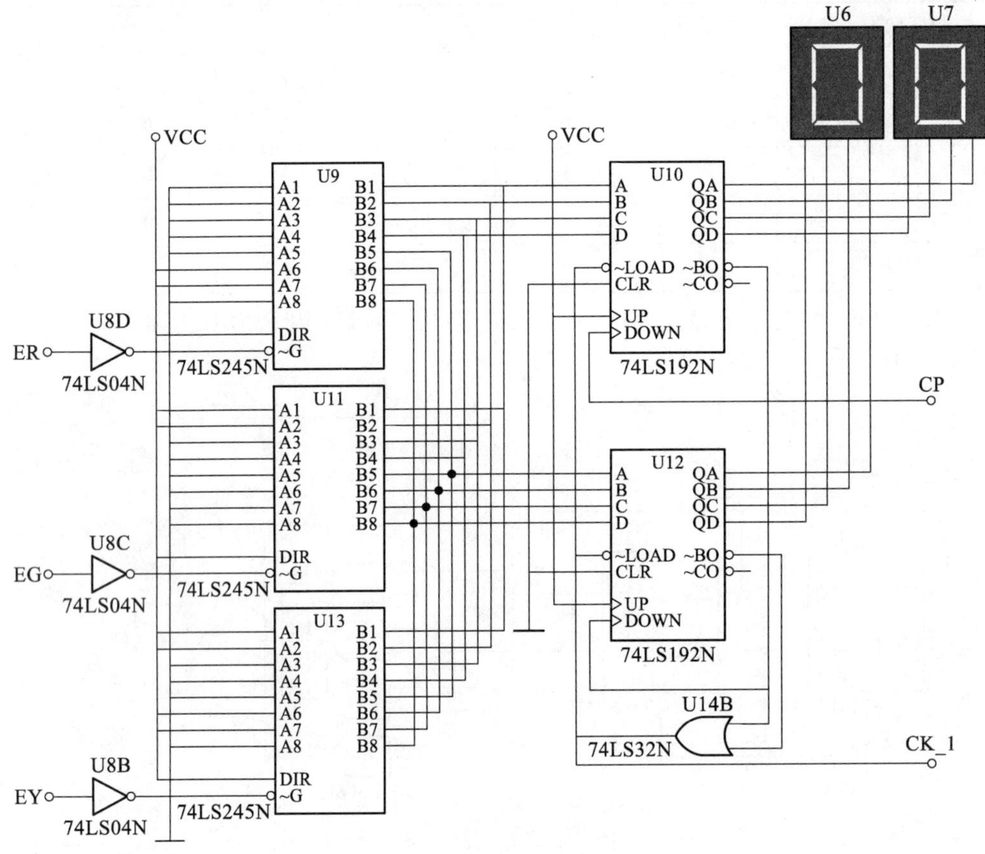

图 10－17　东西方向显示控制电路

3. 整体电路设计

将上述单元电路连接至一起，南北方向参照东西方向电路，将两个电路的置数信号通过**与**门接至状态控制的 *CK* 端，作为状态控制电路的时钟信号。整体电路如图 10－18 所示。由于电路较复杂，将各单元电路放入子电路模块中，可使主电路简单明了。

三、仿真运行

1. 创建仿真电路。选择元器件 74LS163、74LS194、74LS04、74LS08、74LS20、74LS32、数码管等，参见图 10－16、图 10－17、图 10－18 绘制仿真电路。其中脉冲信号由函数信号发生器（Function Generator）提供，波形种类选择方波，频率设定为 100Hz，振幅设定为 5V。东西方向及南北方向三色灯用采用 3D_VIRTUAL 库中的红、黄、绿 LED。

2. 仿真运行。单击主菜单 Simulate（仿真）/Interactive Simulation Settings（交互式仿真设置），在出现的 Interactive Simulation Settings（交互式仿真设置）对话框中，Initial conditions（初始条件）选项选择 Set to zero（设置为零）。在 Multisim 11.0 主界面下，启动仿真开关进行电路仿真。观察数码管、电平指示器的变化情况，并将时钟信号、东西方向及南北方向三色灯信号接至逻辑分析仪（Logic Analyzer），设置逻辑分析仪的每格时钟（Clocks/Div）为 100，时钟源选择内部时钟，内部时钟频率设置为 2kHz。观察其波形，波形如图 10－19 所示。

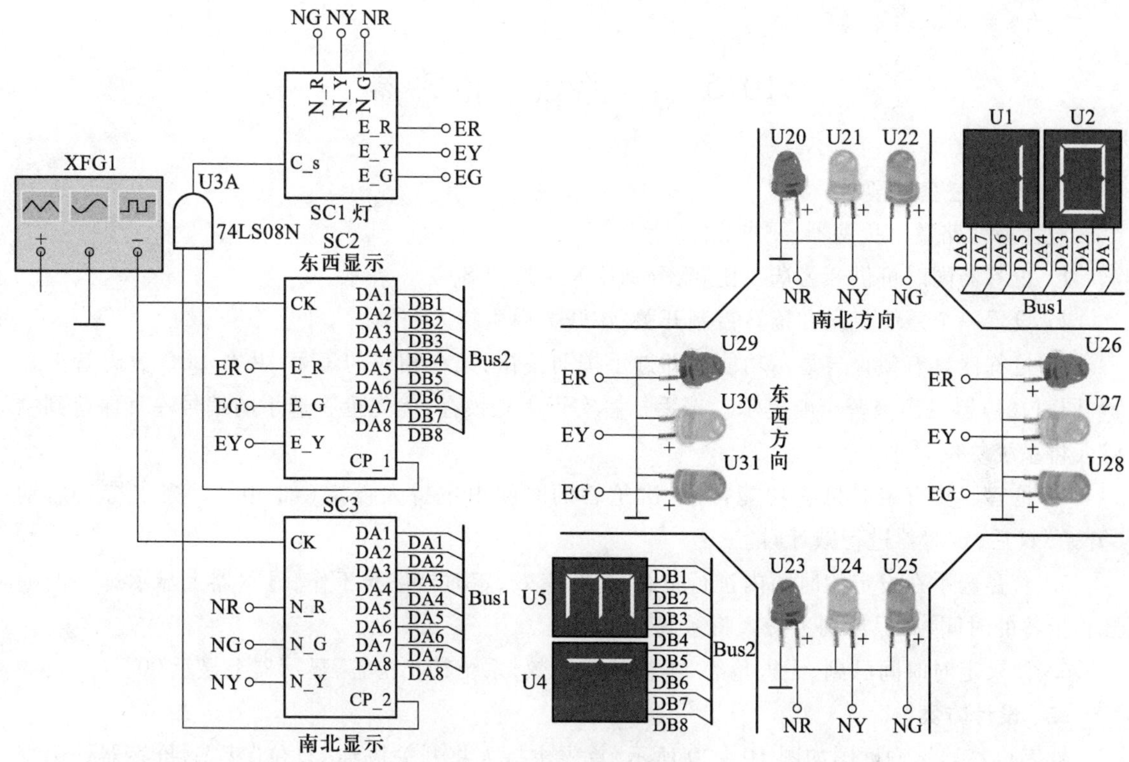

图 10-18 交通信号灯控制电路

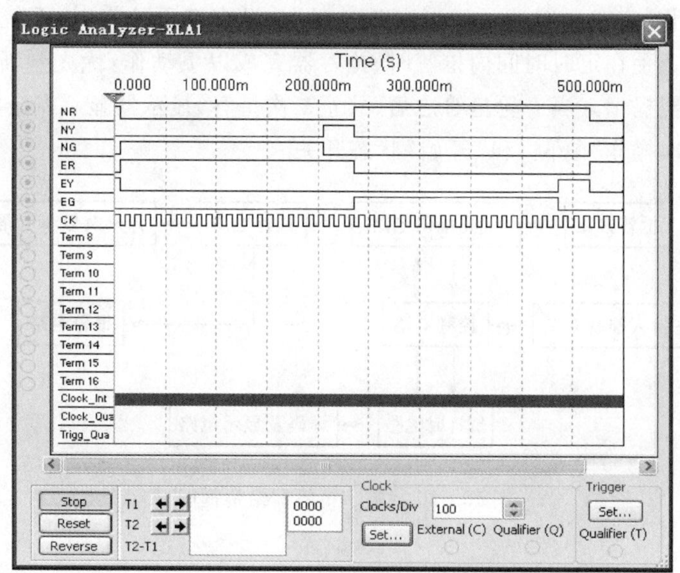

图 10-19 交通信号灯时序图

10.5　八路数字抢答器

一、设计任务与要求

设计一八路数字抢答器，要求：

1. 抢答器同时可供 8 名选手比赛，分别用 8 个按钮 $S_0 \sim S_7$ 表示。

2. 设置一个系统复位和抢答控制开关，该开关由主持人控制。

3. 抢答器具有锁存与显示功能。即选手按动按钮，锁存相应的编号，并在 LED 数码管上显示，同时扬声器发出报警声响提示。选手抢答实行优先锁存，优先抢答选手的编号一直保持到主持人将系统复位为止。

4. 抢答器具有定时抢答功能，且一次抢答的时间由主持人设定（如 30s）。当主持人启动“开始”键后，定时器进行减计时。

5. 参赛选手在设定的时间内进行抢答，抢答有效，定时器停止工作，显示器上显示选手的编号和抢答的时间，并保持到主持人将系统复位为止。

6. 如果定时时间已到，无人抢答，本次抢答无效，系统禁止抢答，显示器上显示 00。

二、设计方案

数字抢答器结构框图如图 10－20 所示，首先主持人将开关拨到“复位”状态，抢答器处于禁止工作状态，编号显示器灭灯，显示器显示设定时间；主持人宣布“开始抢答”，并将开关置于“开始”位置，抢答器工作，定时器倒计时。当定时时间到，没有选手抢答时，系统封锁输入电路，禁止选手超时抢答。选手在定时时间内抢答时，抢答器完成以下动作：优先判断抢答编号、编号锁存、编号显示、扬声器提示。当一轮抢答之后，禁止二次抢答、显示器显示剩余时间。如果再次抢答必须由主持人再次操作“复位”和“开始”状态开关。

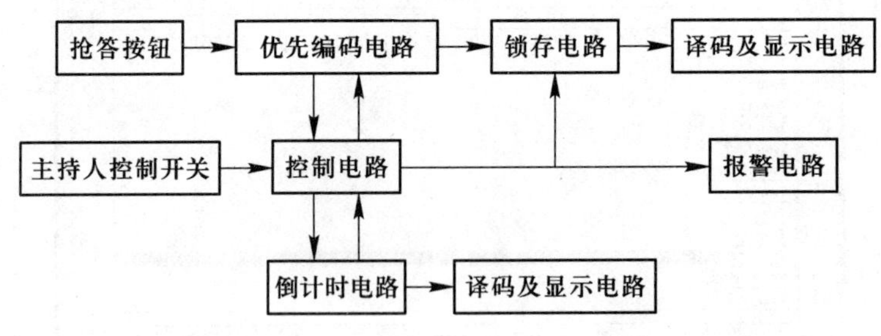

图 10－20　数字抢答器结构框图

1. 抢答电路

抢答电路如图 10－21 所示。该电路完成两个功能：一是分辨出选手按键的先后，并锁存优先抢答者的编号，同时译码显示电路显示编号；二是禁止其他选手继续抢答，即所有抢答按键操作无效。该电路选用优先编码器 74LS148，*RS* 锁存器 74LS279，译码器 74LS48 完成上述功能，在图 10－21 中将 *CTR* 与 *EI* 连接。当开关 S_9 闭合时，*RS* 触发器的 $\overline{R}$ 端均为 **0**，4 个触发器输出置

0,使 74LS48 的$\overline{BI}$ = **0**,显示器灯灭;74LS148 的使能端$\overline{EI}$ = **0**,使之处于工作状态,此时锁存电路不工作。当开关 S_9 断开时,优先编码与锁存电路同时处于工作状态,即抢答器处于等待状态,当有选手将键按下时(如按下 S_4),74LS148 的输出 $\overline{A}_2\overline{A}_1\overline{A}_0$ = **100**,$\overline{GS}$ = **0**,经 *RS* 锁存后,*CTR* = **1**,$\overline{BI}$ = **1**,74LS279 输出 **011**,经 74LS48 译码显示为“3”。此外,*CTR* = **1**,使 74LS148 的$\overline{EI}$ = **1**,处于禁止状态,封锁了其他按键的输入。当按下的键松开时,74LS148 的$\overline{GS}$ = **1**,此时由于 *CTR* = **1**,所以 74LS148 仍处于禁止状态,确保不会出现二次按键时输入信号,保证了抢答者的优先性。如有再次抢答需由主持人将 S_9 开关重新闭合复位,然后再进行下一轮抢答。

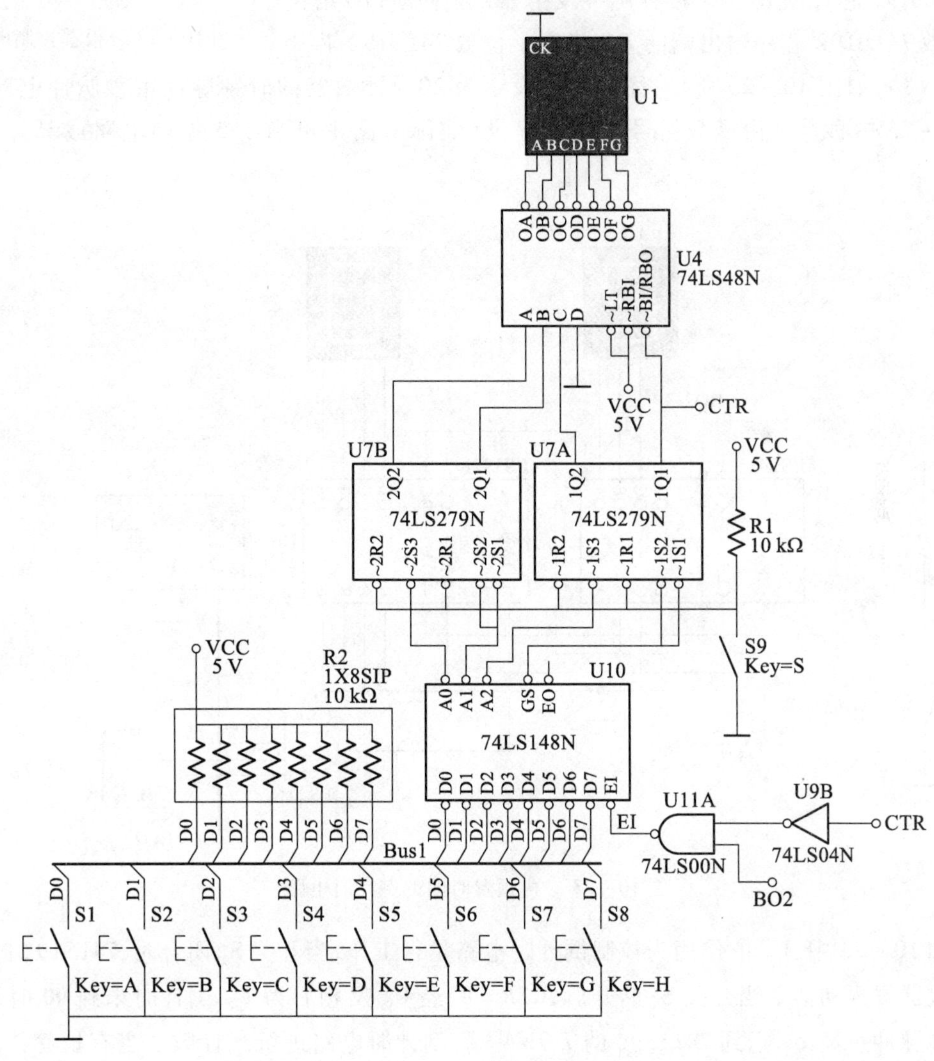

图 10 - 21　抢答器电路

2. 报警电路

在有效时间内抢答后,在显示抢答编号的同时,蜂鸣器发出声响,主持人按复位键后声响关闭。蜂鸣器通过 *CTR* 信号进行控制,当有选手抢答后,*CTR* 信号变为高电平,控制蜂鸣器发出声响，当主持人复位后，*CTR* 信号变为低电平，蜂鸣器关闭。报警控制电路如图 10 - 22 所示。

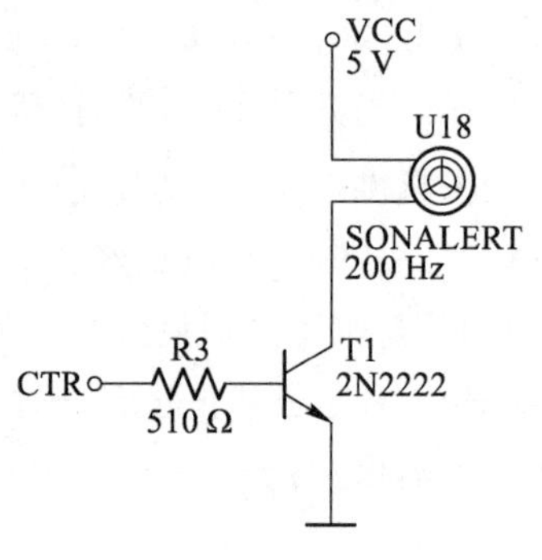

图 10 - 22　报警控制电路

3. 倒计时电路

由主持人根据抢答题的难易程度，设定一次抢答的时间，通过预置时间电路对计数器进行预置，计数器选用两片 74LS192（可预置的十进制同步可逆计数器）芯片级联成一个从可任意设定时间 00 ~ 99 倒计至 00 的计数器，其中作为个位数的 74LS192 芯片的 *DOWN* 接秒脉冲发生器（频率为 1 Hz），再把个位数 74LS192 芯片输出端的 *BO* 接到十位数 74LS192 芯片的 *DOWN* 端，如图 10 - 23 所示，图中时间设定为 20。计数器的时钟脉冲由秒脉冲电路提供，在图 10 - 23 中秒脉冲由函数信号发生器提供（实际电路中可由 555 振荡电路或晶体振荡电路提供）。

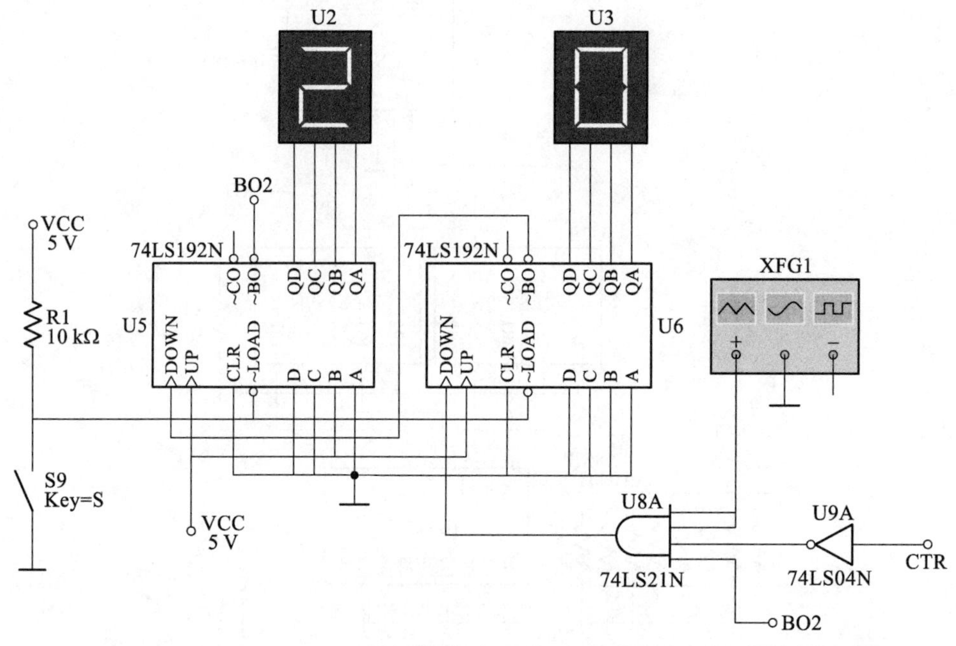

图 10 - 23　可预置时间的倒计时电路

在图 10 - 23 中，U_{8A}的作用为控制倒计时电路是否工作，当开关 S_9 闭合时，74LS192 的 *LOAD* = **0**，计数器置入初值。当开关 S_9 断开后，*CTR* = **0**，经 U_{9A}反相后为 **1**。倒计时未到 **00** 时，BO_2 = **1**，此时秒脉冲可经 U_{8A}送到 74LS192 的 *DOWN* 端，倒计时电路进行减计数。当有抢答按键按下时，*CTR* = **1**，U_{9A}输出为 **0**，封锁时钟信号，此时 U_{8A}输出为 0，倒计时电路处于保持状态。在规定时间内，如没有抢答，则倒计时电路在到 **00** 时 BO_2输出低电平信号，封锁时钟信号，倒计时电路保持 **00** 状态。将 BO_2信号与 *CTR* 信号共同控制 74LS148 的 *EI*，则在倒计时到 **00** 时，可禁止继续抢答。电路如图 10 - 24 所示。

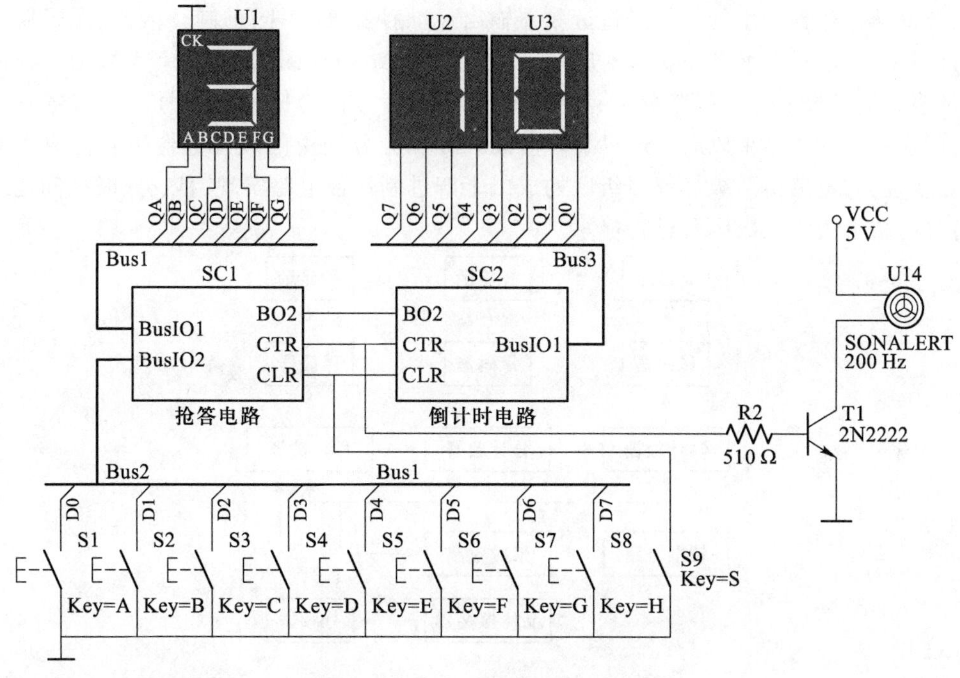

图 10 - 24　八路数字抢答器电路

三、仿真运行

1. 创建仿真电路。选择元器件 74LS00、74LS04、74LS21、74LS148、74LS192、74LS279、数码管、电阻、开关等，参照图 10 - 21、图 10 - 22、图 10 - 23、图 10 - 24 绘制仿真电路。为了使电路简洁，本例中将抢答电路与倒计时电路采用了子电路模块设计。其中脉冲信号由函数信号发生器(Function Generator)提供，波形种类选择方波，频率设定为 100Hz，振幅设定为 5V。

2. 仿真运行。在 Multisim 11.0 主界面下，启动仿真开关进行电路仿真。图 10 - 24 中 S_1 ~ S_8 为抢答按钮，键盘上 A ~ H 按键为相对应的抢答控制按钮。抢答前，主持人将开关 S_9 闭合，清除抢答编号并设置抢答时间。开关 S_9 断开后开始抢答，倒计时显示器 U_2、U_3 显示抢答剩余时间。当有抢答键按下时，在数码管 U_1 上显示抢答键编号，倒计时停止计时。

10.6　数字电子钟

一、设计任务与要求

1. 设计一个具有“时”、“分”、“秒”显示的电子钟(23 小时 59 分 59 秒)。能够实现时、分校准功能。

2. 能实现整点报时。从 59 分 50 秒起，每隔 2 秒钟发出一次低音“嘟”的信号。连续五次，最后一次要求高音“嘀”的信号，此信号结束即达到正点。

二、设计方案

数字电子钟由石英晶体振荡器、分频器、计数器、译码器、显示器、校准电路和整点报时电路组成，石英晶体振荡器产生的信号经过分频器输出标准秒脉冲，不同进制计数器、译码器和显示器组成计时系统，通过校准电路实现对时、分的校准。其结构框图如图 10－25 所示。石英晶体振荡器产生的信号经过分频电路分频得到 1Hz 的方波信号作为标准秒信号。秒信号进入计数器进行计数，并将计数结果以时、分、秒显示时间。秒和分分别由两级计数器级联构成六十进制计数电路实现，时电路由两级计数器级联构成二十四进制计数电路实现，秒、分、时之间也进行级联，所有计时结果由六位数码管进行显示。

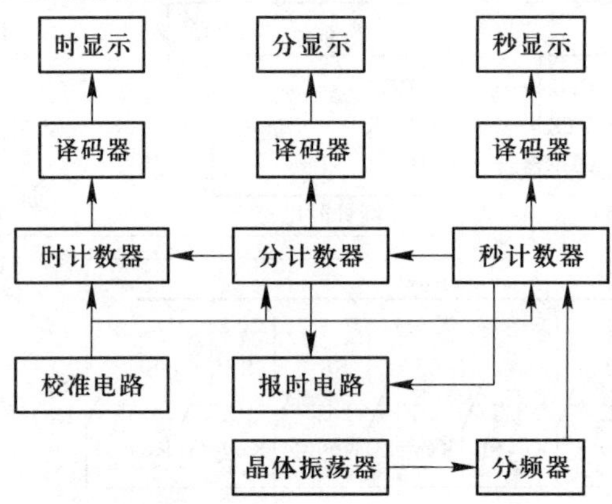

图 10－25　数字电子钟结构框图

1. 晶体振荡器及分频电路

晶体振荡器及分频电路给数字钟提供一个频率稳定准确的 1Hz 的脉冲，可保证数字钟的走时准确及稳定。由于数字钟的精度主要取决于标准时间信号的频率及其稳定性，所以一般采用石英晶体振荡器。振荡频率高，精度高；但频率高，分频级数增多，一般采用 32.768kHz 晶振经过 15 分频后得到 1Hz 脉冲。电路如图 10－26 所示。

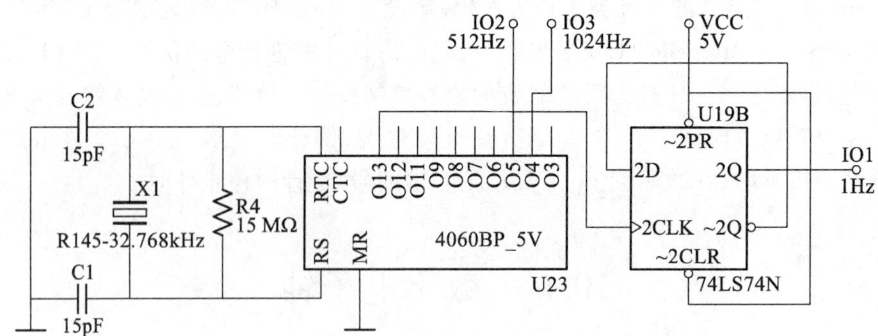

图 10－26　晶体振荡及分频电路

采用 CD4060 来构成分频电路，可以直接实现振荡和分频的功能。用频率为 32.768kHz 的石英晶体振荡器和 CD4060 构成脉冲发生电路，从 CD4060 的 10 个输出端 O_4 ~ O_{13}可以得到不同频率的方波信号。石英晶体振荡器的频率取决于石英晶体的固有频率，与外接电阻、电容参数无关，能产生高稳定度的脉冲信号。CD4060 为 14 级 2 进制计数器，可以将 32.768kHz 的信号分频为 2Hz，经过 D 触发器进行分频后在 IO_1 端得到 1Hz 的脉冲信号，可以供秒计数器进行计数。同时在 CD4060 的 O_5、O_4端输出整点报时所需高低音控制信号。

2. 计数器电路

时电路为二十四进制，显示数字为 00 ~ 23，采用两片 74LS162 组成，74LS162 具有同步清零和同步预置功能，电路如图 10 - 27 所示。将 U_{16}、U_{17} 的 CLK 端与脉冲信号连接，用 U_{17} 的 R_{CO} 端控制 U_{16} 的 $\overline{ENT}$、$\overline{ENP}$。$\overline{ENT}$、$\overline{ENP}$ 为计数控制端，同时为高电平时计数，不同时为高电平时保持。当计数脉冲到来时，U_{17} 计数，U_{17} 输出不为 **1001** 时，R_{CO} 输出为低电平。当 U_{17} 输出为 **1001** 时，R_{CO} 输出高电平，在下一脉冲到来后，U_{16} 开始加计数，U_{17} 输出变为 **0000**，U_{17} 又进入保持状态。当 U_{17} 输出为 **0011**，U_{16} 输出为 **0010**，此时 U_{7B} 输出为低电平，在下一脉冲到来时将 U_{16}、U_{17} 输出清零。实现二十四进制计数功能。

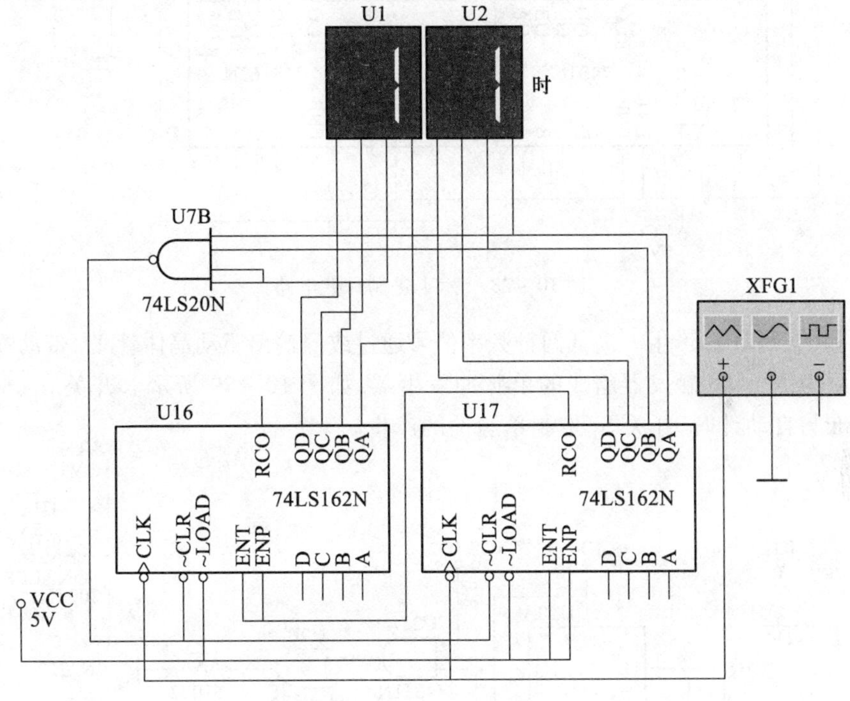

图 10 - 27 二十四进制计数电路

分和秒均为六十进制，它们由一级十进制和一级六进制计数器级联构成，显示数字为 00 ~ 59，采用两片 74LS162 组成，如图 10 - 28 所示。U_{15} 为十进制计数器，U_{14} 和**与非**门 U_{11D} 构成反馈清零法六进制计数器，74LS162 为同步清零，U_{11D} 输入端与 U_{14} 的 Q_C、Q_A 连接，当 U_{14} 输出为 **0101** 时，U_{11D} 输出为 **0**，在下一脉冲到来时将 U_{14} 输出清零，实现六十进制计数功能。U_{11D} 输出除用作自身清零外，同时还作为下一级计数器的脉冲信号。74LS162 为下降沿翻转计数，清零信号在作为下一级脉冲时，需接入反相器才能满足信号要求。

3. 整点报时与校准电路

整点报时电路如图 10 - 29 所示。当计时到 59 分 50 秒时 U_{9A} 输出低电平，将触发器 U_{19A} 输出端 Q 置为高电平，与 U_{9C} 输出、1 Hz、512 Hz 相**与**后，输出控制蜂鸣器发出低音。计时到 59 分 58 秒时 U_{9C} 输出低电平，将**与**门 U_{21B} 封锁，同时将触发器 U_{20A} 输出端置为高电平，与 1 Hz、1024 Hz 相与后，输出控制蜂鸣器发出高音。当分秒计数由 59:59 变为 00:00 时，U_{10B} 输出变为低电平，将触发器 U_{19A}、U_{20A} 输出清零，鸣叫结束，完成整点报时。电路中高低音信号分别由 CD4060 分频器的输出端

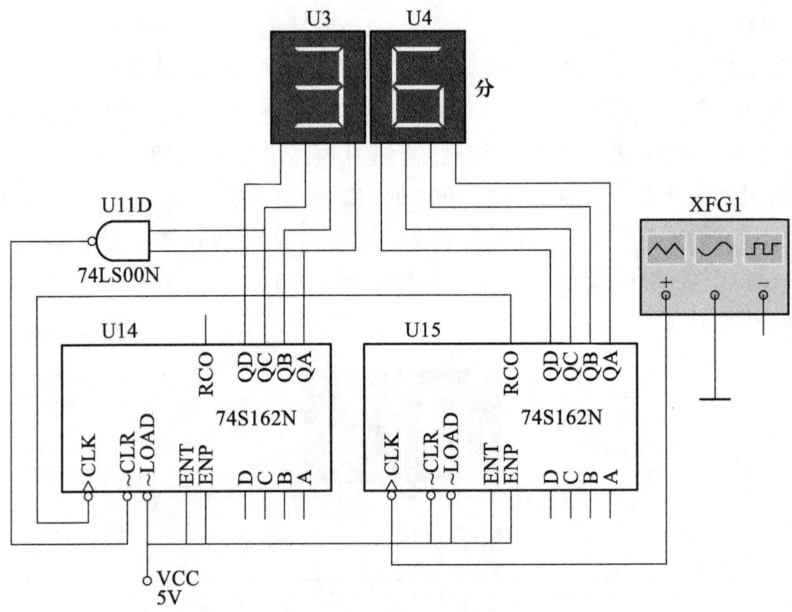

图 10－28　六十进制计数电路

Q_3(1024Hz)和Q_4(512Hz)产生。高低两种频率信号通过**或**门输出驱动晶体管 T_1,带动蜂鸣器鸣叫。

校准电路为一个 *RS* 触发器组成的单脉冲发生器,如图 10－29 所示。开关 S_1、S_2 分别选择时与分的校准与自动计时,开关 S_3 控制单脉冲的产生。

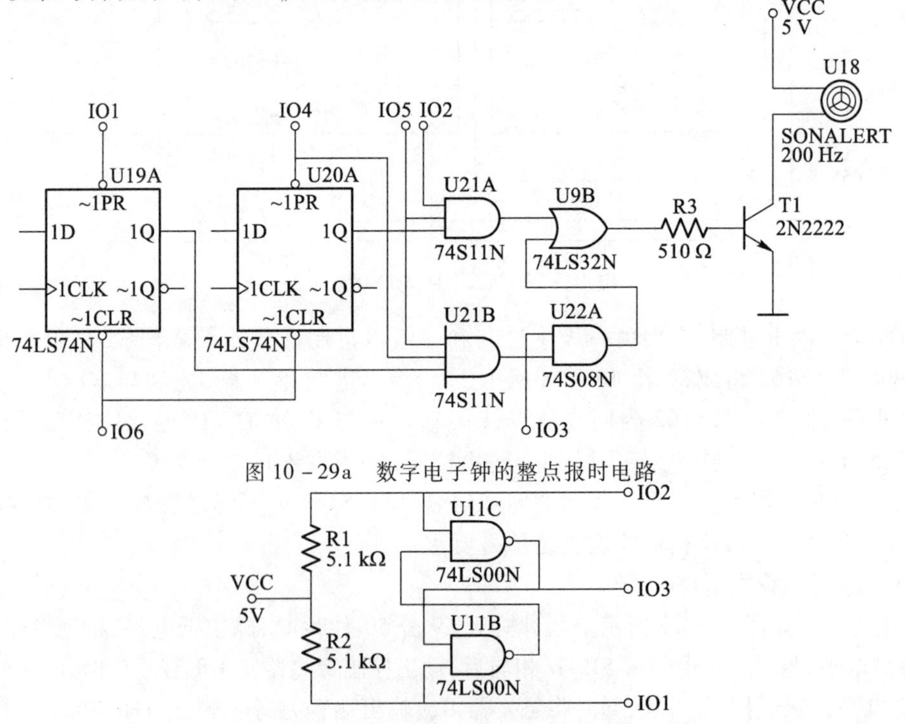

图 10－29a　数字电子钟的整点报时电路

图 10－29b　数字电子钟的校准电路

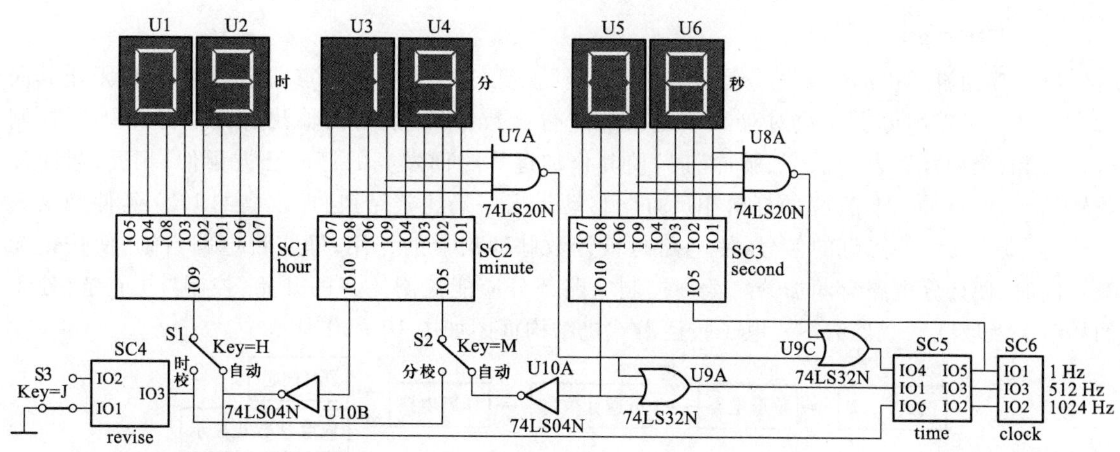

图 10－29c　数字电子钟原理电路

三、仿真运行

1. 创建仿真电路。选择元器件 74LS00、74LS04、74LS08、74LS11、74LS20、74LS32、74LS74、74LS162、CD060、数码管、晶振、开关等，参照图 10－26、图 10－27、图 10－28、图 10－29 绘制仿真电路。为了使电路简洁，本例中将各单元电路采用了子电路模块设计。在绘制含有 CMOS 集成电路时，需在电路中放置 V_{DD}（电源）、V_{SS}（地），否则不能得到正确的仿真结果。

2. 仿真运行。在本例中电路相对复杂，在设计时可分别对每一单元进行仿真，然后再将各单元连接在一起。在 Multisim 11.0 主界面下，启动仿真开关进行电路仿真。图 10－29c 中开关 S_1、S_2 分别选择时与分的校准与自动计时，在选择校准时，开关 S_3 控制单脉冲的产生。用示波器观察蜂鸣器在低音和高音时的波形。

10.7　电子拔河游戏机

一、设计任务与要求

电子拔河游戏机是一种能容纳甲乙双方加裁判的三人游戏电路。由一排 LED 发光二极管表示拔河的“电子绳”。由甲乙双方通过按钮开关使发光的 LED 管向自己一方的终点延伸，当延伸到最后一个 LED 管时，则该方获胜，连续比赛多局以定胜负。

1. 比赛开始，由裁判下达比赛命令后，甲乙双方才能输入信号，否则，由于电路具有自锁功能，使输入信号无效。

2. “电子绳”由 15 个 LED 管构成，裁判下达“开始比赛”的命令后，位于“电子绳”中点的 LED 灯发亮。甲乙双方通过按键输入信号，每按动一次，产生一个脉冲，使计数器加 1 或减 1，计数器经过译码后，绳子中心相应地向左或向右移动一次。此处注意：如一方在按着按键或松开按键时，要保证另一方能正常工作。当自己一方终点的 LED 管发亮时，表示该局比赛结束。这时电路自锁，保持当前状态不变，除非由裁判复位。

3. 记分电路用数码管分别对双方得分进行累计，在每次比赛结束时电路自动加分。

二、设计方案

电子拔河游戏机的主要任务是控制"电子绳"发亮的 LED 管由中点向己方延伸，而阻止其向对方延伸。可以用可逆计数对双方按键次数进行计数，用计数器的输出状态通过译码器控制 LED 发亮，当向计数器输入"加脉冲"时，使其作加运算时而发亮的灯向己方延伸；相反，当向计数器输入"减脉冲"时，发亮的灯向相反方向移动。当一局比赛结束，即发亮的 LED 延伸到某方终点时，由点亮该终点灯的信号，使电路封锁计数脉冲信号的作用，即实现电路自锁，使按键无效。同时，使计分电路自动加分。裁判控制电路部分应能控制比赛的开始，控制"电子绳"处于初始状态及取胜计数器清零。电子拔河游戏机结构框图如图 10－30 所示。

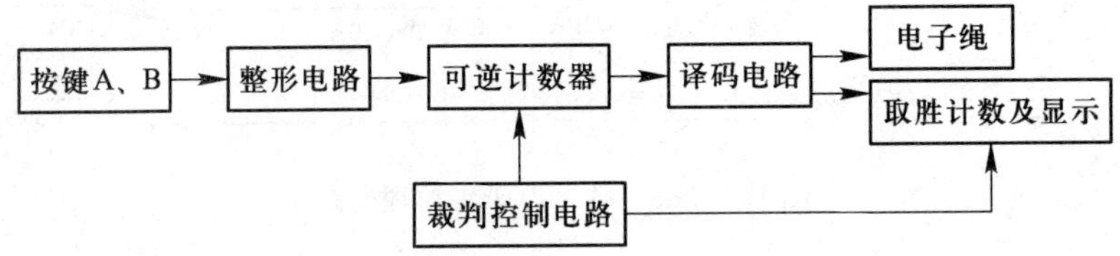

图 10－30　电子拔河游戏机结构框图

1. 按键输入整形及计数电路

计数器用于对双方按键次数进行计数，选用双时钟 4 位二进制同步可逆计数器 74LS193。两个按键 S_1 与 S_2 输入信号经整形后，分别接计数器 74LS193 的时钟 *UP*、*DOWN* 端，当有按键动作时，可使计数器进行加法计数或减法计数。计数器 74LS193 在作加法计数时，脉冲须接 *UP* 端，*DOWN* 端必须接高电平。进行减法计数时，脉冲须接 *DOWN* 端，*UP* 端也必须接高电平，若直接由 S_1、S_2 键产生的脉冲加到 *UP* 或 *DOWN* 端，那么就有很多时机在进行计数输入时另一计数输入端为低电平，使计数器不能计数，双方按键均失去作用，拔河比赛不能正常进行。为此必须加一整形电路，使 S_1、S_2 键产生的脉冲经整形后变为一个占空比很高的脉冲，这样就减少了进行某一计数时另一计数输入为低电平的可能性，从而使每按一次键都有可能进行有效的计数。按键输入整形及计数电路如图 10－31 所示。

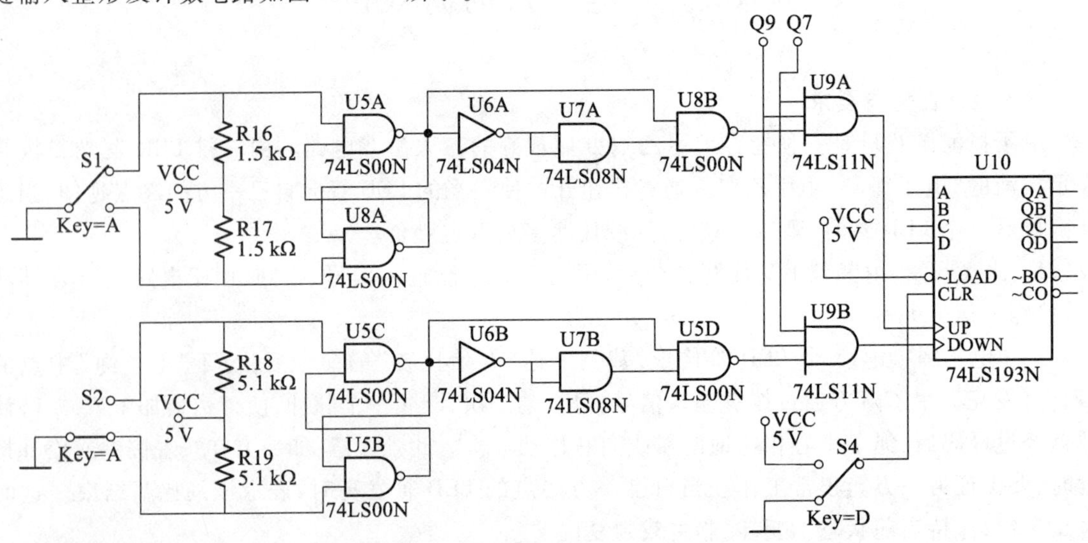

图 10－31　按键输入整形及计数电路

与非门 U_{5A} 与 U_{8A} 构成基本 *RS* 触发器，按键 S_1 动作时可使 U_{5A} 输出高电平或低电平。不论 U_{5A} 输出何种电平时，U_{8B} 输出总是高电平。当 U_{5A} 由高变为低时，U_{8B} 的两个输入端因延迟时间不同，U_{8B} 输出会出现负脉冲，使计数器 74LS193 进行加法计数。按键 S_1、S_2 产生脉冲波形如图 10－32所示。

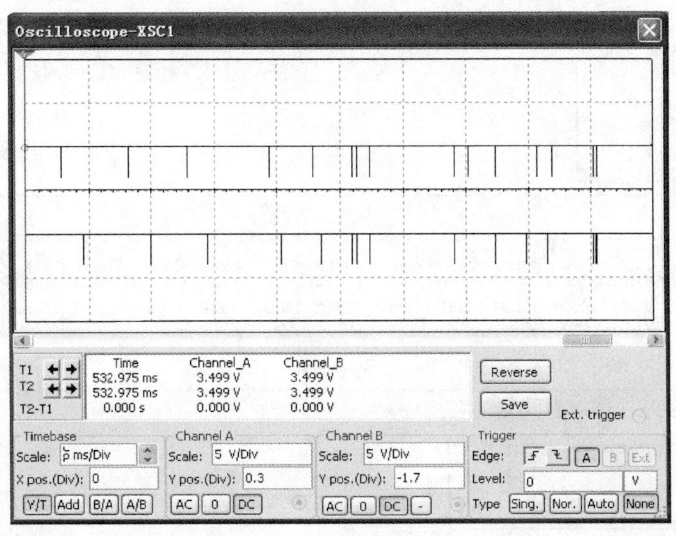

图 10－32　按键产生波形

2. 译码及显示电路

“电子绳”由 15 个 LED 发光管组成，所以选用 4－16 线译码器 74LS154，电路如图 10－33 所示。74LS154 译码器的输出端有效电平为低电平，所以 $O_0 \sim O_7$，$O_9 \sim O_{15}$ 分接 15 个发光二极管阴极，二极管的阳极通过电阻接 V_{CC}，当输出为低电平时发光二极管点亮。比赛准备，译码器输入为 **0000**，O_0 输出为 **0**，中心处二极管首先点亮，当编码器进行加法计数时，亮点向左移动，进行减法计数时，亮点向右移动。电路如图 10－33 所示。当一方取胜时，该方终端二极管（O_7 或 O_9）发亮，产生一个下降沿，使相应的计数器 74LS160 进行加一计数，于是就得到了双方取胜次数的显示。

3. 控制电路

为指示出谁胜谁负，需用一个控制电路。当亮点移到任何一方的终端时，判该方为胜，此时双方的按键均宣告无效，电路如图 10－34 所示。将双方按键输出信号与 O_7、O_9 相与作为计数脉冲的输入。双方终端二极管未亮时，O_7 和 O_9 输出高电平，此时按键信号可送入计数器。双方终端二极管有一点亮时，对应 O_7 或 O_9 输出低电平，此时按键信号失效。为能进行多次比赛而需要进行复位操作，使亮点返回中心点，可通过开关 S_4 控制计数器 74LS193 清零，译码器输出 O_0 为低电平，中心处二极管点亮。用开关 S_3 来控制胜负计数器 74LS160 的清零端，使胜负显示器复位，重新开始计数。

三、仿真运行

1. 创建仿真电路。选择元器件 74LS00、74LS04、74LS08、74LS11、74LS154、74LS160、74LS193、数码管、开关等，参照图 10－31 ~ 图 10－34 绘制仿真电路。为了使电路简洁，本例中将输入整形、计数译码电路采用了子电路模块设计。中心点 LED 选用红色发光二极管，其他选

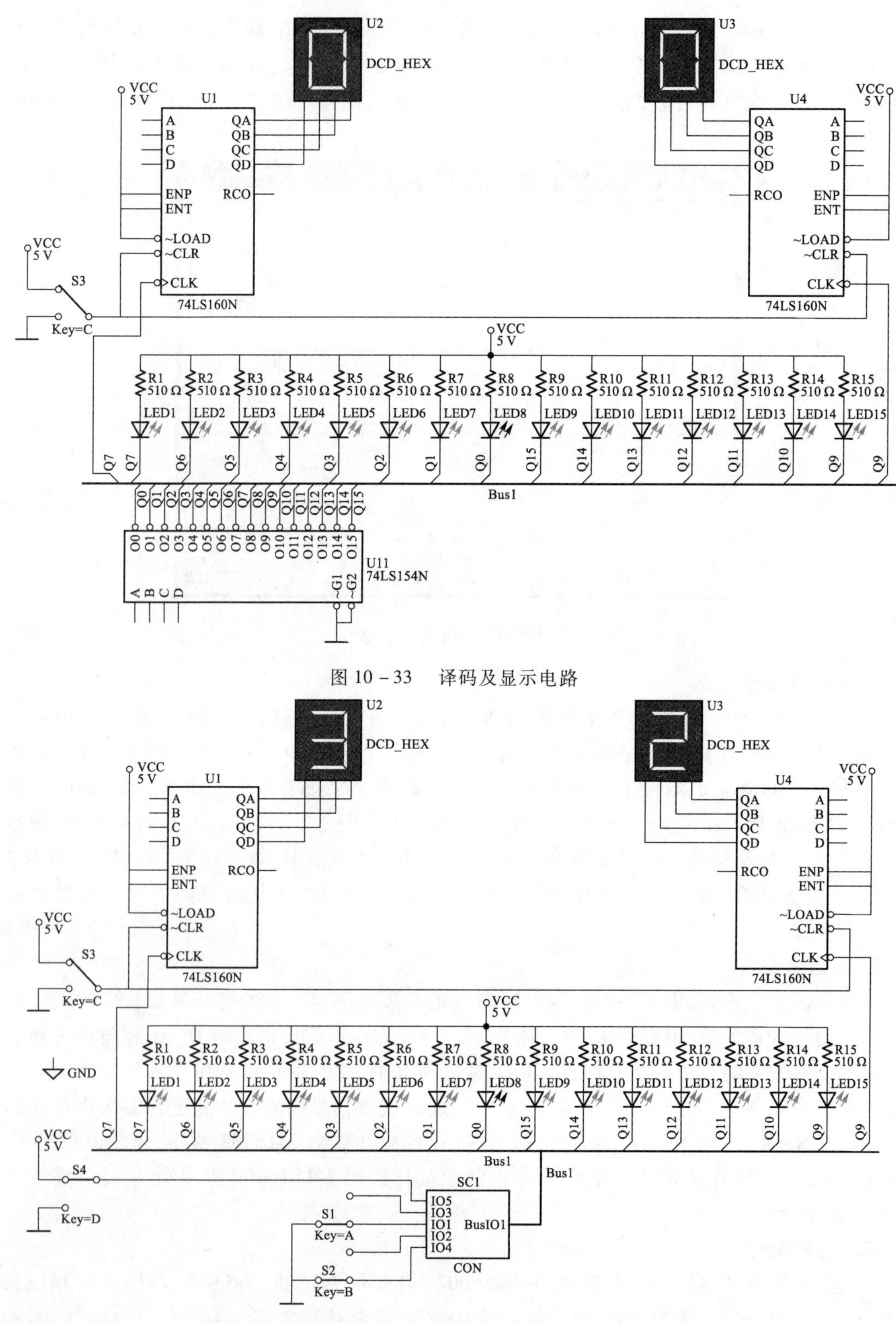

图 10－33　译码及显示电路

图 10－34　电子拔河游戏机电路

用绿色发光二极管。

2. 仿真运行。在 Multisim 11.0 主界面下，启动仿真开关进行电路仿真。首先控制图 10 - 34 中开关 S_4 使中心点红色 LED 点亮，当开关 S_4 接地时，游戏开始，按钮 S_1、S_2 用键 A、B 分别控制。当一方获胜时，在对应数码管加 1，开关 S_3 用于清除胜负显示器。

10.8　数字合成正弦波发生电路

一、设计任务与要求

三相正弦信号的应用很广泛，在某些场合，要求正弦信号源具有高频率稳定度、高相位稳定度及低非线性失真。若采用石英晶体振荡器产生高稳定度的矩形脉冲，通过数字波形合成方法得到三相正弦波信号，则得到的正弦信号精度高、功能强，而且电路的成本低，体积小。

（1）用数字合成方法设计制作一个三相正弦波信号源，要求正弦信号的频率 $f = 400$Hz。

（2）要求正弦波信号的幅值 $U_m = 5$V，误差为 0.2V。

（3）要求正弦波各相的相位差为 120°，误差 $\Delta\varphi < 3°$。

二、设计方案

本题要求产生的正弦波信号的主要指标是频率稳定度和相位稳定度。用石英晶体构成的振荡器能产生高稳定度的矩形脉冲，因为石英晶体的频率稳定度可达 $10^{-10} \sim 10^{-11}$。石英晶体振荡器的频率取决于石英晶体的固有谐振频率，与外接电阻、电容参数无关，其指标完全符合要求。可以采用石英晶振产生矩形脉冲，然后通过 D/A 变换将序列脉冲变换成一定幅值的阶梯波，这个阶梯波的级数取值较大时，阶梯波就可以逼近正弦波。再经滤波器作平滑处理，则可得到所要求的正弦波，正弦波发生电路结构框图如图 10 - 35 所示。

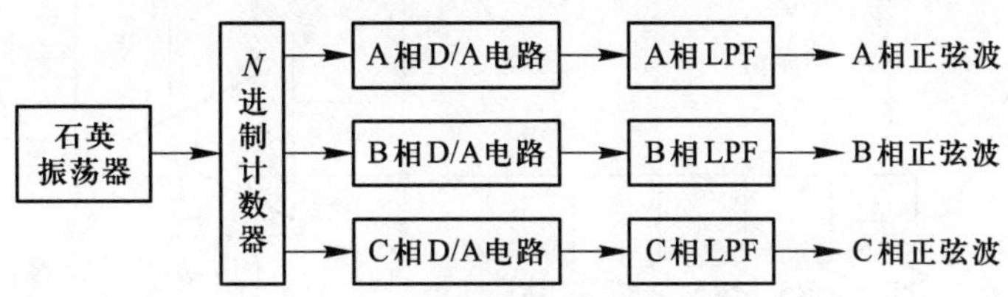

图 10 - 35　正弦波发生电路结构框图

1. 石英晶体振荡及计数器电路

用频率为 5M 的石英晶体振荡器和 CD4060 构成方波发生电路，从 CD4060 的 10 个输出端 $O_3 \sim O_{13}$ 可以得到不同频率的方波信号。石英晶体振荡器的频率取决于石英晶体的固有频率，与外接电阻、电容参数无关，能产生高稳定度的方波信号，电路如图 10 - 36 所示。

计数电路采用扭环形计数器，这种计数器的特点是采用约翰逊码，由两片 74LS194 组成 6 位扭环型计数器，其输出计数状态在前半个周期内，$Q_1 \sim Q_6$ 依次增加 1 个 **1**，后半个周期，$Q_1 \sim Q_6$ 依次减少 1 个 **1**。

2. D/A 转换电路

将扭环形计数器输出的每个 **1** 对应一个阶梯波的台阶，即每增加一个 **1** 时，相应的模拟电压

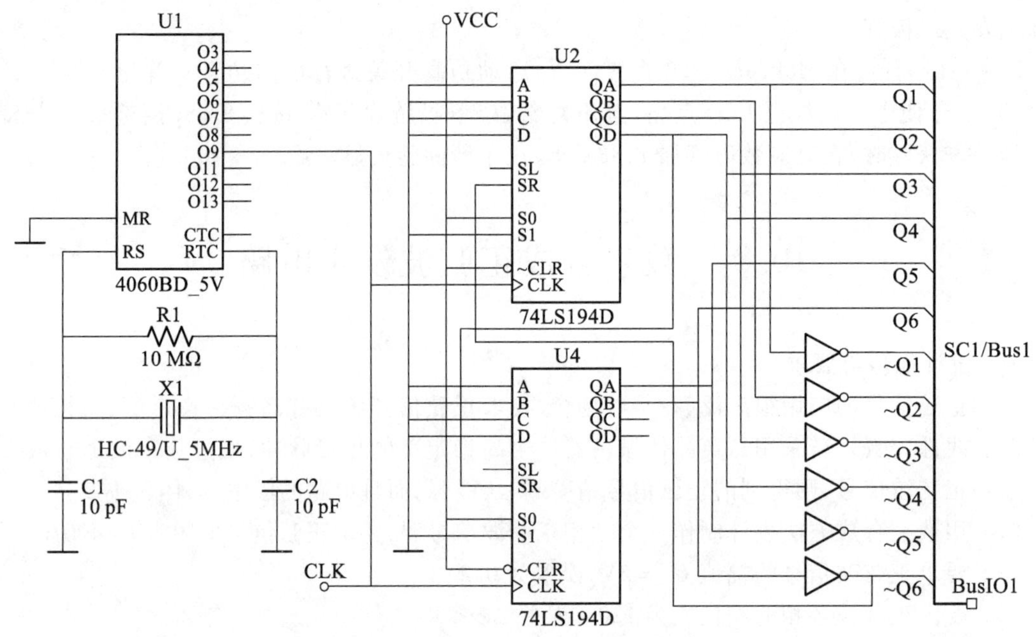

图 10－36　石英晶体振荡及计数器电路

下降一个台阶，这就是权电阻增量方式的设想，D/A 电路如图 10－37 所示，$Q_1 \sim Q_6$为扭环型计数器的输出，$R_4 \sim R_9$为权电阻解码网络。当 $Q_1 \sim Q_6$由全 **0** 到全 **1** 再到全 **0** 变化一周时，U_{OUT}输出正弦波的一周。

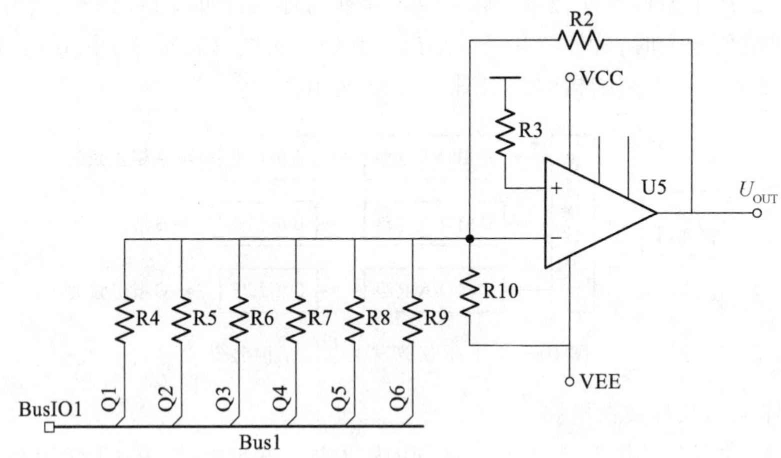

图 10－37　正弦加权 D/A 转换电路

计数器的全 **1** 状态对应 sin(－90°)，全 **0** 状态对应 sin90°，而这样得到的 U_{OUT}波形实际上为 $(-U_m + U_m\sin\varphi)$，即包含一个直流分量的阶梯正弦波，$(-U_m)$为直流分量。为消除这一直流分量，图中增加了一个电平移位电阻 R_{10}，所以 D/A 转换电路输出为

$$U_{OUT} = -R_{f1} U_{OH}\left(\frac{Q_1}{R_4} + \frac{Q_2}{R_5} + \frac{Q_3}{R_6} + \cdots + \frac{Q_6}{R_9}\right) - \frac{R_{f1}}{R_{10}} V_{EE}$$

取 $R_4 \sim R_9$ 分别为 1MΩ、370kΩ、270kΩ、270kΩ、370kΩ、1MΩ，R_2 取 57kΩ，R_{10} 取 136kΩ，R_3 为平衡电阻，取 50kΩ。

扭环形计数器的一个循环周期对应正弦波的一个周期，计数器的状态数 N 对应正弦波的 N 个阶梯，所以计数器的每两个相临状态对应的正弦阶梯波的角度相差 $360°/N$，若要求所产生的各相正弦信号之间相位差为 φ 角，对应的计数器状态应错开 M 个状态，则

$$M = \frac{N}{360°}\varphi$$

实现三相正弦波之间的相位差角为 120°，对于 6 位扭环形计数器，其状态数为 12，则各相间的计数状态应错开 4 个状态。比如第一组输出顺序是 $Q_1 \sim Q_6$，则其后的第二相输出顺序为 $Q_5 \sim \overline{Q}_4$，第三相输出顺序为 $\overline{Q}_3 \sim Q_2$。可见，选用计数器的输出端子序列去控制权电阻 D/A 转换电路，即可实现各路输出信号之间的相位差。

3. 滤波电路

滤波电路采用二阶有源低通滤波电路。它由两级 RC 滤波环节与同相比例运算电路组成，其中第一级电容 C 直接到输出端，引入适量正反馈，以改善幅频特性。滤波电路截止频率为 $f_0 = 1/(2\pi RC)$，电路如图 10－38 所示。选择不同的滤波电路与计数器输入频率匹配，可获得不同频率正弦波。

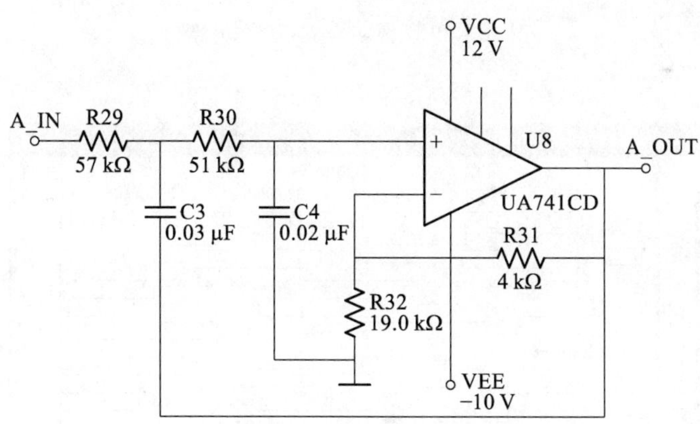

图 10－38　二阶有源低通滤波电路

将上述各单元电路组合起来，可以得到数字合成正弦波的整体电路，如图 10－39 所示。

三、仿真运行

1. 创建仿真电路。选择元器件 74LS04、74LS194、CD4060、UA741、电阻、电容等，参照图 10－35～图 10－39 绘制仿真电路。为了使电路简洁，本例中将晶体振荡及计数电路、D/A 转换电路、滤波电路采用了子电路模块设计。

2. 仿真运行。在 Multisim 11.0 主界面下，启动仿真开关进行电路仿真。用逻辑仪（Logic Analyzer）观察扭环形计数器输出波形，如图 10－40 所示。用四踪示波器可直接观测到 D/A 转换电路输出阶梯波形及滤波电路输出的三相正弦波形，如图 10－41、图 10－42 所示。

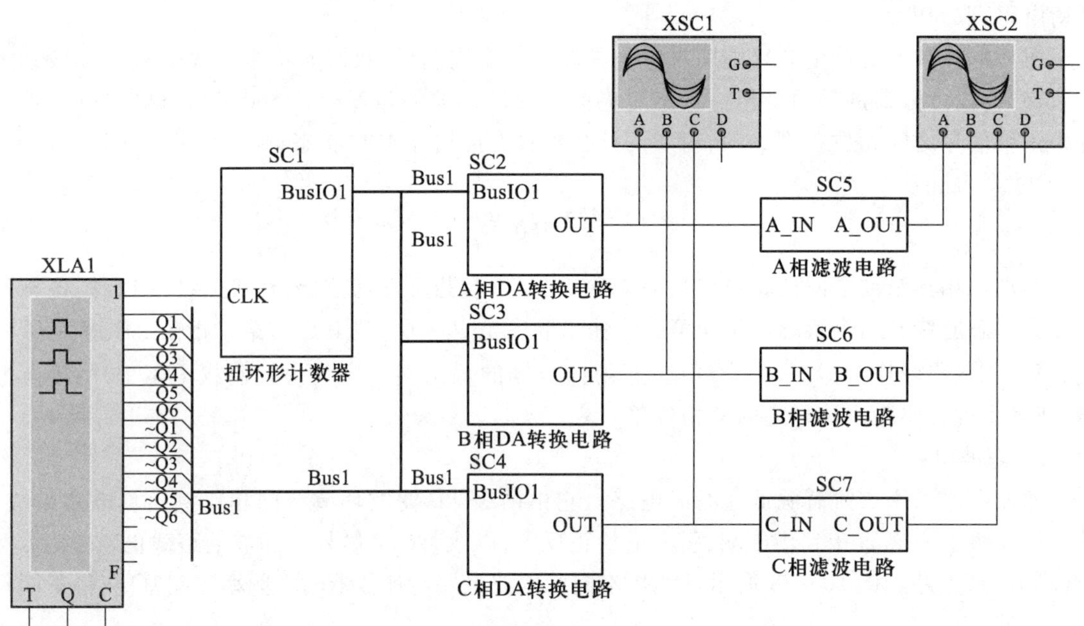

图10-39　数字合成正弦波电路

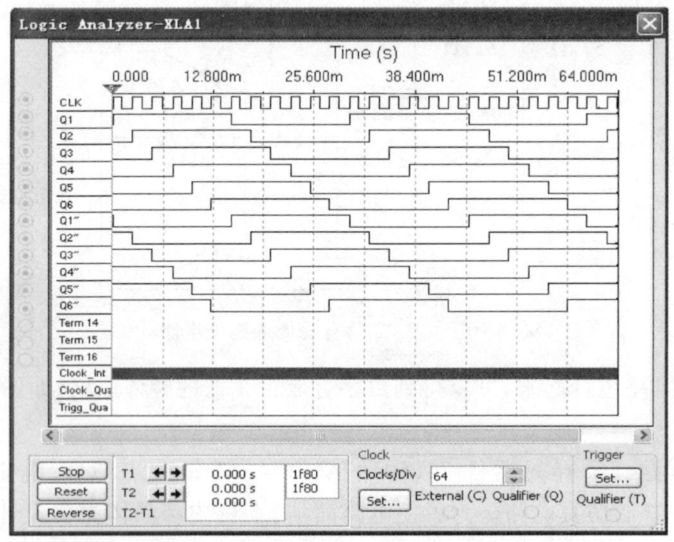

图10-40　扭环形计数器输出波形

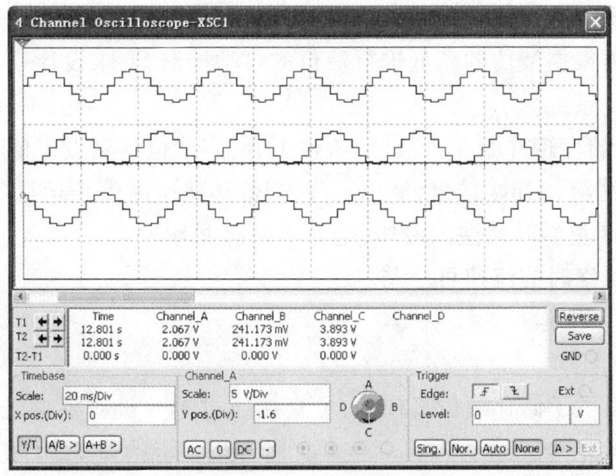

图 10-41　D/A 转换电路输出阶梯波形

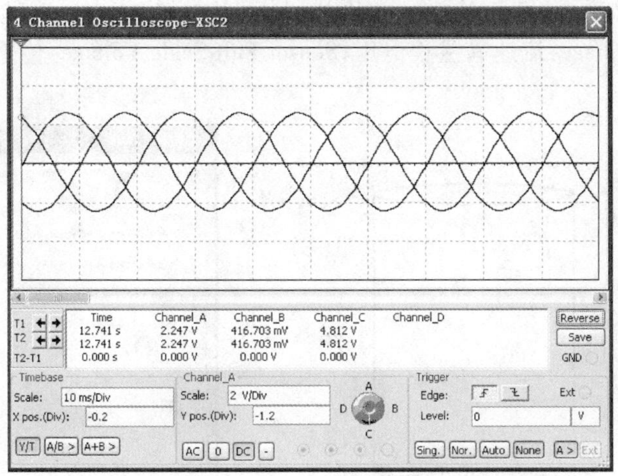

图 10-42　滤波电路输出的三相正弦波形

10.9　单片机仿真

电子电路已经很少再由若干个硬件器件拼接而成，而更多的则是以单片机、DSP、FPGA 或 ARM 等可编程器件为核心，进行相关的编程处理再辅以适当的外围电路来设计实现。从 Multisim 9.0 版本开始，加入了 MCU(Microprocessor Control Unit，微处理机控制器)模块，使得该软件的实际应用能力得到了大大增强。Multisim 11.0 支持的单片机有 Intel/Atmel 的 8051、8052 及 Microchip 的 PIC16F84、PIC16F84A 四种单片机，同时支持可扩展程序存储器 ROM 和数据存储器 RAM，支持汇编语言和 C 语言编程。并有完整的调试功能，包括设置断点，查看寄存器，改写内存等。本例将通过以单片机8051 为核心的储存罐控制电路仿真，说明 Multisim 11.0 在单片机仿真中的应用方法。

一、设计任务与要求

在储存罐中经常要根据液位的高低进行液位的自动控制，要求设计一个具有液位检测、自动灌装和卸载功能的控制系统。

(1) 按下启动键，储存罐开始注入液体，液位上升，当液位达到设定值时停止注入。

(2) 5 秒后，储存罐液体开始排出，液位下降，当液体排空时停止运行。

(3) 5 秒后，储存罐重新开始注入液体，进入下一次循环。

(4) 液体注入和排空时的流速可控制。

按下停止键，停止系统运行。

二、设计方案

Multisim 11.0 中提供了储存罐仿真模型，可直接通过单片机对模型进行控制。储存罐仿真模型如图 10－43(a)所示，Advanced_Peripherals MISC_PERIPHERALS HOLDING_TANK；储存罐设置如图 10－43(b)所示，其中 Tank Volume(liters)：储存罐容积(升)；Level Detector set Point(liters)：电平检测器设置点(升)；Maximum Pump Flow Rate(liters/sec)：泵的最大流量(升/秒)；Flow Rate Full Scale Voltage：流速满量程电压；Sensor Full Scale Voltage：传感器满量程电压。该模型的功能见表 10－3。

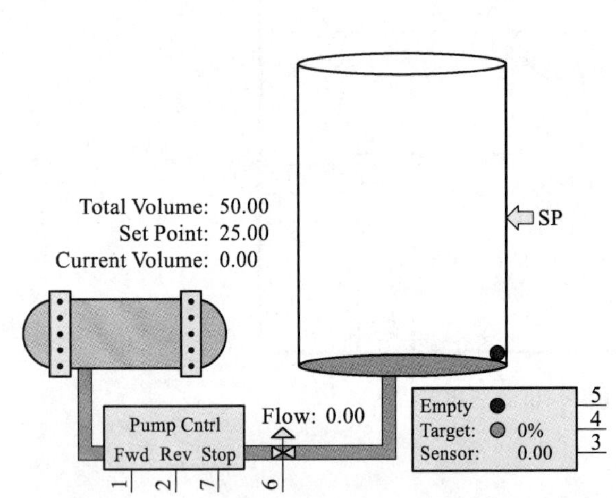

(a)储存罐仿真模型

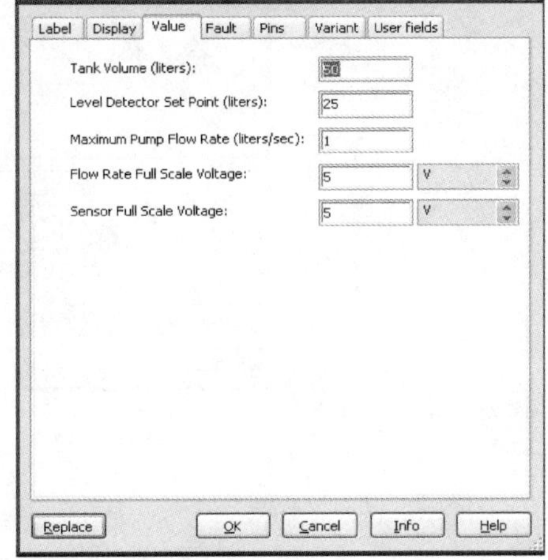

(b)储存罐模型属性设置

图 10－43　储存罐模型

表 10－3　储存罐模型功能表

符号	功能	符号	功能
Fwd	泵正向启动(高电平触发)	Sensor	当前液位信号(模拟电压)
Rev	泵反向启动(高电平触发)	Total Volume	储存罐容积
Stop	泵停止(高电平触发)	Set Point	液位设定值
Flow	流速控制(模拟电压控制)	Current Volume	当前液位值
Empty	储存罐空信号(高电平)	SP	液位设定标志
Target	液位达到设定值信号(高电平)		

启动与停止按键、储存罐模型输出信号传送到8051单片机，通过软件编程实现功能要求，单片机输出信号即可对储存罐模型进行控制。该题目重点在单片机硬件电路连接和软件编程。流速控制可直接使用电位器进行调节。

1. 单片机模块(8051)

在元器件库中选择 MCU 库，在“Family”栏中先选取“805x”，然后在“Component”栏下选取“8051”，最后单击元器件选取对话框右上角的“OK”按钮，将选取的8051模块放置在工作窗口内。将会弹出 MCU 向导对话框之一，如图10－44所示。

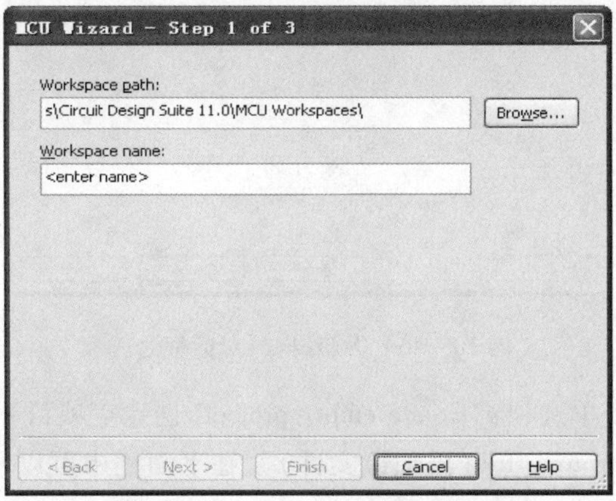

图10－44　MCU 向导对话框之一

其中 Workspace path 为工作区路径，Workspace name 为工作区名称。文件存放路径选择默认路径，工作区名称输入 Test_8051。单击“Next”按钮，弹出 MCU 向导对话框之二，如图10－45所示。

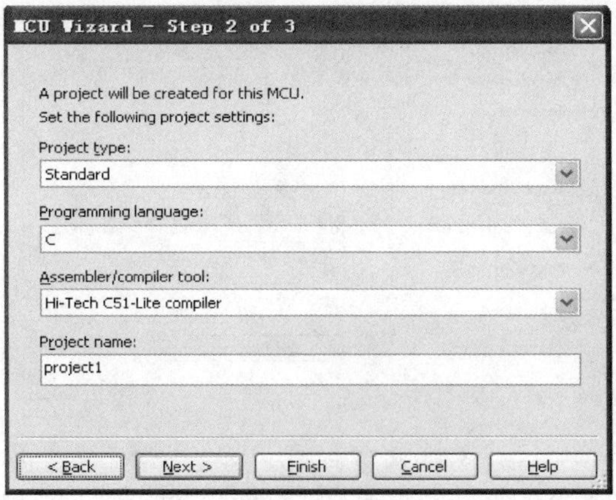

图10－45　MCU 向导对话框之二

在图10－45中共有4栏选项，Project type 为项目类型，单击右侧下拉箭头，可以在“Standard(标准)”和“Load External Hex File(加载外部 Hex 文件，可在 Keil 环境下编写程序生成 Hex 文件)”之间选择，这里选取“Standard(标准)”；Programming language 为编程语言种类，单击右侧下拉箭头，可以在“Assembly(汇编)”和“C”语言之间选择，这里选取“C”；Assembler/compiler tool

为自动显示“Hi - Tech C51 - Lite compiler”，若选取“Assembly(汇编)”语言，则第三栏自动显示字样“8051/8052 Meta link assembler”；Project name为项目名称，在这里输入项目名称project1。最后单击下方的“Next”按钮，弹出MCU向导对话框之三，如图10-46所示。

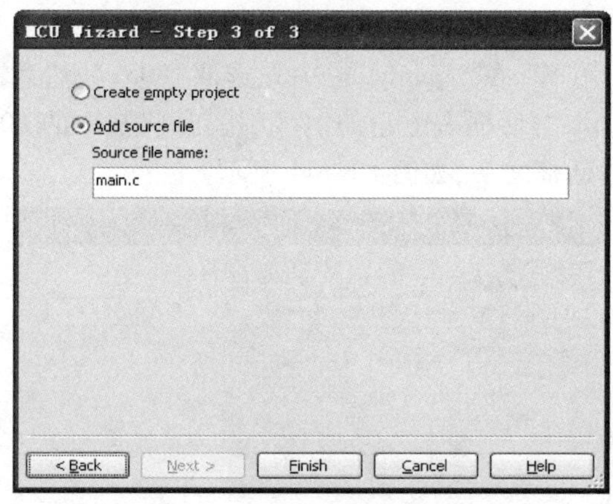

图10-46　MCU向导对话框之三

在图10-46中有两个单选项：“Create empty project(创建空项目)”和“Add source file(添加源文件)”，这里选取“Add source file(添加源文件)”，在下面栏中可以输入后缀为“.c”的源文件名，这里就用默认的“main.c”，最后单击下方的“Finish”按钮退出。完成MCU向导对话框之后，这时才在工作窗口上显示单片机模块8051。鼠标双击单片机模块，出现单片机属性设置对话框，如图10-47所示。

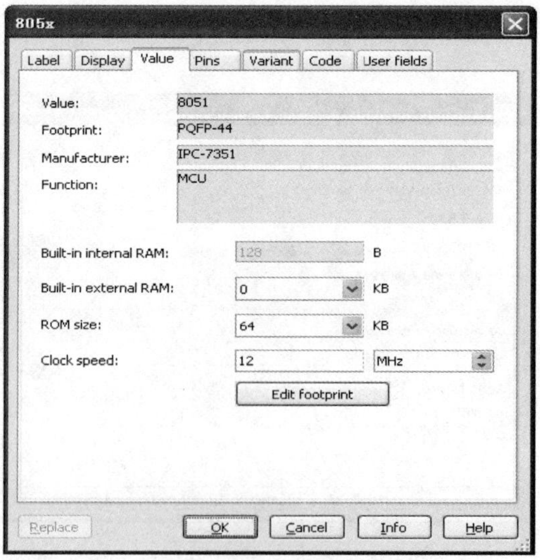

图10-47　805x属性设置

单片机属性主要设置内容为Value选项卡中的相关参数，其前五项内容为系统默认值，用户不可修改，用户可修改内容有：

Built - in external RAM：外部数据存储器容量

ROM size:程序存储器容量

Clock speed:时钟频率

2. 仿真电路绘制

仿真电路如图 10－48 所示。用 DCD_BARGRAPH 显示储存罐液位,R_1 用于调节流速,因 8051 输出不能直接驱动储存罐,加 U_4、U_5、U_6 以增加驱动能力。选择元器件并按图 10－48 所示连接电路。

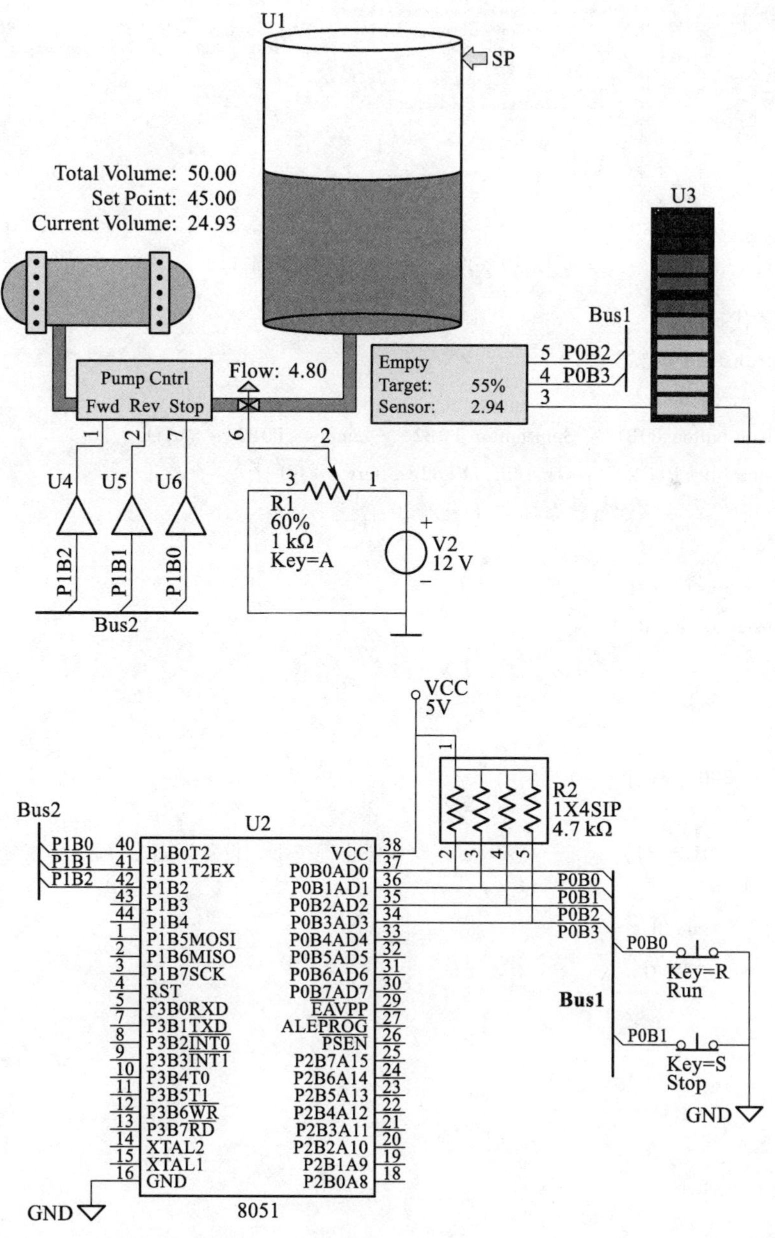

图 10－48　储存罐控制仿真电路

3. 编写 MCU 源程序

双击“Design Toolbox”中的源文件“main. c”,在其右侧将打开源程序编辑窗口,如图 10 - 49 所示,可直接在程序编辑窗口中进行程序编辑。(注意:不支持中文输入)。

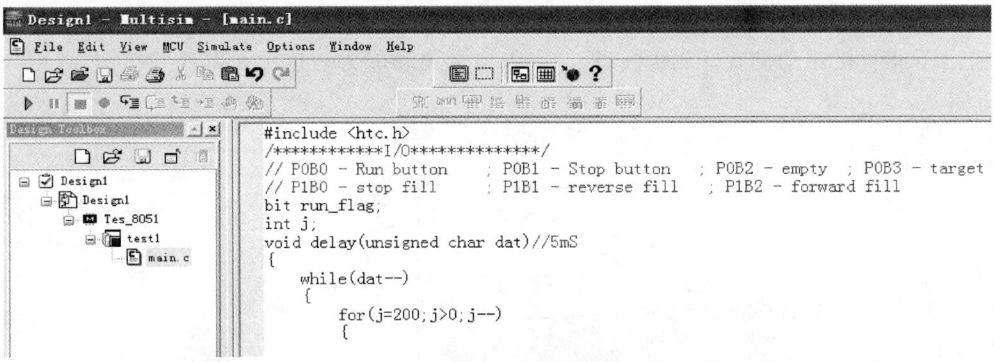

图 10 - 49 C 语言程序编辑窗口

C 语言程序代码如下:

```
#include <htc.h>    //头文件
// I/O 分配
// P0B0 - Run button P0B1 - Stop button P0B2 - empty P0B3 - target
// P1B0 - stop fill P1B1 - reverse fill P1B2 - forward fill
bit run_flag;           //定义运行状态标志,1:运行;0:停止
int j;
//延时程序(约 5ms)
void delay(unsigned char dat)
{
      while(dat - -)
      {
            for(j = 200;j > 0;j - -)
            {
                  if(P01 = = 1)                    //如停止键按下, 设置标志为停止,结束延时
                  {
                        run_flag = 0;
                        return;
                  }
            }
      }
}
//主程序
void main()
{
      run_flag = 0;                                // 运行状态设为停止
      while(1)
```

```
    {
        if( run_flag = =0)
        {
            P1 =0x01;                     // 泵停止,P10 输出正脉冲
            delay(30);
            P1 =0x00;
            while( P00 = =0);            //等待启动键按下
            run_flag =1;                  //运行
        }
        P1 =0x04;                         // 泵正向启动,P12 输出正脉冲
        delay(30);
        P1 =0x00;
        while( ( P03 = =0)&( run_flag = =1))      // 泵正向运行,等待到达设定点
        {
            if( P01 = =1)    run_flag =0;     //如停止键按下, 设置标志为停止
        }
        P1 =0x01;                         //达到设定点后,泵停止,P10 输出正脉冲
        delay(30);
        P1 =0x00;
        delay(1000);                      //调用 5s 延时
        if( run_flag = =1)                //如状态为运行,启动泵
        {
            P1 =0x02;                     // 泵反向启动,P11 输出正脉冲
            delay(30);
            P1 =0x00;
        }
        while( ( P02 = =0)&( run_flag = =1))      // 泵反向运行,等待到达排空
        {
            if( P01 = =1)    run_flag =0;     //如停止键按下,设置标志为停止
        }
        P1 =0x01;                         //达到排空点后,泵停止,P10 输出正脉冲
        delay(30);
        P1 =0x00;
        delay(1000);                      //调用 5s 延时
    }
}
```

三、仿真运行

1. 创建仿真电路。选择元器件 8051、HOLDING_TANK、DCD_BARGRAPH、BUFFER、电阻、开关等,参照图 10－48 绘制电路,8051 的复位端(RST)、时钟端(XTAL1、XTAL2)可不接,按 8051 属性设置中时钟频率运行。电路绘制完成后,在程序编辑窗口中输入程序。程序输入完成后,单击主菜单“MCU/MCU 8051U1/Build”,“Build”的结果将输出到“Spreadsheet View(电子数

据表视窗)”中,同时也将所编程序“烧录”到 8051 模块中。如果程序语句逻辑格式没有错误,稍等片刻,在程序下方打开的电子数据表视窗中可以看到程序分析结果,显示编译和连接结果,如无错误和警告则显示“Compiler results:0 - Errors,0 - Warnings;Linker results:0 - Errors, 0 - Warnings”,如果程序语句逻辑格式有错误,则程序分析结果显示有几个错误和几个警告字样,必须重新检查所编程序,找出错误修改之,否则不能进入下一步操作。

2. 仿真运行。将工作窗口切换到电路图编辑窗口,点击运行按钮即可进行仿真。在仿真过程中,可通过 MCU 菜单设置程序运行方式,在仿真电路中直接观察运行结果。单击主菜单“MCU/MCU 8051U1/Memory View”,弹出 MCU Memory View 窗口,如图 10 - 50 所示,在该窗口中,可实时观察单片机在运行过程中 SFR、RAM 及 ROM 单元中的数值。

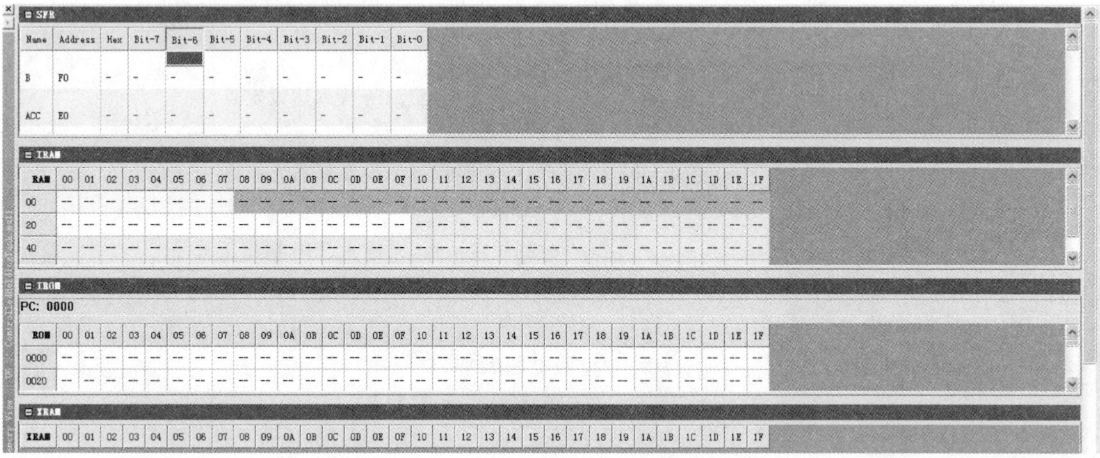

图 10 - 50　MCU 存储单元观察窗口

MCU(微控制器)菜单提供在电路工作窗口内 MCU 的调试操作命令,MCU 菜单中的常用命令及功能的菜单选项如下:

No MCU Component Found:没有 MCU 器件

MCU 8051 Ux:电路中有 MCU 器件时,显示 MCU 型号及编号

Debug View Format:调试模式

Show Line Numbers:显示行编号

Pause:暂停

Step into:单步执行

Step over:跨过

Step out:离开

Run to cursor:运行到指针

Toggle breakpoint:设置断点

Remove all breakpiont:删除所有断点

参 考 文 献

[1] 渠云田.电工电子技术 [M].2 版.北京:高等教育出版社,2008.

[2] 崔建明,陈惠英,温卫中.电路与电子技术的 Multisim 10.0 仿真[M].北京:中国水利水电出版社,2009.

[3] 贾秀美.数字电路硬件设计实践[M].北京:高等教育出版社,2008.

[4] 崔建明.电工电子 EDA 仿真技术[M].北京:高等教育出版社,2004.

[5] 郭爱莲,李桂梅.电工电子技术实践教程[M].北京:高等教育出版社,2004.

[6] 秦曾煌.电工学 [M].7 版.北京:高等教育出版社,2010.

[7] 唐介.电工学[M].3 版.北京:高等教育出版社,2009.

[8] 姚海彬.电工技术[M]. 3 版.北京:高等教育出版社,2009.

[9] 王浩.电工学[M].北京:中国电力出版社,2009.

[10] 陈新龙等.电工电子技术基础教程[M].北京:清华大学出版社,2006.

[11] 康华光.电子技术基础(数字部分)[M].5 版.北京:高等教育出版社,2006.

[12] 谢克明.电子电路 EDA [M].北京:兵器工业出版社,2001.

[13] 夏路易,阎宏印,王永强.电子技术基础[M].北京:兵器工业出版社,2001.

[14] 毕满清.电子技术实验与课程设计[M].北京:机械工业出版社,2001.

[15] 阎石.数字电子技术基础[M]. 5 版.北京:高等教育出版社,2006.

[16] 童诗白.模拟电子技术基础 [M].4 版.北京:高等教育出版社,2006.

[17] 蒋卓勤,黄天录,邓玉元.Multisim 及其在电子设计中的应用[M].2 版.西安:西安电子科技大学出版社,2011.

[18] 许晓华,何春华.Multisim 10 计算机仿真及应用[M].北京:清华大学出版社;北京交通大学出版社,2011.

[19] 殷志坚.电工实验与 Multisim 9 仿真技术[M].武汉:华中科技大学出版社,2010.

[20] 程勇.实例讲解 Multisim 10 电路仿真[M]. 北京:人民邮电出版社,2010.